准噶尔盆地勘探理论与实践系列丛书

准噶尔盆地火山岩油气藏
测井评价技术及应用

Logging Evaluation Technology and Application
of Volcanic Hydrocarbon Reservoir in Junggar Basin

杨迪生 孙仲春 朱 明 任军民 胡婷婷 张福明 等 著

科学出版社

北 京

内 容 简 介

本书以准噶尔盆地为例,在调研了国内外大量火山岩测井评价已有成果的基础上,根据准噶尔盆地火山岩的勘探实践和相关研究成果,以火山岩测井评价基础、火山岩岩性岩相测井识别技术、火山岩储层物性测井评价技术及火山岩储层油气评价技术中几个关键和特色因素为主线,从而了解盆地内储层的岩性、物性特点及油气富集规律,为测井分析研究奠定基础,最后,对克拉美丽气田、金龙油田的储层综合评价及其应用效果进行分析。

本书可供从事油气勘探的科研工作者、技术管理人员及高等院校师生科研和教学时参考。

图书在版编目(CIP)数据

准噶尔盆地火山岩油气藏测井评价技术及应用= Logging Evaluation Technology and Application of Volcanic Hydrocarbon Reservoir in Junggar Basin /杨迪生等著. —北京:科学出版社,2016.7
　(准噶尔盆地勘探理论与实践系列丛书)
　ISBN 978-7-03-049276-0

　Ⅰ.①准…　Ⅱ.①杨…　Ⅲ.①准噶尔盆地-火山岩岩性油气藏-油气测井　Ⅳ.①TE151

中国版本图书馆 CIP 数据核字(2016)第 150892 号

责任编辑:万群霞　李久进 / 责任校对:张林红
责任印制:张　倩 / 封面设计:无极书装

科学出版社 出版
北京东黄城根北街 16 号
邮政编码:100717
http://www.sciencep.com
中国科学院印刷厂 印刷
科学出版社发行　各地新华书店经销
*
2016 年 7 月第 一 版　开本:787×1092 1/16
2016 年 7 月第一次印刷　印张:15 1/4
字数:360 000
定价:168.00 元
(如有印装质量问题,我社负责调换)

本书作者名单

杨迪生	孙仲春	朱　明	任军民
胡婷婷	张福明	姚卫江	陈国军
高　明	贾春明	潘　拓	高衍武
李　静	范小秦	徐春丽	霍进杰

序

　　准噶尔盆地位于中国西部,行政区划属新疆维吾尔自治区(简称新疆)。盆地西北为准噶尔界山,东北为阿尔泰山,南部为北天山,是一个略呈三角形的封闭式内陆盆地,东西长700km,南北宽370km,面积为13万km²。盆地腹部为古尔班通古特沙漠,面积占盆地总面积的36.9%。

　　1955年10月29日,克拉玛依黑油山1号井喷出高产油气流,宣告了克拉玛依油田的诞生,从此揭开了新疆石油工业发展的序幕。1958年7月25日,世界上唯一一座以油田命名的城市——克拉玛依市诞生了。1960年,克拉玛依油田原油产量达到166万t,占当年全国原油产量的40%,成为新中国成立后发现的第一个大油田。2002年原油年产量突破1000万t,成为中国西部第一个千万吨级大油田。

　　准噶尔盆地蕴藏丰富的油气资源。油气总资源量为107亿t,是我国陆上油气资源超过100亿t的四大含油气盆地之一。虽然经过半个多世纪的勘探开发,但截至2012年年底,石油探明程度仅为26.26%,天然气探明程度仅为8.51%,均处于含油气盆地油气勘探阶段的早中期,预示着准噶尔盆地具有巨大的油气资源和勘探开发潜力。

　　准噶尔盆地是一个具有复合叠加特征的大型含油气盆地。盆地自晚古生代至第四纪经历了海西、印支、燕山、喜马拉雅等构造运动。其中,晚海西期是盆地拗隆构造格局形成、演化的时期,印支-燕山运动进一步叠加和改造,喜马拉雅运动重点作用于盆地南缘。多旋回的构造发展在盆地中造成多期活动、类型多样的构造组合。

　　准噶尔盆地沉积总厚度可达15000m。石炭系—二叠系被认为是由海相到陆相的过渡地层,中、新生界则属于纯陆相沉积。盆地发育了石炭系、二叠系、三叠系、侏罗系、白垩系和古近系六套烃源岩,分布于盆地不同的凹陷,它们为准噶尔盆地奠定了丰富的油气源物质基础。

　　纵观准噶尔盆地整个勘探历程,储量增长的高峰大致可分为准噶尔西北缘深化勘探阶段(20世纪70～80年代)、准噶尔东部快速发现阶段(20世纪80～90年代)、准噶尔腹部高效勘探阶段(20世纪90年代至21世纪初期)、准噶尔西北缘滚动勘探阶段(21世纪初期至今)。不难看出,勘探方向和目标的转移反映了地质认识的不断深化和勘探技术的日臻成熟。

　　正是由于几代石油地质工作者的不懈努力和执着追求,使准噶尔盆地在经历了半个多世纪的勘探开发后,仍显示出勃勃生机,油气储量和产量连续29年稳中有升,为我国石油工业发展做出了积极贡献。

　　在充分肯定和乐观评价准噶尔盆地油气资源和勘探开发前景的同时,必须清醒地看到,由于准噶尔盆地石油地质条件的复杂性和特殊性,随着勘探程度的不断提高,勘探目标多呈"低、深、隐、难"特点,勘探难度不断加大,勘探效益逐年下降。巨大的剩余油气资源分布和赋存于何处,是目前盆地油气勘探研究的热点和焦点。

由中国石油天然气股份有限公司新疆油田分公司(以下简称新疆油田分公司)组织编写的《准噶尔盆地勘探理论与实践系列丛书》在历经近两年时间的努力,终于面世了。这是由油田自己的科技人员编写出版的一套专著类丛书,这充分表明我们不仅在半个多世纪的勘探开发实践中取得了一系列重大的成果,积累了丰富的经验,而且在准噶尔盆地油气勘探开发理论和技术总结方面有了长足的进步,理论和实践的结合必将更好地推动准噶尔盆地勘探开发事业的进步。

该系列专著汇集了几代石油勘探开发科技工作者的成果和智慧,也彰显了当代年轻地质工作者的厚积薄发和聪明才智。希望今后能有更多高水平的、反映准噶尔盆地特色的地质理论专著出版

"路漫漫其修远兮,吾将上下而求索"。希望从事准噶尔盆地油气勘探开发的科技工作者勤于耕耘、勇于创新、精于钻研、甘于奉献,为"十二五"新疆油田的加快发展和"新疆大庆"的战略实施做出新的更大的贡献。

新疆油田分公司总经理

2012 年 11 月

前　言

随着全球能源需求的不断攀升,火山岩油气藏已日益成为油气资源勘探开发的一个重要领域,全球多个国家已发现并进行了火山岩油气藏开发。我国自 1960 年以来,先后在准噶尔盆地、四川盆地、渤海湾盆地、辽河盆地和松辽盆地等区域发现了火山岩油气藏,特别是准噶尔盆地的火山岩油气区已具较大规模。火山岩储层作为盆地深层油气储集的主体,是今后油气勘探的重要领域。

准噶尔盆地范围大,涉及的储层岩性复杂,储层特征差异较大与我国其他区域的特点不同,主要表现为:本区火山岩岩性以中基性为主,喷发期次多,规模较大;构造环境变化大,后期改造强,火山机构保存不完整且有较大变化;火山岩储层储集空间类型多为原生孔隙、次生溶孔和裂缝,并且由于遭受长期风化淋滤剥蚀,发育大量次生溶蚀孔、洞及构造裂缝,对储层发育具有重要作用,从而对岩性与储集空间复杂的火山岩油气藏的测井评价技术提出了更高的要求,需要在夯实火山岩测井评价基础的同时,系统了解准噶尔盆地火山岩实验项目及其对测井评价的作用。虽然如今的测井技术对油田勘探开发发挥了重要作用,但仍是难题,所以一方面要对准噶尔盆地目前常用的、对应资料丰富的火山岩测井评价技术和方法进行推广,另一方面又对一些目前使用受限或未完全开展应用的技术进行原理分析,为进一步的提升和应用奠定基础。

目前,火山岩油气藏的测井评价仍然是世界性的难题,而且针对准噶尔盆地这类火山岩油气藏的测井评价目前国内外还没有系统的著述。为了满足火山岩油气藏勘探开发的需求,新疆油田分公司陆续开展了以准噶尔盆地火山岩油气藏为主的测井评价技术联合攻关,对不同测井资料的适用性、采取的技术路线和方法等均开展了大量有针对性的研究,不断挖掘各种测井技术手段的优势,力求探寻一套系统有效的火山岩油气藏测井评价技术和方法。经过逾 10 年的研究和实践,取得了很大进展。首先综合利用常规测井和元素俘获能谱、成像等特殊测井资料对火山岩岩性、岩相进行识别;由于火山岩储层通常为裂缝、孔隙双重介质,利用常规测井资料、核磁共振和微电阻率成像等特殊测井技术对基质物性进行评价,而裂缝识别和评价则主要利用电成像测井;火山岩流体性质的识别通常在储层划分及物性评价的基础上进行。因此,有必要对已形成的方法技术及准噶尔盆地火山岩油气藏评价的最新研究和应用成果进行总结和提炼。

全书共六章。第 1 章简要阐述了准噶尔盆地的地质背景和不同区域的储层特征,并详细分析火山岩储层测井评价的技术现状;第 2 章从岩心分析实验和火山岩测井系列两方面介绍火山岩测井评价基础,为后续章节中资料的应用做重要铺垫;第 3 章主要阐述火山岩岩性和岩相的测井识别技术;第 4 章介绍储层物性的测井评价方法与技术,特别分析准噶尔盆地火山岩储层的物性控制因素,并针对性地从基质物性评价和裂缝评价两个方面进行系统阐述;第 5 章论述火山岩储层油气评价技术,综合利用各种测井资料和技术手段对流体性质定性判断和流体饱和度进行定量评价的技术;第 6 章着眼于测井评价技术和手段在准噶尔盆地火山岩油气藏勘探开发中的应用,以克拉美丽气田和金龙油田为代表,系统展示测井技术在这两个地区储层综合评价和开发中所起的重要作用。

本书编写历时一年半,自 2014 年 8 月启动编写以来,得到了中国石油天然气股份有限公司"新疆大庆"重大科技专项"天然气勘探战略目标优选与规模增储关键技术研究"项目的资助,并得到了新疆油田分公司勘探开发研究院孙仲春总监、副总地质师李学义等的悉心指导,全书由杨迪生、张福明负责统稿,新疆油田分公司勘探开发研究院勘探所测井项目组提供了大量克拉美丽气田测井评价资料及参与了部分编写工作,中国石油集团测井有限公司的高衍武等也参与了大量资料整理与编写工作。值本书正式出版之际,谨向他们表示衷心的感谢!

限于作者水平,书中定会存在某些局限性和不足之处,敬请专家和读者们提出宝贵意见。

作者

2016 年 1 月

目　　录

绪　论 第1章

1.1　准噶尔盆地地质背景及储层特征

1.1.1　区域构造背景和勘探现状

近年来,随着石油工业的发展和勘探技术的提高,火山岩储集层作为油气勘探的新领域,已引起广泛关注。火山岩油气藏在国外已有 120 多年的勘探历史,我国自 20 世纪 50 年代以来,先后在准噶尔盆地、松辽盆地、吐哈盆地、渤海湾等地发现了火山岩油气藏,特别是准噶尔盆地的火山岩油气区已具较大规模。火山岩储层作为盆地深层油气储集的主体,必将成为今后相当长时期内油气勘探的重要领域。目前发现的准噶尔盆地火山岩油气藏主要分布在石炭系和二叠系。

准噶尔地层区在我国石炭纪地层分区图上属于准噶尔-兴安地层大区中部,并以额尔齐斯缝合带和中天山—康古尔塔格缝合带为界,自北而南分为阿勒泰、准噶尔和天山 3 个地层分区。依据次一级构造及沉积特点,准噶尔地层分区分为 7 个地层小区,天山地层分区分为 2 个地层小区(图 1.1)。

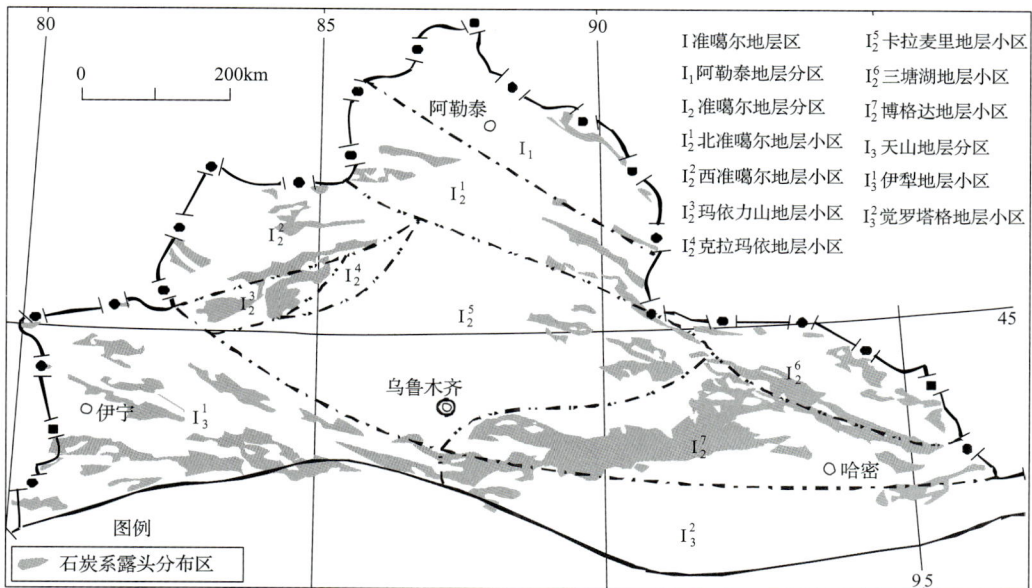

图 1.1　准噶尔地层石炭纪区划图

石炭系与下伏老地层主要为不整合接触,在不同地区可分别与泥盆系、奥陶系乃至更老地层接触。石炭系与上覆地层以不整合接触关系为主,在不同地区可分别可与二叠系、三叠系、侏罗系甚至更新地层接触,野外露头及地震资料均可证实,局部地区可出现整合或假整合接触关系。

准噶尔盆地石炭系二分为上、下石炭统。下石炭统在全盆地广泛发育,为安山岩、英安岩、流纹岩和火山碎屑岩、火山沉积岩组成的多期次火山喷发产物。在盆地周缘露头上均有分布,岩性岩相复杂,各区域之间变化大,地面调查时在不同地区命名为不同组,横向关系尚不十分明确。目前钻井钻揭较多的主要集中在克拉美丽山前区域,该区下石炭统命名为松喀尔苏组,松喀尔苏组下段以安山岩、玄武岩、(沉)凝灰岩、火山碎屑岩及少量的酸性侵入体为主,上段以沉积岩、凝灰岩为主,局部发育火山熔岩,是已经证实的有效烃源岩。上石炭统在盆地周缘露头区也广泛分布,以中基性火山岩、火山碎屑岩为主,局部有海相碳酸岩沉积分布,在盆地内上石炭统局部剥蚀尖灭。目前钻井钻揭较多的也主要集中在克拉美丽山前区域,该区上石炭统为巴塔玛依内山组和石钱滩组,巴塔玛依内山组岩性为基性-中酸性火山熔岩、凝灰质角砾岩、凝灰岩夹不稳定的陆相碎屑岩、煤线及劣质煤层,以陆相碎屑岩为主;石浅滩组下部以黄绿色砾岩为主,夹砂泥岩和煤线,上部以砂泥岩、灰岩、生物碎屑灰岩不均匀互层为主,并含大量海相生物化石,总体显示为由陆相向海陆环境过渡。

二叠纪火山岩主要分布在准噶尔盆地西北缘及东部地区。在西北缘地面露头上二叠系佳木河组为紫灰色、棕灰色、灰绿色的凝灰质碎屑岩及火山熔岩(安山岩及安山玄武岩等),露头剖面未见底。在西北缘钻井上佳木河组可分为上、中、下三个亚组,其中上、下亚组火山岩较为发育:下亚组为一套杂色砾岩、火山碎屑岩夹熔岩,是该层主要的含油气层段;上亚组在克拉玛依油田内的五区、八区广泛钻遇,为一套火山熔岩夹火山碎屑岩。在陆梁地区为安山玄武岩及安山质熔结角砾岩夹棕红色砂质泥岩、细砂岩。在东部地区,金沟组火山岩较为发育,主要分布于帐北断褶带、原大井凹陷内及露头处。帐北地区与大井地区岩性差异较大,帐北地区主要为巨厚的火山岩与正常的碎屑岩互层。

从勘探历史来看,准噶尔盆地火山岩的油气勘探时间较早,1956 年发现第一个火山岩油藏——克拉玛依古 3 井区石炭系油藏,1992 年发现沙漠整装火山岩稀油油藏——石西石炭系油藏。自 2005 年以来,火山岩油气田的勘探开发才进入快速发展阶段,2008 年发现整装千亿方气田——克拉美丽气田,2014 年发现了金龙油田。目前在盆地内已发现克拉玛依油田、石西油田、克拉美丽气田等 47 个火山岩油气藏,探明地质储量近 3 亿 t,展现了火山岩勘探的广阔前景。

多年的勘探实践证实,火山岩储集体表现为成带分布、分区发育的特点,其中克拉美丽山前带巴山组与下石炭统的中酸性火山岩、克拉玛依带的中基性火山岩等是准噶尔盆地石炭系火山岩油气藏勘探的重要区域。

1.1.2 准噶尔盆地典型火山岩储层特征

准噶尔盆地范围大,涉及的储层岩性复杂,不同地区储层特征差异较大,下面主要针对西北缘的克拉玛依地区、红车地区、中拐地区和盆地腹部石西地区及陆东-五彩湾等地区(图 1.2)进行总体介绍,便于读者从总体上了解盆地内储层的岩性、物性特点及油气富集规律,为测井分析研究奠定基础。

图 1.2 准噶尔盆地构造单元图

车排子凸起
四棵树凹陷
天
沙湾凹陷
霍尔果斯断褶带
齐古断褶带
山
博
阜康凹陷
陷
新
阜康断裂带
昌
北三台凸起
吉木萨尔凹陷
奇
台
凸
起
沙
隆
起
梧桐窝子凹陷
水圣凹陷
起
中拐凸起
达巴松凸起
盆1井西凹陷
莫南凸起
莫索湾凸起
东道海子凹陷
台北凹陷
五彩湾凹陷
东
起
滴南凸起
滴北凸起
陆
英西凹陷
三南凹陷
石西凸起
三个泉凸起
隆
滴水泉凹陷
乌
古
石英滩凸起
索索泉凹陷
陷
坳
红岩断阶带
夏盐凸起
乌夏断裂带
哈
中
湖
玛
湖
凹
陷
山

图 例

一级构造单元   二级构造单元   凸起   凹陷
山界

· 3 ·

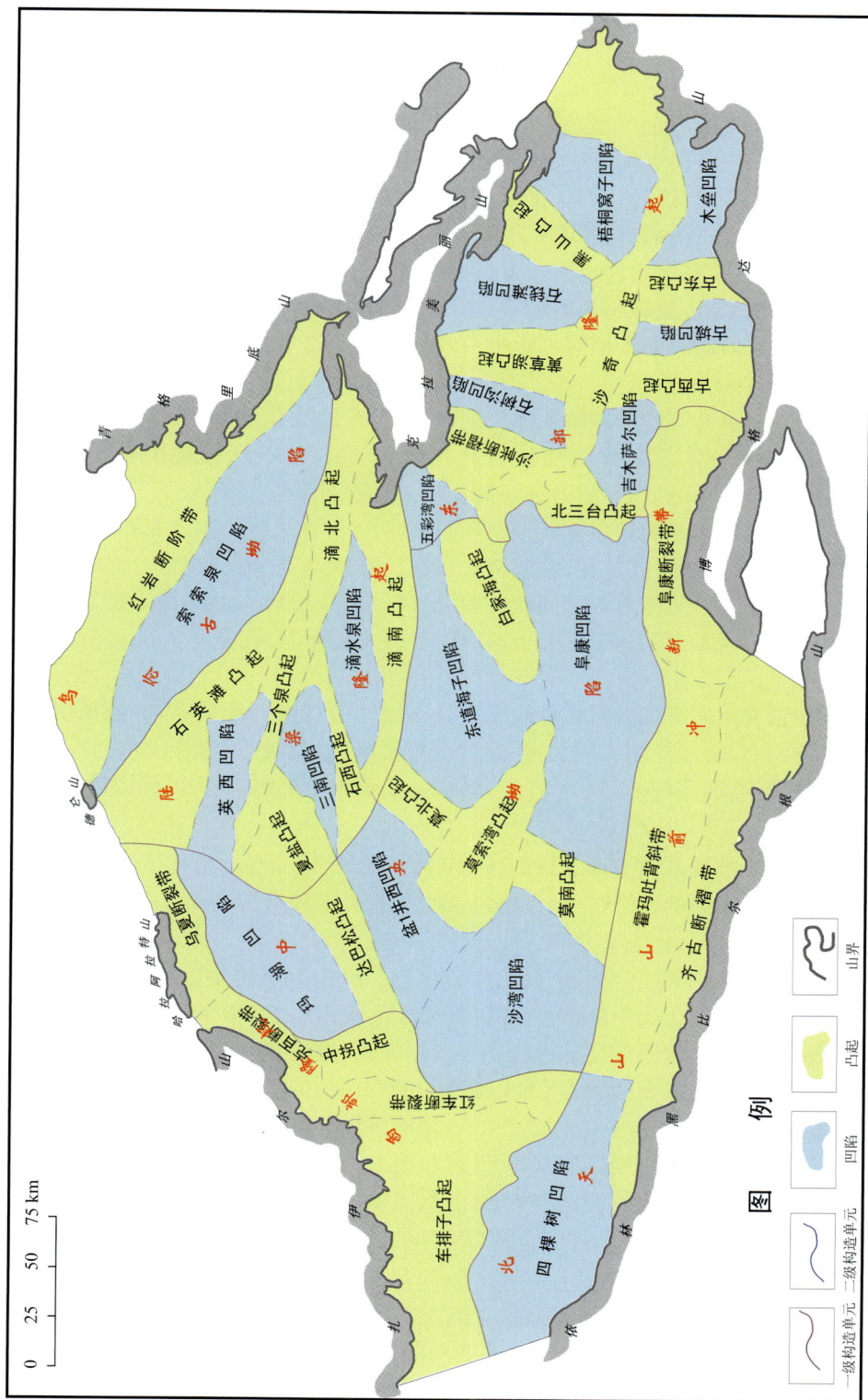

1. 盆地西北缘地区

1）克拉玛依地区

克拉玛依地区火山岩油气藏位于准噶尔盆地西北缘克百断裂带内（图1.2中红色框），油田内发育一级断层克拉玛依断层、南白碱滩断层及其他次级断层。该区在火山喷发和喷发间歇期沉积的共同作用下，在晚石炭世形成了一套巨厚的火山岩沉积岩建造，地层自下而上由若干个火山岩砂砾沉积岩序列组成。根据大量的岩心和薄片鉴定统计资料，克拉玛依地区石炭系火山岩岩性主要包括火山熔岩类的玄武岩、安山岩、流纹岩、霏细岩，火山碎屑岩类的火山角砾岩和凝灰岩，以及以火山岩为主的变质砂砾岩等。该区火山活动受断裂控制，爆发相、溢流相沿主断裂一线分布。远离主断裂，火山岩逐渐为沉积岩所代替，火山岩相转为沉积岩相。

火山岩储集层具有裂缝和基质孔隙双重介质特点，基质孔隙度、渗透率比较低，平均孔隙度一般为6%～9%，渗透率大部分小于$10 \times 10^{-3} \mu m^2$。该区储层孔隙度、渗透率按安山岩、玄武岩、火山角砾岩、霏细岩、砂砾岩、凝灰岩的顺序依次降低。

克拉玛依地区石炭系的储集空间包括孔隙和裂缝两类。通过铸体薄片、岩石薄片和荧光薄片分析，孔隙包括斑晶溶孔、粒间溶孔、气孔、粒内溶孔和基质溶孔；而裂缝则包括岩石在成岩作用过程中收缩形成的网状收缩缝，以及在构造应力的作用下破裂而形成的构造裂缝。该区石炭系储层属于裂缝孔隙型，个别为裂缝型，孔隙是火山岩的主要储集空间。

该区石炭系火山岩含油性好坏取决于岩性、物性、裂缝的匹配关系，一般情况下石炭系含油性好的岩心，溶蚀孔隙比较发育，裂缝也较发育，匹配关系较好。受岩性、物性、裂缝的非均质性影响，油藏内部存在非产层，形成的油藏为不规则、非均质性强的块状油藏。

2）红车地区

红车地区位于准噶尔盆地西北缘南段，其东为沙湾凹陷，西北为扎依尔山，构造上位于西部隆起与中央拗陷的接合部位，主要包括红车断裂带和车排子凸起的一部分（图1.2中蓝色框）。

该区石炭系以火山碎屑岩为主，火山熔岩次之。火山碎屑岩中以基性玄武质火山角砾岩和玄武质角砾凝灰岩为主，中性火山碎屑岩少。火山熔岩中以基性玄武岩为主，中性安山岩较少。车排子石炭系储层的岩相主要为爆发相、溢流相和火山沉积相。

各个岩相的孔渗性相差较大，总体上爆发相的物性最好，火山沉积相的物性最差。储层孔隙度为2.7%～25.5%，平均为12.94%；渗透率为0.015×10^{-3}～$120.0 \times 10^{-3} \mu m^2$，平均为$0.52 \times 10^{-3} \mu m^2$。储层属中高孔、低渗储层。

该区火山岩储层的储集空间类型繁多，石炭系储层为裂缝孔隙型双重介质，裂缝的储集空间相比孔隙的储集空间要小得多，但对油井的产能起着重要作用。

3）中拐地区

中拐地区在区域构造上位于准噶尔盆地西部隆起，西与红车断裂带、东与达巴松凸起、北与玛湖凹陷、南与沙湾凹陷和盆1井西凹陷为邻，两面临凹，为一大型继承性鼻状隆起构造，是油气聚集的有利地区，目前的金龙油田即位于这一地区（图1.2中黄色框）。

该区石炭系岩石类型主要包括火山角砾岩、安山岩、玄武安山岩、英安岩及花岗岩等，储层岩性以火山角砾岩为主，熔岩次之。火山岩相主要为爆发相、溢流相和火山沉积相，局部发育次火山岩相。金龙油田位于爆发相的火山角砾岩和溢流相的安山岩区。油层孔隙度为 $5.0\% \sim 15.9\%$，平均值为 7.6%；渗透率为 $0.01 \times 10^{-3} \sim 597.0 \times 10^{-3}\,\mu m^2$，平均值为 $0.447 \times 10^{-3}\,\mu m^2$。储层属中孔、低渗储层。

该区石炭系储层是裂缝-孔隙双重介质储层。根据岩心观察及铸体薄片、荧光薄片等资料分析，石炭系储层孔隙类型主要有溶蚀孔、气孔和微裂缝。从微电阻率成像测井资料（FMI）看，石炭系储层裂缝较发育，裂缝类型主要有斜交缝、直劈缝及网状缝，熔岩的裂缝较火山角砾岩更发育。

2. 盆地腹部石西地区

盆地腹部的石西地区石炭系火山岩体构造上为一古潜山，是被石西 2 井北断裂、石西 1 井南断裂和石 002 井西断裂三条相向的逆断裂所夹持的不规则三角形垒块（图 1.2 中绿色框）。

该区火山岩分为三类，即熔岩类、普通火山碎屑岩类和过渡岩类。熔岩最为发育，占钻探总厚度的 52.65%。熔岩类岩性包括玄武岩、玄武安山岩、安山岩、英安岩和流纹岩，其中安山岩是分布最广泛的岩石类型，条带状熔岩在该区广泛发育。该区石炭系火山岩自下而上划分为基性-中基性岩、中性岩和中酸性岩三段，是一个完整的喷发旋回。岩相有爆发相和溢流相，以溢流相为主。

根据石西石炭系火山岩物性资料统计，储集岩基质物性以较高孔隙度、低渗透率为主。基质岩块孔隙度为 $0.9\% \sim 28.8\%$，平均为 13.12%；渗透率为 $0.01 \times 10^{-3} \sim 4489.92 \times 10^{-3}\,\mu m^2$，平均为 $11.738 \times 10^{-3}\,\mu m^2$。

储集空间为与裂缝连通的溶蚀孔隙。常见孔隙类型有基质溶孔、缝内充填物溶孔、气孔充填物溶孔、角砾间溶孔等，孔隙连通性较差。较大的裂缝在该区火山岩中也非常发育。

3. 陆东-五彩湾地区

陆东-五彩湾地区是指准噶尔盆地东道海子北凹陷以北、莫北凸起以东、克拉美丽山以西、乌伦古拗陷以南的广大地区，包括滴南凸起、滴北凸起、滴水泉凹陷、五彩湾凹陷及石西凸起、东道海子凹陷与白家海凸起的一部分。新疆油田第一个千亿立方米级的大气田克拉美丽气田即位于该地区（图 1.2 中紫色框）。

陆东地区储层岩性十分复杂，火山岩是该区主要的储层岩石类型，包括火山熔岩、火山碎屑岩和浅成侵入岩。火山熔岩主要包括玄武岩、安山岩和流纹岩，火山碎屑岩主要包括凝灰岩和火山角砾岩，其中凝灰岩最为发育，浅成侵入岩主要包括花岗斑岩和二长玢岩等。岩相以爆发相、溢流相、次火山岩相和火山沉积相为主。

克拉美丽气田石炭系储层孔隙度分为 $0.1\% \sim 27.9\%$，平均为 9.6%，渗透率为 $0.01 \times 10^{-3} \sim 844.0 \times 10^{-3}\,\mu m^2$，平均为 $0.161 \times 10^{-3}\,\mu m^2$，为中孔、低渗储层。

克拉美丽气田石炭系气藏发育的孔隙类型有原生孔隙和次生孔隙，风化淋滤形成的次生孔缝占全部孔隙的 78.3%,原生孔缝占 21.7%,储集空间主要以次生孔缝为主。从储集空间组合类型来看,克拉美丽气田石炭系火山熔岩类主要的储集空间以气孔、基质溶蚀孔及构造缝为主,孔缝组合类型主要为溶孔裂缝型和气孔裂缝型;火山碎屑岩主要的储集空间类型包括基质溶孔、构造缝和溶蚀缝,孔缝组合类型主要为裂缝溶孔型。

4. 准噶尔盆地与我国东部盆地火山岩油气藏的主要差异

根据文献和已有研究成果分析,以准噶尔盆地为代表的西部和以松辽盆地为代表的东部火山岩油气藏储层差异主要体现在地质成因背景、岩性岩类和次生改造程度等几个方面。

从成因背景来看,东部火山岩油气藏形成的时代较新,以中、新生代陆内裂谷为主,主要为典型的自生自储型近源含油气组合,多与火山岩、潜火山岩及浅成侵入岩有关,而西部准噶尔盆地火山岩油气藏形成时代相对偏老、持续时间长,以古生代岛弧和碰撞后陆内裂谷为主,发育近源与远源两种成藏组合类型,总体属于不整合面下的火山岩体圈闭;从岩性岩类来看,东部地区以中酸性火山岩为主,喷发期次较单一,火山岩规模总体偏小,而西部地区火山岩以中基性为主,喷发期次多,规模较大;从后期的次生改造作用比较,东部火山岩油气藏原位性保持好,火山机构较完整,而西部火山岩油气藏则因构造环境变化大,后期改造强,火山机构保存不完整,有较大变化。从储集空间类型分析,东部松辽盆地火山岩储集空间主要为原生气孔和裂缝,而西部准噶尔盆地火山岩储层储集空间类型多为原生孔隙、次生溶孔和裂缝,并且由于遭受长期风化淋滤剥蚀,发育大量次生溶蚀孔、洞及构造裂缝,次生洞、缝的作用较东部地区更为重要。

这些差异的存在,导致我国东、西部火山岩储层评价时测井资料的适用性、采取的技术路线和方法等均有许多不同之处,需要在实际勘探开发中开展更有针对性的研究。

1.2 火山岩储层测井评价技术概述

与沉积岩储层相比,火山岩储层的测井评价更具挑战性,主要表现在火山岩岩性和储集空间复杂多样及由此造成的储层物性和含油性评价困难等。国内外学者们在火山岩油气藏测井评价方面已经做了大量工作,取得了许多研究成果。总体来看,火山岩油气藏的测井评价主要包括岩性识别、储层物性评价及流体性质评价等,其中储层物性评价中的裂缝识别及储层参数(包括孔隙度、渗透率和含水饱和度等)的确定是储集层评价的关键。

1.2.1 火山岩岩性的测井识别

岩性识别是火山岩储层测井评价的基础。通常以常规测井资料为主,基于不同测井曲线的响应特征,通过构建各种形式的交会图等进行岩性识别。此外,近些年来微电阻率成像、阵列声波、元素俘获能谱(element capture spectroscopy,ECS)等特殊测井的推广应用,也为岩性识别提供了更多更有利的技术手段。由于岩性变化复杂,火山岩岩性识别中特别需要重视岩心、薄片刻度测井的思想(匡立春等,2010),当存在成像测井资料时,常采用"成像测井识别岩性结构、常规测井识别岩石成分"的多层次综合识别思想(王建国等,2008a,2008b;谭伏霖等,2011;张勇等,2012)。

　　以常规测井为主的岩性识别,主要是利用不同岩性的火山岩在各种常规测井曲线上表现出的岩石物理差异性,以曲线重叠图、交会图等方式判断岩性。常用图件包括 M-N 交会图,声波、密度、中子三孔隙度测井交会图,自然伽马-声波时差交会图,电阻率-自然伽马交会图等。例如,早期的 Khatchikian(1982)以 M-N 交会图为主进行火山岩岩性识别,后来的多数研究者(范宜仁等,1999;赵建和高福红,2003;冯翠菊等,2004;王树寅等,2006;邵维志等,2006;张家政和赵广珍,2008;陈冬等,2011;谭伏霖等,2010,2011;尚玲等,2013;赵宏波等,2014)也大量采用了这种交会图识别岩性的思路。当然,在具体构建这些图件时,需要分析不同测井资料的变化规律及其对岩性的敏感性(匡立春等,2010;姜传金等,2014;张大权等,2015),并且常常需要几种资料和交会图组合应用。再进一步结合岩心、地层测试、钻录井等资料并辅以成像、阵列电阻率等可提高常规测井的岩性识别效果(Ran et al,2006;郑雷清等,2009)。

　　微电阻率成像、阵列声波、元素俘获能谱和核磁共振等特殊测井在火山岩岩性识别中更具优势。电成像测井可在一定程度上替代实际岩心,在图像上显示的颗粒大小、形状、磨圆度、球度、粒序或韵律等均可作为岩性判断的重要直观依据(陈钢花等,2001),基于这些显示特征,成像测井图既可以用来直观识别岩性(张莹等,2007;王智等,2010;王坤等,2014),也发展了一些利用神经网络、计算机图形学、支持向量机等技术手段的自动识别方法(Li et al,2006;胡刚等,2011);由于不同岩性具有不同的岩石强度,利用阵列声波测井(DSI、XMAC 等)提供的纵、横波速度及速度比等资料,结合密度测井估算岩石的强度参数如泊松比、体积模量、切变模量等,能较好地区分岩性(刘呈冰等,1999;刘之的,2010a);火山岩岩性复杂,矿物成分多变,由元素俘获测井处理得到的地层常见元素含量和矿物含量可以识别岩性,目前应用效果较好(袁祖贵等,2004;王飞等,2008;杨英波等,2011)。

　　为了综合利用以上这些测井资料和岩性识别技术、适应不同地区火山岩岩性的差异,在测井响应特征分析的基础上,常常综合利用神经网络(邹长春等,1997)、对应分析和模糊数学(刘为付等,2002;Pan et al,2003;潘保芝等,2003a,2009;赵武生等,2010;张伯新等,2010)、主成分分析(潘保芝,2002;潘保芝等,2009)、逐步判别(李祖兵等,2009)或 Fisher 判别(张家政等,2008;刘喜顺等,2010;张家政和赵广珍,2008;王坤等,2014)、层次分解(谭伏霖等,2010;赵武生等,2010)等数学方法来提高测井资料识别岩性的能力。这些数学方法或计算机手段在不同地区适用性可能差别较大,需要结合实际地质情况优选使用(汤小燕等,2009a;赵武生等,2010;张莹和潘保芝,2011a,2011b;朱怡翔和石广仁,2013;周金昱等,2014)。

　　根据已有的研究成果和实践认识,火山岩岩性识别时要特别强调岩心等第一性资料的重要性,在岩心分析基础上,尽可能发挥元素俘获能谱、电成像等各种特殊测井的作用,常规测井与特殊测井相结合是目前最有效的火山岩岩性识别途径(张大权等,2015)。

　　另外,岩相识别也是火山岩研究的重要内容之一。目前利用测井资料识别火山岩岩相多采用测井相分析技术(黄隆基和范宜仁,1997;郭振华等,2006;黄晨,2007),比较有效的手段是常规测井与特殊测井相结合,前者主要根据曲线相对数值大小反映岩石成分(朱爱丽等,1997;张程恩等,2011),后者则主要从岩石结构和构造特征上区分不同岩相(徐晨等,2011;曾巍,2015)。但总体来看,仅凭测井资料识别岩相难度很大,需要充分发挥取心分析资料及地质、地震等专业领域的技术优势,多学科有机结合以提高岩相划分精度。

1.2.2　火山岩储层物性评价及有效储层划分

火山岩储层多为裂缝-孔隙双重介质的储层,其物性的定量评价通常也包括基质孔隙和裂缝参数两部分。由于基质孔隙的评价技术相对比较成熟,本书主要总结了火山岩裂缝的测井识别及裂缝影响下的储层物性评价。

1. 裂缝识别

从原理上讲,由于各种测井方法都是岩石物理特性的综合反映,裂缝作为岩石的组成部分,应该在各种测井资料上都有相应的响应特征。目前用于裂缝识别效果最好的是微电阻率成像测井,既可以对裂缝直观识别,也可以进行定量评价。但由于成像测井发展较晚、资料获取和处理成本高,其数量较少,在实际应用中需要发挥大量常规测井资料的作用。另外,阵列声波、地层倾角等测井资料在裂缝识别中也得到了较好的利用。

以常规测井为主的裂缝识别,主要是根据对裂缝比较敏感的双侧向-微球形聚焦电阻率、三孔隙度等测井响应特征,或者基于响应特征构建一些综合参数,通过重叠图、直方图、相关分析或统计分析图等方式实现对火山岩裂缝的识别(Rigby,1980;Sibbit and Faivre,1985;Philippe and Roger,1990;阎新民,1994;范宜仁等,1999;吴文圣等,2001;袁士义等,2004;彭永灿等,2008;王利华等,2008;绪磊等,2009;郑雷清等,2009;罗光东和乔江宏,2010)。为了更好地综合利用各种常规测井识别裂缝,研究者基于测井响应特点构建了一些裂缝指示特征参数(赵海燕,2000;王拥军等,2007),提出了综合概率法等(潘保芝等,2003a;汤小燕等,2009b;龚佳等,2011;张程恩,2012),利用成像测井的识别结果对其刻度,提高了识别精度。

成像测井被认为是目前裂缝识别和定量评价中最有效的测井资料,既可用于直观识别各种类型裂缝,还可以对裂缝产状、裂缝定量参数及裂缝有效性等进行评价。裂缝识别主要是利用各种裂缝在电成像图上的特征进行直观识别,并强调钻井取心资料对成像资料的刻度和标定、区分有效裂缝与各种非有效裂缝等地质现象的重要性(高秋涛等,1998;赵海燕,2000;陈莹和谭茂金,2003;王拥军等,2007;王智等,2010;冯金燕,2012;高兴军等,2014)。

除常规测井和成像测井外,地层倾角测井和阵列声波测井等资料也常被用来进行裂缝识别。基于倾角测井的识别方法包括电导率异常检测、定向微电阻率、双井径重叠等(Peres and Giordano,1988;赵海燕,2000;丁次乾,2002;雍世和和张超谟,2002;陈莹和谭茂金,2003)。阵列声波测井提供的纵波、横波、斯通利波等信息,以及结合密度测井等计算得到的岩石弹性参数均可用于指示地层裂缝的发育情况(李同华等,2009;王海华等,2010;陈冬等,2011)。

由于裂缝分布及响应特征复杂,除了成像测井外,其他单一测井方法裂缝识别能力相对较差,因此逐步发展了综合利用多种测井资料、并将测井裂缝识别方法与统计分析中相关理论结合的多种裂缝综合识别方法,如(R 为极差,S 为标准差)变尺度分形分析法、神经网络法(孙炜等,2014)、曲线元法(刘红歧等,2004;王建国等,2008b;Wang et al,2010)、电阻率成像测井(formation microscanner image,FMI)成像测井与核磁测井 T_2 分布和地层因素比值相结合的方法(王春燕和高涛,2009)等。

2. 储层物性参数计算及分类评价

火山岩储层物性参数评价主要针对孔隙度,可分别按基质孔隙度、裂缝或次生孔隙度和总孔隙度进行评价。

基质孔隙度的计算对于均质性较差的火山岩储层困难较大。基本做法仍是以常规三孔隙度测井为主,认为纵波时差主要反映基质孔隙度,可分岩性建立声波时差计算基质孔隙度的公式(郑雷清等,2009);中子、密度反映地层总孔隙度,有效孔隙度的计算仍以岩石体积物理模型为主,关键在于密度骨架值和中子骨架值的确定,通过各种测井交会图获取骨架值,或者利用自然伽马能谱(Feng et al,2009)、元素俘获谱测井等连续获取变骨架参数(中国石油勘探与生产分公司,2009)。

裂缝孔隙度的计算主要是利用常规双侧向电阻率测井及电成像等特殊测井资料。双侧向测井在不同产状裂缝上的响应特征差异是常规测井中有效识别裂缝和估算裂缝参数的基础,多位学者专家通过模拟研究(张庚骥等,1994;汪涵明等,1995;李善军等,1996)及应用分析建立了相应的裂缝孔隙度计算公式(王树寅等,2006;王利华等,2008;张家政等,2012),并得到了推广应用(代诗华等,1998;范宜仁等,1999;邓攀等,2002;潘保芝,2002;樊政军等,2008)。成像测井用于裂缝孔隙度评价时,基本都是利用裂缝在电成像测井图上显示的电阻率异常面积占图像面积的百分比估算得到视孔隙度(面孔隙率)(赵军等,2007;王玉华,2008),或者利用软件(冉志兵等,2009)进一步将声电测井图像转换成孔隙度图像并进行自动分析,确定基质孔隙与裂缝、孔洞孔隙的比率,结合岩心实验分析或常规测井解释的基质孔隙度,求取复杂岩性储层基质孔隙、次生孔隙及总孔隙度。另外,一些文献则从不同角度讨论了提高成像测井解释裂缝孔隙度精度的方法(曹毅民等,2006;赵辉等,2012a)及面孔隙率与体积孔隙度的转换标定关系(王晓畅等,2011)等。

储层总孔隙度通常认为是基质孔隙度与裂缝等次生孔隙度的总和,可以根据上述方法得到这两种孔隙度后之和,即为总孔隙度,也可以综合利用常规测井和核磁共振、元素俘获能谱、电成像等特殊测井资料建立储层总孔隙度的解释方法。如基于矿物成分分类的 QAPM(Q 为石英,A 为碱性长石,P 为斜长石,M 为铁镁矿物)矿物体积模型法(潘保芝等,2009),基于三孔隙度测井的遗传算法(王曦烩和潘保芝,2010),更适用于酸性火山岩的核磁共振测井孔隙度解释法(张春露,2008;廖广志等,2009;孙军昌等,2011;司马立强等,2012;屈乐等,2014),基于元素俘获能谱测井计算岩石变骨架参数,结合密度和中子测井由体积物理模型计算孔隙度的方法(Li et al,2006;杨兴旺和赵杰,2009;匡立春等,2009;纪洪永,2009;赵杰等,2007;张丽华等,2013)等。

渗透率评价目前难度很大,它的计算一直是测井面临的难题,对于同时具有裂缝和孔隙的非均质火山岩储集层来说,计算的渗透率只具有参考价值。国外学者(Van Golf-racht,1989;Nelson,2001)利用理想的裂缝模型导出了由裂缝张开度或孔隙度估算裂缝渗透率的计算公式,目前国内外学者多采用这种思路(代诗华等,1998;潘保芝,2002;陈钢花等,2004)。而近年来核磁共振测井(Coates et al,2007;Li et al,2007;田亚,2008)、岩石物理相分析技术(李洪娟等,2011;高磊,2013)等在火山岩储层渗透率计算中也得到较好应用。

对于火山岩这类岩性和孔隙空间都比较复杂的储层,为了提高解释精度,常常需要将储层划分为不同的类型进行分类评价,并建立有效储层的划分标准。储层分类主要是以火山岩岩性及其在常规测井和成像等特殊测井上的响应特征为基础,根据储集空间类型及其发育程度与连通情况、孔隙结构与物性特征等,将储层划分为不同等级分别评价并从中选择优质储层(邵维志等,2006;林潼,2007;郑建东,2007;樊政军等,2008;贾春明等,2009)。判断火山岩储层是否有效,通常的做法是以测井解释的储层参数为基础,结合岩心分析、试油试采等资料建立有效储层的划分标准(霍进等,2003;张日供等,2008;梁浩等,2009;Vermani et al,2010;侯连华等,2013)。

1.2.3 储层流体性质识别及饱和度计算

测井上常用的流体识别方法有图版法、曲线重叠法、三孔隙度组合法、比值法和参数法等(中国石油勘探与生产分公司,2009;陈国军等,2010;汤永梅等,2010;宋鹏等,2012)。虽然每种方法都能从不同的侧面反映流体性质,但是火山岩储层岩石成分复杂多变,上述方法的有效性变差,因此,在沿用这些常规方法并结合实际资料进行方法修正的基础上,也出现了一些火山岩储层流体性质识别的新方法,如利用核磁和密度测井双孔隙度的差别替代常用的中子-密度双孔隙度用来识别火山岩气层(中国石油勘探与生产分公司,2009;朱建华和王晓艳,2007;钟淑敏和綦敦科,2011),利用地层视骨架密度和地层骨架密度双密度重叠法来识别中基性火山岩气层(王春燕,2010),利用偶极子声波测井的纵横波不同波至幅度识别气层(中国石油勘探与生产分公司,2009),基于微电阻率成像测井的视地层水电阻率频谱分布识别流体性质方法(中国石油勘探与生产分公司,2009)等。

当然,目前火山岩储层流体识别的多数方法还是基于常规的三孔隙度测井和电阻率测井,但与核磁共振、电成像、阵列声波等现代特殊测井技术相结合,则会显著提高测井资料识别流体性质的能力。以三孔隙度和电阻率等常规测井为主的方法主要是通过构建综合参数等方式,以放大储层流体在测井上的响应特征,并辅以电成像(谭锋奇等,2012)、阵列声波等特殊测井及压汞实验(杨学峰和覃豪,2013)、气测录井(庄东志和谢伟彪,2014)等资料实现流体性质识别(王利华等,2008;李雄炎,2008;宋鹏等,2012)。核磁共振测井应用不同采集方式和采集参数采集的资料可以用于流体性质识别。应用较广的方法主要有差谱法、移谱法(王忠东等,2001;邵维志,2003;Coates et al,2007)、密度孔隙度和核磁孔隙度重叠的气层识别法(李宁等,2009;中国石油勘探与生产分公司,2009)等。近些年来阵列声波测井在火山岩流体性质识别,特别是气层的识别方面发挥了重要作用,识别方法多是基于纵、横波速度及其比值(V_p/V_s)及由此计算的岩石弹性参数发展而来(李同华等,2009;王海华等,2010;赵辉等,2012b;边会媛等,2013;姜传金等,2014)。

在火山岩储层饱和度定量计算中,多数研究认为(Ran et al,2006;中国石油勘探与生产分公司,2009),尽管火山岩储层多为复杂的裂缝-孔隙双重介质,但基于电阻率测井的阿尔奇公式法仍是测井确定饱和度最基础的方法。当然其前提是需要对电阻率进行基质孔隙侵入和裂缝侵入校正,或者基于基质导电和裂缝导电对阿尔奇公式进行修正。目前常见的做法是:认为双孔介质的导电是基质导电与裂缝导电的并联结果,可以利用双侧向测井,从简化的岩石体积模型出发,根据不同的裂缝产状推出适用于裂缝-孔隙型双重孔隙介质的饱和度计算方法(代诗华等,1998;潘保芝,2002;刘为付,2003;陈钢花等,2004;

王利华等,2008),裂缝产状主要通过深浅侧向电阻率差异来确定(代诗华等,1998;邓攀等,2002;刘为付,2003;陈钢花等,2004);考虑火山岩复杂的孔隙结构,常采用变 m 值或变 n 值的阿尔奇公式(王树寅等,2006;刘之的,2010b;李浩等,2012);国外研究者(Aguileral and Aguileral,2004)还提出了岩石三重孔隙模型,基于这种模型在孔隙度计算及孔隙度指数评价基础上,由阿尔奇公式计算流体饱和度,该方法在国内也得到了应用(张丽华等,2013)。

另外的一些方法也多从孔隙结构及孔隙导电角度分析,利用一些能够反映这些性质的测井资料构建不同的饱和度计算方法,或者利用偶极横波、核磁共振等非电法测井和压汞资料等计算火山岩饱和度(王树寅等,2006)。例如,将核磁共振 T_2 谱转换成毛管压力曲线,由毛管压力曲线计算储层流体饱和度(Li et al,2007;赵杰等,2007;纪洪永,2009);对 Maxwell 导电模型分析推导(闫伟林等,2011),建立基于导电孔隙的原始含气饱和度模型;对孔喉半径比大的储层提出电阻增大率函数的新形式(覃豪等,2013),建立基于孔隙结构的储层饱和度模型等。

1.2.4　测井技术在火山岩地层评价中的其他应用

测井资料除用于火山岩储层的岩性、物性、含油性评价外,还可以在火山机构识别与预测(仇鹏等,2013)、火山岩期次划分(胡博,2014)、地层压力预测(王海华等,2010;刘之的和汤小燕,2011)等多方面发挥着重要作用。

1.2.5　火山岩测井评价技术发展趋势

从目前来看,提高岩性识别准确率、识别复杂火山岩储层和孔隙流体及综合评价火山岩储层裂缝、饱和度等参数,仍然是火山岩储层测井评价所面临的难题。综合现有文献及国内外对火山岩储层的研究成果,可以大致总结出火山岩储层测井评价技术的基本发展趋势。

（1）系统研究火山岩储层的测井评价理论,建立统一的测井评价方法,推广测井新技术在火山岩中的应用,是火山岩储层测井评价的必然要求和重要趋势。

（2）在火山岩岩性岩相的测井学分类基础上,根据实际情况建立区域性的岩性及储层判别模式,利用常规及新技术测井资料定性或半定量识别岩性,并建立更为完善的火山岩矿物成分的定量计算模型和方法,是火山岩储层测井评价的前提。

（3）从火山岩储层的测井响应机理出发,建立起以火山岩特有的孔隙结构为基础的测井解释方法与模型,综合分析微电阻率成像、核磁共振、阵列声波等先进测井技术(董国栋等,2014)的适用性,并用来对火山岩裂缝型储集空间进行识别评价,研究裂缝的各种测井响应,对储层裂缝进行半定量-定量评价,建立充分考虑裂缝影响的储层分类及评价标准,是提高火山岩测井评价能力的关键。

（4）加强钻井取心、地层测试等第一性资料的采集和针对性研究,提高岩石物理实验水平,特别是针对裂缝发育地层的取心分析、地层测试,为测井评价提供可靠的标定数据。

（5）以岩石物理实验为基础,系统研究火山岩储集层导电机理,建立和完善孔隙、裂缝为储集空间的双孔介质导电模型,针对火山岩双孔隙介质及骨架参数的不确定性,建立合理的含水饱和度导电模型和渗流模型,全面求取孔隙度、饱和度和渗透率等储层参数,是火山岩储层测井评价的核心(许风光等,2006)。

火山岩测井评价基础 第 2 章

测井资料是地下油气藏研究和地层评价中应用最广泛的资料之一,是测井仪器探测范围内地下岩石各种物理性质的反映,通过处理解释可以对地层的岩性、物性、含油性等进行连续评价,在油气田勘探开发中具有无可替代的作用。但作为一种间接性资料,其可靠性需要通过选择合适的测井系列、实验室岩心分析刻度等措施来保证,这些都是应用测井资料进行地层评价的重要基础。

2.1 岩心分析实验

岩心分析是指利用各种仪器设备来观测和分析岩心一切特性的系列技术。岩心是地下岩石(层)的一部分,所以岩心分析是获取地下岩石信息十分重要的手段。岩心分析样品可以来自全尺寸成形的岩心、也可以是井壁取心或钻屑。经验表明,钻屑的代表性很差,故通常使用成形岩心,而且多个实验项目可以进行配套分析,便于找出岩石各种参数之间的内在联系。

作为直接来自地下的实物资料,岩心在油气田勘探开发中一直具有无可替代的重要作用。在测井评价中,岩心分析资料主要用于对测井资料的定性、定量解释结果进行标定和刻度,使测井解释结果与实际地层情况更吻合。

岩石物理实验就是测量岩石的各种物理特性参数,主要有物性、岩电、声波、核磁、核参数,电化学及孔隙结构参数。具体测量项目包括孔隙度、渗透率、电性——地层因素和电阻率指数、声波——声速和声幅、核磁、压汞、薄片、衍射等,对得到的这些物理参数进行处理分析,建立相应的物理解释模型,为定量、准确地识别油气水层、创建新的测井处理解释方法奠定基础。

准噶尔盆地石炭系实验项目主要做了岩性分析(薄片、全岩、X射线衍射和重矿物)、物性分析(孔隙度、渗透率、核磁共振、骨架密度、压汞等)、饱和度分析(岩电参数和饱和度)及流体性质分析(原油、天然气和地层水)等(表2.1)。

表 2.1 准噶尔盆地石炭系实验项目

油气田	化验分析样品数/个										
	孔隙度	渗透率	饱和度	岩石薄片	重矿物	压汞	铸体	电镜	X射线衍射	荧光薄片	岩电
克拉美丽气田	1323	1213	8	895	11	368	194	40	7	228	88
西泉油田	423	412	20	184		148	94	77	46	12	35
金龙油田	965	761	17	431	4	210	21		10	54	50

本节实验以中拐地区金龙油田为例,19 口井的岩心取心段主要集中在石炭系顶部和气测异常幅度大的井段,所取心的岩性涵盖了石炭系所有岩性,其显示级别有油浸、油斑、油迹、荧光等。所做的实验项目及用途见表 2.2。

表 2.2　金龙油田实验项目及用途

井区	实验分类	项目名称	用　途
金龙井区	岩性	薄片	通过成因成分、结构、构造等分析识别岩性,判断孔隙结构类型
		全岩	全面了解岩石、矿物中各种组分的含量
		X 射线衍射	了解矿物成因,探讨成矿、成岩作用,以及矿物岩石的应用研究
		重矿物	确定物源区的方向和位置
	物性	孔隙度	定量计算岩石的孔隙度,定量评价储油层好坏及计算石油地质储量
		渗透率	判断流体在压力差下通过多孔岩石有效孔隙的流通能力
		骨架密度	与 ECS 测井结合定量评价岩石孔隙度
		核磁	建立不同岩性核磁孔隙度与常规孔隙度对比关系,确定 T_2 截止值等
		压汞	描述孔喉分布及大小,研究物性、含油性下限,进而进行储层分类
	含油性	岩电	分岩性确定岩电参数,利用阿尔奇公式计算含油饱和度
		饱和度	定量评价储层的含油性,计算石油地质储量

2.1.1　岩性实验分析

岩性实验主要通过对岩样的岩相学分析、全岩分析、声速测量、放射性测量等,了解地下火山岩的成分、结构及演变等,以便对其进行分类和命名,为测井资料识别岩性提供标定依据。

1. 岩石薄片实验

岩石学上的薄片指的是岩石或标本被加工、研磨而成的透明扁平状物体。利用偏光显微镜对岩石薄片进行矿物成分及其光学特性的测定,即为薄片鉴定。所选样品应能包括油气层剖面上所有岩石性质的极端情况,如粒度、颜色、胶结程度、结核、裂缝、针孔、含油级别等。

火山岩薄片鉴定的作用主要体现在两个方面:一是在岩心薄片刻度下,从成因成分、结构、构造等分析敏感性测井曲线,建立基于测井资料的岩性识别图版;二是用于判断储层孔隙结构类型。

准噶尔盆地进行了大量火山岩样品的薄片鉴定实验,分析层位集中在石炭系,鉴定对象有井筒取心、井壁取心、岩屑碎样,分析项目包括标本颜色、胶结程度、滴酸反应、含油情况、结构构造及岩石定名等。下面通过岩石薄片鉴定实例,简要分析从中获取的信息。

图 2.1(a)中 Y1 岩石薄片鉴定实例来自金龙 103 井石炭系,深度 3085.00m,安山岩,放大倍数 50。呈灰色、褐灰色,具交织结构、斑状结构、块状构造、杏仁状构造;斑晶主要为中基性斜长石,基质主要由细板条状斜长石组成,细板条状斜长石略呈定向排列,细板

条状斜长石间分布有绿泥石化玻璃质。

(a) Y1 (b) Y2 (c) Y3

(d) Y4 (e) Y5 (f) Y6

图 2.1 薄片鉴定实例

鉴定实例 Y2[图 2.1(b)]来自金龙 5 井石炭系,深度 2942.98m,花岗岩,放大倍数 50。浅成侵入岩类,主要成分是长石、云母和石英。具有斑状结构,主要为长石斑晶,有时也有黑云母和角闪石,黑云母和角闪石多发生绿泥石化。

鉴定实例 Y3[图 2.1(c)]来自金龙 10 井石炭系,深度 3001.49m,安山质凝灰质角砾岩,放大倍数 50。呈灰色,具有凝灰角砾结构,岩石中角砾与岩屑均由安山质火山碎屑组成,见有少量斜长石晶屑和个别石英晶屑,角砾与岩屑呈漂浮状分布于火山灰中。

鉴定实例 Y4[图 2.1(d)]来自金龙 101 井石炭系,深度 3272.66m,石英安山岩,放大倍数 50。呈绿灰色,具交织结构,块状构造,岩石中长柱状斜长石呈交织状分布。长石间分布他形粒状石英、绿泥石化角闪石、绿泥石。

鉴定实例 Y5[图 2.1(e)]来自金龙 101 井石炭系,深度 3274.42m,安山质火山角砾岩,放大倍数 50。呈深灰色,具火山角砾结构,块状构造,岩石中角砾与岩屑均为安山质火山碎屑,岩石由火山灰胶结。

鉴定实例 Y6[图 2.1(f)]来自金龙 102 井石炭系,深度 3186.27m,火山角砾岩,放大倍数 50。呈灰绿色,具火山角砾结构,块状构造,岩石中方解石胶结物呈连晶式粒间不均匀分布。碎裂缝较发育,充填方解石。

以中拐地区石炭系火山岩为例,通过薄片鉴定结果与常规测井曲线对比分析,在薄片刻度下优选了对岩性敏感的中子、密度测井曲线,建立了该区的岩性识别图版,通过逐个剥离的方式完成了岩性测井识别,共识别出花岗岩、火山角砾岩、玄武安山岩、英安岩、凝灰岩五大类火山岩岩性,取得了较好的应用效果。

2. 全岩分析实验

每一种矿物的晶体都具有特定的 X 射线衍射谱图,图谱中的特征峰强度与样品中该矿物的含量相关,从而得到定性定量结果。全岩分析就是利用 X 射线衍射谱图对岩石组分进行全面分析,包括黏土矿物总量和非黏土矿物含量(例如火山岩中的石英、方解石、斜长石、钾长石、凝灰质等,见图 2.2 实例),目的是全面了解岩石的化学组成并进行及各组分含量计算,以期得到不同岩石物理组成、化学成分对测井响应特征的影响。

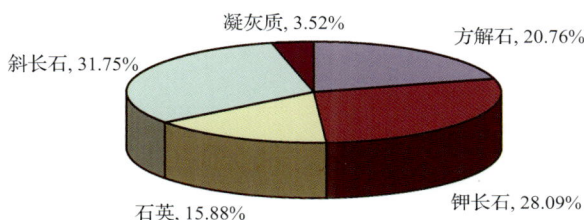

凝灰质, 3.52%　　方解石, 20.76%
斜长石, 31.75%
石英, 15.88%　　钾长石, 28.09%

图 2.2　火山岩矿物含量分析(金龙 10 井,火山角砾岩)

表 2.3 给出了常见矿物的测井响应参考值,从而进行化学分类和命名,并研究岩石成分在成岩过程中时间、空间上的演化,判断火山岩的成因等。

表 2.3　常见矿物测井响应值及误差

项目	自然伽马/API	密度/(g/cm³)	中子孔隙度/%	声波时差/(μs/ft)	波阻抗/(g/cm³·m/s)	体积光电吸收截面/(b/cm³)	钍/ppm	钾/%	光电吸收截面指数/(b/电子)
石英		2.65	−6.0	55.0	5953.6	6.5	3.0	2.0	1.80
方解石		2.71	0.0	47.5	5905.3	14.5	3.0	1.0	5.08
白云石		2.87	3.4	43.0	7627.9	8.9	0	0	3.14
正长石	220	2.54	−5.0	60.0	5466.7	8.1	11	12.5	2.80
黄铁矿		4.99	−5.0	40.0	8200.0	82.1			
菱铁矿		3.89	122.0	35.0	9371.4	56.0	0	0	
白云母	270	2.80	20.0	65.0	5046.2	6.7	23	10.0	
黑云母	275	3.00	26.0	65.0	5046.2	18.5	28	7.1	
海绿石	270	2.64	41.0	90.0	3644.4	16.3	3.0	5.6	
误差	15	0.02	1.5	2.5		0.5	1.0	0.5	

注:1ft=30.48cm;1ppm=10^{-6}(下同)。

3. 声波速度实验

火山岩的声学实验主要是测量岩样的纵、横波速度等参数，用以研究其声学特性，分析利用声波资料进行火山岩岩性划分的可行性方法。根据前人的实验测量和研究，认为从基性火山岩到酸性火山岩声波纵波传播速度减小。为了验证准噶尔盆地不同岩性火山岩的声波传播特性，选取了 220 块火山岩熔岩样品进行实验室纵、横波时差测定。

测定条件为常温、常压，样品用等效氯化钠水溶液饱和。根据测定结果统计：72 块玄武岩样品的平均纵波时差为 $60\mu s/ft$，平均横波时差为 $111\mu s/ft$；48 块安山岩样品的平均纵波时差为 $61\mu s/ft$，平均横波时差为 $113\mu s/ft$；100 块酸性岩样品平均纵波时差为 $64\mu s/ft$，平均横波时差为 $120\mu s/ft$，见图 2.3。从实验结果看出，从基性火山岩到酸性火山岩纵波速度有减小的趋势，但数值变化很小，也就是说，声波速度对火山岩化学成分的变化不敏感。中国石油大庆油田公司（简称大庆油田）等多家单位也得出了相同的认识，认为这是火山岩重要的岩石物理特征之一。

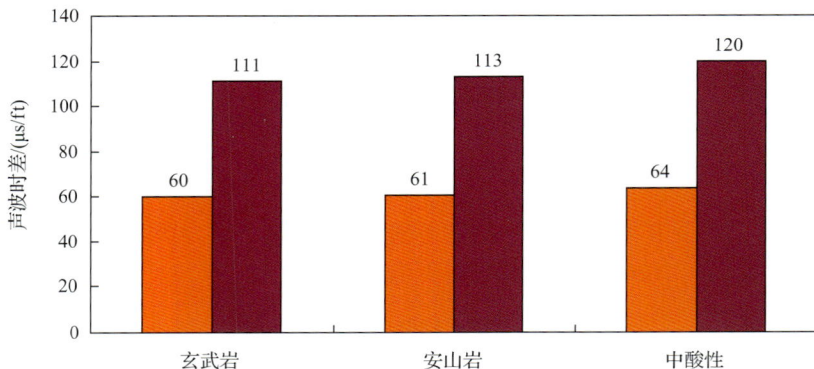

图 2.3　准噶尔盆地不同岩性火山岩声波时差实验测定

4. 同质火山岩熔岩与碎屑岩放射性测试

测试目的主要是用于分析同质的火山熔岩和火山碎屑岩放射性的差异，为岩性识别提供依据。

选取准噶尔盆地不同地区取心获得的熔岩样品和角砾岩样品进行放射性元素含量对比测定。其中玄武岩样品 59 个，同质角砾岩样品 10 个，安山岩样品 34 个，同质角砾岩 33 个，英安岩样品 30 个，同质角砾岩 10 个，流纹岩样品 21 个，同质角砾岩 2 个。样品选择考虑了代表性，对比样品同源、同期，其岩性经过了岩心观察筛选及全岩分析资料和薄片验证，实验结果见表 2.4。从测定结果看，从基性到酸性火山岩，放射性同位素含量逐渐增大，不同岩性的火山岩，角砾岩（碎屑岩）所含的铀、钍、钾含量均小于同质的熔岩。

表 2.4　同质熔岩和角砾岩的铀、钍、钾含量实验测量数据

岩性		铀/ppm	钍/ppm	钾/%
玄武质	熔　岩	0.47	1.31	0.49
	角砾岩	0.32	1.25	0.39
安山质	熔　岩	1.07	2.83	0.99
	角砾岩	0.81	2.82	0.74
英安质	熔　岩	2.31	8.73	3.26
	角砾岩	2.12	7.20	2.60
流纹质	熔　岩	3.27	10.89	4.19
	角砾岩	3.21	8.93	1.49

2.1.2　物性实验分析

岩心物性实验的主要目的是获取与岩石储集空间、渗流能力等物性有关的各种参数,用于岩石储集性能评价,这些参数主要包括常规的孔隙度、渗透率、密度等测量及毛管压力测试、核磁共振实验等。孔隙度是衡量岩石储集空间多少及储集能力大小的参数,渗透率是衡量油气层岩石渗流能力大小的参数,它们是从宏观上表征油气层孔喉特性的两个基本参数;而毛管压力测试、核磁共振实验和铸体薄片分析等则主要用于反映岩石的孔隙结构特征,为岩石储集性能评价提供实验支持。

1. 骨架密度实验

岩石密度测量是岩石物理实验室中最常规的实验项目,只要确定了岩样的体积和密度,就可以测得岩石的密度。基本的测量方法是在对岩样进行切割打磨、洗油洗盐、完全烘干之后,用电子天平称出岩样的质量,再用阿基米德(浮力)汞浸没法、汞驱替法或卡尺测量法来测定岩样体积,最后由质量和体积计算出岩样密度。这种常规方法测量的岩石密度比岩石的骨架密度要小,这是因为岩石中的孔隙占了岩石一部分体积。

为测得岩石骨架密度,实验室中可以采用波义耳定律双室法(岩样杯)来测定岩石颗粒体积,测得岩石的颗粒质量后,就可以得到岩石颗粒密度即骨架密度。准噶尔盆地火山岩岩性复杂多变,从基性岩到酸性岩普遍发育,不同岩性对应的骨架密度差别较大。例如,通过实验测得中拐地区玄武安山岩骨架密度为 2.740g/cm³,英安岩的骨架密度为 2.655g/cm³。准确得到火山岩骨架密度对火山储层物性评价具有举足轻重的作用。

2. 孔渗实验

岩样孔隙度和渗透率的测量主要用于刻度测井资料,建立基于测井资料的参数解释模型。实验室内常用氦气和水作为介质对岩心孔隙度进行测定,二者有较大差异,一般情况下氦孔隙度高于水孔隙度值。这是由于氦气为惰性气体,不产生吸附,分子直径小(仅为 0.38m),可以进入到岩心很小的孔隙中,因此,氦气测定的孔隙度值为理论最大值,一定程度上反映了流体的容纳能力。

例如,在准噶尔盆地中拐地区研究中,选择了 23 口井石炭系火山岩共 965 块样品进行常规物性实验,实验项目包括孔隙度、渗透率、密度等,样品包含井筒取心、井壁取心及岩屑碎样三种。所取样品实验结果主要用于交会图分析建模、直方图统计分析和常规岩性骨架分析等。

火山岩油气层的储集空间主要是孔隙-裂缝双重介质,孔隙度与渗透率的相关性较差(图 2.4)。渗流通道主要是喉道和裂缝。喉道是指两个颗粒间连通的狭窄部分,是易受损害的敏感部位。孔隙和喉道的几何形态、大小、分布及其连通关系,称为油气层的孔隙结构。对于孔隙-裂缝型储层,天然裂缝既是储集空间又是渗流通道。根据基块孔隙和裂缝的渗透率贡献大小,可以划分出一些过渡储层类型。孔隙结构从微观角度来描述油气层的储渗特性,而孔隙度与渗透率则是油气层储渗的宏观反映。

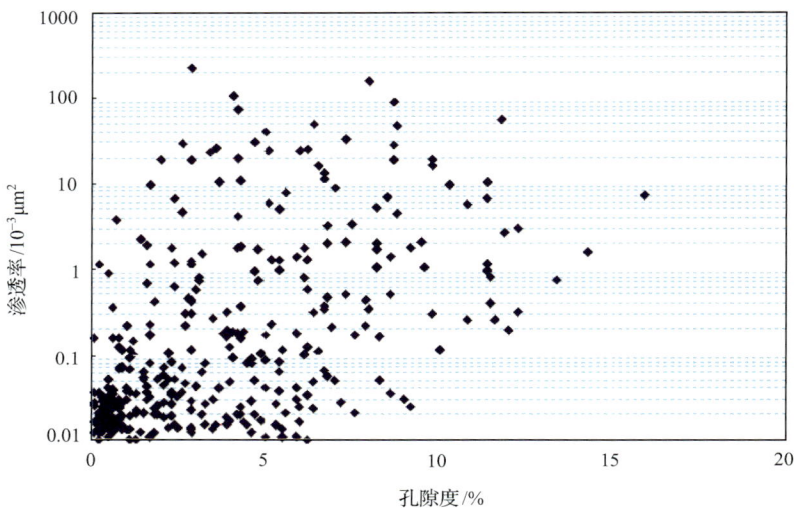

图 2.4　部分样品孔隙度-渗透率交会图

在以上常规基本测量实验的基础上,选取部分代表性岩样测量了水孔隙度、氦气孔隙度和核磁孔隙度(如金龙 10 井区测量了 6 口井 71 个样品),用于氦气孔隙度与水孔隙度相关分析、核磁孔隙度与水孔隙度相关分析、核磁孔隙度与氦气孔隙度相关分析,通过比较寻求相对最优的实验方式,为不同岩性地层的物性解释提供可靠的实验数据;测量了常规束缚水饱和度和核磁束缚水饱和度(如金龙 10 井区测量了 6 口井 32 个样品,其中英安岩 13 个、玄武安山岩 12 个、火山角砾岩 7 个),用于核磁束缚水与水孔隙度关系分析,用以辅助分析岩石孔隙的连通性。有关核磁实验信息见本节的后续说明。

通过中拐地区的物性实验数据分析,可以得到以下基本认识。

(1)实验水孔隙度普遍大于氦气孔隙度,且玄武安山岩和火山角砾岩水孔偏大较为明显,英安岩水孔和气孔较为接近,见图 2.5(a)。

(2)碎样岩性多为火山角砾岩,核磁实验孔隙度稍大于氦气孔隙度[图 2.5(b)]。可能原因是岩心较致密导致洗油洗盐不彻底,当进行岩心饱和时有盐类溶解出来,造成氦气孔隙度偏小,因此宜采用水孔隙度来分析。

（3）火山角砾岩和英安岩的核磁孔隙度与水孔隙度相关性较好，大小相当，认为核磁共振可以用来评价该地区的火山角砾岩和英安岩；而由于玄武安山岩中的顺磁物质含量较高导致其核磁孔隙度比水孔隙度整体偏小［图 2.5(c)］，应用时需要对核磁孔隙度进行校正。

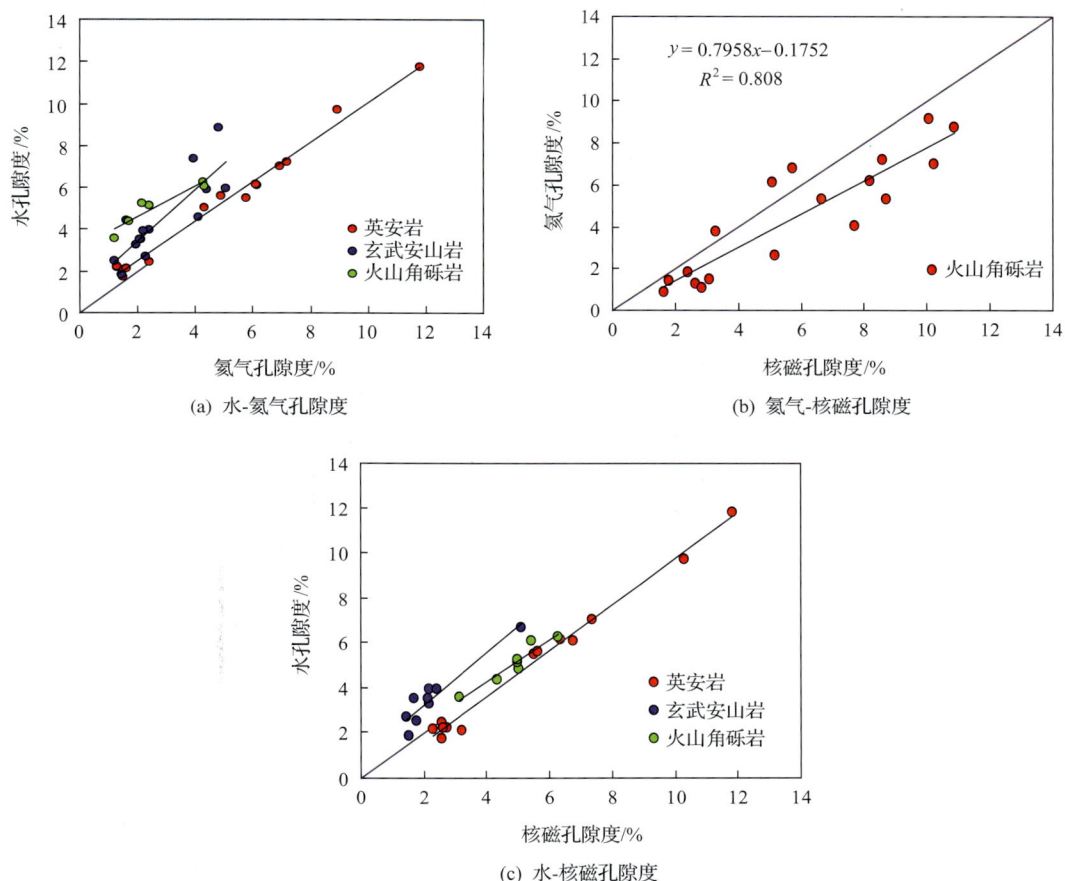

(a) 水-氮气孔隙度

(b) 氮气-核磁孔隙度

(c) 水-核磁孔隙度

图 2.5　不同实验方式孔隙度比较

3. 铸体薄片实验

铸体薄片是将有色液态胶在真空加压下注入岩石孔隙空间，待液态胶固化后磨制成的岩石薄片，由于岩石孔隙被有色胶充填，故在显微镜下十分醒目，易于观察和辨认，为研究火山岩岩石孔隙大小、分布及几何形态、平均孔喉比、平均孔隙半径、喉道、配位数、裂缝长度及宽度、裂隙率等提供了有效途径。

准噶尔盆地火山岩岩样进行了大量铸体薄片分析实验。图 2.6 是铸体薄片鉴定的实例。图 2.6(a)实例来自中拐地区金龙 10 井石炭系，样品深度 3002.95m，火山角砾岩，放大倍数 100。图片孔隙解释为溶孔，具体参数为：面孔率 0.0367%，总面孔率 0.04%，均质系数 0.655，分选系数 7.67，平均比表面 1.11/mm，平均形状因子 0.86。孔隙直径最大值、最小值和均值分别为 25.5mm、2.12mm、16.69mm。

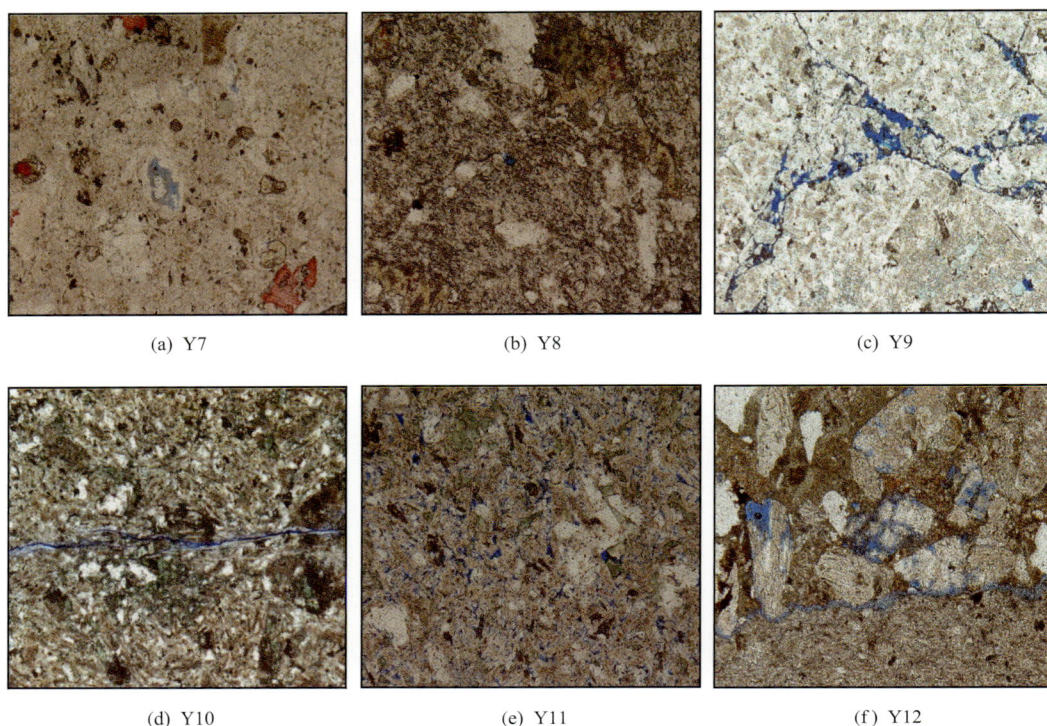

(a) Y7　　　　　　　　　(b) Y8　　　　　　　　　(c) Y9

(d) Y10　　　　　　　　(e) Y11　　　　　　　　(f) Y12

图 2.6　铸体薄片鉴定实例

图 2.6(b)的实例来自中拐地区金龙 10 井石炭系,样品深度 3085m,安山质英安岩,放大倍数 100。图片孔隙解释为溶孔,具体参数为:面孔率 0.0084%,总面孔率 0.01%,均质系数 0.5494,分选系数 5.22,平均比表面 1.12/mm,平均形状因子 0.89。孔隙直径最大值、最小值和均值分别为 16.63mm、2.45mm、9.13mm。

图 2.6(c)的实例来自金龙 101 井石炭系,样品深度 3211.9m,石英安山岩,放大倍数 50。图片孔隙解释为微裂缝,具体参数为:总面孔率 0.64%,裂缝平均宽度 4.9505mm,裂缝面密度 0.84/mm^2。

图 2.6(d)的实例来自金龙 101 井石炭系,样品深度 3272.66m,碎裂化细晶石英闪长岩,放大倍数 50。图片孔隙解释为微裂缝,具体参数为:面孔率 0.0003%,总面孔率 0.01%,均质系数 0.65,分选系数 2.77,平均比表面 0.57/mm,平均形状因子 0.95;孔隙直径最大值、最小值、平均值分别为 13.46mm、4.92mm、8.73mm;裂缝平均宽度 2.13mm,裂缝面密度 0.34/mm^2。

图 2.6(e)的实例来自金龙 101 井石炭系,样品深度 3286.2m,安山岩,放大倍数 100。图片孔隙解释为溶孔,具体参数为:面孔率 0.1747%,总面孔率 0.17%,均质系数 0.3262,分选系数 7.54,平均比表面 1.15/mm,平均形状因子 0.96;孔隙直径最大值、最小值、均值分别为 28.3mm、2.12mm、9.23mm。

图 2.6(f)的实例来自金龙 103 井石炭系,样品深度 3171.3m,火山角砾岩,放大倍数 50。图片孔隙解释为碎裂缝,具体参数为:面孔率 0.0751%,总面孔率 0.1%,均质系数 0.49,分选系数 12.45,平均比表面 1.13/mm,平均形状因子 0.93;孔隙直径最大值、最小值和均值分别为 33.89mm、2.12mm、16.61mm;裂缝平均宽度 1.69mm,裂缝面密度 3.39/mm^2。

从以上铸体薄片显示可知,岩石在发育基质孔的同时,也发育溶蚀孔和裂缝。岩石成分见少量中长石斑晶,成分为斜长石,呈长条状杂乱分布,具方解石化。基质由细板条状或针状斜长石、黑色玻璃质和部分脱玻的绿泥石组成。

4. 毛管压力实验

非润湿相首先进入最大孔道时所相应的最低驱替压力(即毛管压力),称为"阀压"或"门槛压力",超过此压力非湿相就进入孔隙介质之中。岩心中湿相饱和度与毛管压力之间存在着某种函数关系,这种函数关系需要通过室内实验曲线的形式来描述,即为毛管压力曲线。毛管压力曲线反映了润湿相和非润湿相在多孔介质内流动时的特征,在油田开发设计和动态分析中是非常有用的资料。

准噶尔盆地岩样毛管压力曲线测定主要采用的是常规压汞法。由毛管压力曲线可以获得描述孔喉分布及大小的系列特征参数,确定各孔喉区间对渗透率的贡献。通过实验数据的进一步处理分析,可以得到平均毛管半径与孔渗的关系、进汞饱和度与压力的关系、压汞参数与裂缝的关系等,用于研究岩石孔隙结构及其对物性的影响。

准噶尔盆地测有许多火山岩毛管压力资料(如中拐地区金龙油田测量分析了 11 口井 174 块样品的压汞数据),其主要用途是进行岩石孔隙结构分析,还可用于流体饱和度计算:用毛管压力资料既可计算原始含油气饱和度,也可以对核磁共振谱转换毛管压力曲线进行刻度标定,由核磁共振测井资料计算含油气饱和度。

5. 核磁共振实验

核磁共振实验测量的主要是地层孔隙介质中的氢核对仪器的贡献,其原始数据即所接收到的回波串是求取各种参数和各种应用的基础。它不受岩性的影响,在解释孔隙度、渗透率等储层参数时,具有其他测井方法无法比拟的优势,特别是在孔隙度解释中,核磁共振测井不同于其他测井方法的特别之处是能更加准确地解释束缚流体和可动流体孔隙度。

以中拐地区火山岩实验为例,核磁共振 T_2 谱共测量 32 块岩心,其中玄武安山岩、英安岩和火山角砾岩三种岩性样品数分别为 12 个、13 个和 7 个。测量得到每块岩心的核磁共振 T_2 谱分布图、T_2 截止值和 T_2 几何平均值,核磁束缚水与常规束缚水饱和度,常规气孔隙度、水孔隙度和核磁孔隙度等参数。

为了通过实验观察 T_2 谱分布与测量条件的关系,对以上火山岩的三种岩性进行改变核磁参数实验,通过改变扫描次数 N_s、等待时间 T_w、回波个数 N_e 和回波间隔 T_e 等,观察岩心 T_2 谱的变化特征,得出的基本认识是:无论哪种岩性,改变扫描次数 N_s、等待时间 T_w、回波个数 N_e 对岩心 T_2 谱分布基本没有影响(图 2.7),而对于中基性岩改变回波间隔 T_e 对岩心 T_2 谱的峰值及面积有较大影响,核磁测量孔隙度适用于酸性岩和火山角砾岩。

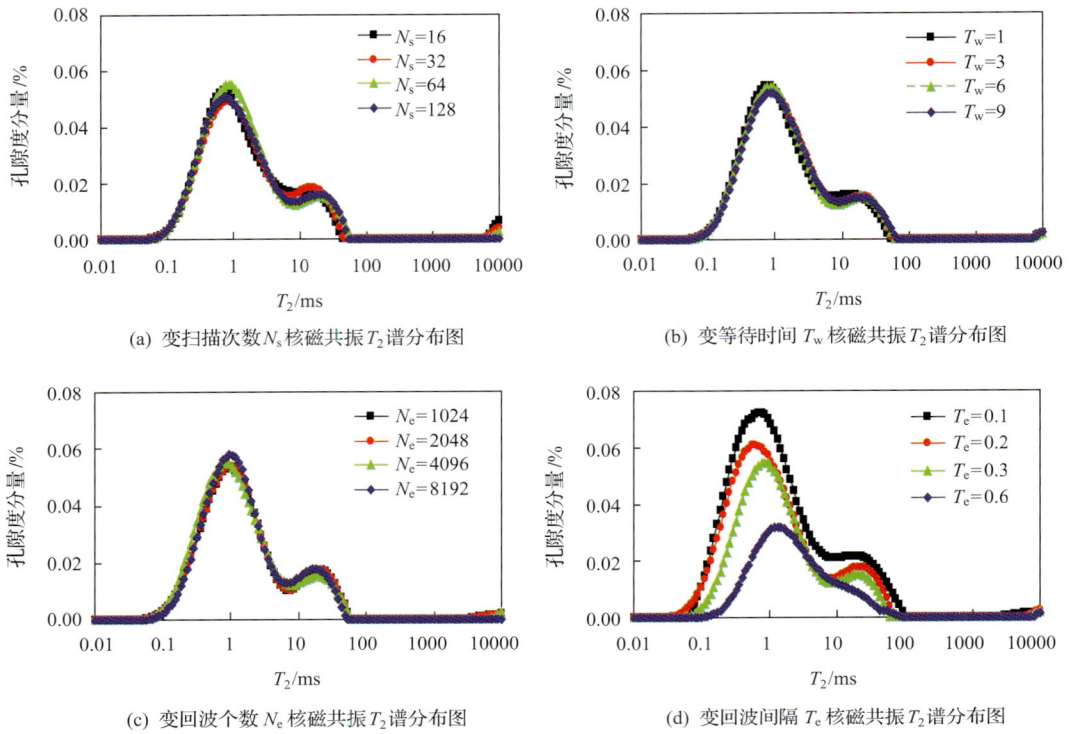

(a) 变扫描次数 N_s 核磁共振 T_2 谱分布图

(b) 变等待时间 T_w 核磁共振 T_2 谱分布图

(c) 变回波个数 N_e 核磁共振 T_2 谱分布图

(d) 变回波间隔 T_e 核磁共振 T_2 谱分布图

图 2.7 不同测量参数条件下核磁共振 T_2 谱分布图

为研究顺磁物质对核磁测量结果的影响,针对玄武安山岩样品进行改变核磁参数实验测量,数据见表 2.5。从实验结果可以看出,玄武安山岩随着 T_e 的增大,可动峰位置朝短 T_2 弛豫时间方向移动且峰值幅度逐渐减小(核磁孔隙度变小),这是由于基性岩中含有较多的顺磁性物质。在实际火山岩核磁测量中,可以通过减小回波间隔 T_e 来降低测量误差,并对玄武安山岩的核磁孔隙度进行校正。

表 2.5 玄武安山岩不同参数条件测量的核磁孔隙度

核磁参数名称	参数值	核磁孔隙度/%
等待时间 T_w	1	1.455
	3	1.469
	6	1.479
	9	1.468
回波间隔 T_e	0.1	2.304
	0.2	1.857
	0.3	1.487
	0.6	0.869

核磁参数名称	参数值	核磁孔隙度/%
扫描次数 N_s	1024	1.440
	2048	1.450
	4096	1.497
	8192	1.474
回波个数 N_e	16	1.427
	32	1.408
	64	1.506
	128	1.451

在以上物性实验项目中,骨架密度、孔隙度和渗透率测量结果主要用于储层物性参数的定量计算,而铸体薄片、毛管压力和核磁共振实验资料则主要用于岩石孔隙结构的定性分析,当然,毛管压力数据和核磁共振实验数据也可以用于储层参数定量评价。

2.1.3　含油性实验分析

储集层的含油性是指岩层孔隙中是否含油气及油气含量大小。含油性实验是为了获取精确评价储层流体性质及用于饱和度计算的参数,其主要实验手段包括荧光薄片实验、岩电实验和地层水性质分析等。基于这些实验及测井资料可对储集层的含油性作定性判断,并建立饱和度参数的定量计算模型。

1. 荧光薄片实验

荧光薄片分析的原理是根据岩石中烃类及其他有机物在紫外光激发下发光颜色不同,通过荧光颜色、亮度和发光范围等确定含油气性质。

荧光显微技术是建立在石油沥青物质被紫外光激发而产生荧光的基础上,在荧光显微镜下,要定性鉴别出储层中沥青的组分、大致含量并确定其与围岩的关系,主要通过沥青的发光颜色、发光强度及发光产状等观察。发光颜色反映沥青的组分,发光强度反映沥青的含量,发光产状反映沥青在岩石中的分布情况,这些信息是判断储层含油水性的主要依据。

选取图 2.8 所示 6 块荧光薄片为鉴定实例,简要说明从荧光薄片中可获取的信息。

图 2.8(a)的荧光薄片实例来自中拐地区金龙 10 井石炭系,深度 2997.0m,安山岩,深灰色,壁心,致密,吸水性差,放大倍数 10。成分及特征描述:岩石由半定向排列的细板条状斜长石微晶、玻璃质、微粒铁质物及少量帘石等组成;玻璃质具绿泥石化。见少量溶蚀孔、缝,其间被钠长石和沥青质全充填;岩心具弱油味,荧光直照 1% 淡黄色,喷照 2% 亮黄色,系列对比 7 级,乳白色,滴水半珠状不渗,加酸局部起泡。

图 2.8(b)的荧光薄片实例来自中拐地区金龙 10 井石炭系,深度 2999.0m,安山质火山角砾岩,灰褐色,壁心,致密,吸水性差,放大倍数 10;成分及特征描述:岩石主要由火山角砾组成,角砾成分均为安山岩。角砾间为火山灰,火山灰脱玻具绿泥石化;构造缝中全

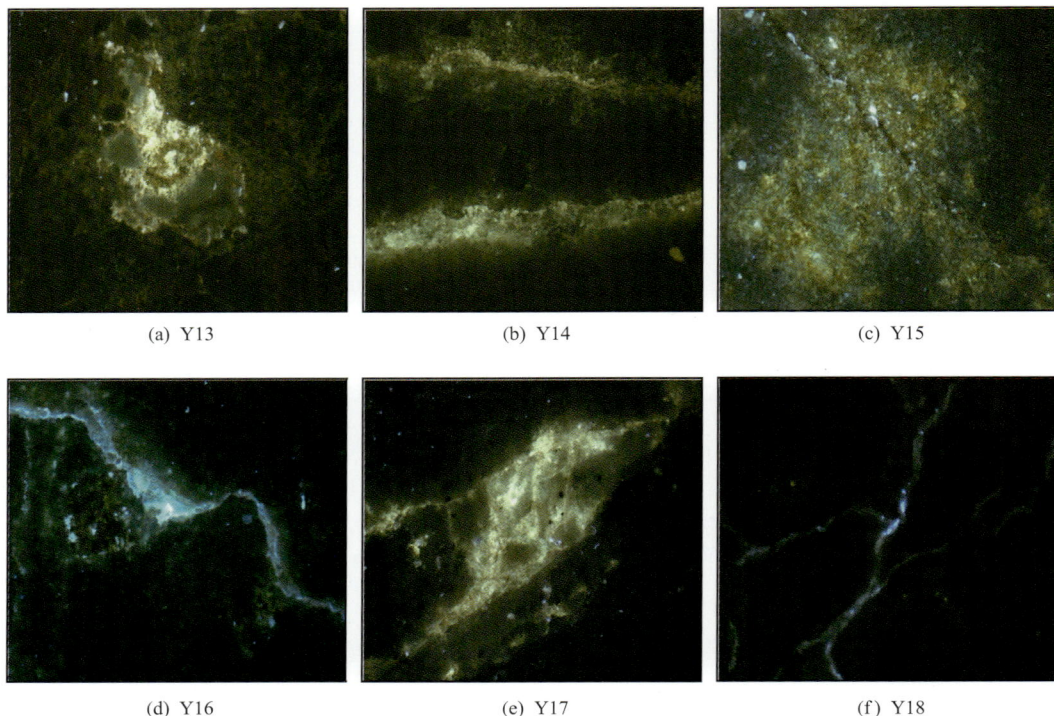

(a) Y13   (b) Y14   (c) Y15

(d) Y16   (e) Y17   (f) Y18

图 2.8　荧光薄片鉴定实例

充填着方解石,岩心具弱油味,荧光直照 5% 淡黄色,喷照 10% 亮黄色,系列对比 7 级,乳白色;滴水半珠状不渗,加酸不起泡。

图 2.8(c)的荧光薄片实例来自中拐地区金龙 102 井石炭系,深度 3109.84m,安山岩,深灰色,块状,致密,吸水性差,放大倍数 10。成分及特征描述:岩石中见含量约 4% 的斜长石斑晶,斑晶多具溶蚀现象,溶蚀孔内充填方解石和褐色沥青质;基质中针状斜长石微晶具定向排列,遇斑晶有绕过现象,玻璃质脱玻具绿泥石化,有少量磁铁矿分布;岩心油气味浓,荧光直照 5% 淡黄色,喷照 10% 亮黄色,系列对比 7 级,乳白色,岩石较均匀发光,滴水不渗,加酸不起泡。

图 2.8(d)的荧光薄片来自金龙 102 井石炭系,深度 3135.31m,安山岩,灰绿色,块状,胶结致密,吸水性差,放大倍数 10。成分及特征描述:斑晶含量约为 2%,成分为斜长石,呈长条状杂乱分布,具方解石化;基质由呈半定向排列的针状微晶斜长石和黑色玻璃质组成;镜下见四条构造缝,缝中半充填沥青质,构造缝中具荧光显示;荧光直照 5%～10% 亮黄色荧光,带状分布,滴水不渗,加酸不起泡。

图 2.8(e)的荧光薄片来自金龙 101 井石炭系,深度 3313m,闪长岩,褐灰色,壁心,胶结致密,吸水性差,放大倍数 10。成分及特征描述:岩石中斑晶含量约 18%,由板柱状斜长石组成;基质由半自形柱粒状斜长石组成,斜长石晶间分布细小板柱状绿泥石化的角闪石、他形粒状石英、绿泥石和和次生帘石;岩石中另见 3 条构造缝,缝中充填方解石;荧光直照 5%～10% 亮黄色荧光,点状分布,滴水缓渗或不渗,滴酸无反应。

图 2.8(f)的荧光薄片来自金龙 061 井石炭系,深度 3412.66m,安山质火山角砾岩,绿灰色,块状,胶结致密,吸水性差,放大倍数 10。成分及特征描述:岩石中火山角砾主要由安山岩组成,岩石由火山灰胶结;另见数条破碎缝,缝中充填方解石、浊沸石;裂缝具荧光显示,荧光直照 5%~10%亮黄色荧光,带状分布,滴水不渗,滴酸无反应。

荧光薄片技术是其他测试手段的补充和完善。在对储层进行含油水性判断时,应将上述规律结合起来综合分析。此外,考虑到地质现象的复杂多样性,在利用荧光薄片对一些现象作出结论之前,必须充分了解该地区或该井的地质情况,综合考虑有关资料,才能得出较准确的结论。

2. 岩电实验

火山岩岩电实验测量的参数主要包括地层电阻率 R_t、地层因素 F 和电阻增大系数 I 等。岩电实验作为岩石物理研究的一个重要手段,主要通过测量岩石的孔隙度、电阻率和饱和度等参数来求取阿尔奇公式中的 4 个关键参数,进而准确地计算地层含油气饱和度。阿尔奇通过对岩石电阻率与岩性、孔隙度、饱和度关系的研究,总结提出了两个重要的参数和公式,即地层因素 F 和电阻增大系数 I,以及对应的两个阿尔奇公式:

$$F = \frac{R_o}{R_w} = \frac{a}{\varphi^m}, \quad I = \frac{R_t}{R_o} = \frac{b}{S_w^n} \tag{2.1}$$

式中,R_w 为地层水电阻率;R_o 为岩石电阻率;m 为孔隙度指数;n 为饱和度指数;φ 为孔隙度;S_w 为含水饱和度。

对阿尔奇公式取对数后可以看到,地层因素的对数与孔隙度的对数、电阻率指数的对数与含水饱和度的对数之间都呈线性关系,因此只要测量每块岩心的地层因素、孔隙度及各种含水饱和度状态下的电阻率指数,就可以利用数学的方法(回归分析)确定 a、b、m、n 值,即确定出岩石电阻率与孔隙度关系、岩石电阻率与含水饱和度的关系。

地层因素测量主要是获取阿尔奇公式岩性系数 a 和孔隙度指数 m。例如,中拐地区石炭系进行了 6 口井 38 个火山岩样品点的地层因素测量,岩性包括玄武安山岩、英安岩和火山角砾岩,测量使用的盐水浓度是 11090mg/L(电阻率为 0.50Ω·m),测量温度 25℃,测量得到了饱和盐水测量的岩石电阻率 R_o、地层因素 F 和含水饱和度 S_w。利用测量数据分岩性建立地层因素与孔隙度的相关关系,如图 2.9(a)所示,即可得到不同岩性的系数 a 和孔隙度指数 m,这些样品的分析结果见表 2.6,其他地区也进行了大量的地层因素实验及分析,具体见后续章节。

表 2.6　不同岩性 a、m 实验分析值

序号	岩性	岩性系数 a	孔隙度指数 m
1	英安岩	2.508	1.325
2	玄武安山岩	1.065	1.527
3	火山角砾岩	0.990	1.745
4	总体(不分岩性)	1.331	2.334

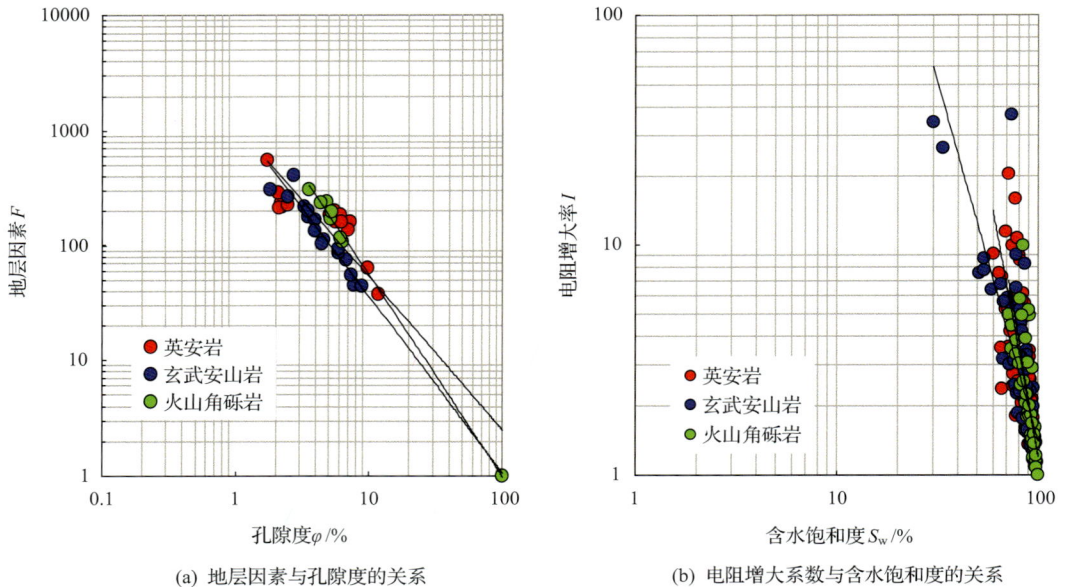

(a) 地层因素与孔隙度的关系　　　　(b) 电阻增大系数与含水饱和度的关系

图 2.9　火山岩岩电实验分析图

电阻增大系数测量主要是获取不同岩性的阿尔奇公式系数 b 和饱和度指数 n。例如,中拐地区石炭系进行了 32 个火山岩样品点的电阻增大系数测量,测量使用的盐水浓度是 11090mg/L,测量温度为 25℃,每个样品测量了多个不同饱和度条件下的电阻增大系数 I。根据测量数据,按玄武安山岩、英安岩和火山角砾岩三种不同岩性分别建立电阻增大系数与饱和度的相关关系,如图 2.9(b)所示,即可得到不同岩性的 b 和 n 值。其他地区的实验及分析结果见后续章节。

3. 地层水性质测量

地层水性质主要指矿化度(电阻率)、离子类型和含量、pH 和水型等。其中电阻率 R_w 是利用电阻率测井进行饱和度计算时的重要参数,而水型则可以指示构造环境并为油藏研究提供有用信息。

地层水或称油层水是指油藏边部和底部的边水和底水、层间水及与原油同层的束缚水的总称。地层水是与石油天然气紧密接触的地层流体,边水和底水常作为驱油的动力,而束缚水尽管不流动,但它在油层微观孔隙中的分布特征对油层含油饱和度有着直接影响。

地层水溶液中常见阳离子包括 Na^+、K^+、Ca^{2+} 和 Mg^{2+} 等,常见阴离子包括 Cl^-、SO_4^{2-}、HCO_3^-、CO_3^{2-}、NO_3^-、Br^- 和 I^- 等。矿化度代表水中矿物盐的总浓度,单位为 mg/L 或 ppm 来表示,地层水的总矿化度表示水中正、负离子含量的总和。

中拐地区石炭系火山岩取得了 39 个水分析样品,地层水类型均为氯化钙($CaCl_2$)型,反映深层封闭构造环境,有利于油、气聚集和保存,是含油气良好的标志。

2.2　测井系列选择

测井系列确定的原则是以目标区的地质特点为基础,根据不同的地质任务与工程要求选择不同的测井系列。测井系列选择时要考虑区块测井项目的完整性和一致性,保持测井系列在一定的地区和层位相对稳定,以便于测井资料的多井对比和多井解释;测井系列的选择既要经济适用,又要体现和推广先进技术,以最大限度地解决地质问题。

一般探井的常规测井系列主要包括双侧向-微球形聚焦、补偿中子、(岩性)密度、补偿声波、自然伽马和自然伽马能谱等。这些测井系列在一定的刻度和质量标准范围内,基本适用于火山岩地层。现代特殊测井项目如微电阻率成像测井、核磁共振、阵列声波和元素俘获能谱等测井项目,由于其在复杂储层评价中体现的先进性,也推荐纳入火山岩测井系列中。

2.2.1　常规测井系列

1. 双侧向-微球聚焦电阻率测井

常规电阻率测井有侧向和感应两类。由于火山岩电阻率一般为高值,故目前准噶尔盆地使用的是双侧向-微球形聚焦电阻率测井组合。双侧向是一种聚焦型地层电阻率测井方法,更适用于盐水泥浆和高阻剖面,所测两条曲线(深侧向 R_{LLD} 和浅侧向 R_{LLS})分别反映原状地层和侵入带电阻率,主要用于划分渗透层并对储层流体性质进行评价;微电阻率测井(如 R_{MSFL} 或 R_{MLL} 等)探测很浅,一般只反映冲洗带范围的电阻率,常与双侧向等组合成三电阻率测井系列。

火山岩的电阻率值主要受到孔隙结构、流体性质和裂缝等的影响,是岩性、热蚀变、裂缝发育程度和含油性的综合反映,数值变化非常大。蚀变的火山岩导电性强,电阻率低于未蚀变的火山岩,而溶蚀孔洞和裂缝在火山岩中分布不均匀,其极强的各向异性导致电阻率变化较大。在火山岩这类高阻剖面中,当井眼钻遇裂缝时,由于泥浆充填了裂缝,会导致浅探测的微电阻率测井值降低,双侧向曲线值也会相应下降,可根据双侧向测井曲线的幅度差来判断储层和裂缝发育段,差异大小与裂缝发育程度有关,通常幅度差越大,裂缝越发育。高角度裂缝电阻率降低的幅度较小,在双侧向上呈较圆滑的正差异(R_{LLD}>R_{LLS}),而低角度裂缝电阻率降低的幅度较大,在双侧向测井曲线上为呈较尖锐的负差异(R_{LLD}<R_{LLS})。侧向测井电阻率一般不反映洞穴,但若洞穴与裂缝串通起来则会造成电阻率明显降低。

因为火山岩地层岩性较为致密,相对于岩性而言,流体对电阻率的影响较小,但对于岩石成分相同、结构一致的岩石,电阻率仍可以反映地层的含油性。在火山岩储层中,电阻率测井主要用于裂缝识别及储层饱和度定量计算等。

2. 自然伽马和自然伽马能谱测井

自然伽马测井和自然伽马能谱测井都是测量地层的天然放射性。在沉积岩中,岩石的天然放射性强弱主要取决于岩石颗粒吸附的放射性物质多少,而在火山岩中钾长石、似长石、云母、锆石类的副矿物、独居石等所含的放射性同位素较多,一般是通过铀(U^{238})、钍(Th^{232})、钾(K^{40})等放射性同位素的含量反映的,含量越高,放射性强度越大,特别是K^{40}的含量与火山岩岩石的放射性关系密切。火山岩岩石由基性经中性至酸性,其SiO_2的含量逐渐增加,钾和钠的含量也随之增加,岩石的放射性增强,自然伽马测井值增加。据统计,准噶尔盆地油区范围内基性、中性、酸性火山岩中铀、钍、钾的平均含量是逐渐增大的。基性的玄武岩放射性低,仅3~30API,中性的安山岩居中,酸性的流纹岩最高,可达175API,可根据自然伽马值的变化规律区分火山岩的酸碱性,进而对岩性、岩相进行识别或划分。但也要注意由于火山岩岩石成分复杂,同一岩类中岩石结构对放射性也有影响,这种规律性也可能在不同区块发生变化,在实际工作中要具体分析。

在某些裂缝层段,在漫长的地质时代里由于地下水活动导致溶解于其中的铀盐(U^{6+})经常沉淀于裂缝周围的岩壁上,造成铀元素富集,使自然伽马测井值升高,或自然伽马能谱测井的铀含量曲线值升高,这种特征可用于辅助判断裂缝的存在。

在火山岩地层中,通常从基性岩、中性岩到酸性岩,其钾的含量逐渐增高,且酸性岩的铀、钍含量最高,因而放射性增强,自然伽马值增大。

3. 常规三孔隙度测井

常规三孔隙度测井指的是声波时差、密度和中子孔隙度三种测井方法组成的岩性-孔隙度测井系列。

声波时差测井是一种通过测量声波传播速度来反映地层岩性和孔隙度的常规测井方法。从理论上分析,由于声波传播时选择最短的传播路径,传播过程中尽可能绕过裂缝或孔洞,因此,声波时差的变化主要反映原生的粒间孔隙,对次生孔隙反映很差;次生孔隙中低角度裂缝对声波时差影响大,高角度裂缝对声波时差影响很小。在裂缝发育的地层,低角度裂缝或网状裂缝的存在会导致声波时差明显增大,甚至出现周期性的跳波即"周波跳跃"现象。通常洞穴一般不会造成纵波时差增高,只有当井壁附近有分布十分均匀的小洞时,才可能导致时差增高。根据准噶尔盆地火山岩统计结果,声波时差总体上呈由酸性到基性减小的趋势,并且火山碎屑岩的声波时差测井值要大于火山熔岩的测井值。但因为声波主要是沿着岩石骨架进行传播的,而硅酸盐类火山岩中的主要化学成分是SiO_2,从酸性岩到基性岩其含量相差不是很大,因此对于声波的传播呈现出的规律性不是很强,曲线值变化幅度不是很明显。

密度测井是利用伽马射线与地层发生康普顿效应测量岩石的体积密度,主要反映地层的岩性和总孔隙度,受组成岩石的矿物成分、孔隙、裂缝的影响。据准噶尔盆地不同区域的资料统计显示,火山岩的密度测井值常存在一定的规律性,如从基性岩到酸性岩,岩石中铁镁矿物的含量减少,钙铝矿物的含量增加,密度测井值呈减小的趋势。这些特点都可以用于火山岩岩性识别。由于密度测井仪为极板推靠式仪器,当极板接触到井眼钻遇的天然裂缝时,泥浆的侵入会引起密度测井值的降低,并呈锯齿状剧烈变化,岩石蚀变次生的沸石填于气孔或裂缝之中,也会造成密度下降。另外,密度测井补偿量$\Delta\rho$、基于光电效应和康普顿效应的岩性密度测井P_e值(光电吸收截面指数)有时也可用于辅助判断裂缝的存在。当然,孔隙发育的地层,其密度值会相应减小,因此除反映岩性外,仍然可以用密度测井评价火山岩的孔隙度。

中子孔隙度测井(补偿中子、井壁中子)是通过测量地层对快中子的减速能力,进而主要通过测量地层含氢量反映孔隙度的一种常规测井方法,其测井响应实际是岩石的矿物成分、孔隙裂缝流体的综合反映。因为岩石骨架成分也有中子减速能力,不同岩石的元素含量不同,导致中子孔隙度测井值会产生差异。分析原因主要是基性岩中含量多的金属元素 Fe 对中子的减速能力要大于硅元素等非金属元素,并且所含的结合水矿物相对较多,氢元素含量就多,导致基性岩的中子值偏高;另外,岩石次生变化引起的基性岩蚀变矿物产生结合水,如次生的绿泥石、沸石、绢云母等含有大量的结晶水和结构水都会导致基性岩中子测井值偏大。钻遇裂缝性地层时,泥浆滤液沿裂缝侵入造成中子值增大,裂缝越发育,中子值增大越明显。凡在中子测井的探测范围内有洞穴存在,都将对中子孔隙度有贡献,当洞中充满高矿化度水时影响更大。

2.2.2　特殊测井系列

1. 元素俘获能谱测井

元素俘获能谱测井(ECS)是通过测量中子跟地层中各种原子核发生非弹性散射、弹性散射和俘获反应所产生的各种伽马射线。用于反映地层成分中各种元素含量的一种地球化学测井方法,其中最具代表性的仪器是斯伦贝谢推出的 ECS。由仪器中子源发射的快中子与地层中各种原子核发生非弹性散射时可产生各种能量的非弹性散射伽马射线。这些射线主要产生于快中子与 C、O、Si、Ca 和 Fe 的反应;快中子经过一系列非弹性及弹性散射后,能量逐渐减弱变为热中子,热中子被地层核素俘获后产生俘获伽马射线,俘获伽马主要产生于 H、Cl、Si、Ca、Fe、S、Ti、Gd 和 K 等。每种原子核都具有与众不同的非弹性散射伽马或俘获伽马射线特征谱。ECS 测井就是通过测量记录这些伽马射线,利用剥谱分析等技术得到地层元素 H、Cl、Si、Ca、Fe、S、Ti、Gd、Mg、B 和 C 等的相对产额,并进一步通过氧化物闭合模型和综合处理得到各种元素的绝对百分含量,进而对地层的矿物含量及类型进行评价。

ECS 测井可以提供的信息包括:利用 Si、Ca、Fe 含量可以得到总黏土含量、总碳酸盐含量、QFM(石英、长石、云母)等岩性组分;利用 Si、Ca、Fe、S 等元素含量可以计算得到骨架密度。该骨架密度与常规密度测井结合可以得到更为精确的岩石总孔隙度;同样,Si、Ca、Fe、S 元素含量还用于校正岩石骨架对中子孔隙度测井的影响,使中子孔隙度值更加接近地层总孔隙度;另外还可用于计算黄铁矿、菱铁矿、煤和盐等岩石成分。

火山岩按成分分类,通常采用 TAS 图版,即按酸度(SiO_2含量)-碱度(K_2O+Na_2O含量)分类法,可依据化学成分的不同将火山岩划分为超基性岩、基性岩、中性岩及酸性岩等几类。获取火山岩化学成分最直接有效的方法是岩心薄片鉴定,但由于其成本太高,因此无法用于全井段岩性识别。ECS 以测量地层元素的百分含量为基础,从岩石成分的角度给出地层诸多岩性信息,将 ECS 测井处理得到的氧化物干重百分比投影到 TAS 图版上,对于区分不同岩性的火山熔岩效果十分明显。

ECS测井不受泥浆类型影响,可以与多种测井仪联合测量,仪器短、应用简单、测量快速的特点使其可以测量多种元素种类用于岩性识别或变骨架密度计算等,与哈里伯顿公司的GEM、贝克休斯公司的FLS等仪器相比具有一定优势,应为火山岩测井系列必备项目,目前准噶尔盆地主要使用该仪器。

2. 地层微电阻率成像测井

微电阻率成像测井仪是在早期地层倾角测井仪的基础上发展而来。地层倾角测井通过测量多条(4条、6条或8条)微电阻率曲线及方位角度信息来反映地层面的产状,对火山岩裂缝的反映比常规测井更具有优势。目前,国际上较为成熟的微电阻率成像测井仪主要有斯伦贝谢公司的FMS、FMI,哈里伯顿公司的EMI、XRMI和贝克-阿特拉斯公司的STAR-II等,近年来国内研发的成像测井仪也陆续投入了商用。这些仪器的测量原理基本相同,只是仪器的结构如极板和电极数目有所差异,由此造成测量精度和井壁覆盖面积有所差异。

以目前最具代表性的斯伦贝谢公司FMI为例,测井仪有8个极板,共装有192个电极。测量时可选择全井眼测量模式、四极板模式或倾角模式,其中常用的全井眼模式测量192条微电阻率曲线,对8.5in(1in=25.4mm,下同)井眼的井周覆盖率达到80%。测井时极板被推靠在井壁上向地层中发射电流,每个电极所发射的电流强度随其贴靠的井壁岩石及井壁条件的不同而变化。因此记录到的每个电极的电流强度及所施加的电压便反映了井壁四周的微电阻率变化。这些密集的采样数据经过一系列校正处理,如深度校正、加速度校正、平衡处理等,并经过色度标定,可形成彩色或灰度显示的电阻率图像,图像的纵向和周向分辨率均为0.2in。

FMI图像是伪井壁图像,可以反映井壁上岩性、物性(如孔隙度)及地质结构或构造等方面的细微变化,但它的颜色与实际岩石的颜色不相干,而且处理得到的静态和动态加强图像上相同颜色代表的地层性质也不相同;另外,由于井之间的差异,每口井的微电阻率值变化范围可能有所不同。也就是说,一口井中FMI图像的某个颜色与另一口的同一颜色可能对应着不同的电阻率值,在井间对比时需要注意。

准噶尔盆地火山岩岩性复杂,甚至夹杂沉积岩。FMI资料常用于识别凝灰岩、熔岩、角砾岩及火山岩岩层中各种尺度的结构或构造,如裂缝、砾石(角砾)颗粒等,但由于常用的动态图像是分段配色,因此某种颜色在不同井段可能对应着不同的岩性。在缺乏岩石薄片资料的井段,FMI图像为检验岩性图版提供重要依据。

除此之外,利用GeoFrame、LogView等专业软件,解释人员可以在FMI图像上直观勾画出不同类型、不同产状的裂缝,经过人机交互处理计算出裂缝产状及裂缝密度、裂缝长度、裂缝宽度和裂缝孔隙度等定量参数。这些裂缝参数比任何通过常规测井资料计算的结果都更为精确,在没有岩心提供裂缝的观察和记录的岩层,FMI图像是对裂缝的直接观察结果和定量计算结果甚至是其他定性与定量评价裂缝方法唯一可靠的检验标准。

在现有的各种类型微电阻率成像测井中,FMI是分辨率最高、公认成像效果最好的。目前准噶尔盆地火山岩成像测井中最常用的是FMI,也有部分地区选用的是哈里伯顿公司的XRMI。

另外,FMI 等成像测井仪器可以采用倾角测井模式进行测量,此时相当于高分辨率倾角测井仪。

3. 核磁共振测井

目前应用较广的核磁共振测井仪是斯伦贝谢公司的 CMR、哈里伯顿公司的 MRIL-P 和阿特拉斯公司的 MREx 等。各种核磁共振测井仪的总体工作原理相似,均采用磁性很强的永久磁铁在井眼之外的地层中建立一个比地磁场大得多的均匀静磁场区域,通过天线发射 CPMG 脉冲序列信号并接收地层的回波信号,其原始数据由一系列自旋回波幅度组成,经处理得到 T_2 弛豫时间分布。T_2 分布为主要的测井输出,由此可导出核磁总孔隙度、束缚流体孔隙度、自由流体孔隙度和渗透率等参数。

核磁共振测井以氢核与外加磁场的相互作用为基础,只对氢核产生的核磁共振信号进行观测,其他类型的原子核对观测信号没有影响。与中子测井相比,虽然也测量含氢指数,但两者在对储层的响应特征方面却大不相同。首先,核磁共振测井对核素有选择性,只观测氢核;而中子测井还受到其他强散射与吸收元素的影响,如氯和一些稀土元素。其次,中子测井观测到的是所有的氢核,包括结晶水中的氢;而核磁共振测井观测的只是所有岩石孔隙流体中的氢,包括黏土束缚水、毛管束缚水及孔隙中的可动流体。最后,核磁共振测井中无挖掘效应的影响,因此比中子测井能够更好地指示岩石的孔隙度。由于固体与流体中氢核的磁共振弛豫性质存在明显差异,核磁测井信号直接来自于地层孔隙中的流体,提供的观测结果几乎不受岩石矿物骨架成分的影响,使资料的解释与应用不再受到地层矿物模型的困扰。另外核磁共振测井还能提供作为产层质量重要指标的孔径分布及渗透率等参数。而常规的中子、密度、声波时差测井对孔径分布及渗透率都不敏感。

油、气、水的核磁共振特性不同,体现在具有不同的纵向弛豫时间 T_1、横向弛豫时间 T_2 和扩散系数 D 等。通过改变采集参数,利用纵向弛豫时间加权和扩散系数加权的方式,还可以对流体类型进行识别和定量计算。

核磁共振测井的 T_2 谱分布形态较好地反映地层的孔隙结构特征,T_2 谱包围的面积反映储层总孔隙大小。一般致密火山岩地层或纯泥岩地层显示为仅有束缚流体峰的单峰分布;砂岩地层则为连贯的双峰分布,前峰反映黏土与毛管束缚水等小孔径特征的束缚流体,后峰则反映地层内大孔径特征的可动流体;对于火山岩地层,当含有效裂缝与溶蚀孔洞时,呈现为连贯或分离的三峰分布,前峰反映基质孔隙特征,中峰反映次生孔隙,后峰反映有效裂缝或溶蚀孔洞,三峰的分布形态可反映出储层内部孔径分布特征。

需要注意的是,火山岩中 Fe、Al、Ca、Ti 等铁磁或顺磁物质的存在往往使其具有很高的磁化率,磁化率一般从酸性岩到基性岩逐渐增大,高磁化率岩石孔隙内部会产生强梯度磁场,导致核磁信号衰减幅度增大,核磁分析孔隙度会明显偏低,误差增大。因此,核磁共振测井与岩性有关系,主要适合于酸性火山岩和火山角砾岩,在中基性岩储层中应用具有很大的局限性。为提高其适用性,在测井施工时,可以通过减小回波间隔等手段一定程度上降低测量误差,并需对核磁孔隙度解释结果进行校正。

从井筒周围非均质性影响、测量重复性、地层温度影响等多方面考虑,目前准噶尔盆地主要选用斯伦贝谢公司的 CMR 和哈里伯顿公司的 MRIL-P 型核磁共振仪。

4. 阵列声波及井周声波成像测井

阵列声波测井仪器有多种,国内常用的包括斯伦贝谢的偶极横波成像 DSI、阿特拉斯的交叉多极子阵列 XMAC 和哈里伯顿的 WaveSonic 等。以 DSI 为例,其采用偶极子声源(可看成是两个相距很近、强度相同、相位相反的点声源组合),当声源振动时,很像一个活塞,能使井壁的一侧压力增加,而另一侧压力减小,使井壁产生扰动而形成轻微的挠曲,在地层中直接激发出横波和纵波。除沿地层传播的横波和纵波外,沿井眼还存在剪切挠曲波的传播,这种由井眼挠曲运动产生的剪切挠曲波具有频散特性,不同频率的波传播速度不同,其振动方向与井轴垂直,但传播方向与井轴平行,在高频时传播速度低于横波的速度,而在低频时传播速度趋近于横波。DSI 测井实际上是通过对挠曲波的测量来得到地层的横波速度。

研究表明,在裂缝发育区域,必然存在横波分裂现象,即裂缝空间中的流动流体致使横波分解为快、慢横波。快横波极化方向平行于裂缝走向,慢横波极化方向垂直于裂缝走向,且裂缝越发育,这种现象越明显。另外,由低频声源激励产生的斯通利波,当遇到和井壁相交的渗透性裂缝时,因裂缝引起的波阻抗差异很大,会使斯通利波的部分能量反射回来,根据这一原理对测得的斯通利波波形进行处理,可求出反射系数并用反射系数来估算裂缝开度,反射系数越大,说明裂缝的渗透性也越好。与地层微电阻率成像测井探测裂缝相比,DSI 能探测到离井壁更远的裂缝网络连通情况,在评价裂缝的延伸范围或有效性时能发挥重要作用。利用阵列声波测井得到的高质量纵波、横波、斯通利波信息,可以进行火山岩储层裂缝评价和孔隙流体识别等。

井周声波成像测井以阿特拉斯公司的 CBIL 为代表,该仪器是以 Mobil 公司早期设计的 BHTV-Ⅱ 型仪器为基础,采用低频球面聚焦式换能器和较高的旋转速度,在测井速度提高的情况下,仍能达到成像测井要求的分辨率。此外,因换能器的聚焦性能还受井眼直径和仪器居中程度的影响,CBIL 拥有两个不同尺寸和不同焦距的球面聚焦换能器,测井时由地面系统控制以适合不同的井眼条件。由于裸眼井中的天然裂缝和溶蚀孔洞等能够散射来自入射声束的能量,因此,换能器接收到的回波信号强度减弱,在声波幅度成像上会产生可以识别的暗色特征,而无裂缝或孔洞的光滑井壁在声幅成像图上则表现为白色区域。可以利用这种特征确定火山岩地层的裂缝、溶洞等构造特征并描述原生和次生孔隙的发育情况。

目前,几种阵列声波仪器在国内都得到了较好应用,准噶尔盆地火山岩测井系列中主要使用的是 DSI(如 WaveSonic 等)。

2.2.3 准噶尔盆地火山岩测井系列

从以上介绍可以看出,在解决火山岩储层评价的某方面问题时,常常有多种测井方法可供选择,而某种测井方法也可以有多种用途。基于测井原理及适用性分析,针对准噶尔盆地火山岩油气藏的特点,在多年实践经验总结的基础上,逐渐形成了对火山岩较为敏感的常规岩性系列、孔隙度系列、电阻率系列和地层产状系列,而近年来不断推广应用的特殊测井系列在火山岩储层评价中也发挥了重要作用,有些测井方法已不可或缺。目前应用的准噶尔盆地火山岩测井系列见表 2.7。表中给出了推荐的测井项目及其用途、典型测井响应特征,可以满足火山岩储层评价中岩性识别、物性定性定量评价、流体性质识别及饱和度计算等各方面应用。这套测井系列在新疆油田公司及西部钻探测井公司使用多年,石炭系火山岩地层的测井特征清楚,有利于准确采集测井资料,也有利于对火山岩储层做出正确解释。

表 2.7　准噶尔盆地火山岩测井系列选择

系列	测井项目	推荐测井方法	研究的问题或用途	典型测井响应特征	辅助或备选方法
常规测井系列	岩性	自然伽马或自然伽马能谱	岩性识别、辅助储层识别	未蚀变火山岩从基性到酸性 GR 测井值逐渐升高	井径 CALI、自然电位 SP
	孔隙度	密度、中子、声波时差	岩性识别、孔隙度计算、裂缝评价	反映不同岩性骨架和孔隙特性;裂缝段密度测井值 DEN 下降、中子测井值增大,低角度裂缝段声波时差增大甚至发生"周波跳跃"	
	电阻率	双侧向-微球形聚焦	流体饱和度计算、裂缝评价、识别蚀变熔岩	油气层高电阻率显示;蚀变火山岩双侧向和微球聚焦电阻率降低;裂缝段双侧向电阻率产生幅度差,微球跳跃,甚至骤降	
特殊测井系列	元素俘获能谱	ECS	岩性评价、变密度骨架计算	解谱获得地层元素含量曲线和矿物成分含量	GEM、FLS
	微电阻率成像	FMI、XRMI	岩性识别、裂缝评价,岩石结构或构造识别分析	岩性、裂缝、微观结构和构造等形成特定的图像模式	EMII、STAR-Ⅱ
	核磁共振	MRIL-P、CMR	孔隙度、渗透率计算,流体性质评价,孔隙结构分析,酸性岩中效果好	谱峰面积反映储层总孔隙度;同时发育基质孔隙、次生孔隙和裂缝溶孔时,谱峰呈三峰特征	MREx
	多极阵列声波	DSI、WaveSonic	裂缝有效性评价、流体识别、岩石力学参数计算	裂缝发育区域存在横波分裂、斯通利波衰减等现象;油气对纵、横波速度影响不同	XMAC-Ⅱ、CBIL

各种测井方法都有其先进性和局限性,表 2.7 中除提供了准噶尔盆地当前使用的典型测井系列外,还为某些特殊情况提供了个别备选系列。另外,火山岩储层开发过程中针对重点探井、评价井、扩边井等可加测特殊测井系列,这对火山岩油藏开发和基础理论研究均有重要意义。

火山岩岩性、岩相测井识别技术 第3章

火山岩的岩性和岩相直接决定了火山岩储层品质的优劣,因而岩性、岩相的识别是火山岩测井评价的重要基础,也是进一步评价储层物性、含油气性及确定压裂改造等增产措施的基础。

火山岩岩性、岩相测井识别的基础是其测井响应特征。测井响应特征是岩石的成分、结构、蚀变、孔缝发育程度和流体性质的综合反映,然而由于火山岩矿物成分复杂,火山岩的测井响应相互覆盖、相互交错、相关关系复杂,仅利用测井资料识别火山岩岩性和岩相难度较大。实际工作中首先需要结合岩心、岩屑等第一性分析资料对岩性、岩相进行测井学分类,然后在"岩心刻度测井"思想的指导下,以各种岩性、岩相的测井响应为基础,综合利用常规测井和元素俘获能谱、成像等特殊测井资料,建立岩性、岩相的多种测井识别技术。

火山岩岩相能够揭示火山岩空间展布规律和不同岩性组合之间的成因联系,是火山岩成因和物性研究的重要内容。目前火山岩岩相的划分主要是基于地质认识,并结合岩心、地震及测井等多种资料,根据火山岩岩相和地震相、测井相的相互关系进行划分。

3.1 火山岩岩性、岩相的测井学分类

3.1.1 火山岩岩性的测井学分类

火山岩是由岩浆喷出地表或侵入地壳冷却凝固所形成的岩石,有明显的矿物晶体颗粒或气孔,约占地壳总体积的 65%。自然界中的火山岩是个大家族,种类繁多,千差万别,根据国际地质科学联合会(International Union of Geological Sciences,IUGS,简称国际地科联)火山岩命名委员会统计,仅已命名的就达千种之多。

虽然各种火山岩之间存在着化学成分、矿物成分、结构、产状和成因等方面的差异,但是它们彼此之间又存在着一定的过渡关系。自 20 世纪 70 年代起,国内外地质学家就对火山岩划分进行了不懈努力,目前对火山岩的分类已经得到了大多数科学家的肯定。

现在比较实用的火山岩地质分类方法主要有两种:一种是按岩石的化学成分分类,即按照岩石的矿物成分、矿物组合并结合岩石的地质结构、构造分类,这种精细的岩性命名基本是以薄片的镜下矿物分析结果结合全氧化物分析资料;另一种可称为测井学分类,是从现场资料评价的实用角度出发,考虑目前常规测井资料无法有效反映火山岩的矿物成分,利用岩心反映出的岩石学特征和测井响应反映出的岩石物理特征之间的相关关系,通过自然伽马、密度、电阻率等多种测井响应特征综合分析进行岩性分类。

1. 火山岩的化学分类

划分火山岩类型时，岩石化学成分中的酸度和碱度是主要考虑因素之一。岩石的酸度是指岩石中含有二氧化硅（SiO_2）的质量分数。SiO_2 是火山岩中最主要的一种氧化物，其含量的有规律变化是火山岩化学分类的主要基础。通常，SiO_2 含量高时，酸度也高，SiO_2 含量低时，酸度也低。而岩石酸度低时，说明它的基性程度比较高。根据酸度，也就是 SiO_2 含量，可以把火山岩分成 4 个大类：超基性岩（SiO_2 含量小于 45%）、基性岩（SiO_2 含量 45%～52%）、中性岩（SiO_2 含量 52%～66%）和酸性岩（SiO_2 含量大于 66%）。岩石的碱度是指岩石中碱的饱和程度，岩石的碱度与碱含量多少有一定关系。通常把 $Na_2O + K_2O$ 的质量分数之和，称为全碱含量，$Na_2O + K_2O$ 含量越高，岩石的碱度越大。Rittmann 1957 年考虑 SiO_2 和 $Na_2O + K_2O$ 之间的关系，提出了确定岩石碱度比较常用的组合指数 σ，σ 值越大，岩石的碱性程度越强。σ 小于 3.3 为钙碱性岩，σ 为 3.3～9.0 时为碱性岩，σ 大于 9 时为过碱性岩。

除以上化学成分外，矿物成分也是火山岩分类的依据之一。火山岩中一些常见矿物的成分和含量会因岩石类型不同而随之发生有规律的变化。例如，石英、长石呈白色或肉色，被称为浅色矿物；橄榄石、辉石、角闪石和云母呈暗绿色、暗褐色，被称为暗色矿物。通常，超基性岩中没有石英，长石也很少，主要由暗色矿物组成；而酸性岩中暗色矿物很少，主要由浅色矿物组成；基性岩和中性岩的矿物组成介于两者之间，浅色矿物和暗色矿物各占有一定的比例。

根据上述原则，首先把火山岩按酸度分成四大类，然后再按碱度把每大类岩石分出几个岩类，就形成火山岩的化学分类。例如，超基性岩大类：钙碱性系列的岩石是橄榄岩-苦橄岩类，偏碱性的岩石是含金刚石的金伯利岩，过碱性岩石为霓霞岩-霞石岩类和碳酸岩类；基性岩大类：钙碱性系列的岩石是辉长岩-玄武岩类，相应的碱性岩类是碱性辉长岩和碱性玄武岩；中性岩大类：钙碱性系列为闪长岩-安山岩类，碱性系列为正长岩-粗面岩类，过碱性岩为霞石正长岩-响岩类；酸性岩类：主要为钙碱性系列的花岗岩-流纹岩类。

2. 火山岩的测井学分类

尽管岩石的矿物成分与化学成分密切相关，但由于目前常规测井资料无法有效地反映火山岩的矿物成分，因此，用矿物成分进行测井分类是不可行的，必须寻求基于测井资料分辨能力的火山岩分类方法。

火山岩的岩石物理特征及其与岩石学特征的相关关系研究表明，自然伽马、密度、岩石的动态泊松比等参数对岩石的化学成分较为敏感，可以反映火山岩化学成分变化，而且火山岩的天然放射性、密度、泊松比、电阻率测井响应等还可以在一定程度上反映火山岩的结构变化。另外，一些特殊测井技术，特别是微电阻率成像测井的应用，为直观描述火山岩大尺度的宏观结构和构造特征提供有利条件。

上述测井学特点为利用化学成分结合结构、构造描述综合进行火山岩分类及定名奠定了岩石物理学基础。但测井学的特点是用其他物理量间接地反映火山岩的化学成分及结构、构造特征，镜下精细的火山岩分类定名方法用测井方法是无法实现的。因此，需要在基本满足地质需求的前提下,按测井响应特征对火山岩的岩性进行一定归类,形成测井学可操作的、具有普遍适用性的实用火山岩分类及命名方法。

要满足地质需求,测井分类方法应尽可能和地质分类方法一致;要考虑测井响应的宏观特点及分辨率,测井分类方法既不能过细造成操作性差,也不能过粗影响应用。因此,火山岩的测井学分类,是考虑了研究区火山岩的岩石学特点,以火山岩岩石学与岩石物理学的相关研究结论为指导,以火山岩岩性的地质分类为基础,针对测井响应的特点及其对化学成分、结构与构造的分辨能力,对精细地质分类进行必要归类后形成的。

准噶尔盆地的火山岩基本为钙碱系列火山岩,火山岩的碱度变化不大,这就大大降低了火山岩岩性分类的难度,提升了火山岩酸度分类的有效性和可操作性。因此,火山岩的测井学分类采用以酸度为基础的分类法。考虑到研究区均未见超基性的火山岩,按照火山岩 SiO_2 含量的变化将火山岩划分为四大类(图 3.1),划分标准如下(陈新发等,2012):基性岩类(玄武岩)SiO_2 含量为 $45\%\sim52\%$,中性岩类(安山岩)SiO_2 含量为 $52\%\sim63\%$,中酸性岩类(英安岩类)SiO_2 含量为 $63\%\sim66\%$,酸性岩类(流纹岩)SiO_2 含量超过 66%。也就是说,按成分分类仅划分大类,不进行大类的细分。

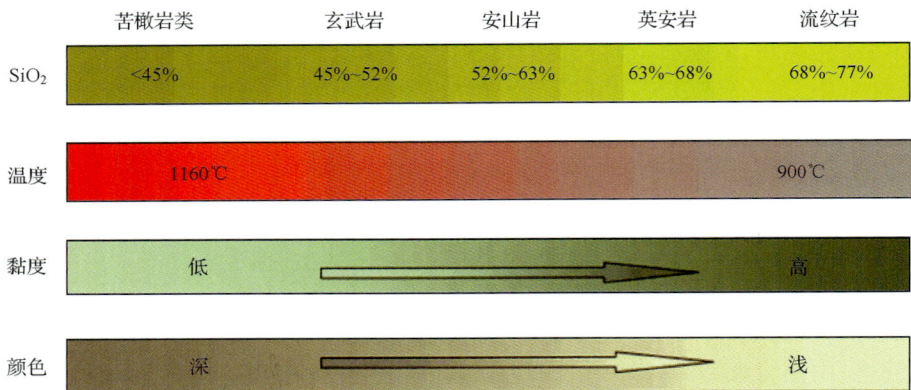

图 3.1 火山岩成分的酸度分类方法

火山熔岩的命名以上述四大类岩石的名称为基础,前缀加以结构、构造描述,裂缝发育的也可加以描述,如裂缝发育的杏仁状玄武岩、气孔玄武岩等。

火山碎屑岩则按碎屑的相对大小和碎屑颗粒的主要成分分类。首先根据碎屑粒度的大小分为四类(陈新发等,2012),火山集块岩(粒径大于 64mm)、火山角砾岩(粒径为 $64\sim2mm$)、火山灰凝灰岩(粒径为 $2\sim0.05mm$)和火山尘凝灰岩(粒径小于 0.05mm);而后再根据碎屑颗粒的主要成分进行描述(称为质),如火山碎屑岩进一步分类为角砾岩,若碎屑成分主要为玄武岩,则命名为玄武质角砾岩。

3.1.2 火山岩岩相的测井学分类

地质体中反映成因的地质特征总和称为相,火山岩相能够揭示火山岩空间展布规律和不同岩性组合之间的成因联系,因此,是火山岩成因和物性研究的重要内容。国内外学者根据不同的研究认识、目的,按照火山岩产出条件、岩体形态、物源特征和搬运方式等对火山岩岩相进行多种不同的分类,但通常把火山岩划分为海相与陆相,再进一步分为喷出相、火山通道相、次火山相、喷发沉积相(火山沉积相)等,其中喷出相又分为爆发相、溢流相、侵出相等。

从地质应用的适用性、与火山岩岩性划分结果的可转化性及操作的方便性等方面考虑,根据油气勘探的地质要求和测井学的特点,岩相的测井学划分通常参考火山机构。在准噶尔盆地,综合近些年的测井火山岩岩相划分经验,采用"岩性-组构-成因"分类方案,同时考虑岩相与储层的关系(陈新发等,2012),从喷发模式到火山岩相类型,从单井相到平面相,对该地区火山岩相类型进行研究,按照火山活动产出物的产出方式、形态及岩石特征将火山岩相分为爆发相、溢流相、次火山岩相和火山沉积相等 4 个岩相和 11 个亚相(表 3.1)。考虑侵出相在钻井中非常罕见,且测井的方法几乎无法识别,故未列入岩相分类。

表 3.1　准噶尔盆地火山岩相的测井学分类及特征

相	亚相	主要岩石类型	特征岩性	结构	构造	产出状态
溢流相	顶部亚相	火山熔岩	玄武安山岩、安山岩、流纹岩	交织、间粒、间隐结构	气孔、杏仁、石泡、流纹	岩流、岩被:绳状、渣状、柱状、枕状熔岩等
	中部亚相					
	底部亚相					
爆发相	集块亚相	火山碎屑岩	凝灰质角砾岩、角砾岩、集块岩、凝灰岩	火山碎屑结构、凝灰质结构	块状	空中飘浮或堕落堆积、火山碎屑流堆积、火山口附近或远处堆积
	角砾亚相					
	凝灰亚相					
次火山岩相	块状亚相	次火山岩	花岗斑岩、二长玢岩	斑状结构	块状	近地表岩株、岩墙、岩枝、岩盖
	隐爆角砾亚相					
火山沉积相	沉火山角砾岩亚相	沉积岩	湖相泥岩、海相泥岩、凝灰质砂岩、凝灰质砂砾岩、沉凝灰岩	砾石有磨圆,火山/陆源碎屑结构	层状	湖相、海相;层状、透镜状沉积等
	沉凝灰岩亚相					
	凝灰质沉积亚相					

1. 爆发相

爆发相岩石成分不定,岩性为火山碎屑岩,挥发分多、黏度大的中酸性、碱性岩浆中多见。可形成于火山作用的不同阶段,但以早期及高潮期火山喷发能量较大时最为发育。有的以层状产出,有的在火山口附近形成碎屑锥。通常粗粒级多近火山口分布,细粒级分布相对较远。按粒级的大小,测井上可分为集块亚相、角砾亚相和凝灰亚相。用常规测井划分三种亚相通常较为困难,但用微电阻率成像测井资料则较易识别。

2. 溢流相

溢流相岩石成分不定,岩性为火山熔岩,从基性到酸性均有发育。溢流相可形成于火山作用旋回的各个时期,但多数见于强烈爆发以后,在后续喷出物推动和自身重力的共同作用下,在沿着地表流动过程中,岩浆逐渐冷凝固结而形成。当产出厚度较大时,尽管其岩浆性质基本相同,但由于从上到下所处的位置不同,造成其结构、构造有较大差异,物性的差异也较大。一般而言,顶、底部气孔较为发育,基质物性较好,易形成优质储层。为此,一般将溢流相的熔岩分为顶部亚相、中部亚相和底部亚相 3 个单元。

3. 次火山岩相

次火山岩相由未喷出地面但离地面较近的岩浆形成,岩浆成分不定。由于岩浆未喷出地面,温度下降相对较慢,故结晶程度低于一般的侵入岩,高于喷出岩。地质上此种岩相的火山岩又称为浅成岩,由于该种岩相的火山岩多与火山活动有关,且与喷出岩的岩性相近,故一般划为火山岩的范畴。它与火山岩有"四同"的特点:同时间但一般较晚;同空间但分布范围较大;同外貌但结晶程度更好;同成分但变化范围及碱度相对较大。实践中,常按岩性将次火山岩分为块状亚相和隐爆角砾亚相。

4. 火山沉积相

火山沉积相岩石成分多样,岩性主要为与火山活动相关的产物。根据测井学的特点、同时为便于火山机构的识别,将火山沉积相分为沉火山角砾岩亚相、沉凝灰岩亚相和凝灰质沉积亚相。沉火山角砾亚相分布于近火山口附近,与火山角砾岩亚相不同的是其存在明显的搬运痕迹,沉积构造发育,在成像测井图像可以看到明显的沉积层理。沉凝灰岩亚相与凝灰质亚相的差别是凝灰质亚相基本是空落堆积,而沉凝灰岩亚相具有明显的水搬运痕迹,沉积层理发育,有时夹泥质条带。凝灰质沉积亚相基本为沉积岩,具有沉积岩的所有特征,不同之处在于其具有凝灰质成分。

3.2 火山岩岩性的测井识别

由 3.1 节讨论可知,为便于分析和识别,准噶尔盆地的火山岩测井学分类主要采用以酸度为基础的分类法,将岩性划分为基性(玄武岩类)、中性(安山岩类)、中酸性(英安岩类)和酸性(流纹岩类)岩类等几种主要类型。本节选取盆地中分布较广、代表性较强的火山岩类,基本涵盖溢流相熔岩类、爆发相的火山碎屑岩类、次火山岩相的次火山岩类等,通过分析其成分及测井响应特征,为测井岩性识别奠定基础。

3.2.1 火山岩测井响应特征分析

火山岩测井响应特征是岩石成分、结构、热蚀变、孔隙发育程度和含油性的综合反映。在准噶尔盆地,组成岩石矿物的成分主要有石英、长石、似长石、辉石、角闪石、橄榄石和云母等。组成岩石的主要化学成分包括 SiO_2、Al_2O_3、Fe_2O_3、FeO、CaO、MgO、Na_2O 和 K_2O 等,其总和占火山岩总成分的 95% 左右,主要化学成分随 SiO_2 的含量增加呈相关性变化,构成了基性、中性、酸性火山岩,从而表现出有规律的地球物理测井响应特征。

火山岩的测井响应特征分析是火山岩测井解释的基础。由于火山岩的岩性成分、结构、构造等都比较复杂,即使同类岩性,在不同地区也可能呈现测井特征上的差异。本节主要针对常见的典型岩性,结合取心资料和薄片鉴定岩性资料等,在岩性划分和定名基础上,选用准噶尔盆地陆东-五彩湾地区克拉美丽气田典型井段实例,对其测井响应特征进行总结说明。其他地区可以参照分析。

1. 中基性火山岩测井响应特征

1）玄武岩

玄武岩是一种常见的典型基性喷出岩。均为暗色，一般为黑色，有时呈灰绿色及暗紫色等，气孔构造和杏仁构造在玄武岩中普遍发育。玄武岩 SiO_2 含量为 45%～52%，K_2O＋Na_2O 含量较侵入岩略高，CaO、Fe_2O_3＋FeO、MgO 含量较侵入岩略低。玄武岩的矿物成分主要由斜长石（拉长石和倍长石）和辉石（普通辉石、透辉石、顽辉石）组成，次要矿物有橄榄石、角闪石等。当玄武岩发生蚀变时，玄武岩中绿泥石含量会比较高。上述玄武岩的造岩矿物硅元素含量都不高，拉长石为玄武岩中硅元素含量最高的造岩矿物，其硅元素含量也仅为 25.987%，铝元素在玄武岩的各种造岩矿物中含量都较高，如拉长石的铝元素含量为 14.976%，倍长石的铝元素含量为 16.774%，绿泥石的铝元素含量为 9.344%；铁元素的含量在玄武岩中也较高，因为普通辉石、绿泥石、磁铁矿中铁元素的含量都较高。玄武岩造岩矿物所含化学元素的特征决定了玄武岩具有硅元素含量相对较低，铁元素和铝元素含量相对较高的特点。

玄武岩的这种化学成分和构造特点，决定了其在测井资料上的响应特征。以克拉美丽气田滴西 17 井为例，该井石炭系 3633～3712.5m 井段钻井取心和井壁取心的镜下鉴定都为玄武岩（图 3.2、图 3.3）。从图 3.2 中可以看出，玄武岩井段在 ECS 测井资料上硅元素含量与上下围岩相比明显变小，铁元素、铝元素含量明显增大。据统计，该玄武岩井段硅、铁、铝元素的平均含量分别为 22%、9.4% 和 9.7%；在成像测井 FMI 资料上整体颜色较亮，电阻率比上下凝灰质砂岩要大；在常规测井资料上，自然伽马测井值较低，密度测井值较大，中子孔隙度较大，双侧向测井值较上下围岩也变大。

在滴西 17 井 3633～3643m 玄武岩储层段，从图 3.3 密度曲线上可以看出，储层段的孔隙度明显比其下部较致密的玄武岩要大。而总孔隙度大的井段对应的成像测井资料上可以看到比较密集的黑色斑点。在常规测井资料上，双井径曲线基本重合，说明此处井眼条件较好，自然伽马测井值较低，深浅电阻率曲线出现正差异，三孔隙度测井曲线对总孔隙度均有所反映：密度测井值降低，中子测井值增大，声波时差略有增大。据统计，该储层井段自然伽马测井平均值为 29.6API，深侧向电阻率测井平均值为 33.5Ω·m，密度测井平均值为 2.56g/cm³，中子孔隙度测井平均值为 25.8%，声波时差平均值为 74.8μs/ft。

从以上实例及其他井资料分析可以看出，玄武岩在测井资料上的响应特征为：在 ECS 测井资料上，与上、下围岩相比，硅元素的含量一般明显减小，而铁元素和铝元素的含量明显增大，在岩性变化处形成明显的界线；在成像测井资料上，玄武岩的电阻率一般较高，颜色一般较亮；在常规测井资料上，一般自然伽马测井值较低，密度测井值较大，中子孔隙度测井值较大（这是由蚀变后岩石含大量结晶水引起的，同时岩石骨架中的铁镁矿物对中子的减速也有重要贡献）。在玄武岩储层井段，成像测井资料上，一般可以看到明显的黑色斑点或裂缝；常规测井资料上，相对于致密井段，密度测井值降低，中子测井值、声波时差测井值变大，双侧向测井值降低且有差异。

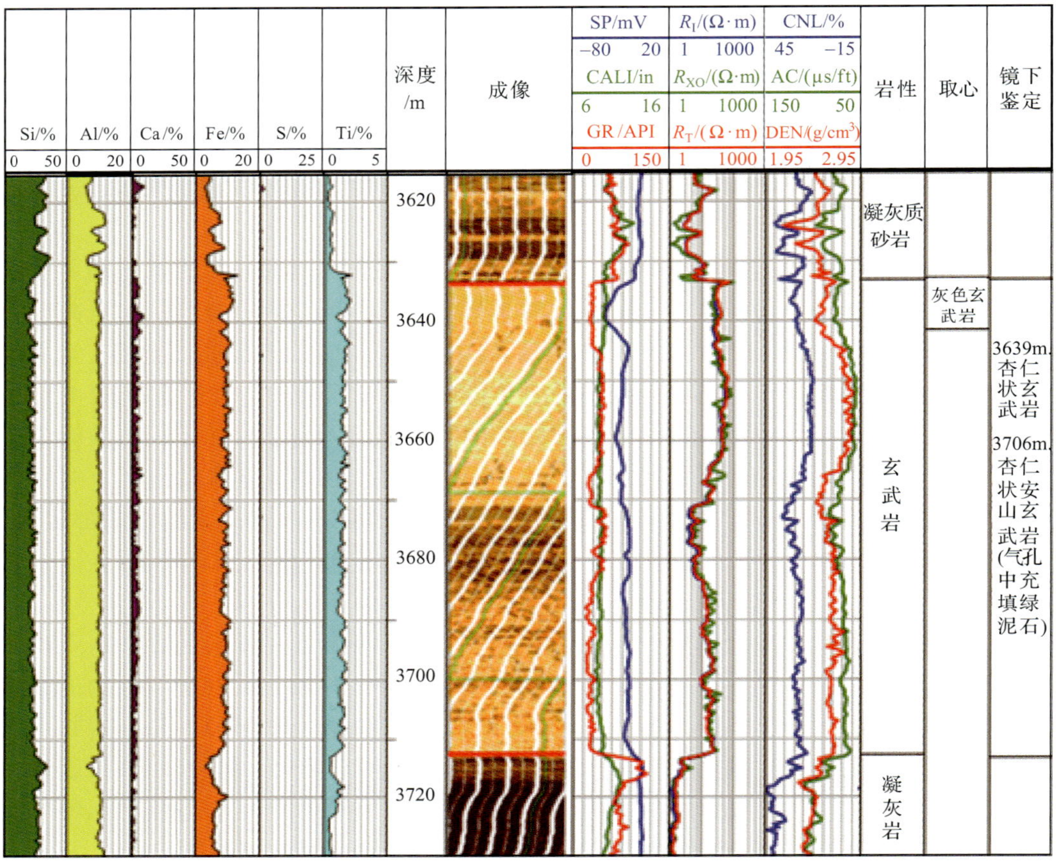

图 3.2　滴西 17 井玄武岩井段测井资料响应特征

SP. 自然电位；CALI. 井径；GR. 自然伽马；R_I. 浅电阻率；R_{XO}. 冲洗带电阻率；R_T. 深电阻率；

DEN. 岩性密度；CNL. 中子孔隙度；AC. 声波时差；1in＝2.54cm；1ft＝0.3048m

2）安山岩

安山岩是一种典型的中性喷出岩，呈深灰、浅玫瑰、暗褐等色，斑状结构。其成岩矿物与玄武岩大致相同，斑晶主要为斜长石及暗色矿物，其中斜长石以中长石、拉长石为主，常具环带及熔蚀结构。常见暗色矿物有辉石（普通辉石、紫苏辉石）、角闪石和黑云母。基质主要为交织结构及安山结构（玻基交织结构），由斜长石（更长石、中长石为主）微晶、辉石、绿泥石、安山质玻璃等组成。副矿物以磷灰石及铁的氧化物为主。由于安山岩与玄武岩的成岩矿物基本相同，所以其化学元素的特征与玄武岩基本相同，硅元素的含量相对较低，铁元素、铝元素的含量相对较高。

在测井响应特征分析上，以克拉美丽气田滴西 182 井为例（图 3.4）。该井石炭系 3494～3530m 井段钻井取心鉴定为安山质火山角砾岩，上部井段安山质火山角砾岩在 ECS 测井资料上硅元素含量明显变小，铁元素、铝元素含量明显增大，下部井段安山质火山角砾岩偏酸性，硅元素含量有所上升。据统计，该安山质火山角砾岩井段硅、铁、铝元素含量的平均值分别为 25.3％、6.5％和 9.4％。在常规测井资料上，此段安山质火山角砾

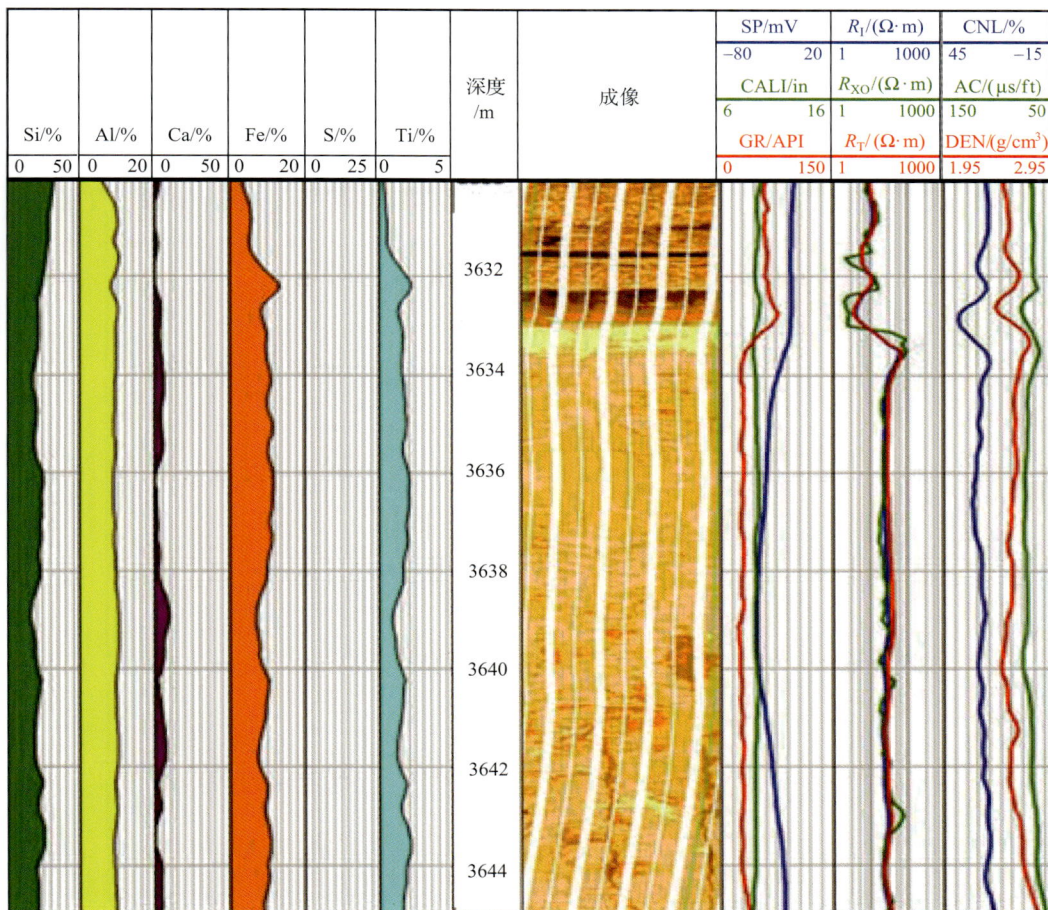

图 3.3　滴西 17 井玄武岩储层段测井资料响应特征

岩自然伽马测井值较高,统计平均值为 66.0API,密度测井值相对于玄武岩要低,统计平均值为 2.50g/cm³,中子孔隙度值也较大,统计平均值为 20.2%。该安山质火山角砾岩 3510～3530m 储层井段在成像测井资料上可见明显的黑色斑点,双侧向测井值有较小的正差异;在常规测井资料上,与致密井段相比,密度测井值有所降低,声波时差测井值有所增大。

从以上实例可以看出,安山岩的测井响应特征是在 ECS 测井资料上的响应特征与玄武岩相似,硅元素的含量相对较低,铁元素、铝元素的含量相对较高;在常规测井资料上,安山岩的自然伽马测井值比玄武岩要大,密度测井值要稍小。在安山岩储层井段,成像测井资料上的颜色比致密井段要暗,可见明显的黑色斑点;常规测井资料上,储层井段的密度测井值有所降低,声波时差、中子孔隙度测井值有所增大。

3）中基性火山岩测井响应特征

从上述玄武岩和安山岩在测井资料上的响应特征例子可以看出,中基性火山岩在测井资料上的响应特征比较相似。根据钻井取心资料、井壁取心薄片鉴定的岩性资料,在岩性划分基础上,归纳了中基性火山岩的测井响应特征,见表 3.2。

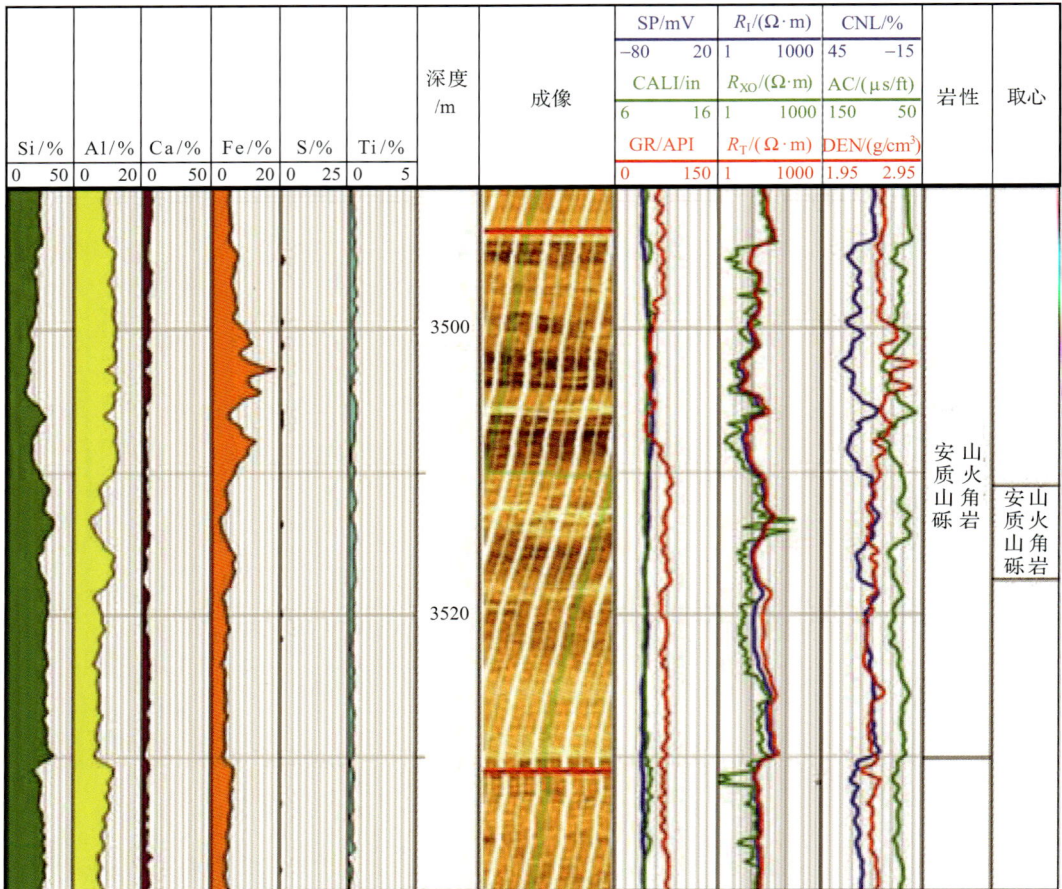

图 3.4 滴西 182 井 3494~3530m 安山质火山角砾岩段测井资料响应特征

表 3.2 中基性火山岩在测井资料上的响应特征

岩性	储集空间	ECS测井响应特征	成像测井响应特征	常规测井响应特征
中基性火山岩	致密井段	相对于酸性火山岩,硅元素的含量相对较小;铁元素、铝元素的含量相对较高	颜色较亮	自然伽马测井值相对较小,一般小于75API;深浅电阻率曲线"闭合";密度测井值相对较大,中子孔隙度、声波时差相对较小
	储层井段		亮色背景上可见深黑色斑点和裂缝(气孔、裂缝较发育)	自然伽马测井值相对较小,一般小于75API;深浅电阻率曲线相对致密段变小,有时深浅电阻率有差异;密度测井值相对致密段变小,中子孔隙度、声波时差相对致密段变大

从表 3.2 可看出,中基性火山岩在 ECS 测井资料上显示为硅元素含量相对较低,铁元素、铝元素的含量相对较高。与致密井段相比,储层井段在成像测井资料上一般都可以看到深黑色斑点或微裂缝。在常规测井资料上,气孔和裂缝较发育的井段一般深浅电阻率值均有减小且有差异,密度测井值降低,中子孔隙度和声波时差增大。

2. 酸性火山岩测井响应特征

酸性火山岩(如花岗斑岩、流纹岩)主要是由碱性长石(正长石、透长石、微斜长石)、斜长石(钠长石、奥长石)、石英、黑云母及副产矿物赤铁矿组成。酸性火山岩中碱性长石的含量比较大,而碱性长石中钾元素的含量比较大,所以酸性火山岩的自然伽马测井值比较大。同时由于酸性火山岩中所含的石英和碱性长石较多,这两种矿物硅元素的含量都比较高,而铁元素、铝元素含量相对斜长石来说要少,所以酸性火山岩较中基性火山岩的硅元素含量要高,铁元素、铝元素含量要低。

下面根据酸性火山岩的矿物组成特点,以最常见的花岗斑岩和流纹岩为例,结合典型井段分析其测井响应特征。

1) 花岗斑岩

以克拉美丽气田滴西 18 井石炭系火山岩为例(图 3.5)。该井 3443～3970m 井段钻井取心和镜下鉴定为花岗斑岩。此段花岗斑岩在 ECS 测井资料上硅元素含量比上、下围岩高,铁元素、铝元素含量明显减小。据统计,该花岗斑岩井段硅元素的平均含量为 30.9%,

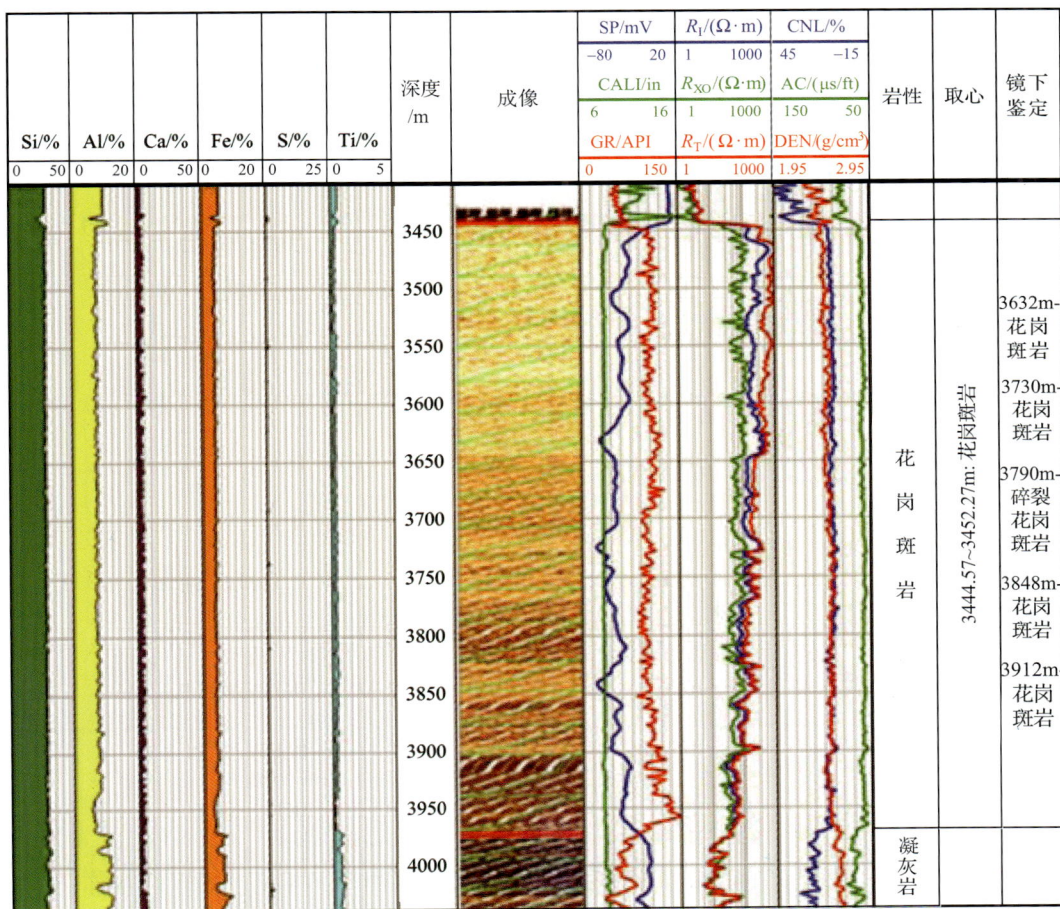

图 3.5　滴西 18 井花岗斑岩段测井资料响应特征

铁元素的平均含量为 4.2%,铝元素的平均含量为 7.1%。在常规测井资料上,自然伽马测井值很高,一般大于 75API,密度测井值相对中基性火山岩要小,密度测井曲线一般与中子孔隙度测井曲线重合或在中子孔隙度曲线的左边,深、浅侧向电阻率测井值较大。

滴西 18 井 3485～3500m 为花岗斑岩裂缝较发育的井段(图 3.6)。从密度曲线反映的总孔隙度可以看出,裂缝较发育井段的孔隙度比裂缝不发育的井段要略大。在成像测井资料上,可以看到明显的高角度裂缝。在常规测井资料上,自然伽马测井值较高,双井径曲线重合(说明此处井眼条件比较好);三孔隙度测井曲线对孔隙度的变化均有所反映,密度测井值降低,中子测井值升高,声波测井值升高;在裂缝发育的井段双侧向测井值有所降低,且有正差异。据统计,该花岗斑岩 3485～3500m 裂缝井段自然伽马测井平均值为 113.7API,深侧向电阻率测井平均值为 980.9Ω·m,密度测井平均值为 2.49g/cm³,中子孔隙度测井平均值为 9.8m³/m³,声波时差平均值为 60μs/ft。

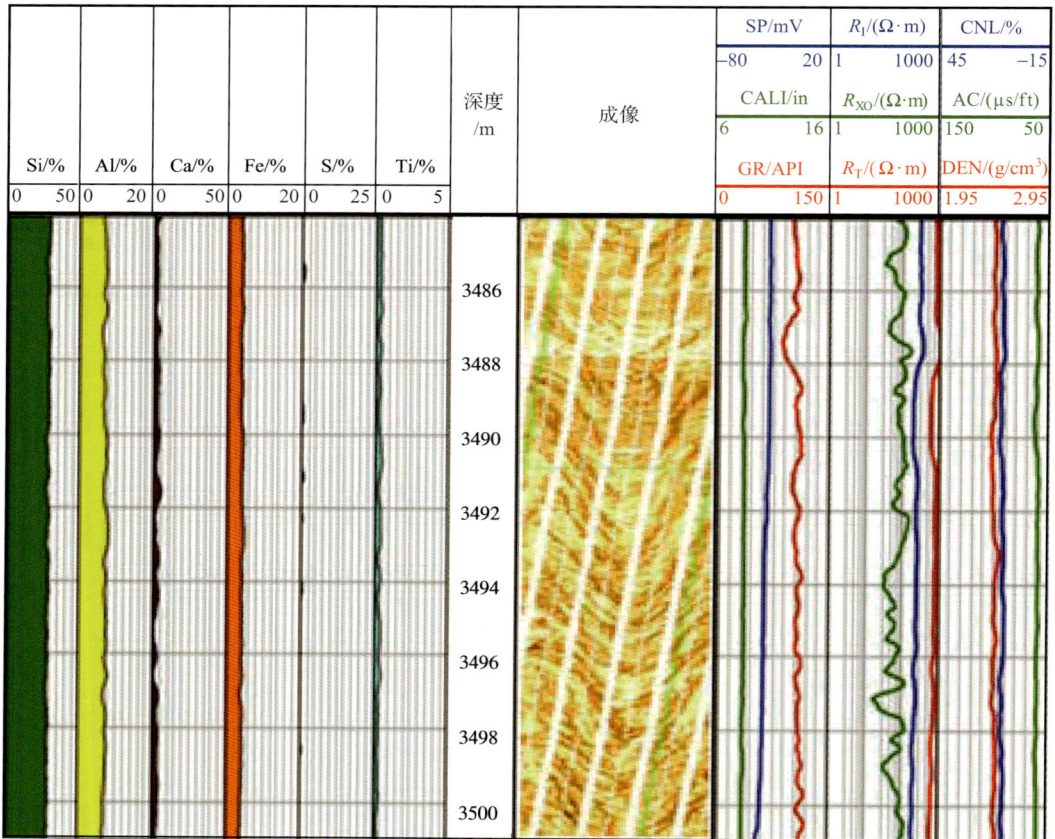

图 3.6 滴西 18 井花岗斑岩裂缝井段测井资料响应特征

从上面的例子分析可以看出,在 ECS 测井资料上花岗斑岩的响应特征为硅元素的含量相对较高,铁元素、铝元素的含量相对较低;在常规测井资料上相对中基性火山岩,花岗斑岩自然伽马测井值较高,密度测井值较低。裂缝较发育的花岗斑岩井段一般在成像测井资料上可见明显的黑色正弦线。在常规测井资料上,较上、下裂缝不发育的井段,密度测井值略有降低,中子孔隙度和声波时差略有增加,双测向测井值有所降低,深浅电阻率呈正差异。由于裂缝在岩块上所占的体积不大,裂缝井段对常规测井的声波时差、密度和中子孔隙度值影响不大。

2) 流纹岩

滴西 17 井石炭系 4002～4090m 井段为流纹岩(图 3.7)。该井段在 ECS 测井资料上硅元素含量高于上、下围岩,铁元素、钛元素、铝元素含量则明显减小。据统计,该流纹岩井段硅元素的平均含量为 38.2%,铁元素的平均含量为 2.3%,铝元素的平均含量为 4%。在常规测井资料上,自然伽马测井值很高,一般大于 100API,密度测井值相对中基性岩要小,密度测井曲线一般在中子孔隙度曲线的左边。

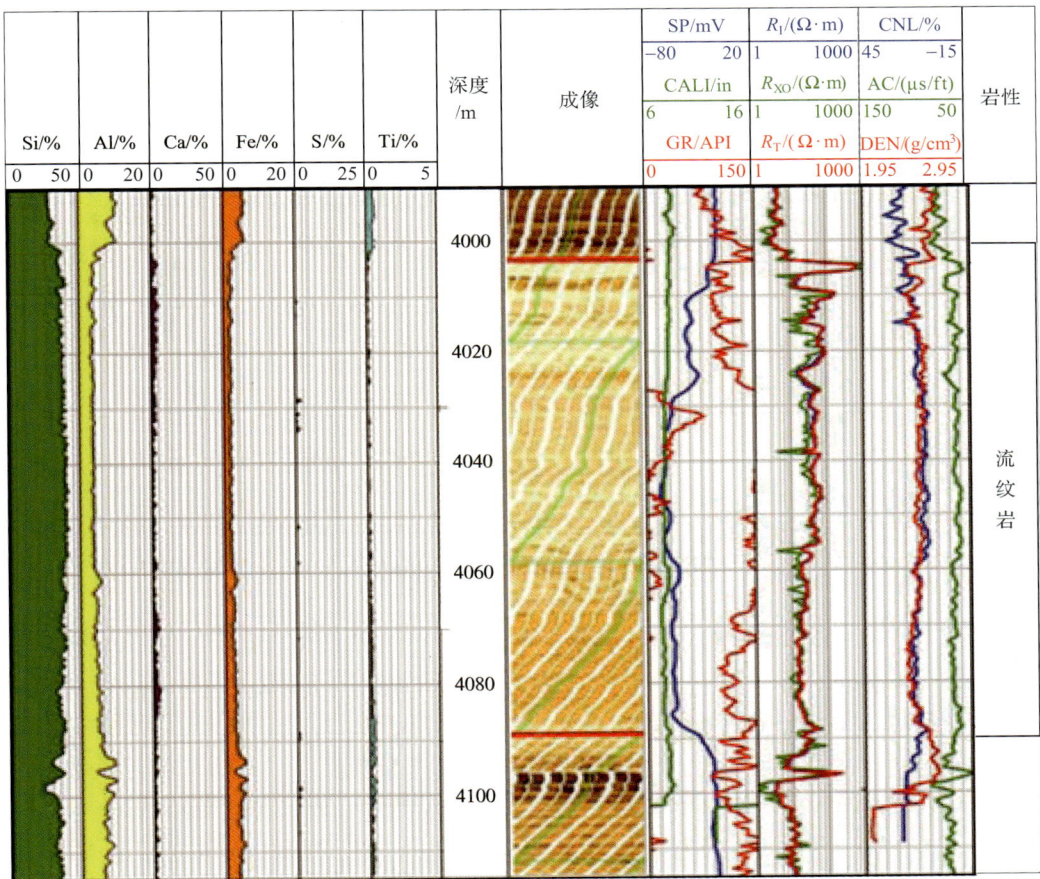

图 3.7　滴西 17 井 4002～4090m 流纹岩测井资料响应特征

滴西 17 井 4055～4066m 段为流纹岩裂缝较发育的井段(图 3.8)。在成像测井资料上,可以看到明显的黑色正弦线。在常规测井资料上,双井径曲线基本重合,井筒条件相对较好,自然伽马测井值非常高;双侧向测井值略有降低;三孔隙度曲线对裂缝也均有反映,密度测井值降低,声波时差增大,中子孔隙度测井值增加。经统计,该裂缝井段自然伽马测井平均值为 151API，深侧向电阻率测井平均值为 $25.6\Omega\cdot m$，密度测井平均值为 2.46g/cm^3，中子孔隙度测井平均值为 13.3％，声波时差平均值为 64.7μs/ft。

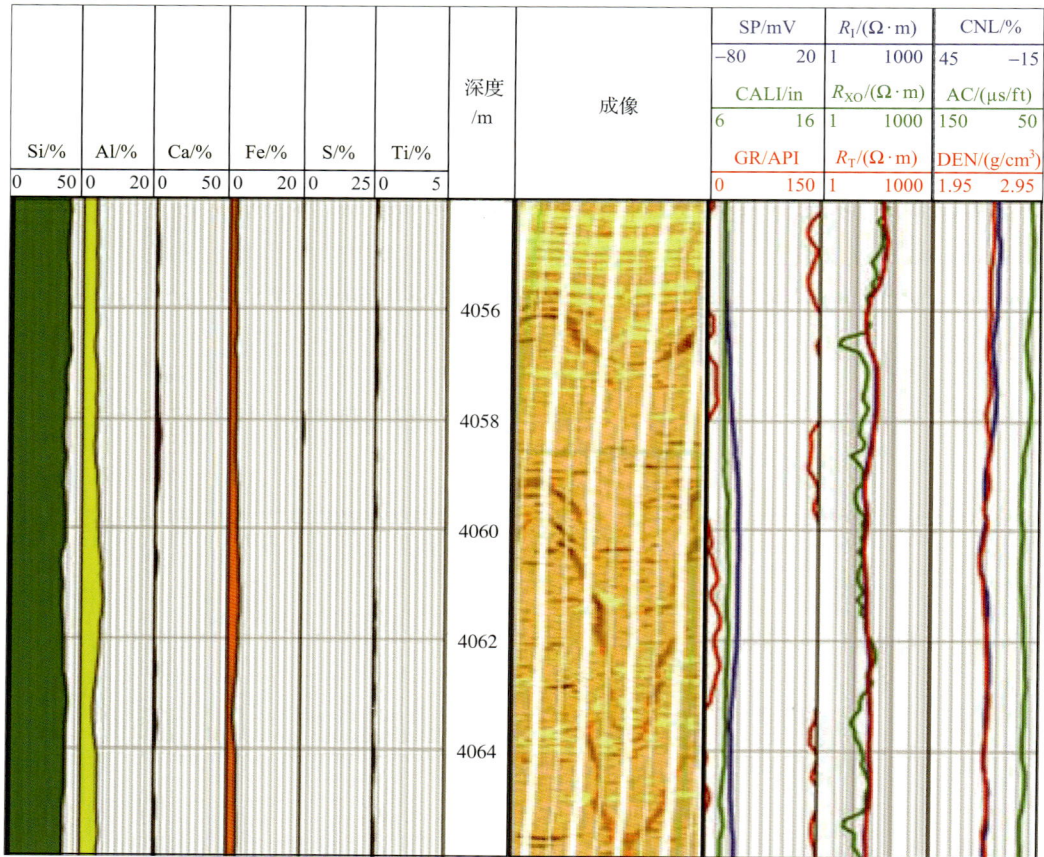

图 3.8　滴西 17 井 4055～4066m 流纹岩裂缝井段测井资料响应特征

从以上例子可以看出，流纹岩在测井资料上的共同响应特征为：在 ECS 测井资料上，硅元素的含量相对较高，铁元素、铝元素的含量相对较低；在常规测井资料上，与中基性火山岩相比，自然伽马测井值很高，密度测井值相对较小，中子孔隙度测井值较低。流纹岩裂缝发育井段，一般在成像测井图上可以看到明显的黑色正弦线。在常规测井资料上，裂缝一般使双侧向测井值、密度测井值降低，声波时差和中子孔隙度测井值增大。

3）酸性火山岩测井响应特征

结合上述花岗斑岩和流纹岩在不同测井资料上的响应特征实例，对酸性火山岩在 ECS 测井资料、成像测井资料及常规测井资料上的典型响应特征进行了总结（表 3.3）。

从表 3.3 可以看出，酸性火山岩在 ECS 测井资料上表现为硅元素含量相对较高，铁元素、铝元素的含量相对较小；在成像测井资料上，微裂缝发育井段可以看到明显的黑色正弦线；在常规测井资料上，深浅电阻率一般减小，密度测井值变小，中子孔隙度、声波时差测井值增大。

表 3.3　酸性火山岩裂缝井段与致密井段在测井资料上的响应特征

岩性	储集空间	ECS 资料响应特征	成像资料响应特征	常规资料响应特征
酸性火山岩	非储层井段	相对于基性火山岩，硅元素的含量相对较大；铁元素、铝元素的含量相对较小	颜色较亮	自然伽马测井值相对较大，一般大于 75API；深浅电阻率曲线"闭合"；密度测井值相对较大，中子孔隙度、声波时差相对较小
	裂缝井段		成像图上见高角度裂缝或网状缝	自然伽马测井值相对较大，一般大于 75API；在裂缝发育的井段深浅电阻率曲线变小，密度测井值变小，中子孔隙度、声波时差变大

3. 火山碎屑岩测井响应特征

常见的火山碎屑岩包括火山角砾岩、凝灰岩等，主要来自火山爆发相，以挥发分多、黏度大的中酸性、碱性岩浆多见，可形成于火山作用的不同阶段。由于其岩石成分不定，导致测井响应特征变化较大。为便于说明，这里主要通过其与同质的火山熔岩在一些测井响应特征上的差异对比加以分析和认识。

1）火山碎屑岩放射性强度小于同质的火山熔岩

通过分析岩石放射性性质，发现火山角砾岩的放射性通常低于同质的熔岩段，分析这种规律的成因得知，岩石在破碎过程中，由于外力的作用，火山岩的原始平衡遭到破坏，通过机械搬运和水溶搬运作用，所含的放射性元素经历了分离、迁移及重新分布造成损失。而火山碎屑岩在火山喷发的过程中，破碎程度更大，同位素的损失程度也越大，另外，破碎后的火山碎屑岩比面积增大，单位体积岩石所含放射性同位素的水溶能力增强，两方面因素导致了火山碎屑岩的放射性低于同质的火山熔岩。

以最常见的放射性同位素铀、钍、钾为例，自然界的铀以 +4 价和 +6 价两种稳定的化合价状态存在，前者的化合物不溶于水，而后者的铀盐可溶于水并随地下水流迁移，在物理化学条件适合的区域将转变为 +4 价的化合物而沉淀下来；含钍化合物难溶于水，一般残留在原地，在表生条件下，钍以机械分化迁移为主，被搬运到别处沉积下来。小部分钍在有利条件下形成络合物或有机络合物，或以胶体的形式迁移，使得钍的含量在角砾岩中和同质的熔岩中很接近或略低；含钾的硅酸盐矿物易被风化分解，风化后钾析出并被流水带走。这都会导致放射性元素损失和重新分配。

火山碎屑岩天然放射性低于同质的熔岩这种岩石物理现象是火山岩岩石学特征的内在反映，物理意义较为明确，同时从细微处指导了火山岩测井岩性识别。

图 3.9 所示为两口井的测井综合曲线，图 3.9(a)井 3020～3090m 为一套中基性的火山岩地层，其中 3020～3034m 为安山质火山角砾岩，3034～3090m 为安山岩，地层微电阻率成像测井图像分别为 3029m 和 3048m 处的图像；图 3.9(b)井 3836～3868m 为火山岩地层，其中 3836～3849m、3853～3868m 为安山质火山角砾岩，3849～3853m 为一套安山岩，旁边分别为 3837m、3851m 点附近的地层微电阻率成像测井图像；这两口井都有一个共同特征，即火山角砾岩要比相应熔岩的自然伽马测井曲线值低。

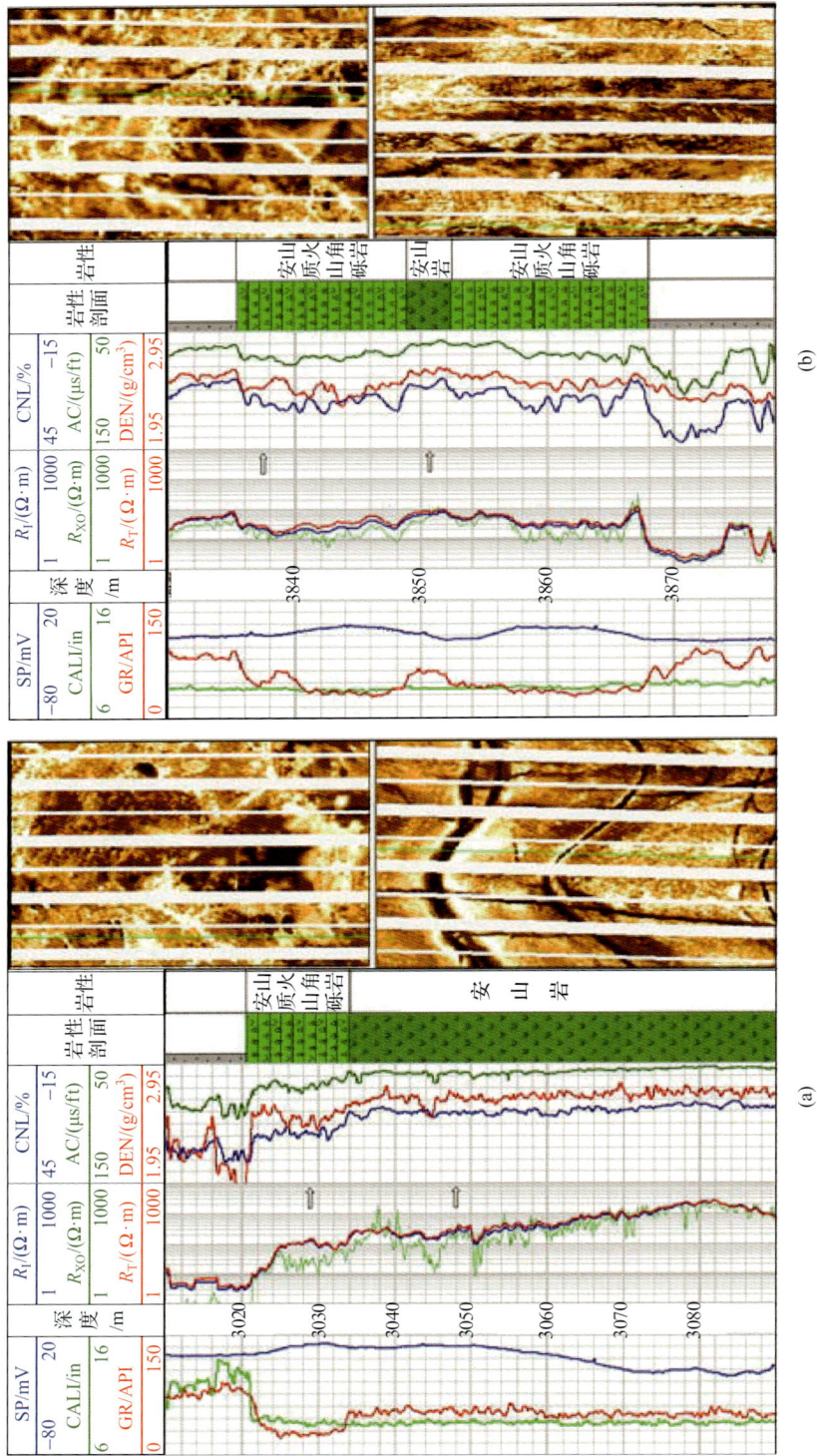

图 3.9 火山熔岩与同质火山角砾岩测井特征对比

实验选取准噶尔盆地不同地区取心获得的熔岩样品和角砾岩样品进行了放射性元素含量测定和对比,实验验证了碎屑岩所含的铀、钍、钾含量均小于同质的熔岩。图 3.10 是准噶尔盆地 63 口井不同岩性的熔岩和火山角砾岩的自然伽马测井值对比图。为了确保对比结果的代表性,所选熔岩和火山角砾岩为同一火山机构、同一期次的火山岩,且岩性均被取心证明;自然伽马测井数据均为 CSU 测井系列测井仪器测量,测量值经过了环境校正。从统计结果看,尽管从基性到酸性岩自然伽马测井值逐渐增大,但同质的火山碎屑岩自然伽马测井值明显低于熔岩,现场测井统计结果与实验测定结果所得结论完全一致。

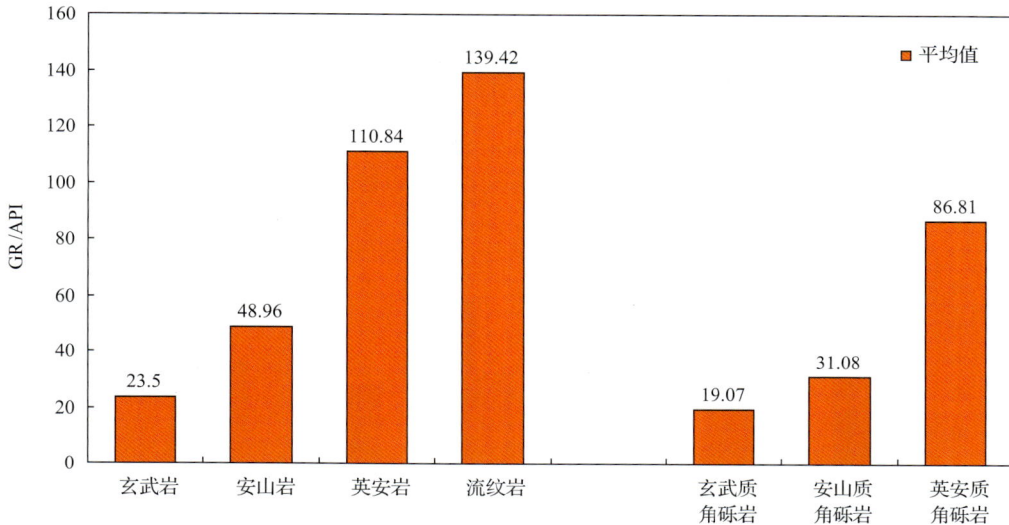

图 3.10　同质火山碎屑岩与熔岩自然伽马测井值对比图

2) 火山碎屑岩密度小于火山熔岩、声波时差大于火山熔岩

大量研究及实际岩样分析认为,各类火山岩的密度测井值都有一个较大的分布范围,并且从基性岩到酸性岩,随着化学成分的变化,火山岩的密度逐渐减小。对于火山碎屑岩,由于岩石结构的变化及孔隙度增大,其密度测井值一般低于熔岩。图 3.11 为准噶尔盆地二叠、石炭系 66 口井不同岩性的火山岩密度测井值分布统计结果,可以明显看出这些统计规律。

从统计结果来看,各类火山岩的声波时差测井值都有一个分布范围,但不同岩性火山岩的声波时差值并无明显差异。图 3.12 为准噶尔盆地二叠、石炭系 66 口井不同岩性火山岩的纵波时差分布统计结果,可以看出火山碎屑岩的声波时差要大于火山熔岩,这是由火山岩的结构及物性变化引起的。而从基性岩到酸性岩声波时差表现出逐渐增大的趋势,但总体变化不大。

3) 火山碎屑岩电阻率值低于同质的火山熔岩

从大量研究及岩石样品统计结果来看,各种岩性火山岩的电阻率变化范围都很大,且相互重叠。从准噶尔盆地多口井不同岩性火山岩的电阻率测井值统计结果(图 3.13)可知,各种火山熔岩之间电阻率差异不明显,但火山碎屑岩与同质的熔岩相比,电阻率测井值有降低趋势。分析认为,致密的熔岩骨架不导电,电阻率值大小主要受孔隙结构及孔隙

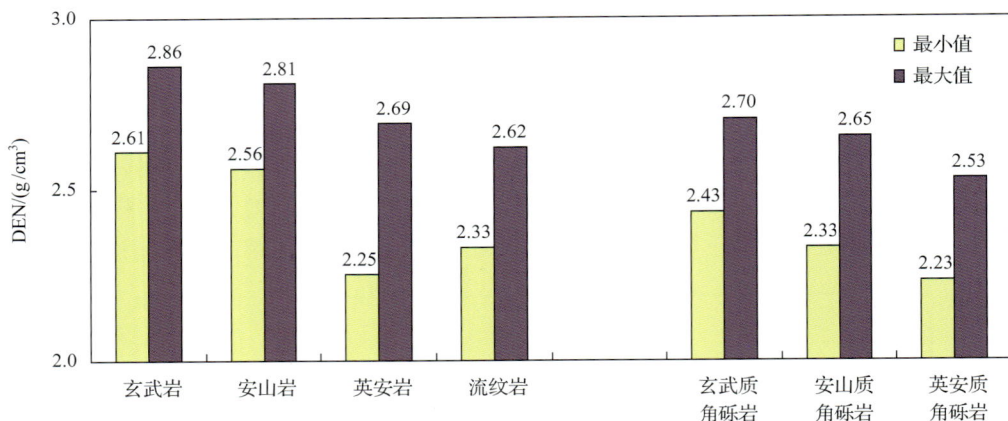

图 3.11　准噶尔盆地 66 口井不同岩性的火山岩密度测井值分布图

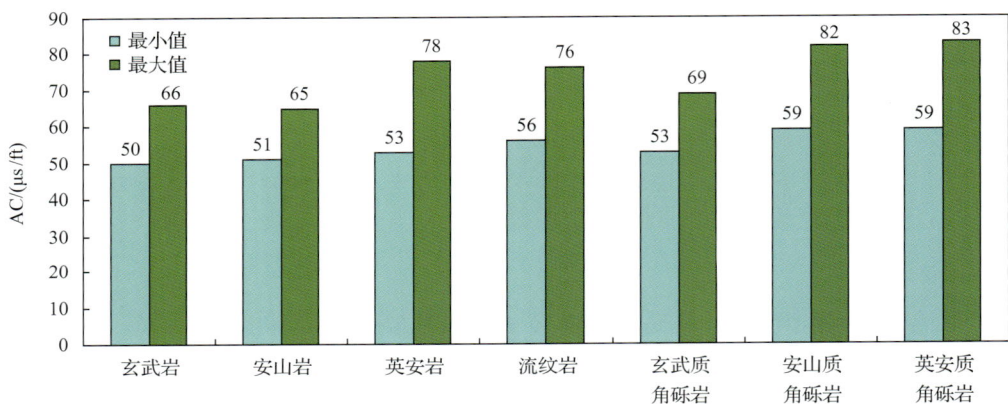

图 3.12　准噶尔盆地 66 口井不同岩性的火山岩声波测井值分布图

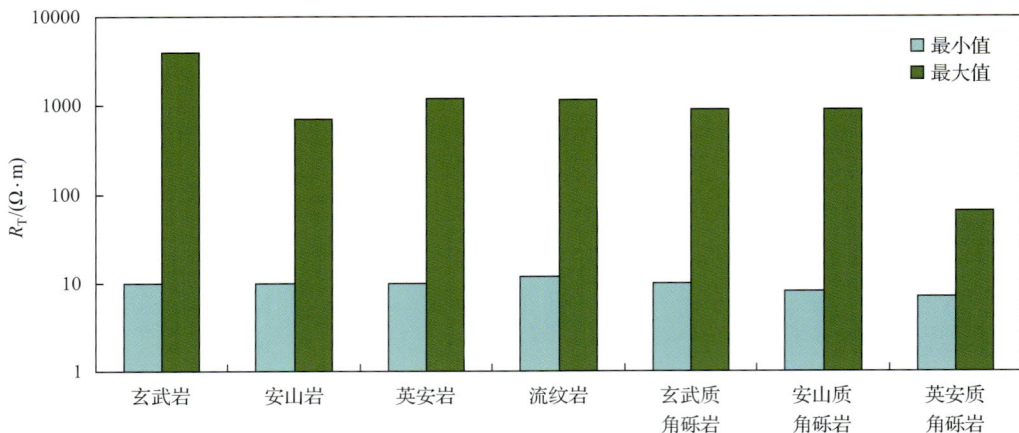

图 3.13　准噶尔盆地不同岩性火山岩电阻率测井值分布范围

内流体类型的影响，相比而言，同质碎屑岩孔隙更发育，导电性更强，导致其电阻率值降低。这一现象可以用来帮助区分熔岩和火山碎屑岩。

3.2.2　基于测井响应特征的岩性识别

在准噶尔盆地火山岩研究和勘探开发实践中，依据多年来的工作经验及研究成果，并借鉴其他火山岩地区的有效做法，逐步形成了常规测井结合 ECS 测井描述火山岩化学成分、微电阻率成像测井结合常规测井描述火山岩结构和构造特征，综合应用各种岩性识别图版确定火山岩岩性的测井学识别方法和基本流程归纳如下。

（1）区分火山岩和沉积岩。岩性识别中应首先进行火山岩和沉积岩的区分，通常应用常规曲线就可以划分清楚。但在有些情况下（如高密度细粒的沉积岩、母岩为火山岩的砂砾岩）火山岩与沉积岩较难划分，可应用 ECS 测井获取的 SiO_2 含量及铁镁矿物含量进行火山岩有效识别，应用成像测井资料上获取的沉积构造作为识别沉积岩的有效手段。

（2）化学成分分类。以常规测井岩性识别图版为指导，综合应用常规测井资料和 ECS 测井资料确定火山岩化学成分，主要划分为玄武岩、安山岩、英安岩、流纹岩四大类。

（3）三种岩类的划分。以常规测井岩性识别图版和成像测井结构图版为指导，综合应用常规和成像测井资料对火山岩结构特征进行综合分析，划分火山熔岩、火山碎屑岩及具有熔结结构的过渡性岩类三大岩类。火山碎屑岩和熔岩岩石物理特征差别较大，用常规测井一般较好区分，但当火山碎屑岩较致密时可能识别困难，此时要辅以成像测井资料观察火山岩的结构特征，综合应用常规和成像测井资料一般可以较好地划分熔岩和火山碎屑岩。具熔结结构的过渡性岩类通常较难识别，特别是碎屑成分与熔岩成分完全一致时更是如此，在这种情况下甚至岩心观察都较难识别，但微电阻率成像测井可以较好地识别。

（4）岩性细分。以常规测井岩性识别图版和成像测井结构图版为指导，重点应用成像测井资料详细描述火山岩的结构和构造特征，并根据这些特征进行火山岩岩性的细分。通常的做法是，熔岩进行结构、构造的描述，按确定的定名原则进行岩性定名；火山碎屑岩按碎屑的大小分为火山集块岩、火山角砾岩、凝灰岩和火山灰凝灰岩，如果碎屑成分较杂，则按成分的多少进行命名，如角砾和凝灰成分混杂、角砾成分多于凝灰成分的岩石命名为凝灰角砾岩；过渡性岩类按熔岩和碎屑含量及大小进行综合命名，如碎屑成分多于熔岩成分、且碎屑成分多为角砾岩时命名为熔结角砾岩。

（5）岩性命名。按测井资料识别火山岩的岩性命名原则进行火山岩综合命名。熔岩命名时结构、构造特征直接描述置于岩性定名的前部，成分描述置于后部；火山碎屑岩命名时，成分置于前部（称为质），碎屑含量较小的成分置于中部，主要成分置于后部。

（6）解释井段岩性描述。按火山岩发育的旋回、期次和发育序列对整个解释井段的岩性进行综合描述。

1. 常规测井岩性识别法

利用常规测井进行火山岩岩性识别时，主要利用不同岩性的火山岩在自然伽马或自然伽马能谱、密度、中子、声波、电阻率等常规测井曲线上响应特征的差异性，基于典型岩石样品及其测井响应特征建立直观的曲线重叠图、交会图等方式判断岩性。常用图件包括 M-N 交会图、三孔隙度测井交会图、自然伽马测井与声波时差或电阻率测井的交会图等。

为了确保图版建立标准的准确性,在建立图版前,一方面,需要进行岩心深度的精确归位,保证其深度与测井深度一致,并遵循岩心描述、岩石薄片、全岩氧化物分析、成像测井相结合的方法,对岩性进行统一规范定名;另一方面,需要分析选用一些对火山岩岩性反应敏感的物理量(测井曲线),如在中拐地区石炭系火山岩研究中,由测井响应与火山岩岩石学特征相关关系证明,密度、中子、声波对火山岩的化学成分反应最为敏感,此外电阻率测井资料能够在一定程度上反映岩石的结构和构造。因此,在岩心归位并参考薄片资料的基础上,建立了研究区各种常规测井资料的岩性识别图版。

1) 火山岩测井响应敏感性分析

在结合薄片资料对岩性统一规范定名的基础上,需要首先分析各种测井资料对不同岩性分辨的敏感程度,这是利用测井资料建立岩性识别图版的基础。由于火山岩的复杂性,不同区域不同岩相的岩石在测井响应特征上可能差异很大。为便于理解,这里主要以中拐地区石炭系的火山岩储层为例,分析几种常规测井资料对岩性的敏感性。该区常见的火山岩岩性是玄武安山岩、石英安山岩、火山角砾岩、闪长岩以及花岗岩等。

(1) 自然伽马测井。自然伽马测井反映岩石所放射出自然伽马射线的总强度。一般从基性岩、中性岩到酸性岩,其钾的含量逐渐增高,而酸性岩的铀、钍含量最高,因而放射性响应增强,自然伽马曲线值最大。在准噶尔盆地大多数火山岩地区,这一规律性非常明显,如表 2.4 所示的实验室岩样分析铀、钍、钾含量,以及图 3.10 所示的该盆地不同地区 63 口井的统计结果,都说明了自然伽马测井对火山岩岩性具有很高的敏感性。但也应注意不同地区 GR 对岩性的敏感程度可能不同,实际应用中需要结合地区特点,比如中拐地区火山岩中,基性岩到酸性岩整体放射性都比较低,GR 为 15.8~62.5API,从基性岩到酸性岩自然伽马没有明显增大的趋势,GR 的数值变化基本无法反映岩性的变化。

(2) 电阻率测井。电阻率值是火山岩岩性和其中流体的综合反映,相对岩性而言流体对电阻率大小的影响较小。中拐地区火山岩各种岩性电阻率值的跨度较大,且相互重叠(图 3.14)。因此电阻率曲线对区分火山岩岩性的敏感性较差。

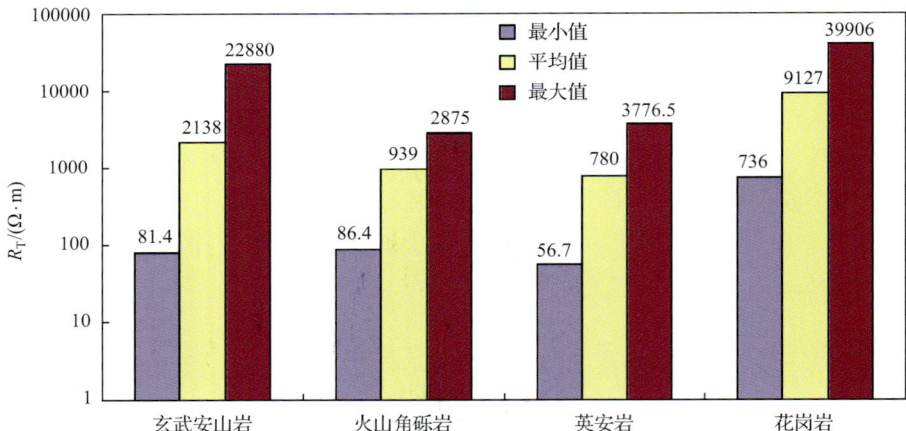

图 3.14 电阻率测井敏感性分析图

　　(3) 声波时差测井。声波时差是岩性、孔隙度、岩层地质年代和埋藏深度的综合反映,当岩石受蚀变严重或溶蚀孔洞比较发育时,声波时差会增大。在中拐凸起,从基性岩到酸性岩声波时差有逐渐减小的趋势,但对玄武安山岩、火山角砾岩、石英安山岩和闪长岩还是不能有效地区分开(图 3.15)。因此声波曲线对区分火山岩岩性的敏感性较差。

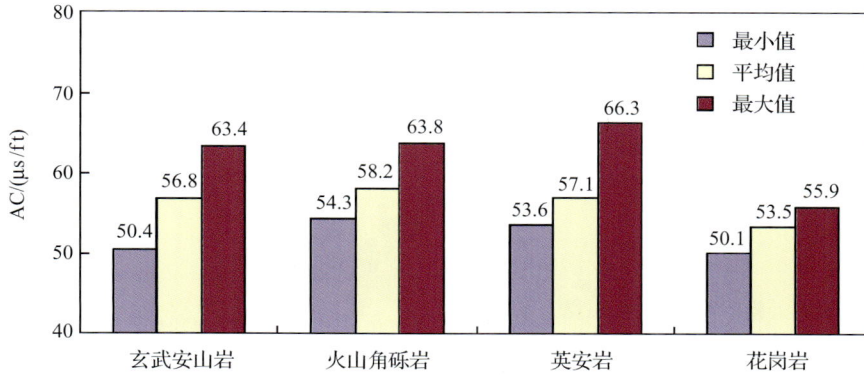

图 3.15　声波时差测井敏感性分析图

　　(4) 中子孔隙度测井。中子测井受地层岩性、流体性质影响较大,并随孔隙、裂隙流体含量的变化而发生变化。当岩石发生蚀变时,次生绿泥石、沸石、绢云母等含有大量的结晶水和结构水,这时常表现出很高的中子孔隙度值,特别是在蚀变严重时,中子测井反应敏感。基性的玄武岩中子孔隙度测井值总体上大于其他岩性(图 3.16)。

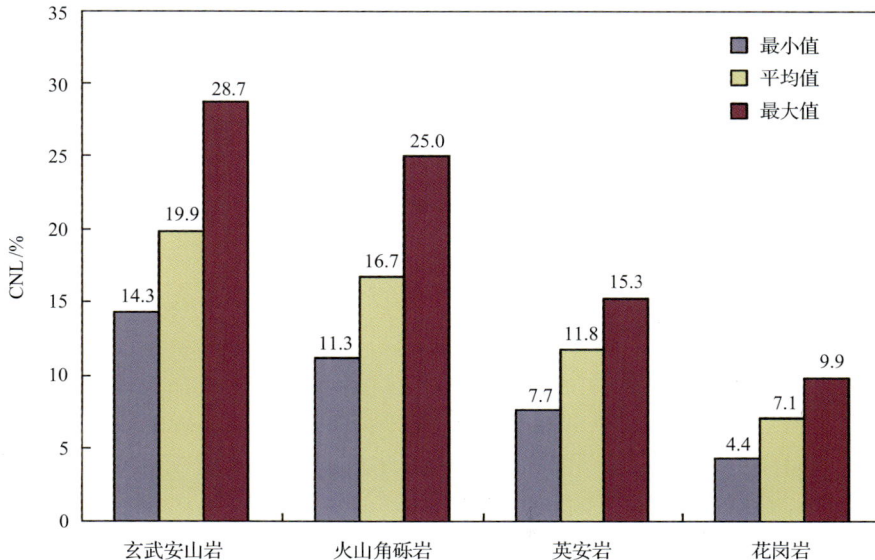

图 3.16　中子测井敏感性分析图

　　从准噶尔盆地 125 口井岩心薄片分析数据对应的自然伽马与中子测井曲线所作交会图可以看出(图 3.17),基性玄武岩的中子孔隙度测井值总体上大于其他岩性。分析认为,玄武岩次生变化引起的骨架中子测井值异常增大是导致这一规律的根本因素,一方面是玄武岩气孔或溶蚀孔中充填了含大量结晶水的矿物,另一方面是玄武岩在水热作用下极易发生次生变化,蚀变后的一些矿物成分中含大量结合水,蚀变程度越高,含有的结合水就越多。因此,中子孔隙度值在划分火山岩岩性时具有较高的敏感性。

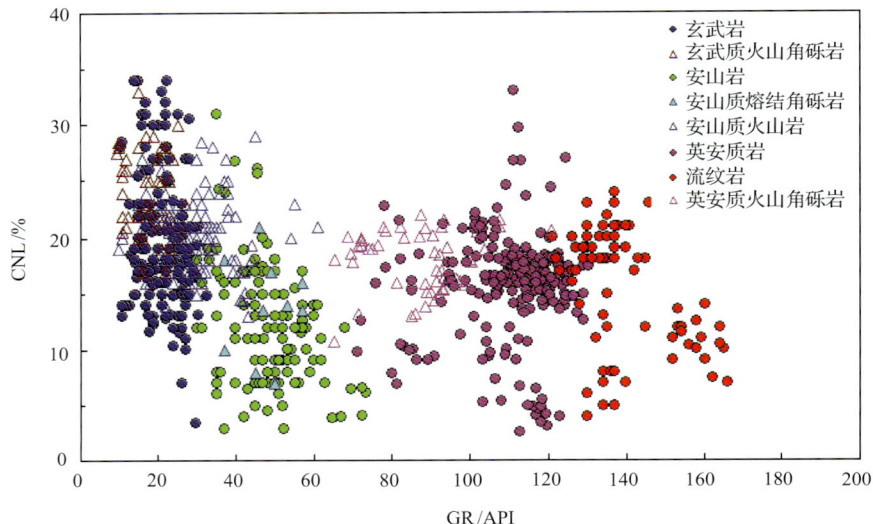

图 3.17　自然伽马-中子测井值交会图

（5）密度测井。密度测井受岩石矿物成分、孔隙、裂隙、井眼尺寸和泥饼的影响。在火山岩中,随着岩性从基性到酸性变化,岩石中铁、铝等重矿物含量逐渐减少,理论上密度也是逐渐减小的。孔隙发育的地层,其密度值会相应减小。在同类岩石中,火山碎屑岩的密度低于熔岩。孔洞或裂缝发育段由于受泥浆侵入的影响,密度明显下降,并呈锯齿状剧烈变化。同样,在岩石蚀变次生的沸石充填于气孔、裂缝之中,也会造成密度值下降。中拐地区玄武安山岩和花岗岩的岩性密度平均值分别为 $2.69g/cm^3$ 和 $2.65g/cm^3$,而火山角砾岩、石英安山岩和闪长岩的密度平均值在 $2.57g/cm^3$（图 3.18）。因此,密度曲线可以将玄武安山岩、花岗岩与其他几种岩石区分开,虽然密度曲线对火山岩岩性的敏感性不如中子曲线,但也具有一定的敏感性。

通过以上几种常规测井资料分析可知,总体上自然伽马、中子孔隙度和密度测井等曲线在划分火山岩岩性时具有较高的敏感性,但在不同区块,这些曲线的敏感性可能存在较大差异（如 GR 对中拐地区石炭系的火山岩不够敏感）,实际应用中需要具体分析。另外,其他常规测井资料用于岩性识别时,也需采取类似的研究方式,在基于岩心岩性定名的基础上,分析不同曲线的敏感性,为建立有效的岩性识别方法奠定基础。

2）火山岩与沉积岩的岩性识别图版

沉积岩和火山碎屑岩的测井响应通常有较大差异,有时仅需简单利用常规测井即可识别。但由于沉积岩的母岩就是火山岩,其胶结成分可能为凝灰岩等原因,造成有些地区火山岩与沉积岩很难识别。在有成像测井资料的情况下,由于沉积岩发育明显的沉积构

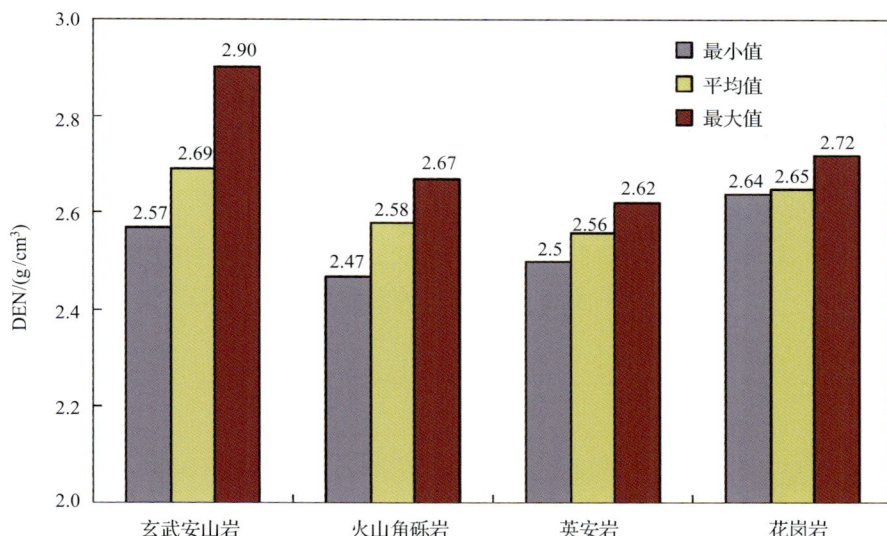

图 3.18　密度测井敏感性分析图

造,这种识别是简单的,但往往成像测井资料较少,在一些特定的区块就需要建立沉积岩与火山岩的识别图版。

通过对准噶尔盆地陆东-五彩湾地区 26 口井的薄片资料分析,建立了 GR 与电阻率/声波时差的交会图版(图 3.19)。该图版可以较好地将火山岩和沉积岩分开,其中仅有部分安山质火山角砾岩与凝灰质砂砾岩有所重叠。

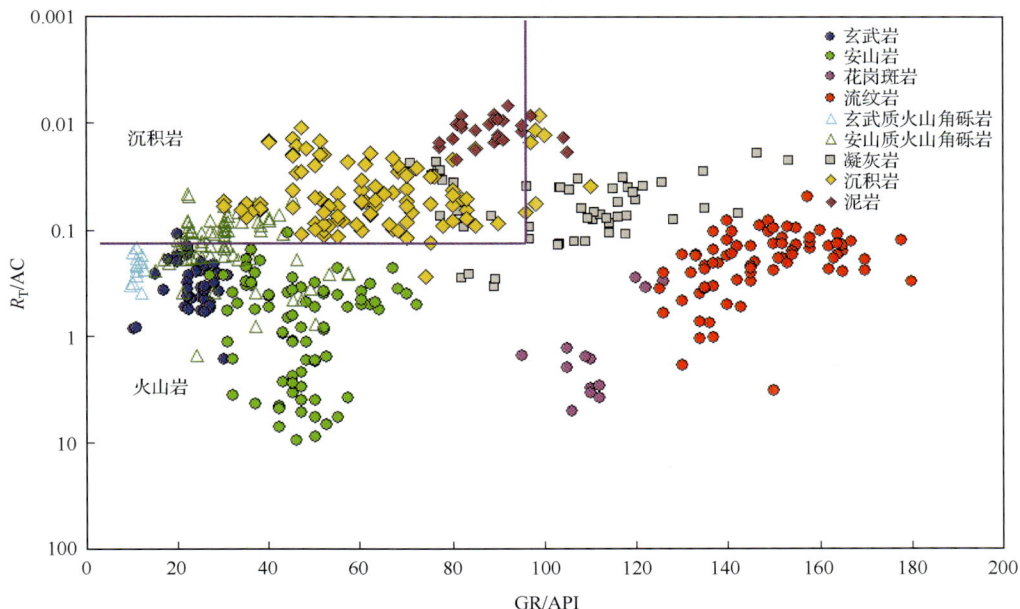

图 3.19　陆东-五彩湾地区石炭系火山岩与沉积岩识别图版

3）常规测井火山岩岩性识别图版及其适用性

以岩心薄片资料为依据，主要用交会图的方式建立火山岩岩性识别图版。测井响应与火山岩岩石学特征的相关关系研究证明，自然伽马、密度、泊松比对火山岩的化学成分反应最为敏感，除上述三种测井资料外，电阻率测井资料对岩石的结构也有一定的反映能力。以此为依据，建立了各种常规测井资料岩性识别图版。

应用准噶尔盆地石炭系不同探区不同油气藏 125 口井的测井资料，以及 2269 个薄片资料，建立了准噶尔盆地石炭系自然伽马-密度火山岩岩性识别图版（图 3.20）。图版应用的资料范围广，代表性强，可以有效地反映准噶尔盆地石炭系火山岩的岩石学和岩石物理学特色。

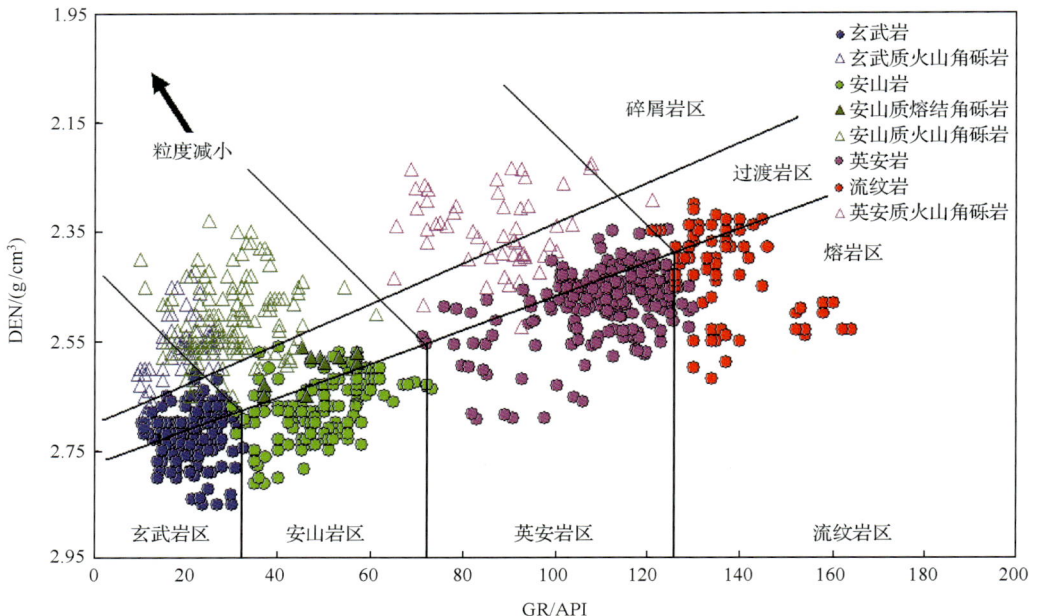

图 3.20　准噶尔盆地石炭系自然伽马-密度交会图岩性识别图版

图 3.20 中自然伽马、体积密度较好地反映了火山岩的化学成分和结构特征。下斜线以下为相应岩区熔岩，上斜线以上为火山碎屑岩区，两条斜线中间为过渡岩区。图 3.20 中各种岩性数据点的分布具有很好的规律性：从基性到酸性火山岩，随着二氧化硅含量的逐渐增加、铁、镁矿物含量的逐渐降低，火山岩的天然放射性逐渐增强，密度测井值逐渐降低。火山碎屑岩区的天然放射性强度明显低于同质的熔岩，密度测井值也有明显降低。火山岩岩石学与岩石物理学相关关系研究成果在图版中得到了很好体现，是火山岩岩石学特征的真实反映，物理意义明确。图中熔岩区和碎屑岩区有一定的重叠，这恰恰反映了火山岩岩性过渡的特点。经进一步复查，落到该区域的数据点基本为熔结角砾岩和角砾熔岩。这正是成像测井的强项，利用成像测井可以很好地识别熔结结构、解决过渡岩性的识别问题。另外，从图 3.20 还可以看出玄武岩和安山岩重叠部分较多，这也是其岩石学特征的反映，实际工作中常将重叠部分的火山岩解释为玄武安山岩，这与地质分类是一致的。

　　为了进一步提高熔岩与火山碎屑岩的分辨能力,可进一步制作同种化学成分的熔岩和火山碎屑岩的三维识别图版(图 3.21)。由于电阻率测井对熔岩和火山碎屑岩有较好的识别能力,故引入了电阻率作为第三条测井曲线,图版的识别能力进一步提高。从图 3.21 看出,安山岩和安山质火山碎屑岩空间分离界限更为清晰,分布范围更大,对熔岩和火山碎屑岩的识别效果更好。

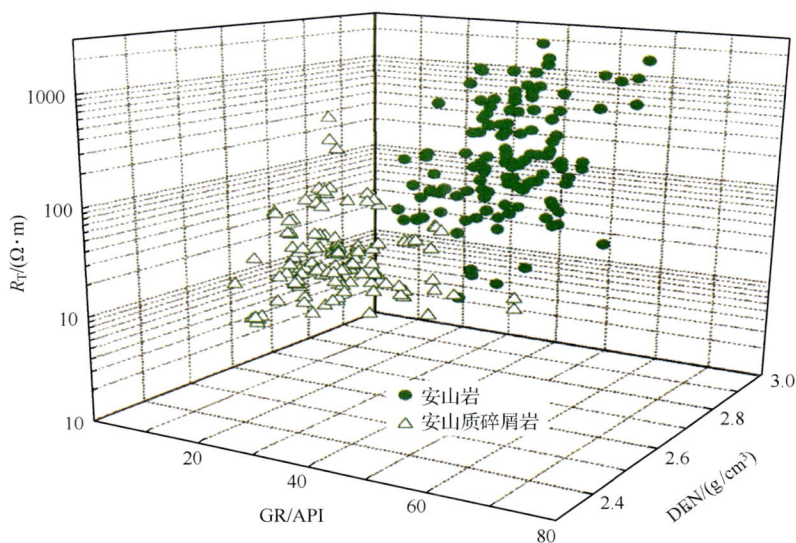

图 3.21　安山岩与安山质火山碎屑岩识别图版

　　为了进一步提高岩性识别效果并发挥各种测井资料的作用,应用准噶尔盆地多口井的火山岩样品点,制作了自然伽马-动态泊松比火山岩岩性识别图版,如图 3.22 所示。从

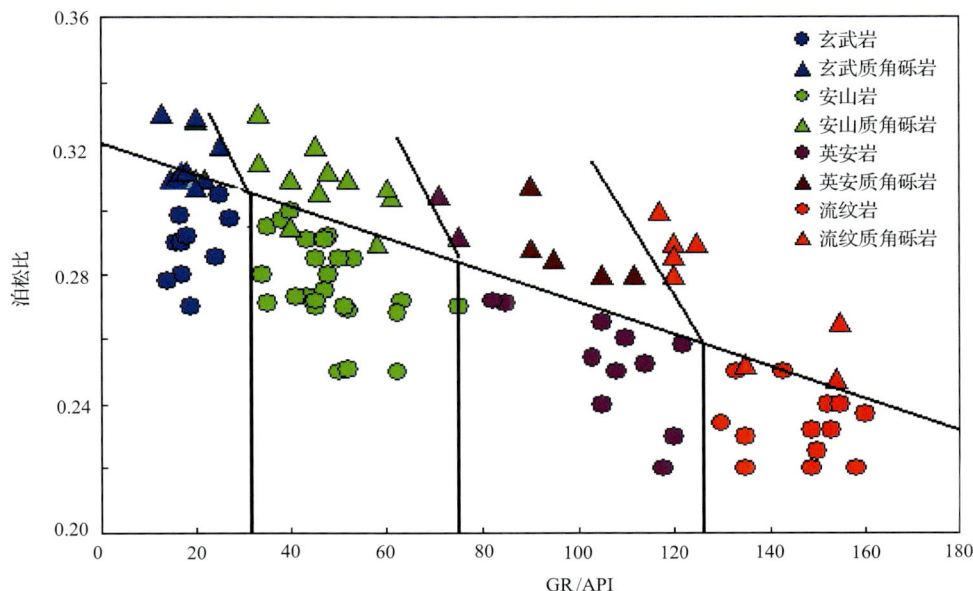

图 3.22　准噶尔盆地自然伽马-泊松比岩性识别图版

图 3.22 看出,对岩性的识别效果较好。同时较好地体现了同质熔岩的泊松比小于火山碎屑岩,从基性到酸性岩火山岩泊松比逐渐减小的岩石物理特性。泊松比不仅能有效地反映岩石的化学成分,还能在一定程度上反映火山岩的岩石结构,岩石物理研究的结果在该图版上得到了有效反映,图版的物理意义明确。由此推断,地震资料的叠前动态泊松比反演结果,对反映火山岩岩性应有较好效果。

从前述火山岩测井响应敏感性分析可知,不同地区火山岩性质差异较大导致测井曲线敏感程度不同。上述图版未必具有普遍适用性,应结合地区特点探讨建立一些更有针对性的识别图版。例如,中拐地区石炭系的火山岩,从基性岩到酸性岩整体放射性都比较低,自然伽马值没有明显增大的趋势,对其他地区敏感的自然伽马测井对本地区不适用,伽马-中子、伽马-电阻率与声波时差比值等交会图版对岩性的分辨失效(图 3.23),因而针对本区选出敏感性较强的密度、中子测井曲线重新作了交会图(图 3.24)。从图 3.24 中可以看出,密度和中子较好地反映了火山岩的化学成分,岩性分布有一定的规律性:玄武安山岩具有高中子、高密度的特点,火山角砾岩具有高中子、低密度的特点,英安岩具有中中子、中密度的特点,花岗岩具有低中子、高密度的特点。

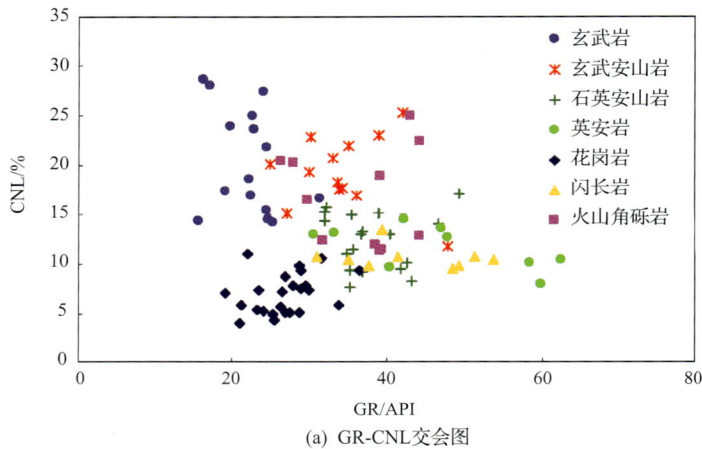

(a) GR-CNL交会图

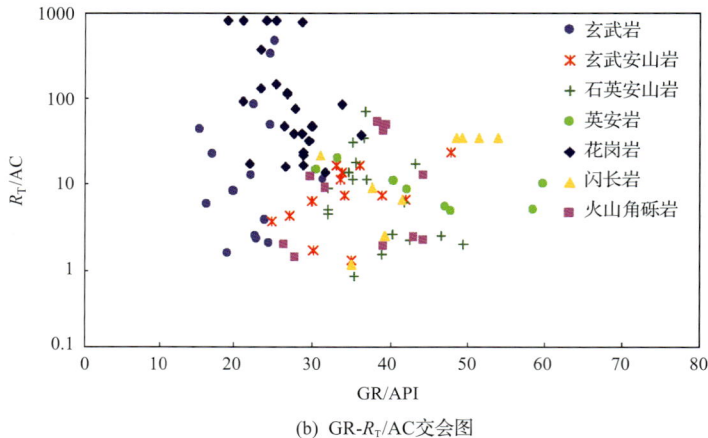

(b) GR-R_T/AC交会图

图 3.23 中拐地区分岩性标识的 GR-CNL、GR-R_T/AC 交会图

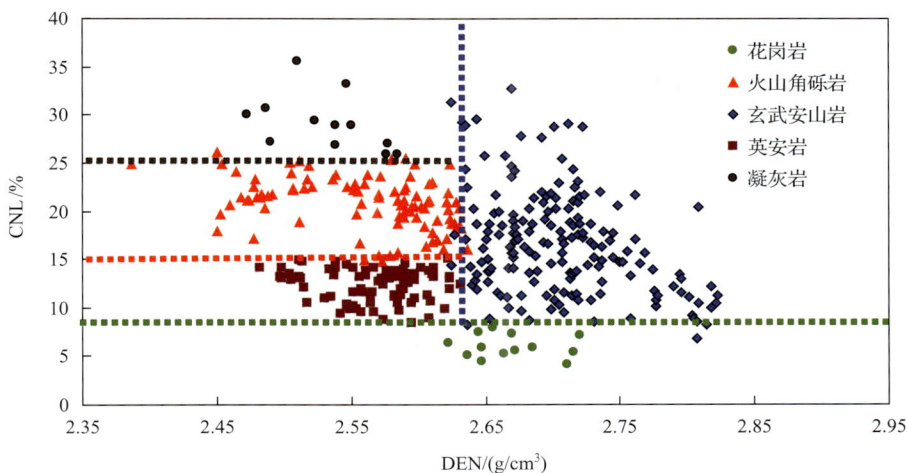

图 3.24　中拐地区火山岩 DEN-CNL 岩性识别图版

　　从以上实际建立的应用图版情况来看,必须对各种测井响应进行详细分析,优选确定敏感性测井曲线是该方法有效应用的最重要前提。另外,基于测井资料构建的一些参数如 M(由声波时差和密度定义)、N(由中子孔隙度和密度定义)、P(由中子孔隙度和声波时差定义)等对于某些区块区分岩性也有较好效果。

　　4) 常规测井识别单井岩性剖面实例

　　根据上述思路和方法,在测井响应特征分析的基础上,选用合适的图版可以对火山岩井剖面进行岩性连续识别。由中拐地区石炭系一口井的岩性识别成果图(图 3.25)可以看出,所得岩性识别结果与岩心及薄片资料相符,说明选用的岩性识别模版适合于该研究区火山岩地层。

　　2. 元素俘获能谱测井识别法

　　元素俘获能谱测井是根据已知的元素特征进行解谱,得到地层中 Si、Ca、Fe、Al、S、Ti、Cl、Gd、Cr 等不同元素的含量,再由氧化物闭合模型确定地层中主要造岩矿物的相对质量分数,进而反映岩石特性。其中 C、O、Si、Ca、Fe 等元素的非弹性散射俘获截面较大,Cl、Si、Ca、S、Fe、Ti 等元素对热中子的俘获截面较大。元素俘获能谱测井对 Si、Ca、Fe、Ti、Al 的敏感性较强,Si 的含量由酸性岩到基性岩逐渐减少,Fe、Ti、Al 的含量增多,Ca 的含量减少,由此得知各种氧化物的关系很密切,变化存在一定的规律,这一特征反映了火山岩的岩石物理性质,如图 3.26 所示。

　　(1) MgO 和 FeO 的变化趋势一致,从基性岩到酸性岩逐步减少。二者随 SiO_2 含量的增加而急剧减少,特别是 MgO 的变化幅度更大。

　　(2) CaO 和 Al_2O_3 的变化趋势基本一致,它们在 SiO_2 含量为 45%～50% 的区段上出现峰值,当 SiO_2 的含量小于 45% 时,其含量不多,而在 SiO_2 含量大于 50% 时,CaO 的含量明显下降,但 Al_2O_3 仅略有下降,曲线基本上水平延伸。

　　(3) Na_2O 和 K_2O 的变化趋势一致,均随着 SiO_2 含量的增加而增加。

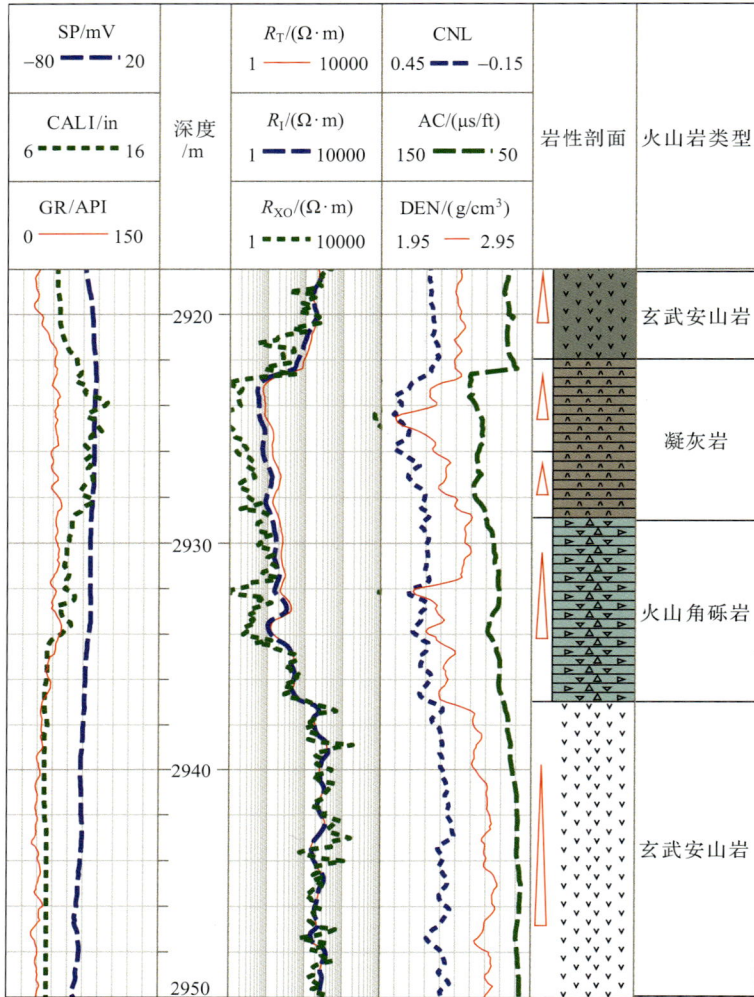

图 3.25 常规测井识别火山岩单井岩性剖面成果图

　　根据准噶尔盆地中拐地区取心段的全岩氧化物分析数据，以 SiO_2 为横轴分别作铁、铝、钛的氧化物含量交会图（图 3.27）。

　　由图 3.27 可看出，玄武安山岩、花岗岩、火山角砾岩和英安岩四种主要火山岩岩性化学成分（氧化物含量）上的差异。玄武安山岩具有明显的低 SiO_2 含量与高 Fe_2O_3、Al_2O_3、TiO_2 含量，与围岩花岗岩相比，SiO_2 的含量明显降低，而 Fe_2O_3、Al_2O_3、TiO_2 的含量增加；火山角砾岩与玄武安山岩相比，SiO_2 的含量略有增加，Al_2O_3、Fe_2O_3、TiO_2 的含量均有所降低，其中 Fe_2O_3 的含量降低更明显；英安岩与玄武安山岩相比，SiO_2 的含量明显增加，而 Fe_2O_3、Al_2O_3 和 TiO_2 的含量则明显降低。

　　利用 TAS 图进行岩石成分划分，其基本分类依据是根据 SiO_2 含量和碱度高低即 Na_2O+K_2O 的比例关系进行酸碱度划分。根据 SiO_2 含量分为超基性、基性、中性、酸性；

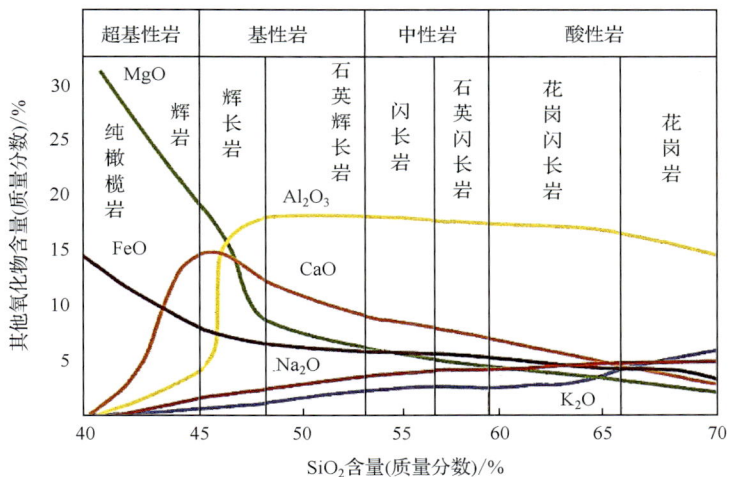

图 3.26 火山岩中 SiO_2 与其他主要氧化物的关系

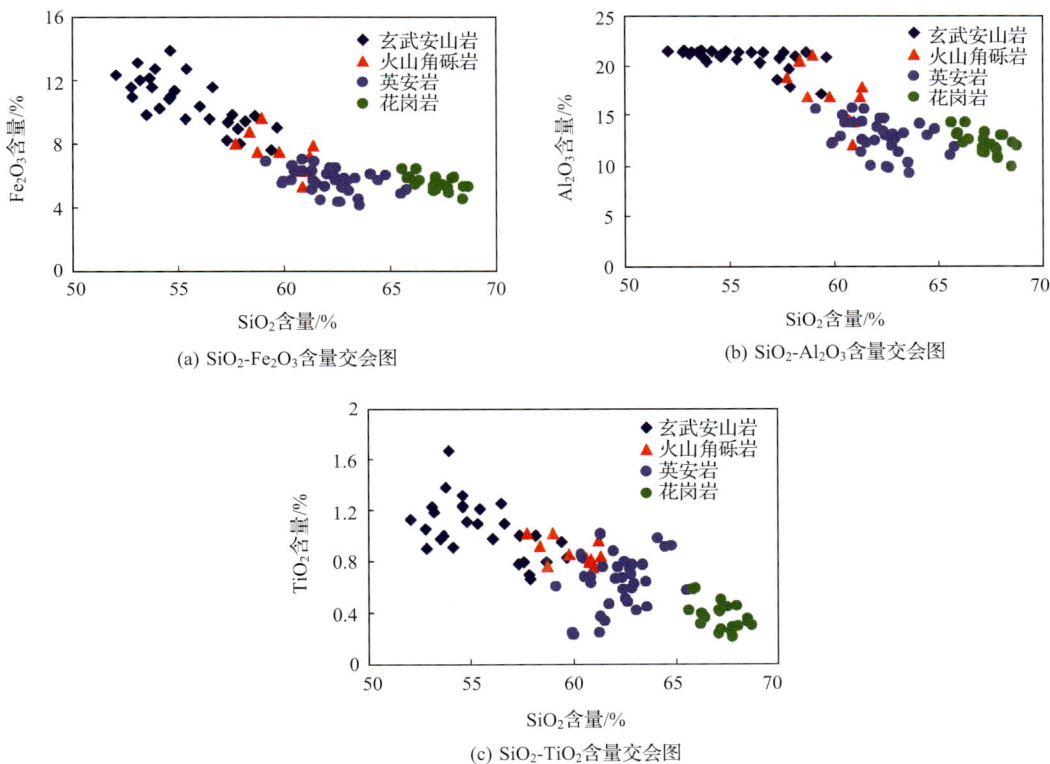

(a) SiO_2-Fe_2O_3含量交会图

(b) SiO_2-Al_2O_3含量交会图

(c) SiO_2-TiO_2含量交会图

图 3.27 中拐地区取心段不同岩性 SiO_2 与 Fe_2O_3、Al_2O_3、TiO_2 含量交会图

根据 $Na_2O + K_2O$ 含量进行碱性系列划分。利用矿物元素化学分析结果对 ECS 获取的岩石化学元素含量进行对比刻度,将氧化物含量投在 TAS 图版中进行火山岩分类和定名。从准噶尔盆地中拐地区火山岩岩心的 TAS 分类图(图 3.28)可以看出,该区岩性类

别分布比较广泛,以中基性火山岩为主,从玄武安山岩、安山岩到英安岩等都有分布。

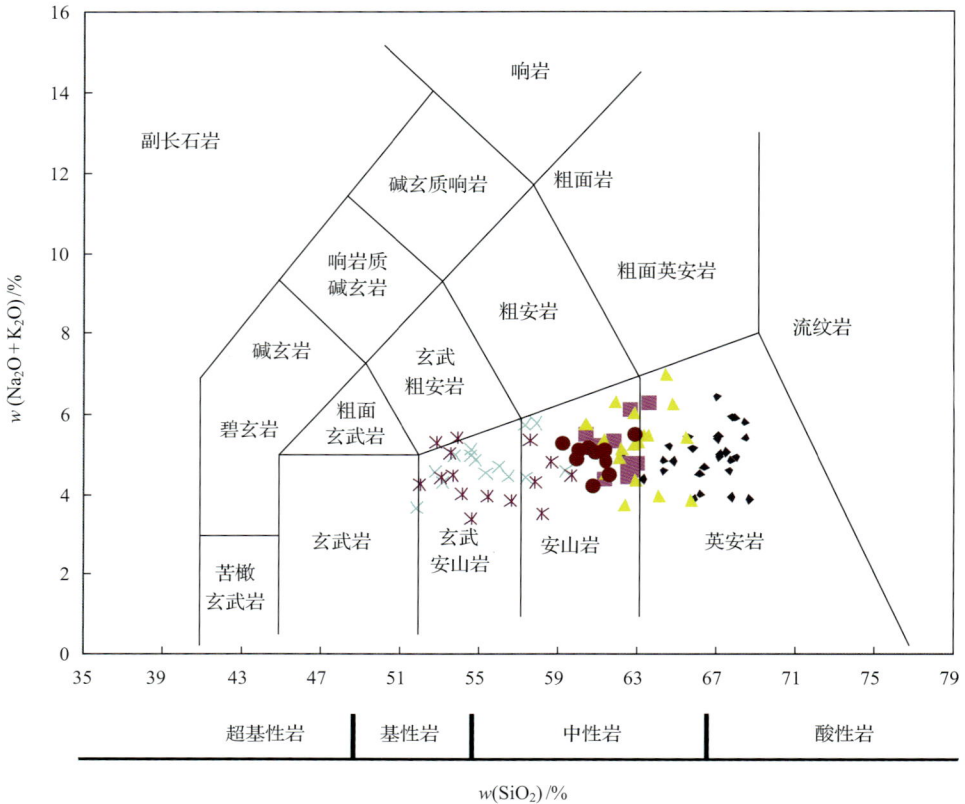

图 3.28 中拐地区火山岩岩心 TAS 分类

ECS 测井是唯一能够从岩石成分识别火山岩岩性的方法,可以由 ECS 测井处理得到不同岩性岩石元素的敏感性曲线,进而从成分上区分火山岩。利用 TAS 图分析结果(图 3.28)对中拐地区火山岩进行了单井岩性划分,其中金龙 5 井及滴西 18 井(图 3.29)不同 GR 值下的花岗岩具有明显的高硅与低 Al、Fe、Ti 含量特点,花岗岩的 ECS 测井响应特征与玄武安山岩相比:K、Na、Ca、S 元素的质量分数变化不大;Si 元素的含量增加,平均值为 0.315;Al 元素的含量降低,平均值为 0.064;Fe 元素的含量降低,平均值为 0.038;Ti 元素的含量降低,平均值为 0.002。金龙 061 井(图 3.30)英安岩的 ECS 测井响应特征与玄武安山岩相比:K、Na、Ca、S 元素的质量分数变化不大;Si、Al、Fe、Ti 元素的含量介于玄武安山岩与花岗岩之间。识别结果与岩心 TAS 岩性分类图相对比,吻合良好,证明利用 ECS 测井从组分上识别火山岩是可靠的。

3. 微电阻率成像测井识别法

常规测井在一定程度上可以反映火山岩的宏观结构特征,但不能直观反映火山岩的构造特征。TAS 岩性分类法仅反映了地层化学元素成分,没有反映岩石结构信息,虽然

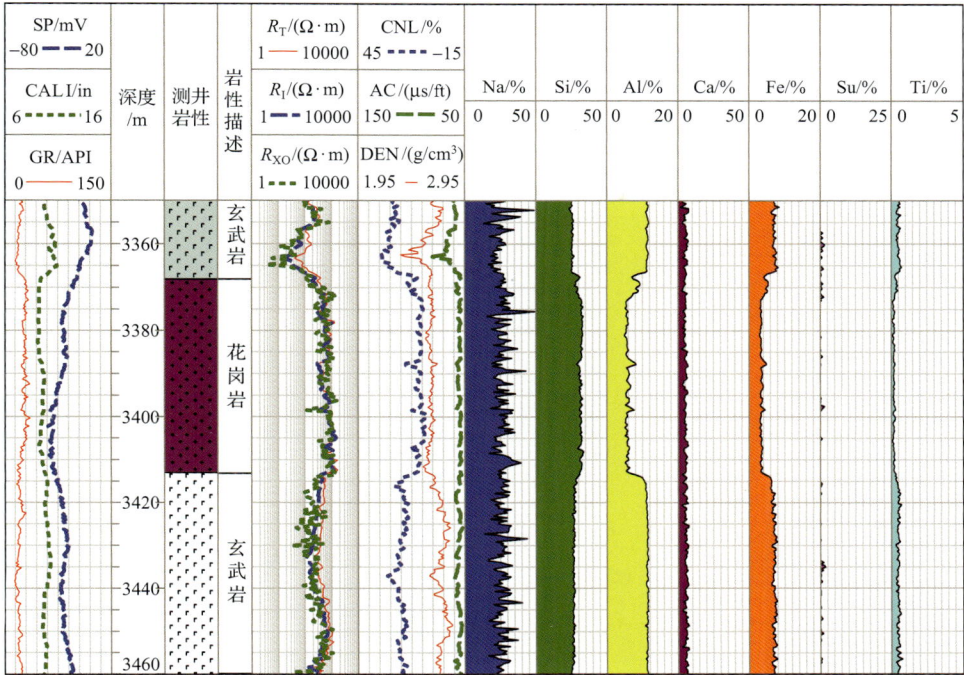

(a) 金龙5井

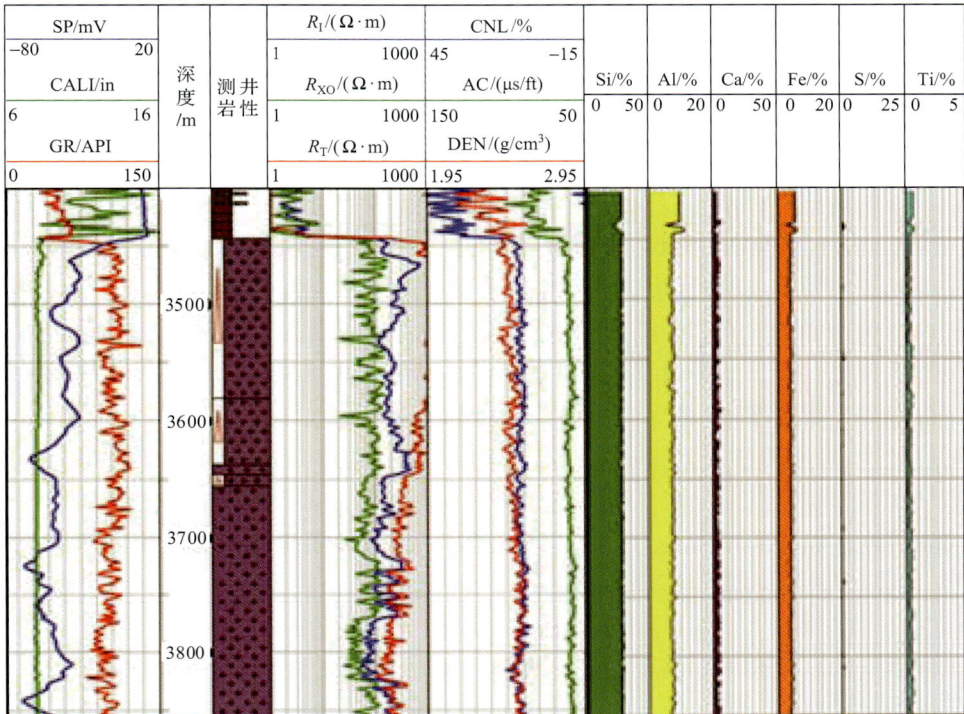

(b) 滴西18井

图 3.29　ECS 岩性识别效果图

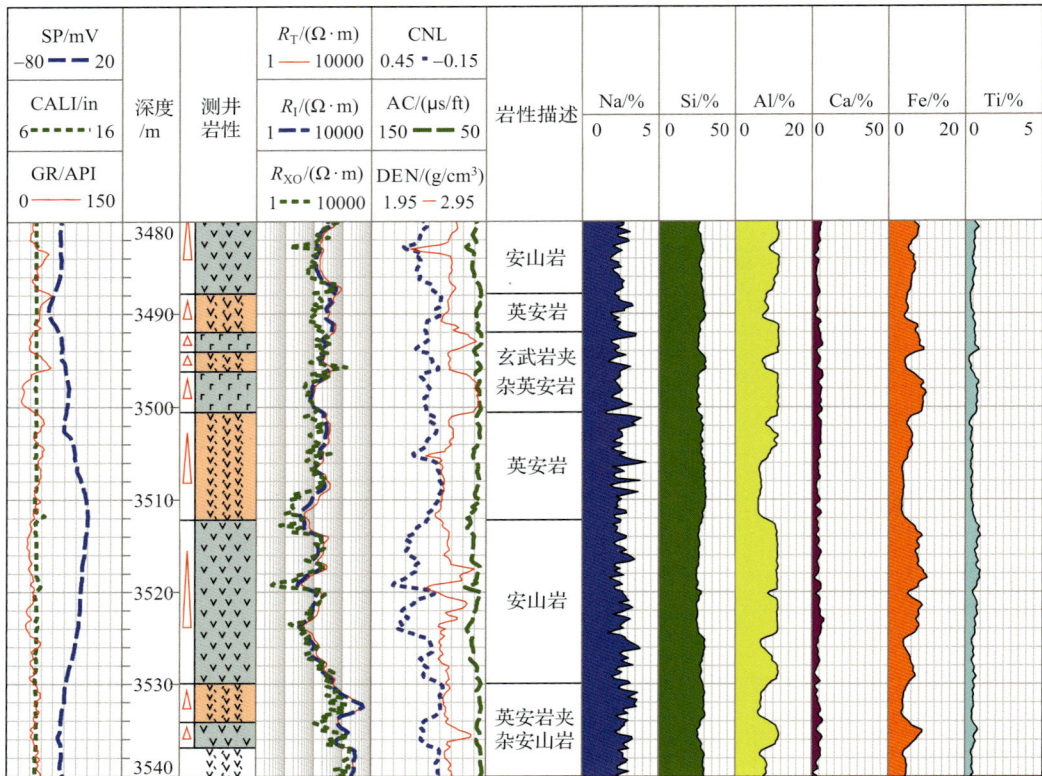

图 3.30 金龙 061 井 ECS 岩性识别效果图

可以准确进行岩石的化学定名,但无法判断岩石内部结构。成像测井可以较好弥补常规测井这方面的缺陷。成像测井信息量大、分辨率高,能够直观地从结构、构造上反映井壁岩石的特征,由于岩石的矿物成分及周围胶结物不同,岩石物理特征(电阻率)各异,通过极板上的纽扣电极发射电流,用表示微电阻率相对变化的曲线来反映地层的微细结构,在成像测井图像上表现为不同的电阻率,反映在成像测井图像上就是不同的图像纹理类型,通过提取成像测井资料的图像纹理作为岩性识别时反映岩石结构与构造的特征,用不同颜色的色标刻度成图像,直观反映不同岩性的变化。

尽管如此,微电阻率成像测井反映的是火山岩的电阻率特征(常称为伪成像),与岩心观察有较大的差别。且由于成像测井图像是沿井周的展开图像,火山岩结构、构造的观察方式与岩心观察也有所不同。为了应用微电阻率测井图像有效地观察火山岩的结构和构造,通常需要建立火山岩微电阻率扫描图像的结构、构造识别图版。图 3.31 为岩心刻度测井,建立不同岩性火山岩常规成像及薄片资料综合岩性识别图版。

具体微电阻率成像测井图反映的图像模式分类及特征见表 3.4 和图 3.32。在这些图像模式中,反映岩石结构、构造的主要是前 6 个模式,而火山岩中主要的图像模式为块状模式、线状模式、斑状模式。

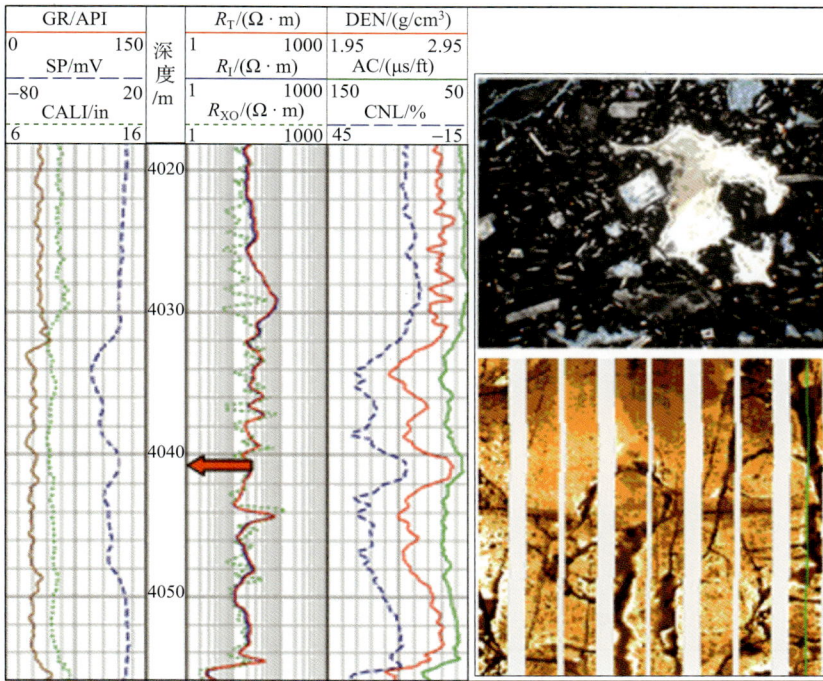

(a) 玄武岩

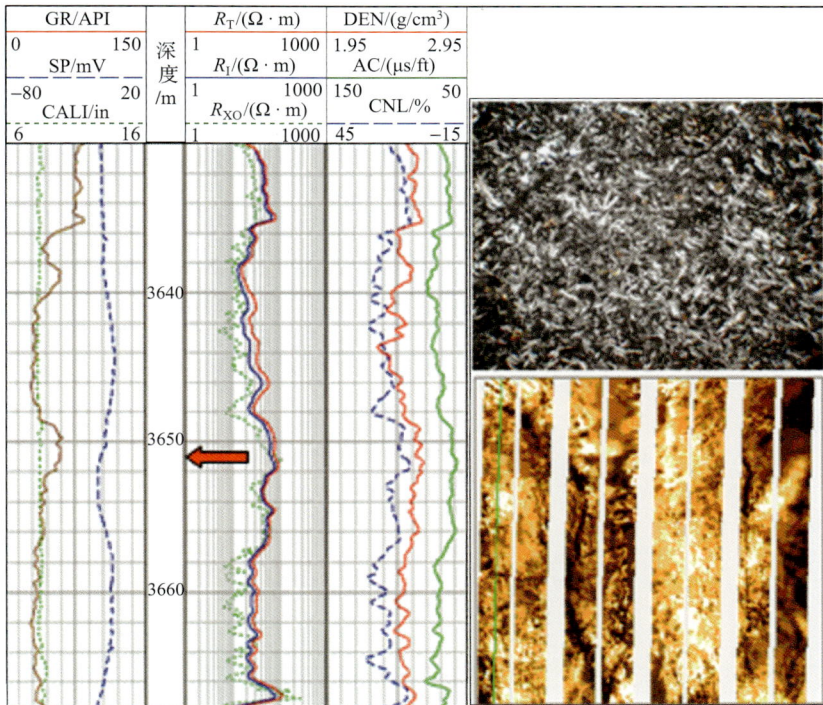

(b) 安山岩

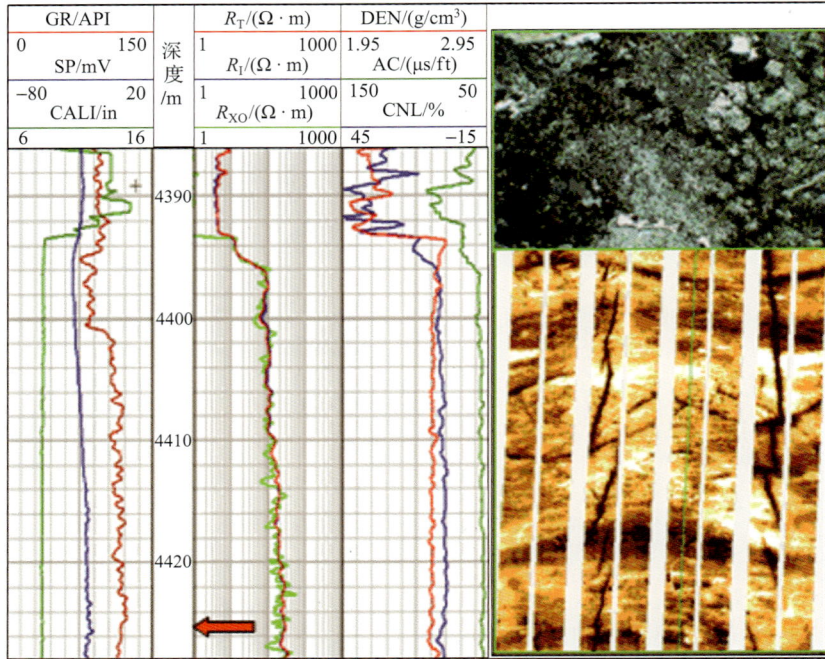

(c) 英安岩

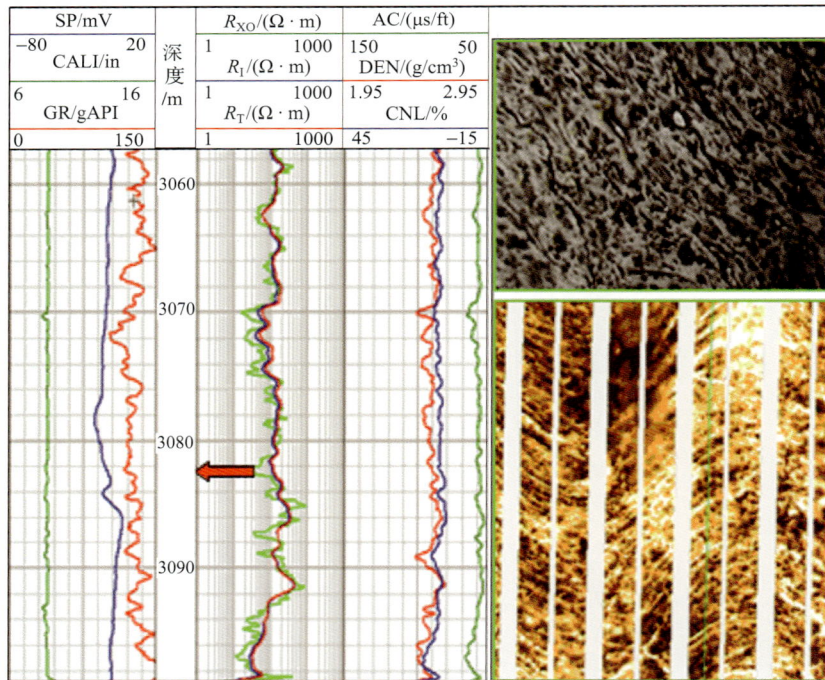

(d) 流纹岩

图3.31 不同岩性火山岩常规成像及薄片资料综合图版

表 3.4　图像模式分类及特征表

序号	模式类型	模式特征
1	块状模式	显示颜色较单一的均质块状，代表一种块状结构，表明岩石中不发育裂缝、层理、溶洞等。亮色块状指示岩性较致密，如致密火山岩、块状砂岩等；暗色块状指示典型的泥岩及缝洞发育的火山岩等
2	条带状模式	图像上显示为明暗相间的条带状，指示为砂泥互层沉积环境
3	线状模式	图像上显示为线状，指在一定范围内电阻率的变化导致图像颜色突变。线状模式可指示裂缝、人工诱缝、层面、冲刷面、缝合线、不整合面、断层等不同特征
4	斑状模式	溶蚀孔洞成像图多呈现为暗色斑状，当有角砾岩或砾石时，成像图呈亮色
5	杂乱模式	变形、扰动、滑塌等构造多为一些暗色杂乱的线条
6	递变模式	图像显示一种色级递变，指示的是递变层理
7	对称沟状模式	显示为竖形对称条带，大多反映的是椭圆井眼而不是岩性信息
8	规则条纹模式	指有规则的斜条纹呈等间距排列，一般都显示的是钻具刮痕
9	空白模式	测井仪器失控或测量错误而没有得到图像数据
10	不规则条纹模式	条纹呈不规则的非常凌乱的分布，一般是由仪器扰动引起的

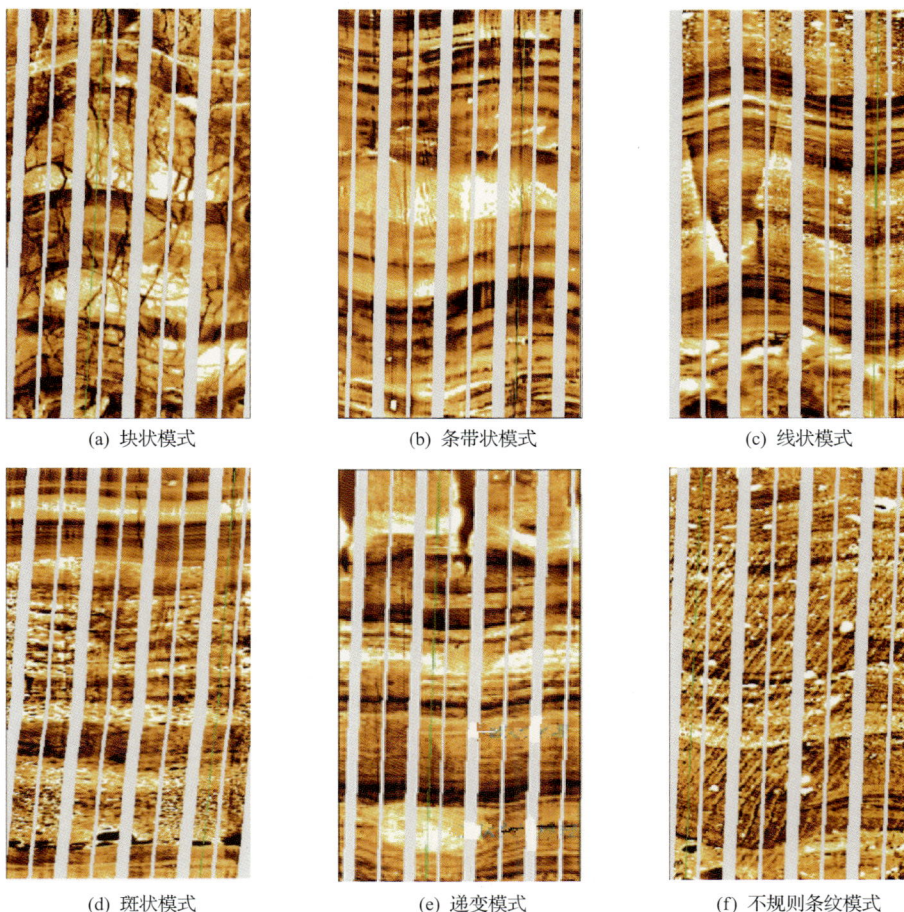

(a) 块状模式　　(b) 条带状模式　　(c) 线状模式

(d) 斑状模式　　(e) 递变模式　　(f) 不规则条纹模式

图 3.32　火山岩结构构造的主要图像模式

利用微电阻率成像测井资料对中拐地区火山岩进行岩性识别，主要岩性的图像特征如图 3.33 所示。

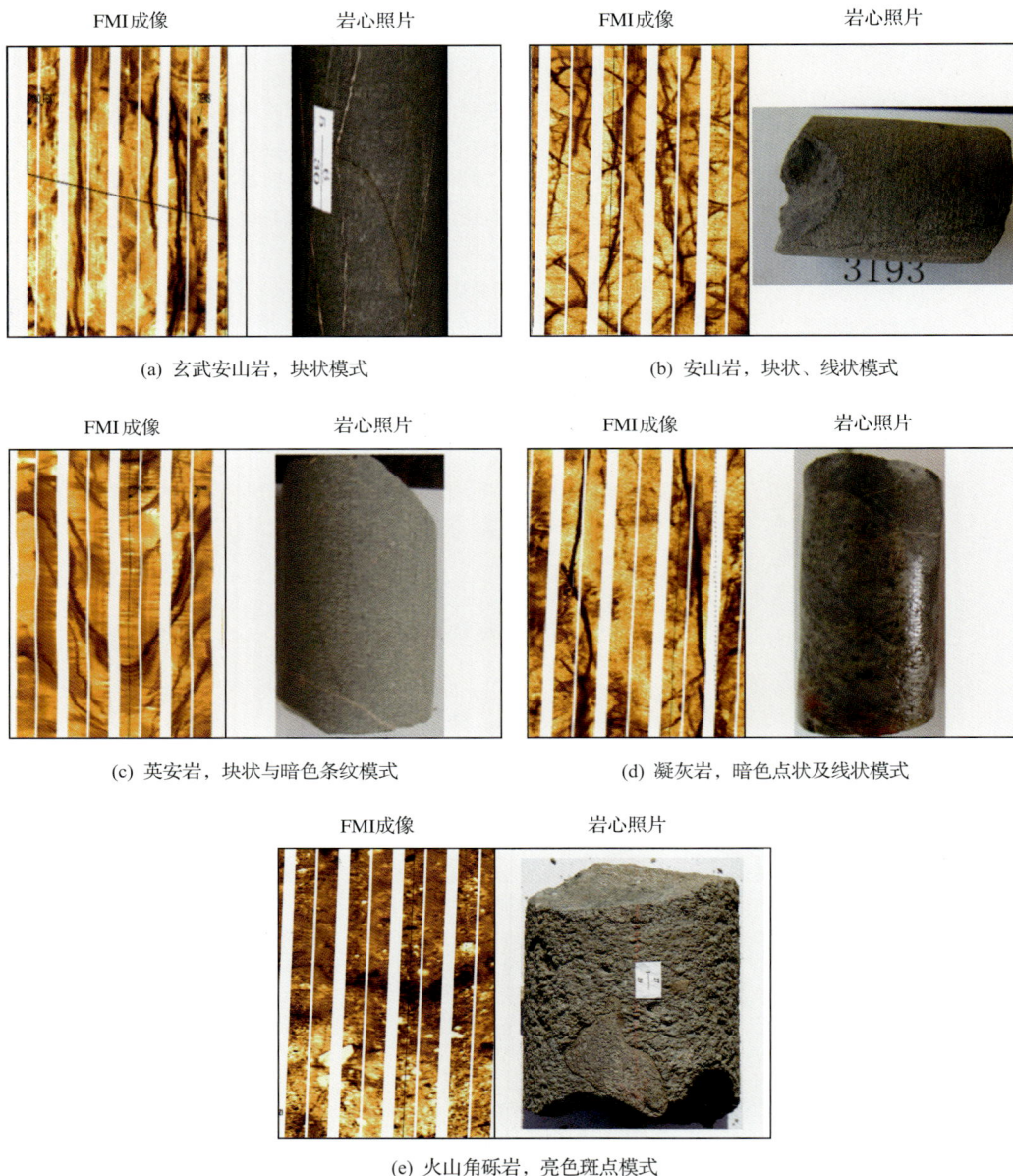

(a) 玄武安山岩，块状模式

(b) 安山岩，块状、线状模式

(c) 英安岩，块状与暗色条纹模式

(d) 凝灰岩，暗色点状及线状模式

(e) 火山角砾岩，亮色斑点模式

图 3.33　中拐地区火山岩岩性电成像测井识别图

4. 基于测井的岩性综合识别技术应用

利用测井资料进行火山岩岩性识别，通常是基于以上各种测井资料及其响应特征，综合利用各种岩性识别图版、测井图像、岩心分析等手段和信息，对玄武岩、安山岩、英安岩和流纹岩等火山岩类进行识别和划分。

　　在综合应用这些特征时,可以借助于聚类分析、主成分分析、模糊数学、贝叶斯判别和人工神经网络等数学方法原理,通过计算机算法设计及软件模块开发,提高综合应用各种测井资料进行火山岩岩性识别的能力。本书对此不做讨论,具体原理可参见相关文献。下面结合盆地内几个地区的实例,说明测井资料在火山岩岩性识别和划分中的应用。

　　1) 陆东-五彩湾地区克拉美丽气田

　　为对陆东-五彩湾滴南凸起地区火山岩岩性进行更有效的识别,测井设计中在特殊测井里加测设计了元素俘获能谱测井。以滴西 17 井为例(图 3.34),图中左数前三道为常规测井曲线:第一道为自然电位、自然伽马、井径组合道,第二道为电阻率组合道,第三道为三孔隙度-密度、声波、中子测井曲线道,第四道为深度,从第五道到第九道为 ECS 计算的几种主要指示矿物的氧化物含量曲线,分别为 SiO_2、Al_2O_3、Na_2O、K_2O、FeO、TiO_2 含量(质量分数)。第十道为岩性道。从中可以看出,不同岩性在 ECS 元素产额、矿物含量和其他测井曲线上有不同的测井响应特征,并可以较好地配合常规测井曲线进行岩性识别。

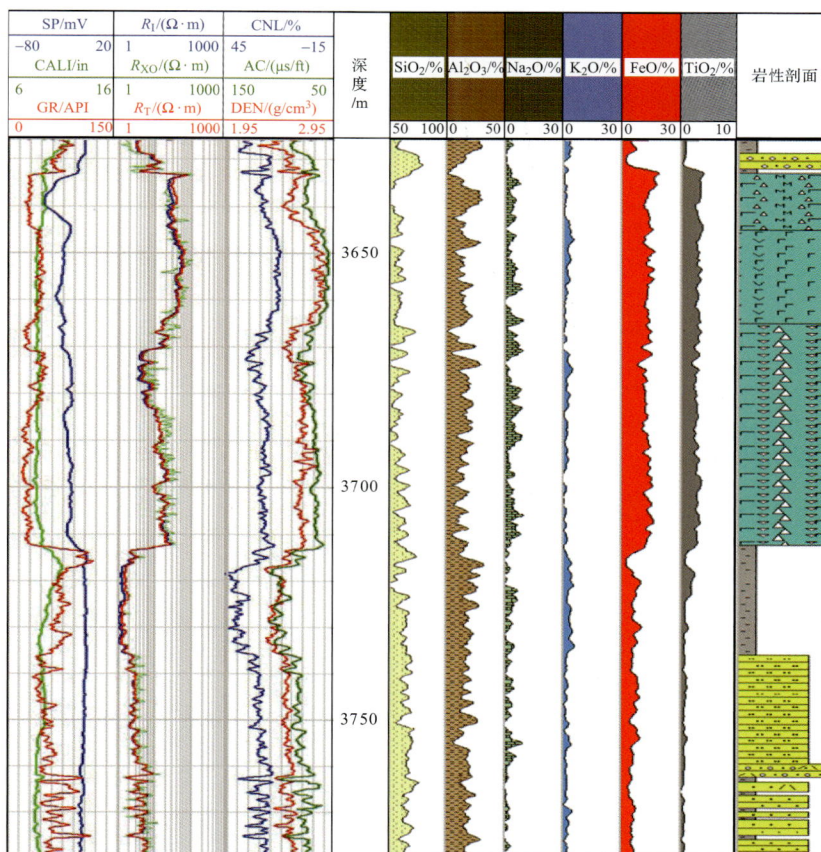

图 3.34　滴西 17 井测井综合曲线图

　　从该气田不同岩性火山岩与沉积岩 ECS 测井(图 3.35)中可以看出:从基性玄武岩到

酸性英安岩氧化物含量变化呈现为 Si_2O 含量逐渐增高、FeO 和 TiO_2 逐渐降低的趋势。

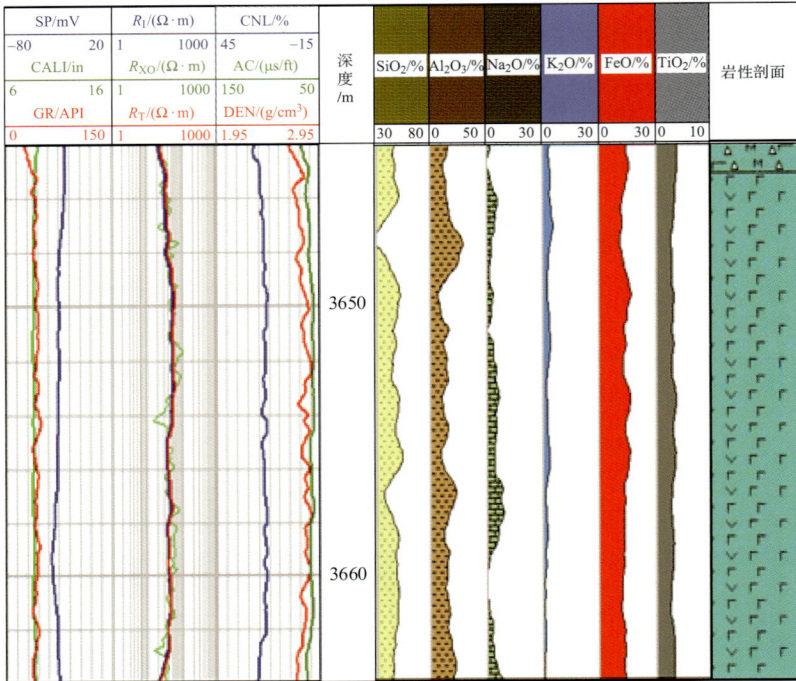

(a) 玄武岩

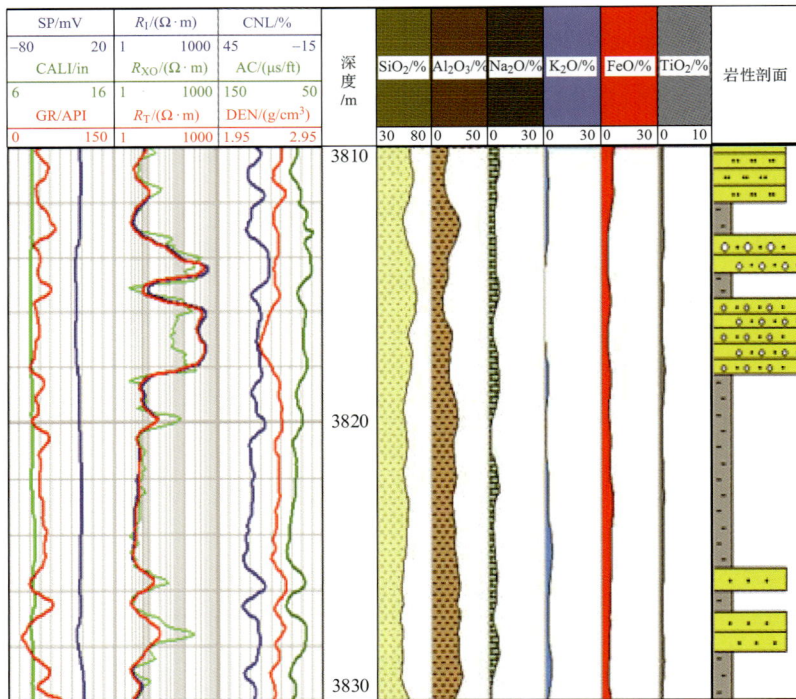

(b) 沉积岩

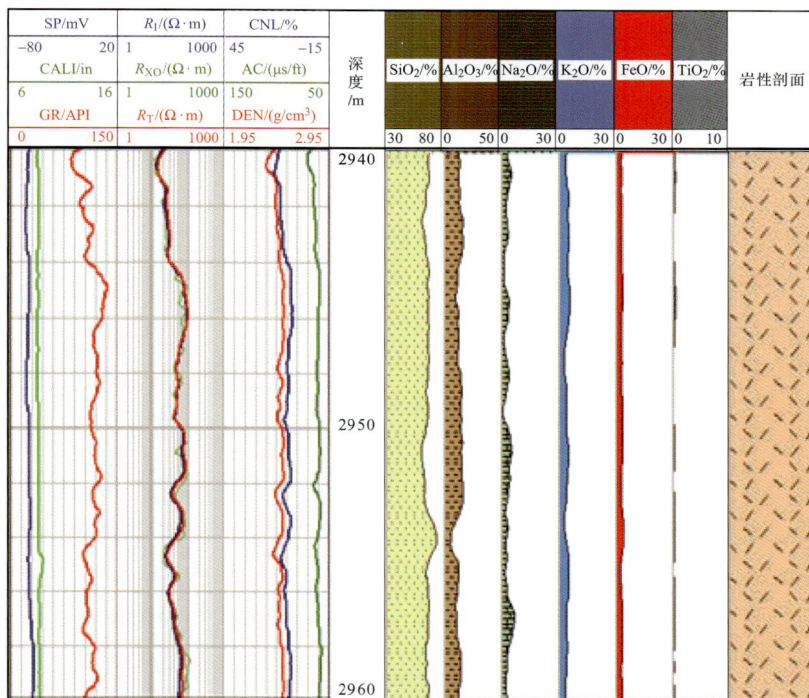

(c) 英安岩

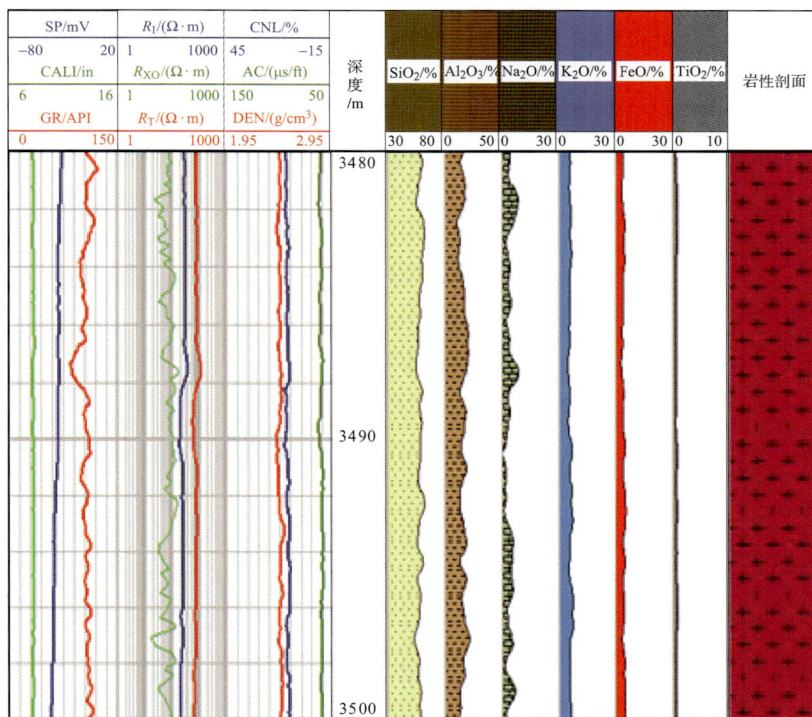

(d) 花岗岩

图 3.35　不同岩性火山岩与沉积岩 ECS 成像测井识别岩性图像

2)中拐地区金龙油田

中拐地区石炭系火山岩类型比较复杂,主要岩石类型为花岗岩、英安岩、安山岩、玄武岩、凝灰岩、火山角砾岩等。通过研究区火山岩测井响应特征的分析发现中子-密度交会图能够很好反映本地区的岩性类型,因此,在ECS测井和成像测井的辅助判别下,提取有准确岩心薄片定名资料的火山岩井段信息,将每个有定名资料的深度点看成一个样本点,读取密度和中子常规测井数据,绘制了中子-密度岩性测井识别图版,如图3.36所示。玄武安山岩具有高中子、高密度的特点,火山角砾岩具有高中子、低密度的特点,英安岩具有中中子、中密度的特点,花岗岩具有低中子、高密度的特点。火山熔岩与火山碎屑岩有一定的重叠区域,这反映了火山岩岩性的过渡特点,利用成像测井可以很好地识别熔结结构,将二者区分开来,解决了过渡岩性的识别问题。

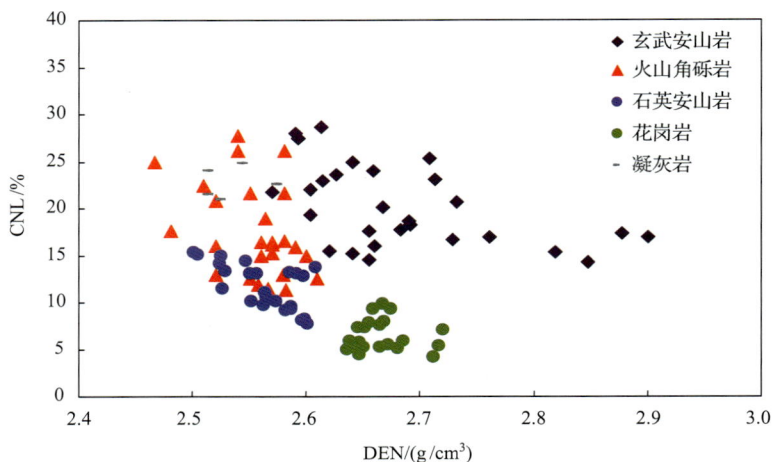

图3.36 中拐地区火山岩DEN-CNL交会图

交会图识别结果对于单井岩性划分有很好的指导作用。以金龙061井为例,该井的钻探目的层系为石炭系,目的层段除了进行常规测井外,还进行了FMI、ECS及核磁测井。由成像测井(图3.37)看到上部具有明显的角砾结构,高电阻率部分具有熔结结构呈现高阻块状,验证了火山角砾岩的密度低于熔岩,中子值高于熔岩。由常规测井曲线(图3.38)看出上部的曲线变化不大,密度值较低,中子值略大,电阻率值小于下部。上部主要为角砾岩,下部主要为火山熔岩。可以看出下部熔岩的中子、声波测井特征:安山岩CNL为12%~26%,AC值小于60μs/ft;英安岩CNL为8%~14%,AC为60~70μs/ft。根据ECS元素显示(图3.38),基性安山岩的Si元素含量小于中酸性英安岩,Fe、Al元素的含量大于英安岩,再由ECS测井将岩性氧化物数据点到TAS图上(图3.39),可以看到本井段常规测井显示与TAS图吻合,进一步从成分上划分熔岩岩性。

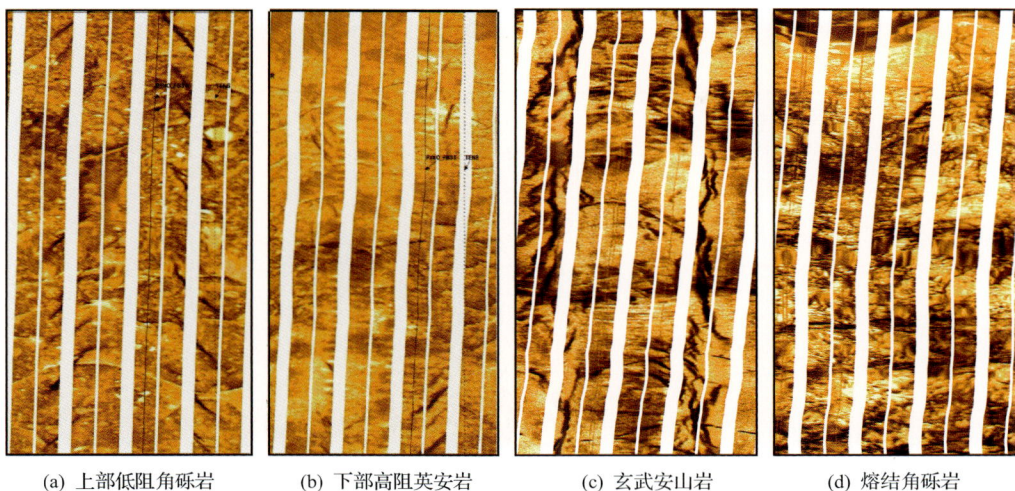

(a) 上部低阻角砾岩　　(b) 下部高阻英安岩　　(c) 玄武安山岩　　(d) 熔结角砾岩

图 3.37　金龙 061 井石炭系典型岩性成像测井图

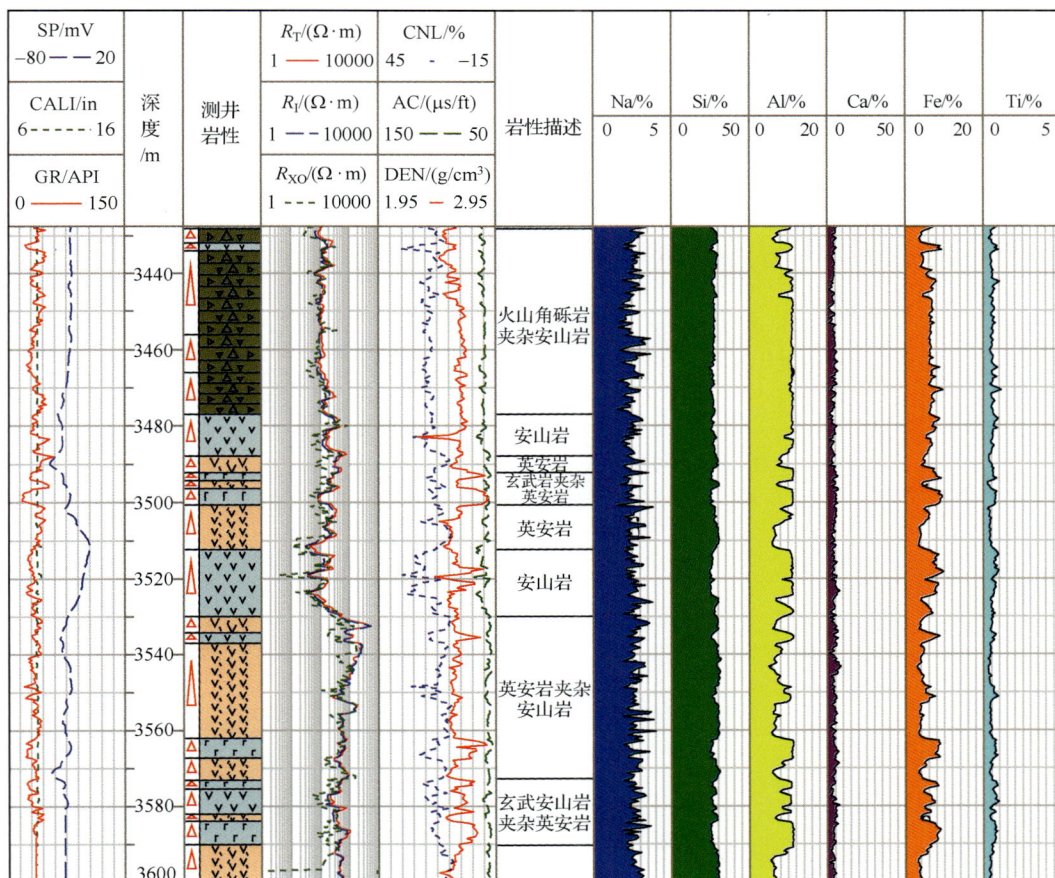

图 3.38　金龙 061 井石炭系测井图

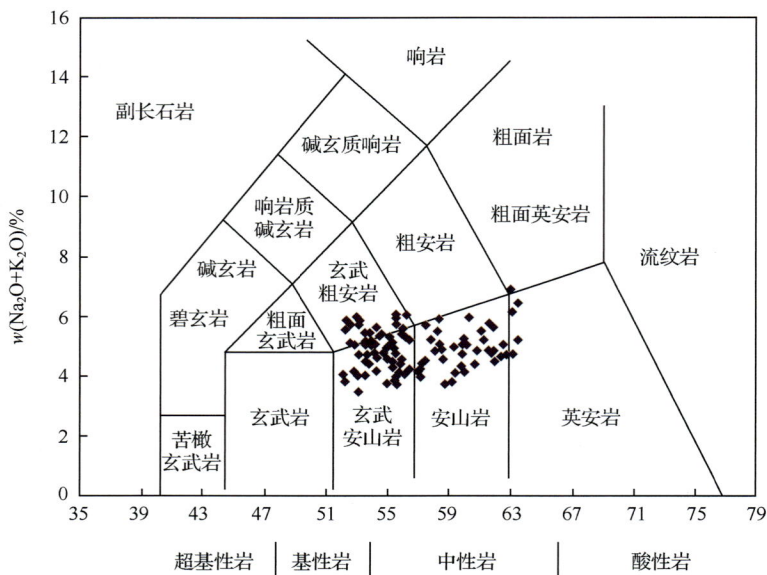

(a) 安山岩

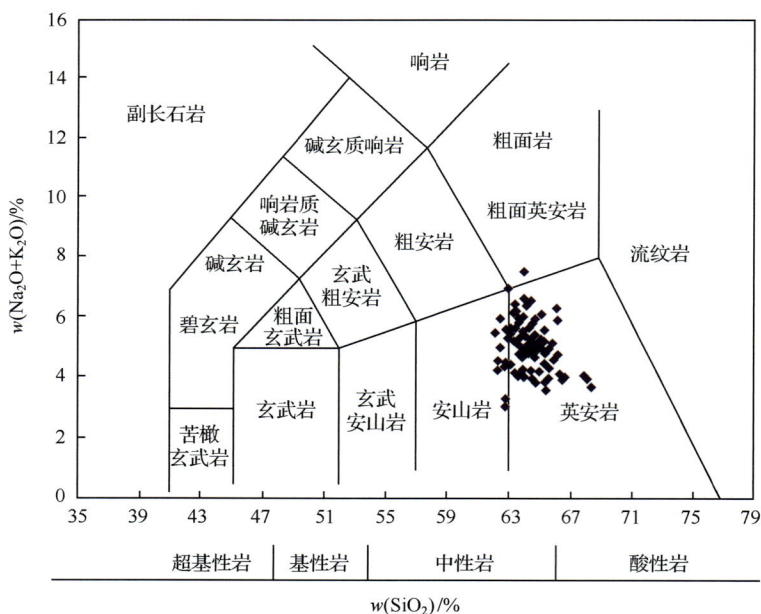

(b) 英安岩

图 3.39 金龙 061 井石炭系火山岩岩性识别 TAS 图

3）陆东-五彩湾地区石西油田

选取了石西油田一口评价井——石 004 井，图 3.40 所示井段为石炭系地层，在 4435.48～4439.98m 取心段，岩性描述为火山角砾岩和砾岩，薄片鉴定为：浅绿灰色流纹英安质熔结角砾岩，具角砾结构，含少量中、粗粒岩屑，角砾成分为流纹英安岩，岩屑成分与角砾相似，角砾占 90%～95%，岩屑占 5%，角砾分选、磨圆均差，粒间多为镶嵌接触，部分角砾见流纹构造，角砾砾径最大为 80～150mm，一般为 25～35mm，分选差，磨圆半棱-半圆状，胶结物为火山灰，胶结致密。从图像中部的岩心扫描照片（约 4463m）可清晰反映出该段地层具有较粗的颗粒特征，图中右部 4436m 附近处的微电阻率成像图像与其达到了较好的一致性，通过地质刻度测井和常规结合成像，确定显示井段为一套中酸性/酸性火山岩地层，其中 4400～4416m、4432～4448m 为流纹质火山角砾岩，4416～4432m 为流纹岩。

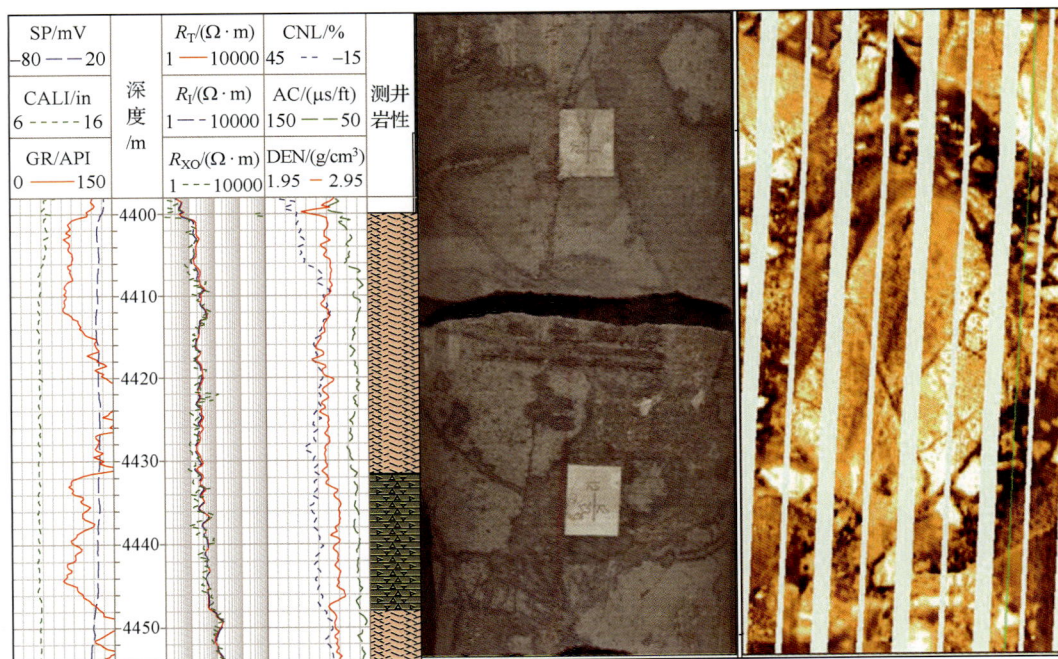

图 3.40　石 004 井测井曲线综合图

3.3　火山岩岩相的测井识别

火山岩岩相识别是火山岩成因和物性研究的重要内容，对于揭示火山岩空间展布规律和不同岩性组合之间的成因联系具有重要意义。根据 3.1.2 节所述的岩相测井学分类，综合应用各种常规测井资料和微电阻率成像等特殊测井资料，可以定性识别不同类型的火山岩岩相。

根据生产实践总结分析认为:火山岩岩相的基本分析方法应是以岩性解释结果为基础,以建立的火山岩岩相为指导,综合应用各种地质信息,分析火山岩发育的时空关系、产出状态及外貌特征,在划分喷发期次、旋回的前提下,由大到小逐级划分火山岩的岩相。从测井资料应用来说,首先需要在井剖面上划分出四类不同的岩相,然后在有利条件下对亚相进一步细分。

3.3.1 火山岩岩相的测井响应特征

针对准噶尔盆地发育的主要四种火山岩相,分析其在测井资料上的响应特征,为利用测井资料进行岩相划分提供依据。

1. 爆发相

爆发相是火山强烈爆发所产生的空中坠落堆积、火山碎屑流堆积及火山口附近溅落堆积的各种火山碎屑物,如火山集块、火山角砾、火山灰及火山尘,在不同环境经压结作用形成各种类型的火山碎屑岩,其中的挥发组分多,常见黏度大的中酸性、碱性岩浆。爆发相在火山作用的不同阶段均有形成,集中在早期或者高潮期火山喷发能量较大时发育,一般粗粒级的离火山口较近,细粒级的较远。

岩性多为酸性火山碎屑岩,GR 值较高且高于熔岩,变化大,SP 曲线高幅度和齿化特征主要是由岩石中各种岩屑、晶屑和玻屑的化学成分复杂引起。电阻率曲线的变化受火山岩内部结构控制,熔结程度越高,电阻率值越高,但低于熔岩。通常用微电阻率成像测井资料识别爆发相及其各亚相效果更好,图 3.41 为克拉美丽气田火山爆发相不同亚相的典型测井识别图。

2. 溢流相

溢流相是指岩浆熔体在后续喷出物推动和自身重力的共同作用下,由火山通道上升至地表火山口,向外溢流并沿地表流动过程中逐渐冷凝固结而形成的各种熔岩,呈岩流、岩被等形态。根据熔岩中矿物成分、结构、构造及 SiO_2 含量等不同,可细分为酸性、中性、基性等各类火山熔岩,一般产生于爆发相后,在火山作用旋回的各个时期均可形成。喷发产出的熔岩厚度较大时,虽然其岩浆性质基本相同,但是位置不同会造成结构、构造存在很大差异,物性也表现出明显不同。根据每期喷出熔岩的产状和不同部位岩性差异,可分为底部、中部和顶部亚相,其中顶部及底部亚相气孔、杏仁较发育,储集性能较好,而中部亚相储集性能较差。

溢流相主要为安山岩和玄武岩,流纹岩少见。不同岩性 GR 的差异较大,但曲线相对平直,变化幅度不大,总体呈低声波时差、高阻特征(图 3.42)。电阻率曲线随着处于溢流单元不同位置而变化较大,通常一期熔岩流中部电阻率较高,高于熔岩流的上部和下部。

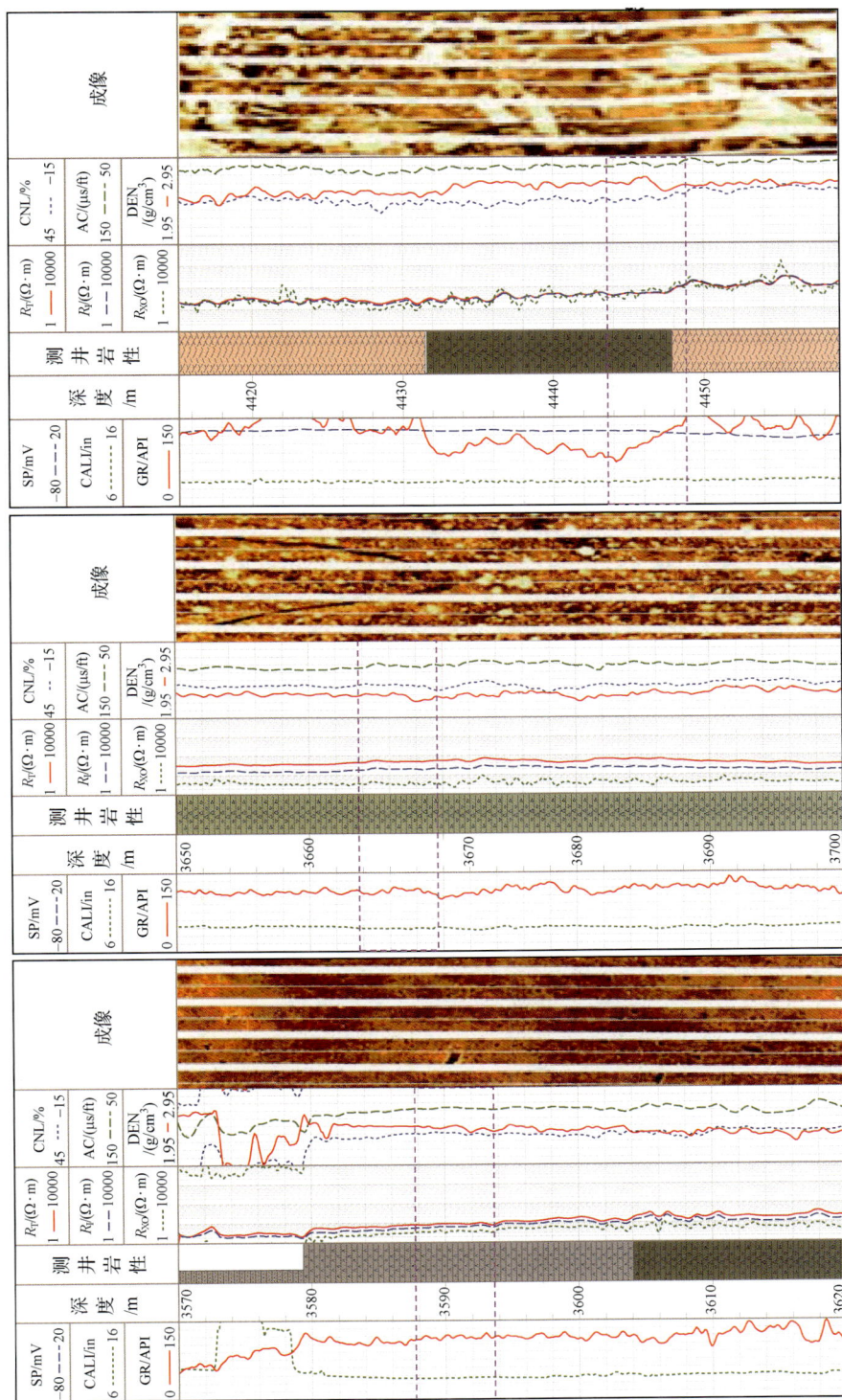

图 3.41　爆发相不同亚相的火山碎屑岩的典型测井响应

(a) 凝灰亚相的测井相图(滴西14井)

(b) 角砾亚相的测井相图(滴西14井)

(c) 集块亚相的测井相图(石西14井)

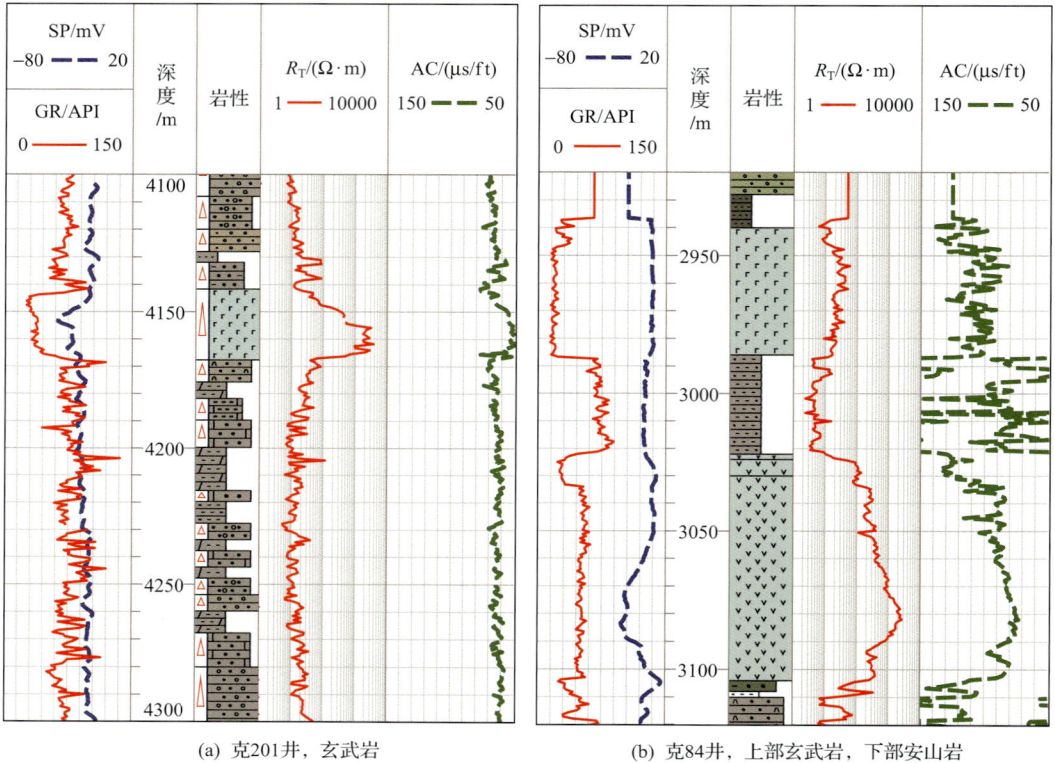

(a) 克201井，玄武岩　　　　　　(b) 克84井，上部玄武岩，下部安山岩

图 3.42　火山岩测井相识别特征

基于以上常规曲线特征，并结合微电阻成像分析克 84 井，图 3.43 所示井段火山岩整体为溢流相的安山岩，从微电阻成像中可以明显看到三段结构，表明三个亚相发育明显。

以上实例是以玄武岩为主的溢流相，图 3.44 所示为中拐地区金龙 11 井以致密安山岩为主的溢流相岩相识别结果。该段为致密安山岩，电阻率值偏高，自然伽马值变化不明显，密度值较高（大于 2.5g/cm³）且有变小的趋势，声波时差曲线值低，中子测井值较大。成像测井显示电阻率较高，网状裂缝发育。

3. 次火山岩相

次火山岩相是岩浆未喷出地表，侵入在地表以下约 3km 近地表固结形成的超浅成、浅成火山侵入体，常呈现为岩株、岩床、岩墙、岩盖、岩盆、岩瘤、岩脉等。次火山岩相主要发育在下火山岩序列中，特征岩性主要为花岗斑岩、二长玢岩，岩石具斑状结构，块状构造。结合中拐地区金龙 5 井次火山岩相（图 3.45）分析，该区次火山相主要以花岗岩为主，夹杂玄武岩，测井曲线特征上电阻率呈现高值，密度为中高值，声波时差值很低且较平缓。

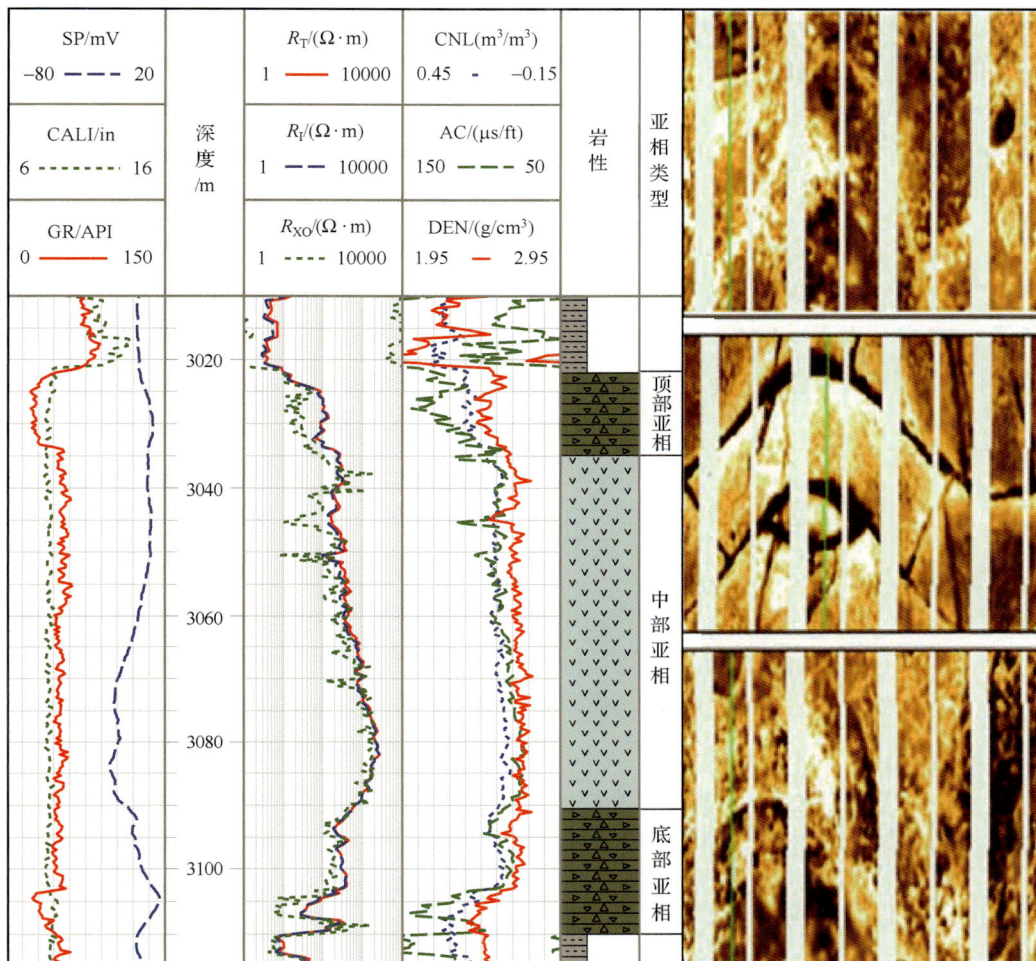

图3.43 克84井二叠系溢流相不同亚相的典型测井响应

4. 火山沉积相

火山沉积相经常与火山岩共生，主要出现在火山活动的低潮期和喷发间隙期，属火山口带的产物，主要有洪积沉积、火山泥石流和火山洼地等几种类型。例如，中拐地区划分上、下火山岩序列的沉积岩，厚度可达290m，对应火山活动的低潮期；而上、下序列内部的火山沉积岩对应火山活动的间隙期。火山沉积岩碎屑成分中含有大量火山岩岩屑，主要为火山岩穹隆之间的碎屑沉积体，常具韵律层理、水平层理。火山沉积相主要发育沉凝灰岩、沉火山角砾岩、凝灰质砂岩、凝灰质砂砾岩及凝灰质泥岩等。

以红019井为例（图3.46），从测井图中看出2700～2740m为大段的凝灰质砂砾岩，夹黑色沉凝灰岩，凝灰质砂砾岩曲线特征为电阻率、密度、声波、中子测井值都呈增大趋势，沉凝灰岩部分明显低于凝灰质砂砾岩。

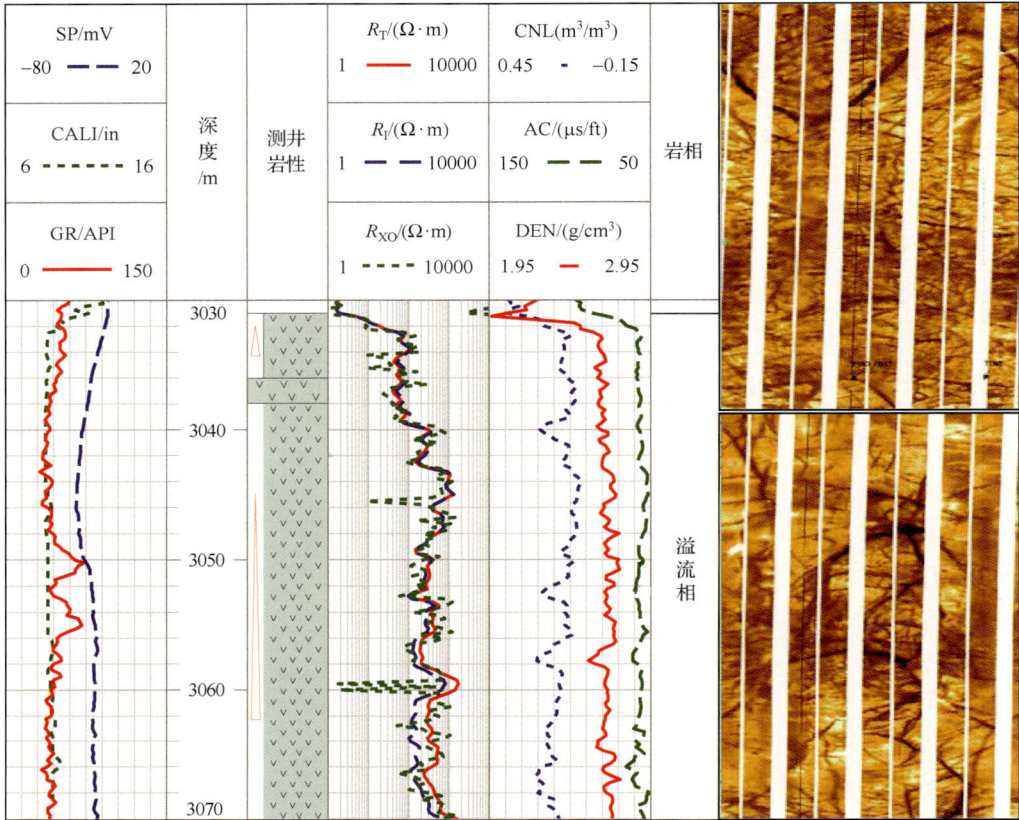

图 3.44　中拐地区金龙 11 井测井识别溢流相

3.3.2　单井剖面火山岩岩相连续划分

　　单井岩性、岩相分析是进行剖面相对比、平面相分析的基础,只有单井相分析和划分工作准确扎实,火山岩连井剖面图绘制和平面展布相图绘制才有坚实基础,才能进一步结合地震资料对岩相的平面分布进行预测。

　　在单井火山岩岩性划分和各种典型岩相测井响应特征分析基础上,可以利用沿井剖面连续测量的测井资料,结合岩心观察、薄片鉴定等资料进行单井岩相连续划分。图 3.47 是金龙油田石炭系火山岩岩相单井连续分析的例子。结合岩心的岩性描述和九条常规测井曲线上的响应特征,图中分别给出了金龙 10 井和金龙 6 井的单井岩相划分结果。

　　尽管测井曲线具有纵向连续性的特点,不同岩相其电性特征有所差异,但很多与岩相有关的参数难以从常规测井上反映出来,在实际工作中仅依靠测井资料常难以实现岩相的精确划分,需要借助岩心、钻录井及地质、地震等资料进行综合分析。

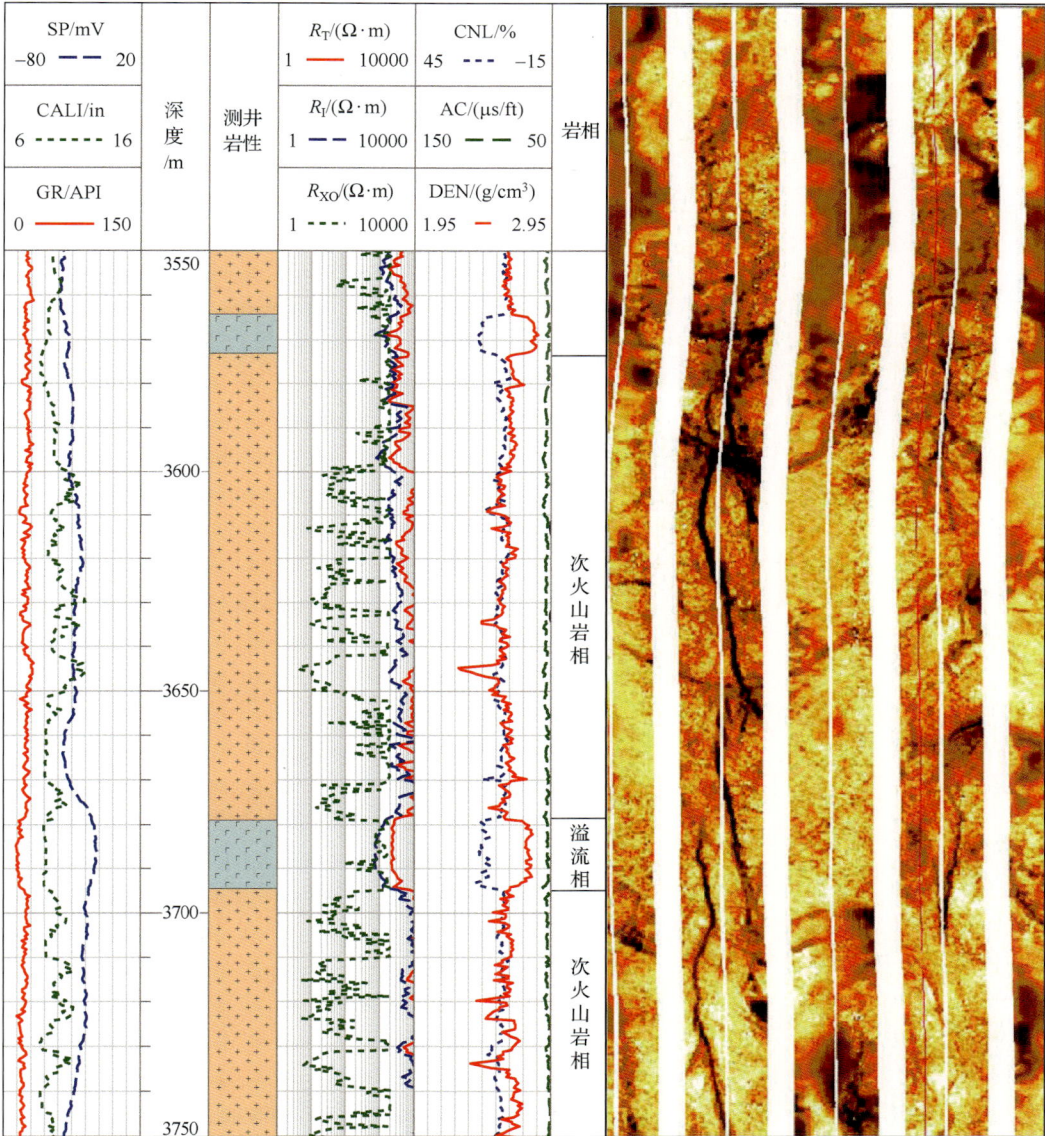

图 3.45   金龙 5 井次火山岩相的常规测井曲线和 FMI 图像

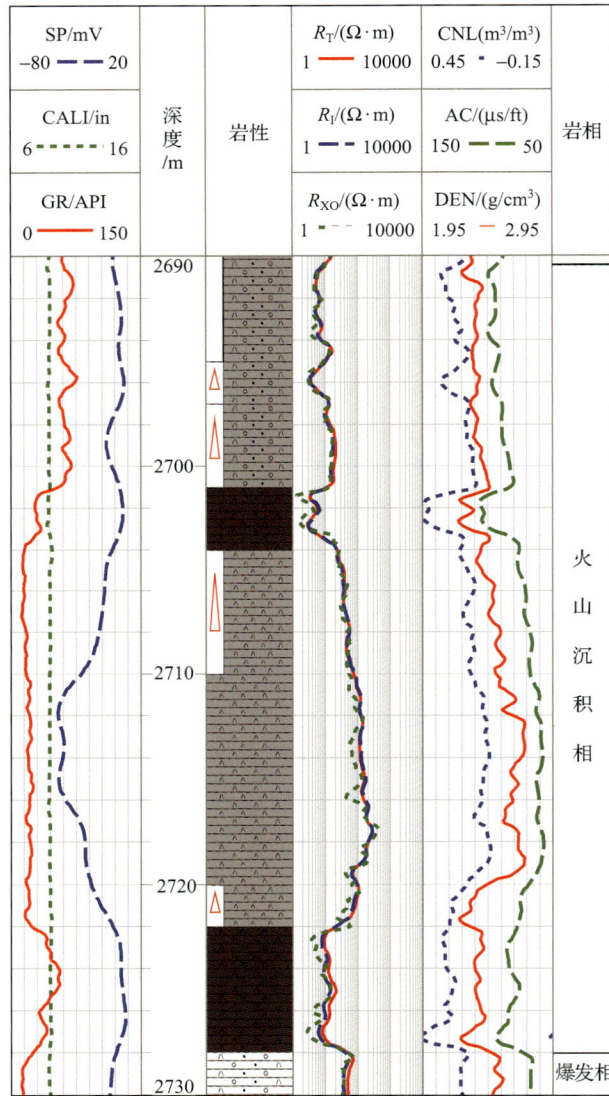

图 3.46　红 019 井火山沉积相的测井识别图

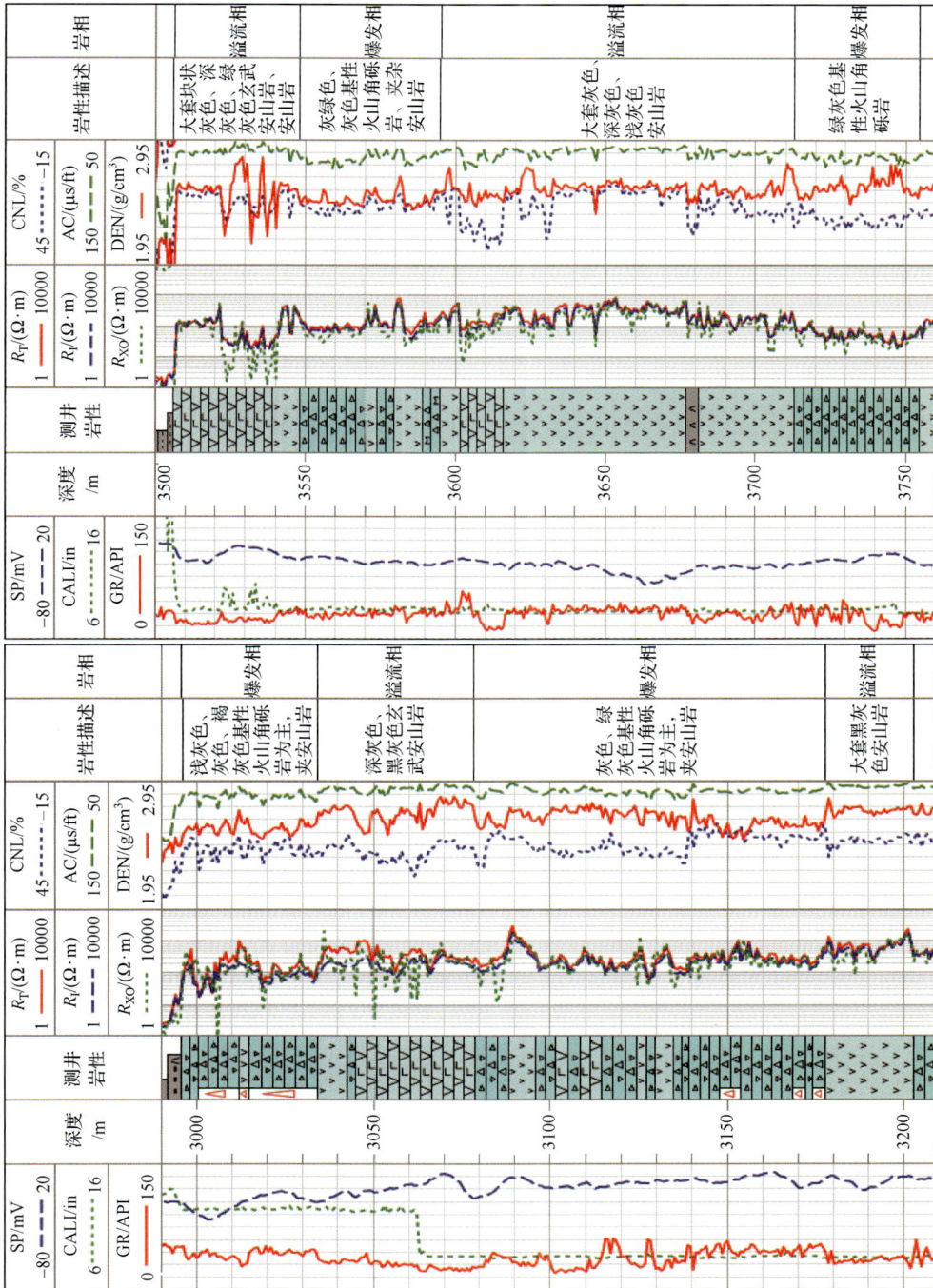

图 3.47 单井岩相划分实例（金龙油田）

火山岩储层物性测井评价技术 第4章

火山岩物性评价主要包括定性评价和物性参数定量计算两个层次。前者的主要任务是分析研究储层物性的影响因素,识别和划分有效储层,后者则主要是建立合适的解释模型进行孔隙度、渗透率等物性参数计算。

针对火山岩储层通常为裂缝、孔隙双重介质的特点,储层物性评价又常常分为基质物性评价和裂缝评价两个方面。这两方面工作既相互独立,又相互联系。基质物性评价主要利用常规测井资料,核磁共振和微电阻率成像等特殊测井技术也提供了很好的支持。裂缝识别和评价以电成像测井效果最好,其次是地层倾角、阵列声波等,常规测井效果相对最差。

由于火山岩岩相、岩性复杂,在许多情况下储层识别及物性评价难度较大,主要体现在几个方面:火山岩岩性复杂多变,不同岩性化学组分的相对含量差异大,导致岩石骨架参数的不确定性增大,而孔隙度等物性参数的定量评价通常依赖于骨架参数;除岩相、岩性的原因外,火山岩储层受蚀变、充填等成岩后改造作用影响大,多重孔隙结构及成岩后改造作用的影响都要求必须进行孔隙空间类型识别、蚀变和孔隙充填程度评价,但利用测井资料很难对此进行精确评价,只能给出定性分类或半定量评价;裂缝的识别和评价难度较大,即使采用目前效果最好的电成像测井,也仅仅较好地解决了裂缝识别和产状描述等问题,裂缝宽度、裂缝孔隙度等定量参数计算精度较低,多数情况下仅具参考价值,而实际上目前电成像测井相对较少,使裂缝定量评价面临很大困难。

4.1 火山岩储层物性控制因素分析

作为油气赋存的微观场所,储集空间一直是火山岩储层地质研究的关键,已有的研究和勘探实践都表明,火山岩储集空间的形成和演化受多种因素影响和控制。一方面,虽然火山岩本身具有晶间孔、晶内孔、粒间孔和气孔等原生孔隙,但火山岩成岩作用的特殊性(侵入与喷发的结晶与冷凝)造成这些原生孔隙大多呈孤立状态,较差的连通性使其难以形成有效储集空间;另一方面,后期的构造作用、风化作用和热液作用等使火山岩次生孔隙和裂缝较为发育,孔、缝、洞的有效组合可构成良好的油气储集空间。

在火山岩的形成和演化过程中,影响其储层储集性能的因素主要是火山岩岩性、岩相及成岩后改造作用。火山岩岩性、岩相为储层发育与否提供了先天物质条件,不同岩性、岩相条件从根本上决定了储集空间的发育程度与规模。风化淋滤、构造破裂、蚀变溶蚀和充填等成岩改造作用则是火山岩储集层发育的关键因素。

鉴于储集空间在火山岩储层研究中的重要性,国内外学者对不同盆地火山岩的储集空间类型和组合特征进行了研究与报道。准噶尔盆地自 20 世纪 50 年代发现玄武岩油气藏以来,火山岩油气勘探与开发已形成一定规模,积累了大量的储层测试资料。从已发现的火山岩储层来看,其岩性多样、岩相复杂、裂缝和次生孔隙非常发育、储集性能各异。这些都为深入研究火山岩储集空间提供了素材和知识积累,也为油藏评价和油气开发提供了基础地质参数。本节基于大量的岩心描述、储层测试和成像测井资料,对准噶尔盆地火山岩储层的储集空间进行系统分类并描述其组合特征,在此基础上分析储层物性特征及影响因素。

4.1.1　火山岩储集空间类型

火山岩储层非均质性强、孔隙结构复杂、储集空间类型多样,储集性能差异大,其储集能力依赖于储集空间发育程度及不同储集空间的组合关系,所以,储集空间及储集类型的研究是火山岩储层评价的重要内容。

通过岩心观察与描述、岩石薄片与铸体薄片鉴定、扫描电镜分析和成像测井分析等手段,根据成因将准噶尔盆地石炭系火山岩储层的储集空间划分为原生孔隙、次生孔隙和裂缝三大类,进一步可划分出 4 种原生孔隙、5 种次生孔隙、原生裂缝和 4 种次生裂缝(表 4.1、图 4.1)。原生孔隙形成的时间截止于火山岩固结成岩阶段,次生孔隙形成于火山岩成岩之后,裂缝由火山爆发炸裂作用、冷凝收缩作用和断裂活动作用形成。原生孔隙发育是形成有效火山岩储层的基础,但原生孔隙在后期埋藏演化过程中完整保存下来的十分少见,多数都不同程度地遭受了后期的多次填充与溶蚀。火山岩的次生孔隙和裂缝都发挥着与原生孔隙同样甚至更大的作用。

表 4.1　准噶尔盆地石炭系火山岩储层储集空间类型和特征

	类型	形成机理	特点	对应岩性	代表井
原生孔隙	原生气孔	成岩过程中气膨胀溢出而成	多分布在岩流层顶底,大小不一,形状各异	火山角砾岩熔岩	石南 1 井、彩 6 井、彩 27 井、彩 25 井、滴西 10 井、金龙 10 井、金龙 101 井
	残余气孔	次生矿物没有完全填充气孔的情况下所留的孔隙	也称为半充填孔隙	玄武岩火山角砾岩	彩 25 井、滴西 17 井、石南 1 井、金龙 102 井、金龙 103 井、西泉 9 井、西泉 1 井、西泉 10 井
	粒(砾)间孔	碎屑颗粒间经成岩压实后残余孔隙	火山碎屑岩中多见	火山角砾岩集块岩火山沉积岩	滴西 5 井、西泉 9 井、西泉 10 井
	晶间晶内孔	造岩矿物格架间的孔隙;辉石、斜长石等斑晶矿物多是有解理的矿物,它们本身就是晶内孔	多分布在岩流层中部,孔隙较小	熔岩火山碎屑岩	滴西 10 井、彩 25 井、彩 203 井、西泉 10 井

类型		形成机理	特点	对应岩性	代表井
次生孔隙	斑晶溶蚀孔	斑晶受流体作用溶蚀而产生孔隙，该类溶蚀常常沿着解理缝发育	孔隙形态不规则，多为港湾状，主要为晶内孔	安山岩	彩25井、滴西10井、西泉9井
	杏仁状溶蚀孔	气孔中充填物经交代溶蚀而形成的溶蚀孔	孔隙形态不规则，连通性差	熔岩	彩25井
	基质内溶蚀孔	基质中的玻璃质脱玻化或微晶长石被溶蚀	孔隙细小，主要为溶蚀孔，具有一定的连通性		彩25井、石南12井、西泉9井
	角砾间溶孔	风化、淋滤、溶蚀等后生作用形成	沿裂缝、自碎碎屑岩带及构造高部发育	玄武岩安山岩角砾岩	滴西18井、滴西14井、滴南1井、西泉9井、西泉10井
裂缝	原生冷凝收缩缝	岩浆冷凝、结晶过程中所形成的收缩微裂	柱状节理，呈张开形式，面状裂开，但少错动	火山角砾岩安山岩粗面岩	彩202井、滴西10井、石南1井
	构造裂缝	火山岩受构造应力作用后产生的微裂隙	近断层处发育，较平直，多为高角度裂缝	玄武岩安山岩	彩25井、滴西8井、滴8井、金龙10井、金龙101井、金龙102井
	风化裂缝	常与溶蚀孔、缝和构造裂缝交错相连，将岩石切割成大小不同的碎块	与溶蚀孔缝洞和构造缝相连	火山碎屑岩火山角砾岩	（区内多见）
	溶蚀缝	淋滤溶蚀		杏仁状安山岩、火山角砾岩	滴南1井、滴西5井

1. 原生孔隙

原生孔隙按成因可分为原生气孔、残余气孔、粒（砾）间孔和晶间（内）孔四种类型（表4.1）。准噶尔盆地火山岩原生孔隙中最主要的储集空间类型是半充填孔，表现为原生气孔在后期遭受热液及溶解物质等沉淀填充不完全，镜下多数见到气孔中沸石、绿泥石的半填充现象。纵向上溢流相熔岩自上而下具有明显的分带性，原生气孔在溢流相熔岩的顶、底部均有发育，以顶部居多。陆东-五彩湾地区滴西10井流纹岩、滴西17井玄武岩以及彩25井等均发育原生气孔，但是此类孔隙在火山岩中分布不均匀且连通性较差，需配合裂缝才能形成有效储层。气孔若被后来矿物充填则形成杏仁体，杏仁体内也会或多或少的留有一定的孔隙，孔隙中或周边常常会伴生石英、钠长石的生长，以及气孔中充填碳酸盐。气孔未被完全充填时就会形成残余孔，残余孔多与原生孔隙相伴而生，在准噶尔盆地较常见。比如彩25井安山岩、石南1井底部霏细岩及滴西17井玄武岩中均可此种类型原生孔隙。此外，粒（砾）间孔和晶间及晶内孔也是原生孔隙的类型，但准噶尔盆地火山

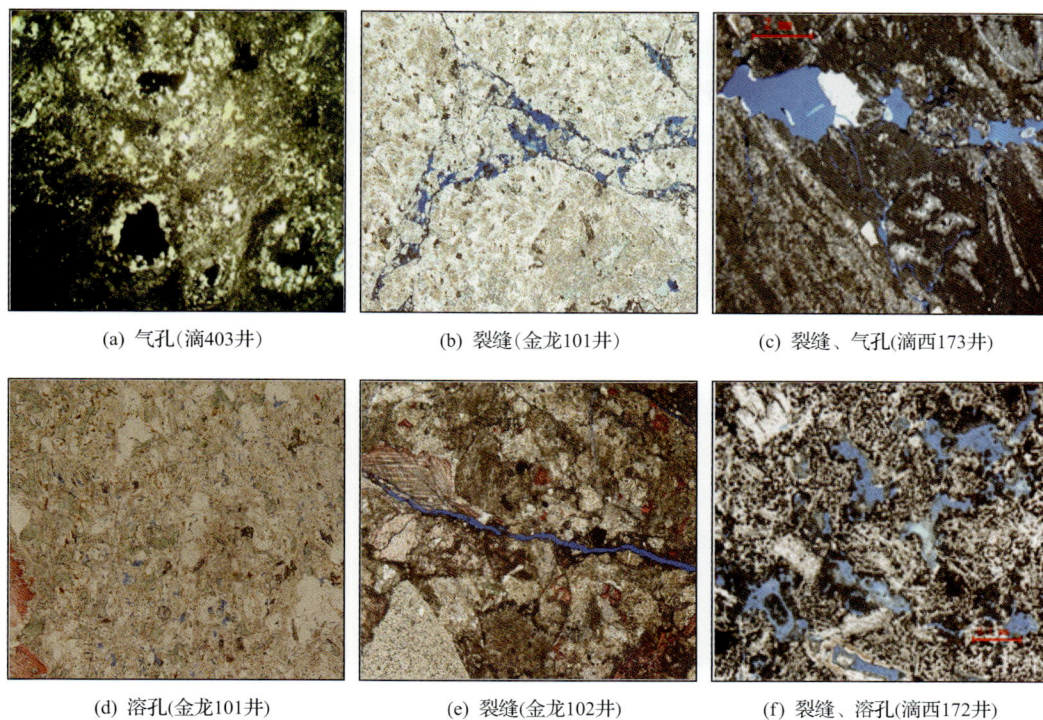

图 4.1　准噶尔盆地石炭系火山岩储集空间类型薄片实例

岩中较少。

2. 次生孔隙

准噶尔盆地火山岩次生孔隙包括斑晶溶蚀孔、杏仁体溶蚀孔、基质内溶蚀孔和溶洞等5 种类型(表 4.1),其中杏仁体溶蚀孔和基质内溶蚀孔是主要的火山岩储集空间。另外,自碎角砾岩在后期遭受风化淋滤等作用极易形成角砾间溶蚀孔缝。这种孔缝发育地区也是目前准噶尔盆地石炭系火山岩中主要的油气藏富集带。除以上几种主要次生孔隙类型外,角砾间溶孔、洞作为次要的次生孔隙,在溢流相自碎角砾岩中也是一种储集空间。

3. 裂缝

通过岩心及铸体薄片观察,石炭系火山岩裂缝发育。有的早期裂缝已被充填,晚期未被充填,横向、纵向裂缝常交错发育,有的可横切连通气孔和基质溶蚀孔等。在裂缝发育段,火山岩含油气性明显变好,裂缝虽然不是火山岩储层的主要储集空间,但可以使原来孤立存在的孔隙互相连通形成有效的储集空间,同时,为岩石形成各种次生孔隙创造了条件。统计全盆地火山岩岩心和薄片观测结果发现,主要包括以下 4 种类型裂缝。

(1)冷凝成岩收缩缝。是在岩浆结晶或冷凝过程中,由于热量散失、熔体冷却收缩产生的张应力使岩体破碎而形成的收缩裂缝,又称为节理缝,按产状可分为垂直节理和水平节理。垂直节理产状呈近垂直方向,倾角多在 $80°$ 以上,缝间近平行,缝延伸距离较长。

水平节理的产状近水平方向,连续性相对较差,缝的宽度也相对较小。在火山碎屑岩中,收缩裂缝可分布于火山碎屑颗粒内部或火山碎屑颗粒之间。

(2)构造裂缝。构造裂缝常常切穿气孔、溶孔,使得多个孔洞相互连通,提高了火山岩储层的储集性。例如,陆东-五彩湾火山岩中构造裂隙一般呈多组系广泛分布,延伸远,切割较深,特别是缝宽0.1~0.5mm的裂缝往往将气孔、溶蚀孔等储集空间连通,是重要的渗流通道,本身也有一定的储油能力,但规模较小。宏观大裂缝只在局部地区有所发育,以高角度缝为主,大多数被后期次生矿物充填,但充填不致密,可含油。

(3)风化裂缝。出露地表的火山岩受各种外部地质营力的改造,往往发生破裂和溶蚀作用,形成风化裂缝带。风化裂缝没有方向性,裂缝数量由岩体的地表带向下逐渐减少,但整体上岩石中裂缝发育。常与溶蚀孔(缝)和构造裂缝交错相连,将岩石切割成大小不同的碎块。风化裂缝为后期构造缝或深埋热液溶蚀创造了条件。准噶尔盆地风化裂缝发育在火山岩体顶界面,有利于后期发育构造裂缝并发生溶蚀作用。

(4)溶蚀缝。表生风化溶蚀作用沿构造裂缝、矿物解理缝发育,或在原有裂缝基础上发育。溶解作用使裂缝宽度增加,形成边缘不规则缝,如滴西14井玻屑凝灰岩发生交代溶蚀作用形成溶蚀缝。

4. 孔缝组合特征

火山岩的储集空间具有多样性,各类储集空间一般不单独存在,而是以某种组合形式出现,且不同研究区、不同储层段组合形式各不相同。气孔和溶蚀孔一般含油较多,而构造裂隙和风化裂隙主要起连通气孔、溶蚀孔及其他储集空间的作用,在油气运移中主要起输导管作用,本身也可成为储油空间,但储油规模较小。除火山碎屑岩外,其他火山岩所发育的晶间、晶内、收缩洞穴、粒间及气孔等原生孔隙具有分散性,之间不能构成网络,难以形成储渗空间。只有在构造作用、风化作用、热液作用和冷凝作用等外部因素的影响下,火山岩体内才可形成各种孔隙和裂隙,孔、缝、洞交织在一起构成油气储集空间。

综合取心及镜下观测的结果,准噶尔盆地火山岩储层的储集空间组合特征可归纳为以下几点。

(1)孔缝类型多样且几何形态各异。孔隙几何形态变化各异,有孔状、线状、面状、串珠状等,且多为不规则形态。裂缝有细长、也有粗短,有开启缝、也有闭合缝,有直交、也有斜交,有时密集分布而有时很稀疏。

(2)孔缝交织且储集空间结构复杂。形态各异、发育程度不等的孔缝,按不同方式组合在一起,形成复杂的空间网络,造成区内火山岩储层孔隙结构表现出强烈非均质性。

(3)孔缝分布不均。受喷发类型、岩浆成分、构造变动、古地貌等多种因素控制,呈现明显的分布不均性,靠近断层处裂缝、溶蚀孔隙都较发育。富含气体的玄武岩浆,溢流到地表时在上下表层则形成富气孔构造的玄武岩,在每一冷却单元中心则形成致密块状构造。

(4)孔隙连通性差但裂缝改善作用明显。火山岩中虽有原生孔隙,但多呈孤立状,难以对储集和渗流起很大的作用。后期热液改造作用会使气孔被方解石、沸石等充填,增加连通的困难程度,但在有裂缝存在的岩性段,渗透率却可高达几百毫达西,可见裂缝在改善火山岩储集性能方面所起的重要作用。不同充填物(如沸石、方解石、石英等)对后续的改造影响很大。

　　不同的储集空间类型及其组合关系形成了不同的储层类型。以中拐地区火山岩为例,根据岩心分析及常规、成像测井资料,可将储层中的储集类型划分为孔隙型、裂缝-孔隙型、孔隙-裂缝型和裂缝型,表 4.2 列出了不同储层的储集空间发育情况、主要储集空间与渗流通道、整体物性和产能性质,图 4.2 则利用 FMI 测井成像图直观显示了储集空间类型和组合关系,进而直观判断储层类型。

表 4.2　不同储集类型的储集特征及产能性质

储集类型	储集空间	渗流通道	整体物性	产能性质
孔隙型	气孔、溶蚀孔、粒间孔等原生孔隙	孔隙喉道	低渗储层、物性差	产量较低
裂缝-孔隙型	原生孔为主,裂缝为辅	裂缝、喉道	物性较好	产量高、稳产时间长
孔隙-裂缝型	各种裂缝为主,原生孔隙为辅	喉道、裂缝	物性一般	产量较高,减产速度很快
裂缝型	构造缝、冷凝成岩收缩缝、风化缝、溶蚀缝	裂缝	取决于裂缝发育程度	减产速度很快

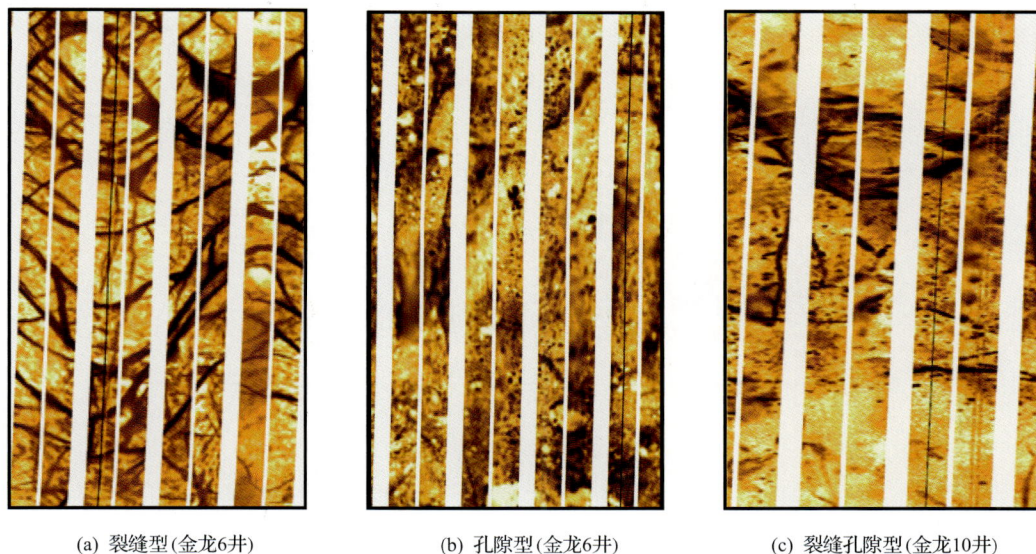

(a) 裂缝型(金龙6井)　　　　(b) 孔隙型(金龙6井)　　　　(c) 裂缝孔隙型(金龙10井)

图 4.2　不同储集类型的火山岩储层成像图特征

4.1.2　岩性、岩相对物性的影响

　　岩性、岩相对火山岩储层物性的影响主要表现为岩浆作用阶段所形成的原生孔隙和裂缝,是控制火山岩储层物性的内因。准噶尔盆地大量岩心实验数据统计结果表明,火山岩岩性、岩相对储层物性有重要的控制作用。

　　不同地区火山岩的岩浆类型、所含挥发分的多少及成分、产出状态、产出环境对物性的影响各有特点,影响因素极其复杂。尽管岩性对火山岩物性的影响存在多样性,但火山岩岩浆演化、矿物共生组合的规律性也在物性上得到反映。总体上,中基性火山岩原生孔易被充填,后期易发生次生变化(如浊沸石化、绿泥石化等)及溶蚀作用;中酸性火山岩原生孔易于保存,后期易于产生裂缝,其物性好于中基性岩;风化壳附近的块状熔岩及火山碎屑岩,经风化淋滤作用,易形成较好的储集体。

而火山岩相反映了火山岩岩石类型的空间组合关系,不同的火山岩相储层特征不同。研究表明,近火山口相物性好于远火山口相,爆发相物性好于溢流相,次火山相、溢流相、爆发相储集岩物性好于火山沉积相。火山岩岩性、岩相分布受火山机构控制,火山岩储集性能被改善的程度受岩性及表生作用时间长短控制。

1. 不同岩性储层物性特征

已有的分析化验资料表明,准噶尔盆地石炭系火山岩所包括的各种岩性几乎都可以成为有效储层,火山岩储层以中-较高孔隙度、低至中等渗透性、强非均质性为主要特征(图4.3)。

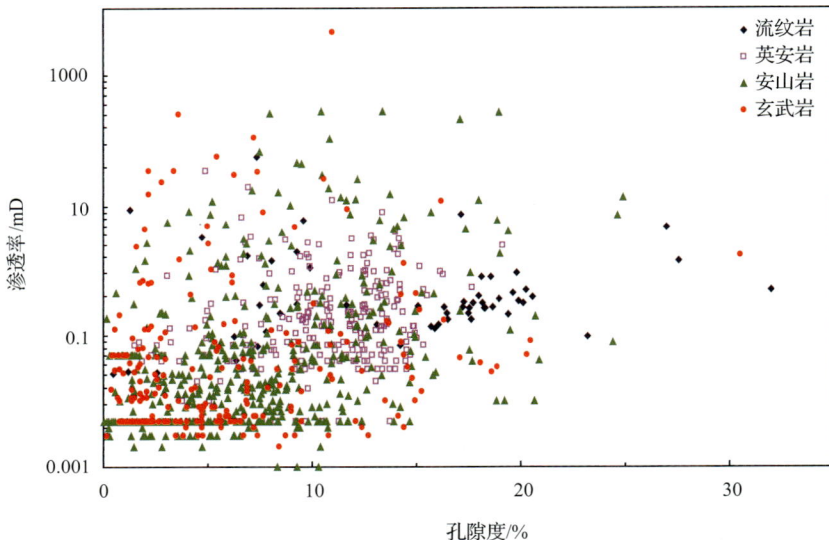

图 4.3　准噶尔盆地石岩系火山岩孔隙度-渗透率关系

火山岩由于岩性相差很大,孔隙度和渗透率也相差很大。即使是同一种岩石,在不同的井中,其孔隙度和渗透率也不完全一样。据统计,平均孔隙度最高的岩石依次是熔渣状玄武岩、杏仁状安山岩、火山角砾岩、流纹质英安岩、杏仁状玄武安山岩、玄武安山岩、英安岩,平均孔隙度最差的依次是安山玄武岩、辉绿岩、流纹质角砾岩、安山岩等(表4.3)。

准噶尔盆地火山岩渗透率总体上很低(表4.3),平均渗透率最高的岩石依次是凝灰质火山角砾岩、杏仁状玄武岩、杏仁状安山岩,其他岩石的平均渗透率大多数都在 $1.0 \times 10^{-3} \mu m^2$ 以下,最低的是玄武岩和辉绿岩。

根据陆东-五彩湾地区 23 口井 333 块岩样孔隙度、渗透率建立了统计直方图(图4.4),总体来看,酸性火山岩的物性好于基性火山岩。

表 4.3　准噶尔盆地石岩系火山岩孔隙度和渗透率

岩石名称	平均孔隙度/%	个数	平均渗透率/$10^{-3}\mu m^2$	个数	代表井
玄武岩	12.49	53	3.278	25	石南 4 井、夏盐 3 井、夏盐 2 井、金龙 10 井、金龙 5 井、夏盐 1 井、夏盐 4 井、玛 201 井
玄武安山岩	8.25	13	0.098	15	盐 001 井、金龙 103 井
安山玄武岩	1.71	3	0.207	3	夏盐 3 井
安山岩	5.41	25			石西 2 井、金龙 102 井、金龙 6 井
英安岩	8.15	20			石西 2 井、陆 2 井、金龙 101 井
安山质凝灰熔岩	4.49	5			石西 2 井、金龙 061 井
火山角砾岩	8.27	60	4.150	10	石西 2 井、夏盐 1 井、金龙 10 井、金龙 102 井、陆 6 井、金龙 103 井、石南 3 井、滴西 14 井
凝灰岩	6.73	23	0.113	7	陆 1 井、夏盐 1 井、盐 001 井、石西 2 井、金龙 15 井
沉凝灰岩	5.49	10			陆 2 井、玛 201 井、夏盐 2 井
辉绿岩	2.51	13	0.056	9	玛东 2 井、金龙 6 井
花岗岩	5.23	15	2.576	10	滴西 183 井

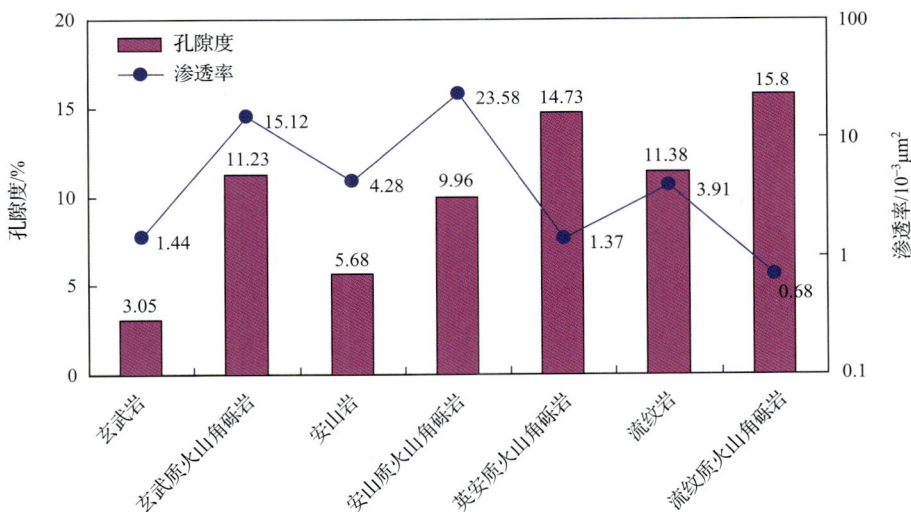

图 4.4　准噶尔盆地陆东-五彩湾地区不同岩性物性实验结果统计图

图 4.5 和图 4.6 是中拐地区石炭系 800 余个火山岩储层物性实测数据的统计图。可以看出,火山岩储层的孔隙度、渗透率变化范围都较大,总体呈现较强的非均质性。该区 90% 样品的孔隙度为 2%~12%,最大可达 30.37%,平均仅为 6.77%;约 80% 样品的渗透率分布范围为 $0.1\times10^{-3}\sim1.0\times10^{-3}\mu m^2$,约 10% 样品的分布范围为 $1.0\times10^{-3}\sim10\times10^{-3}\mu m^2$,另有约 10% 的样品大于 $10\times10^{-3}\mu m^2$,个别样品因发育裂缝导致渗透率值更高。从岩性统计结果来看,火山角砾岩和安山岩的孔隙度、渗透率平均值较高,其次为

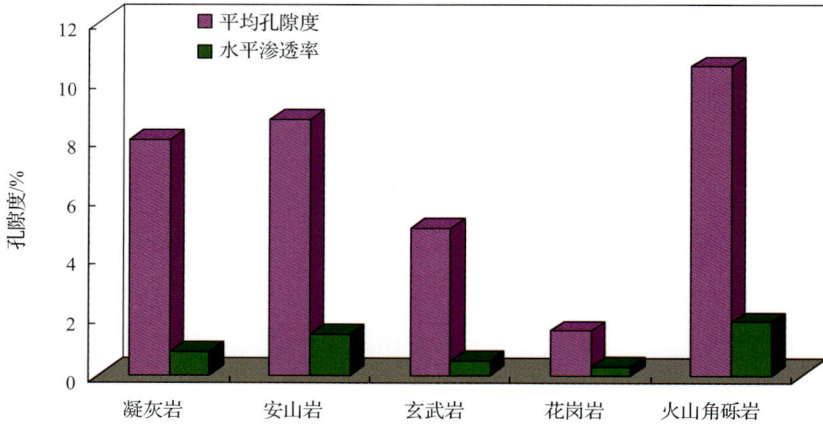

图 4.5 石炭系火山岩储层物性柱状图

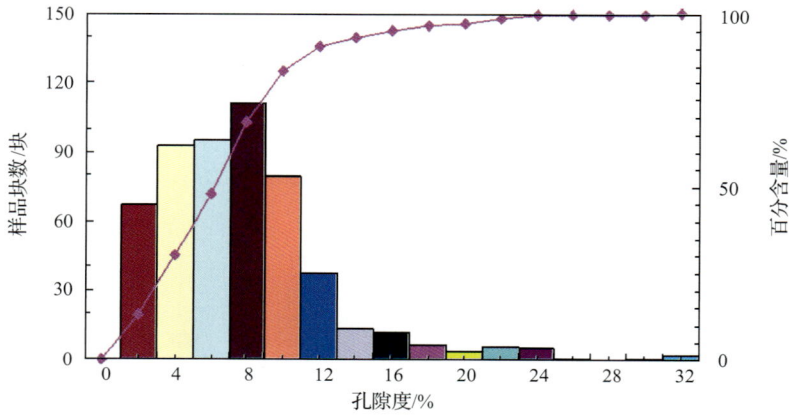

(a) 孔隙度

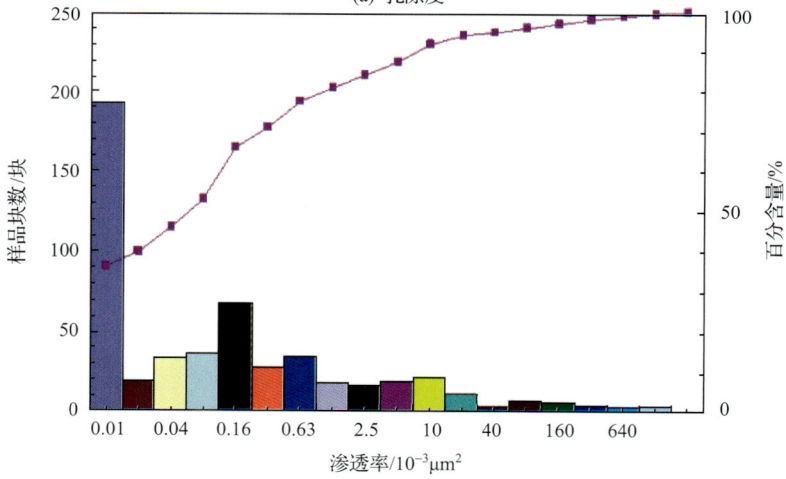

(b) 渗透率

图 4.6 石炭系火山岩孔隙度、渗透率分布频率图

凝灰岩和玄武岩,而花岗岩最低。总体上该区以低孔、低渗或特低渗储层为主,其中火山角砾岩好于熔岩,是该地区石炭系最有利的储集岩相。

2. 不同岩相储层物性特征

根据准噶尔盆地火山岩的测井学分类(3.1.2 节),发育的岩相主要有次火山相(火山通道相)、爆发相、溢流相和侵出相等,各岩相储集性差异较大(图 4.7)。

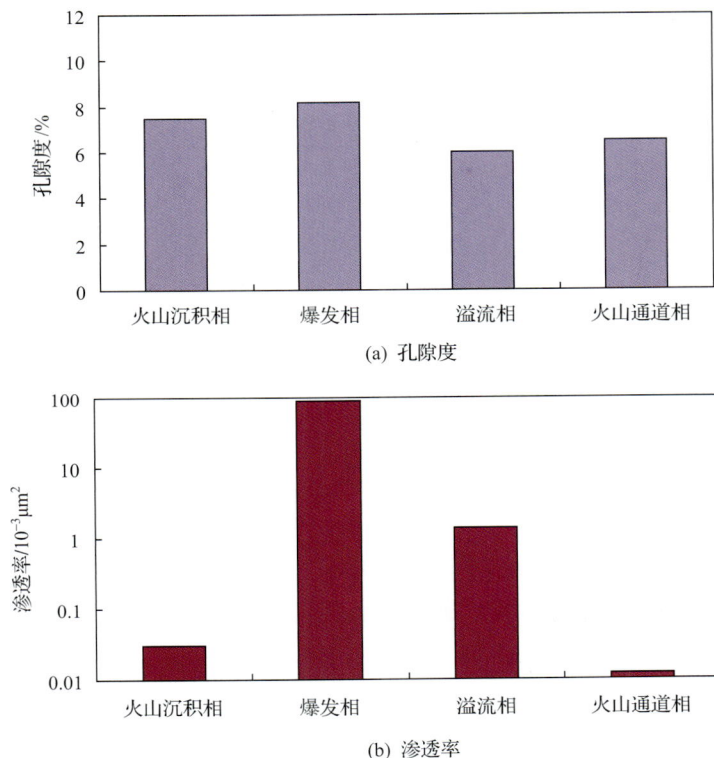

(a) 孔隙度

(b) 渗透率

图 4.7　准噶尔盆地石炭系火山岩不同岩相物性直方图

次火山相安山质凝灰熔岩平均孔隙度 6.49%。爆发相岩石类型有集块岩、火山角砾岩、凝灰岩、含角砾凝灰岩、凝灰质火山角砾岩和流纹质角砾岩,平均孔隙度 8.21%。溢流相岩石类型有杏仁状安山岩、流纹质英安岩、杏仁状玄武安山岩、玄武安山岩、英安岩,孔隙度较高,平均孔隙度 6.0%。火山沉积相只有凝灰质变晶灰岩(两块样品,平均孔隙度为 8.99%)和沉凝灰岩(10 块样品,平均孔隙度为 5.49%)两种岩石。侵出相岩石在准噶尔盆地较少,没有孔渗实测数据。在以上几种火山岩相中,岩石渗透率相差甚大,达到几个数量级。爆发相平均渗透率为 $87.0 \times 10^{-3}\ \mu m^2$,溢流相平均渗透率为 $11.0 \times 10^{-3}\ \mu m^2$,火山沉积相和火山通道相渗透率均低于 $0.1 \times 10^{-3}\ \mu m^2$。

总体上,火山岩储层物性具有中孔低渗的特征,爆发相为最有利储层,不同盆地和区带略有差异。

4.1.3　后期改造作用对物性的影响

在火山岩形成以后,后期的次生改造作用对物性影响很大。不同岩性、岩相的火山岩在相同的地质条件下遭受风化剥蚀、构造作用、交代溶蚀作用与充填作用的程度不同,造成了物性的较大差异。

1. 构造破裂作用

构造作用对火山岩物性的影响较大,常使致密火山岩发生破裂而产生一系列的构造裂缝。在其他因素相同的条件下,应力释放带裂缝最为发育,断裂带及正向构造的轴部地应力得到有效释放,是最为有利的裂缝发育带。在相同的构造应力作用下,一般薄层比厚层火山岩裂缝更为发育,也就是说火山岩厚度越小,裂缝越发育。

中酸性火山熔岩脆性较强,在应力作用下更易于产生裂缝,并且构造裂缝易于保存;裂缝不但使孤立的原生气孔及溶孔得以连通,而且增大了火山岩的储集空间;在火山岩成岩后期演化过程中,构造裂缝发育处往往交代、充填及溶蚀作用较强,常成为较有利的火山岩储集体。如克拉美丽气田滴西 10 井区火山岩储集体受构造破裂作用较明显,流纹岩、流纹质熔结凝灰岩等主要储集岩中,挤压错裂缝较发育。

2. 风化淋滤作用影响

风化淋滤作用是火山岩储集层发育的重要主控因素,风化过程中伴随淋滤溶蚀作用对储集空间进行改造。不同岩性的火山岩抗风化、淋滤的能力有所不同,同种岩性的火山岩所处的构造位置及其物理环境不同,遭受风化、淋滤的程度也有所不同。通常在近火山口的高部位,表生作用下淡水淋滤形成的次生孔隙较发育,充填作用弱,易形成较好的火山岩储集体。

风化淋滤的结果会在顶部形成风化破碎带,在下部形成风化淋滤裂缝,使得裂缝发育带溶蚀能力增强,溶蚀孔洞发育。对火山岩而言,风化程度与储层物性一般成正比关系。

图 4.8 为准噶尔盆地滴西 18 井酸性次火山岩井段的测井综合处理成果图。该段次火山岩从上到下岩性较为单一,厚度较大,为研究表生淋滤作用对火山岩物性的改造作用提供了得天独厚的条件。图中除常规测井曲线外,还给出了处理解释的孔隙度曲线(POR)及由 FMI 成像测井资料处理解释获得的裂缝发育密度(FVDC)和裂缝视孔隙度(FVPA)曲线。该段次火山岩与上覆地层呈不整合接触,次火山岩经过了长期的风化改造,不整合面深度约为 3445m。全井段 GR 测井值变化不大,表明岩石的化学成分变化不大,岩性较为均一。

铸体薄片显示该井段岩石的孔隙类型主要为裂缝、晶间溶孔和斑晶溶孔(图 4.9),物性变化能较好反映风化、淋滤作用的相对强弱。三孔隙度曲线从上到下声波时差逐渐减小,到 3720m 趋于稳定,密度测井值逐渐增大,补偿中子测井值逐渐减小,两条曲线的变化规律与声波曲线的变化规律基本一致,到 3720m 趋于稳定。孔隙度处理结果,从不整合面附近孔隙度为 12% 逐渐降低,到 3720m 降至 6% 以后逐渐稳定。FMI 处理得到的裂缝发育密度和裂缝视孔隙度曲线显示,裂缝发育密度和裂缝视孔隙度也从上到下逐渐减

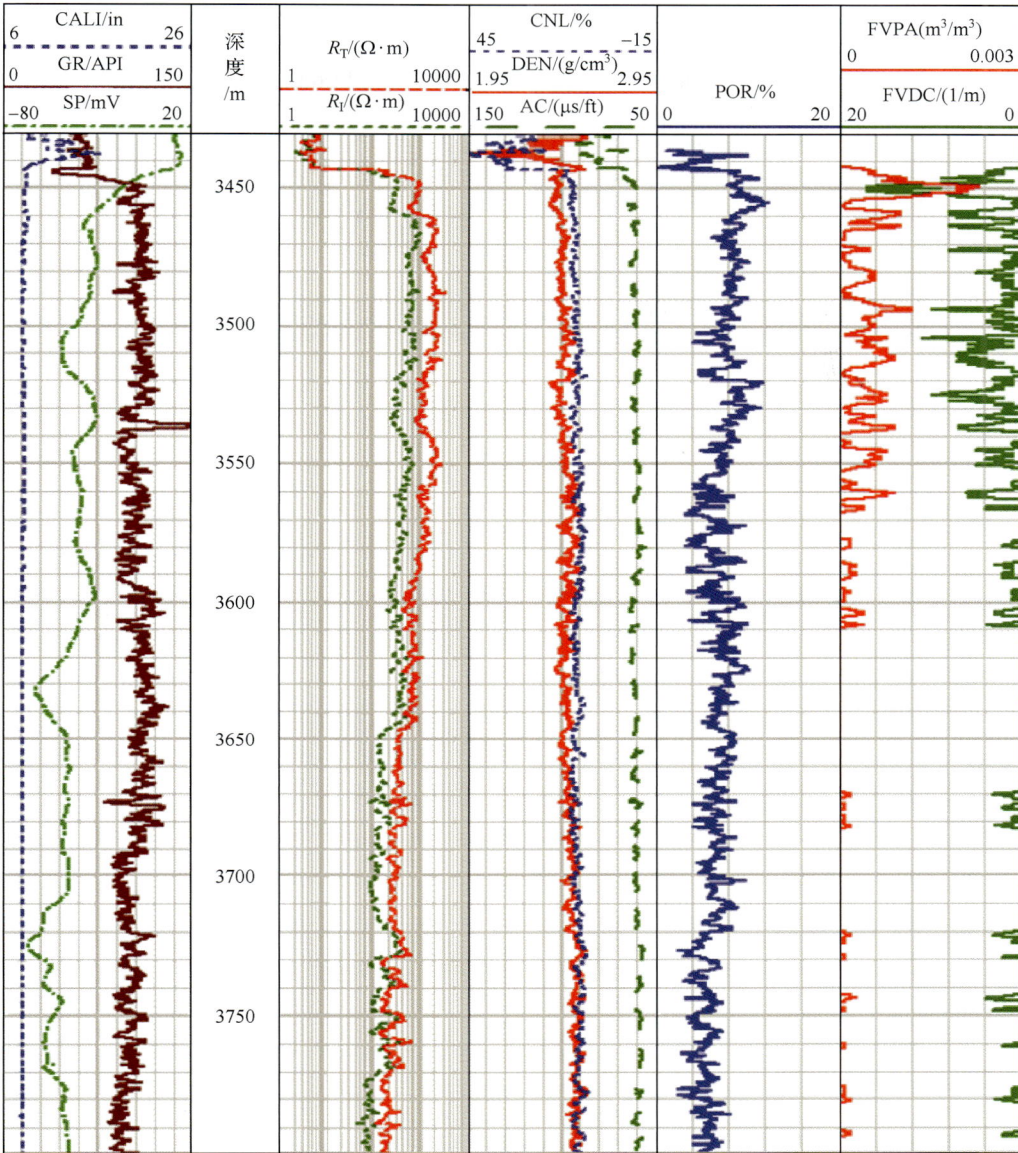

图 4.8　准噶尔盆地滴西 18 井酸性次火山岩井段的测井综合处理成果图

小,离风化面 150m 后仅有零星的裂缝发育。可以理解为火山岩顶部 150m 发育的裂缝主要为风化、淋滤缝,下部局部发育的裂缝可能与其他因素有关。该井风化、淋滤对次火山岩的作用深度达 250m,其中顶部 150m 裂缝发育带作用强度更大,认为风化淋滤作用是控制该段火山岩物性的主要因素。

3. 蚀变、溶蚀及充填作用

火山岩中不稳定组分常被一些次生矿物所交代而发生次生变化。次生变化一方面使

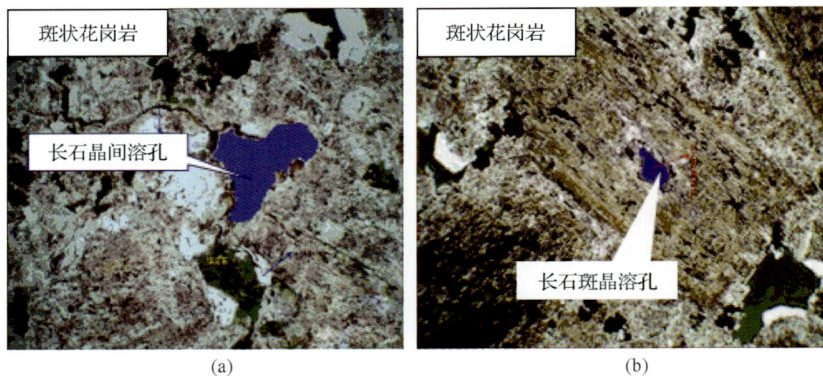

图 4.9　滴西 18 井花岗斑岩铸体薄片

矿物体积膨胀堵塞孔隙,另一方面为后期溶蚀作用创造了条件。

　　溶蚀作用包括有机质成烃过程中生成有机酸的溶蚀作用、无机酸的溶蚀作用及与钠长石化相伴随的热液流体对矿物的溶蚀作用。流体活动对火山岩储集性的改造具有双重作用:一方面,新矿物的胶结和充填使储集性能下降;另一方面,蚀变和溶解作用又可使孔隙度增加。火山岩储层溶蚀孔隙的成因:内因是火山岩中易溶组分的种类和含量,外因则包括溶解液、溶解通道、温度、压力及保存条件等。

　　一般来讲,热液活动的直接后果是导致原有矿物发生次生变化(蚀变、溶蚀),同时有新矿物形成导致次生胶结和充填作用发生。蚀变和溶蚀使火山岩孔隙度增加,胶结和充填使孔隙度、尤其是渗透率降低。因此,蚀变作用对岩石物性有双重影响,一方面可以增加孔隙大小,但另一方面如果蚀变程度过高,蚀变后形成的次生矿物往往会对裂缝、孔隙等储集空间产生充填作用,使得储层物性变差。

　　火山岩热液的蚀变程度主要受岩石化学成分、结构、构造及热液性质控制,也与交代作用的方式、过程有关。不同性质的热液与不同岩性的火山岩发生作用可形成不同类型蚀变。

　　火山岩溶蚀与火山岩的化学成分、结构、构造和水溶液性质有关。一般水溶液的酸度、碱度、温度增高,溶液的溶蚀能力增强。火山岩的溶蚀除了与后热液作用有关外,还与风化、淋滤作用及溶剂与溶质的接触面积、渗流通道的通畅性等有关。

　　火山岩的充填程度主要与地层水的溶解能力和水动力条件有关。当地层水溶解能力较强但未达到饱和时,一般不会产生沉淀充填,而当溶液达到饱和时,沉淀充填是必然的。溶解、沉淀是一个动态过程,当溶液未达到饱和时,以溶解为主,当溶液达到过饱和时,以沉淀为主。在地层水流动性较好的条件下,溶解的物质容易被带往他处,溶液不会达到饱和状态,溶解持续发生,溶解能力较强。相反,在地层水流动性较差的情况下,地层水很容易达到饱和产生沉淀,堵塞原有的渗流通道和孔隙空间。由此可以推断,岩石原有的渗透能力和地层水的流动性是控制溶蚀和充填的重要因素。也就是说,岩石的原始物性越好,产生溶蚀改造的条件越好,溶蚀改造越容易朝物性更好的方向发展。反之,原始物性越差,蚀变程度越高,越容易造成物性进一步变差。

以准噶尔盆地玛东 3 井玄武岩段为例(图 4.10),该井段录井显示较好且取心也见到了明显的油气显示。但测井结果显示,补偿中子测井值较大,具典型的强蚀变火山岩特点。该井段单从密度测井来看,密度测井值达到了 2.65g/cm³,这对于玄武岩,密度测井值来说还是较低的,该井段密度最大值达到了 2.85g/cm³,若用此值作为该段玄武岩的骨架,计算的孔隙度值可达 11%,似乎是物性较好,但该层试油、压裂后仍为干层。取心薄片资料很好地解释了该井段无产能的原因:玄武岩蚀变程度较高,橄榄石出现明显的绿泥石化,长石格架也出现了绿泥石化,原始气孔几乎全部被绿泥石、方解石和浊沸石充填。密度测井值较低与蚀变形成的部分低密度矿物有关。

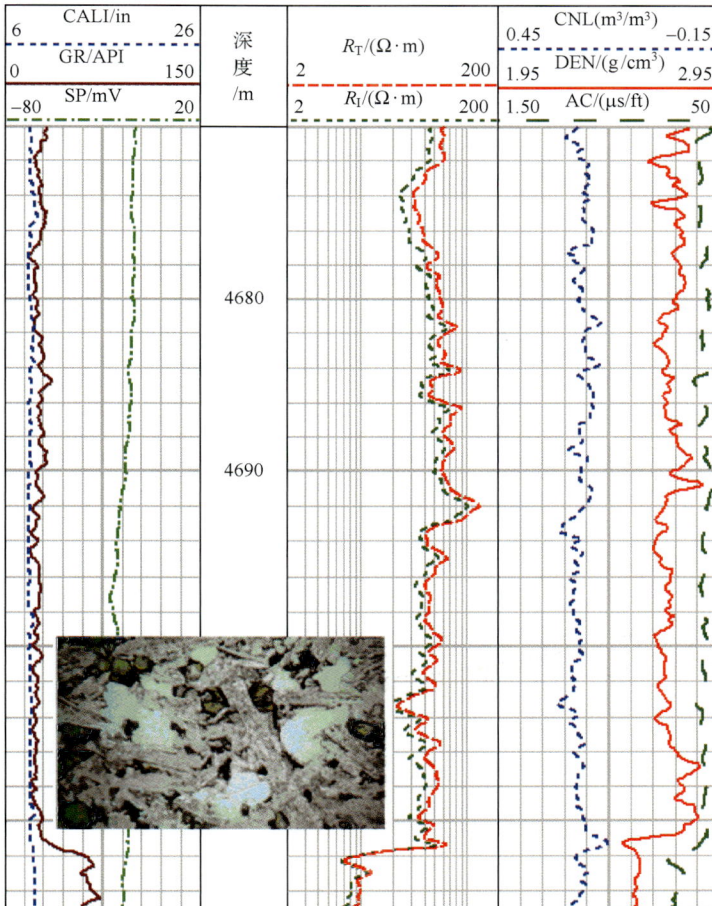

图 4.10　玛东 3 井蚀变玄武岩井段的综合测井图

4. 压实作用(与深度的关系)

火山岩的岩石强度相对较大,与沉积岩相比,压实减孔量相对较小,特别是火山熔岩,物性几乎不受压实影响。沉积岩和火山岩的这种压实差异性也是火山岩成藏的一个重要控制因素。

准噶尔盆地发育的火山岩深度范围较大,从146m到6010m都有。从火山岩储层物性与埋藏深度图上可以看出(图4.11),孔隙度、渗透率与埋藏深度均没有明显关系,即岩石物性不受埋藏深度控制。在埋深大于4500m时,仍具有较好的储集物性,孔隙度可达37.2%,平均12.12%,渗透率可达几百至上千毫达西(即$10^{-3}\,\mu m^2$),平均为$13.54\times10^{-3}\,\mu m^2$。其主要原因是火山岩形成温度高、固结早,骨架较其他岩石坚硬,抗压实性强,使得火山岩的孔隙比其他岩石更容易保存下来从而成为有效储集层。

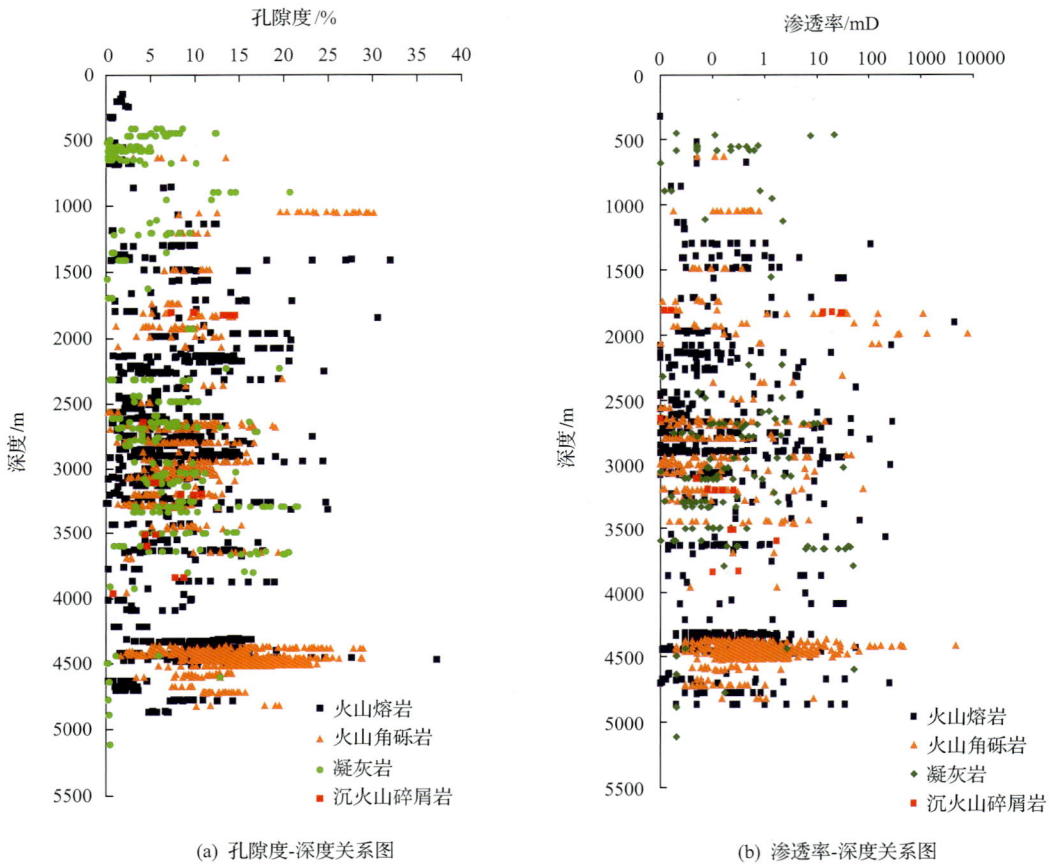

(a) 孔隙度-深度关系图　　　(b) 渗透率-深度关系图

图4.11　准噶尔盆地火山岩物性与深度关系图

4.2　火山岩储层基质物性评价

基质物性评价不包括宏观裂缝。研究发现,火山岩基岩中的孔隙空间类型主要包括原生气孔、剩余气孔、碎屑间孔和次生溶蚀孔及微裂缝等,其中最常见的是气孔和溶蚀孔,碎屑间孔较少见。基质物性的测井评价主要从定性和定量两方面开展,定性角度主要是结合岩心分析和测井资料对决定岩石物性的孔隙结构、蚀变及孔隙充填程度等进行分析,以有利于有效储层的划分;定量评价的任务则是通过岩石骨架参数计算、解释模型的建立及核磁共振测井资料处理等,定量计算孔隙度等物性参数。

4.2.1　基质物性的定性评价

实践证明,除火山灰凝灰岩外,各种类型的火山岩都可能成为有效储层。测井技术发展,特别是 FMI、DSI、NMR 等测井新技术的应用,为火山岩储层识别及划分提供了新的更为有效的手段。用测井方法识别、划分火山岩储层的条件已较为成熟。由于不同岩性、岩相火山岩测井响应的特征有所不同,前面所述岩性、岩相划分是火山岩储层划分的前提。

鉴于火山岩储层具有双重孔隙介质的特点,储层的定性划分一般也分为基质和裂缝评价两部分。常规测井资料、电阻率成像测井资料与核磁共振测井资料结合可以较好地完成基质物性的定性分析,常规测井资料结合电阻率成像测井和多极子阵列声波测井资料可以较好地完成有效裂缝的识别、裂缝发育程度的定性评价。

图 4.12 为石炭系火山岩样品压汞资料获得的孔喉直径分布图。从压汞资料统计结果看,孔喉直径明显为双峰状态,大孔径的气孔、溶蚀孔洞占有较大的比例,对火山岩物性有明显的控制作用。因此,如何定性或半定量识别大孔径的气孔、溶蚀孔洞的发育程度,是火山岩储层基质物性评价的技术关键之一。

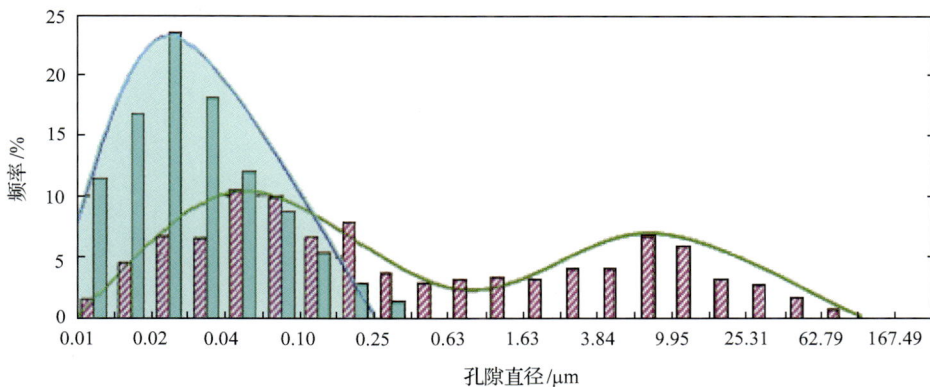

图 4.12　压汞资料获得的孔喉直径分布图

1. 孔隙结构的实验研究

孔隙结构是指岩石所具有的孔隙和喉道的几何形状、大小、分布、相互连通情况,以及孔隙与喉道间的配置关系等。它反映储层中各类孔隙与孔隙之间连通喉道的组合,是孔隙与喉道发育的总貌。

不同类型的火山岩如中基性玄武安山岩、中酸性英安岩及成分复杂的火山角砾岩等,其孔隙结构往往差别很大,可以利用核磁共振实验、压汞测试等资料,结合孔隙度、渗透率统计图及孔渗相关性分析图等分析各种岩性的孔隙结构差异,为定性识别优质储层并选用合适的测井资料进行物性评价奠定基础。下面以中拐地区石炭系的几种主要火山岩岩性为例进行分析说明,所使用的实验分析数据见第 2 章。

1）孔隙度、渗透率分布图分析法

利用实验测量的孔隙度、渗透率资料进行直方图分析，可以直观了解储层的物性好坏。图 4.13 是中拐地区 148 块安山玄武岩孔隙度分析样品和 47 块渗透率分析样品的实验结果统计图。从图中可以看出，安山玄武岩平均孔隙度为 2.93%，平均渗透率为 $0.12 \times 10^{-3} \mu m^2$，表明安山玄武岩属低孔低渗储层。

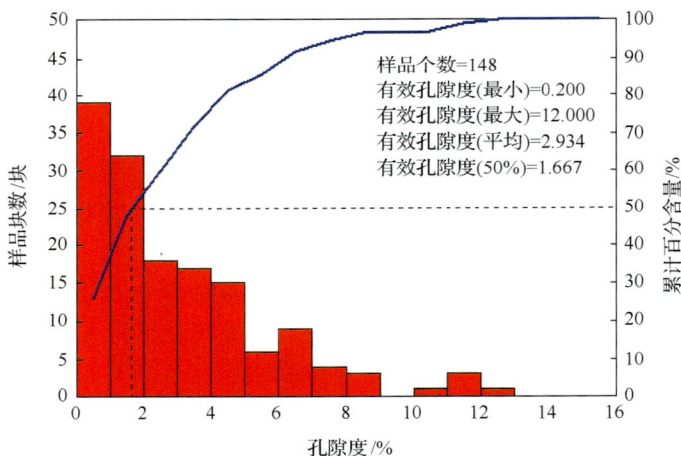

(a) 玄武安山岩孔隙度分布直方图

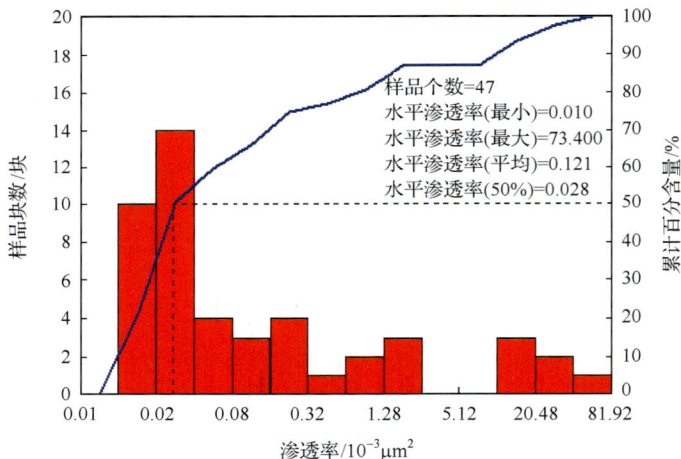

(b) 玄武安山岩渗透率分布直方图

图 4.13　玄武安山岩孔渗分布直方图

同样方法分析，该区火山角砾岩平均孔隙度为 4.92%、平均渗透率为 $0.24 \times 10^{-3} \mu m^2$，英安岩平均孔隙度为 3.71%、平均渗透率为 $0.26 \times 10^{-3} \mu m^2$。这三种主要岩性储层均为低孔低渗。

2）核磁孔隙度-水孔隙度分析法

核磁共振测井是目前用来反映孔隙结构的重要技术手段，需要在外加磁场作用下进行测量，因此岩石中的顺磁物质含量对其测量结果影响很大。可以结合实验室核磁测量孔隙度和水孔隙度的对比反映这种影响,同时也可以判断核磁共振测井在不同火山岩地层中的适用性。

图 4.14 是中拐地区几种主要火山岩岩性的核磁孔隙度与水孔隙度关系图。从图中可以看出,玄武安山岩的核磁孔隙度比水孔隙度整体偏小,分析原因是玄武安山岩中顺磁物质含量较高,导致孔隙中的流体不能被完全极化,核磁孔隙度偏小;而火山角砾岩、英安岩的核磁孔隙度与水孔隙度相关性都比较好,且大小相当。通过这种分析对比表明,核磁共振可以用来评价该地区的中酸性火山角砾岩和英安岩,而中基性玄武安山岩由于岩石中所含顺磁物质的影响,其核磁孔隙度比水孔隙度整体偏小,且与实际分析孔隙度误差较大,核磁共振测井适用性差。

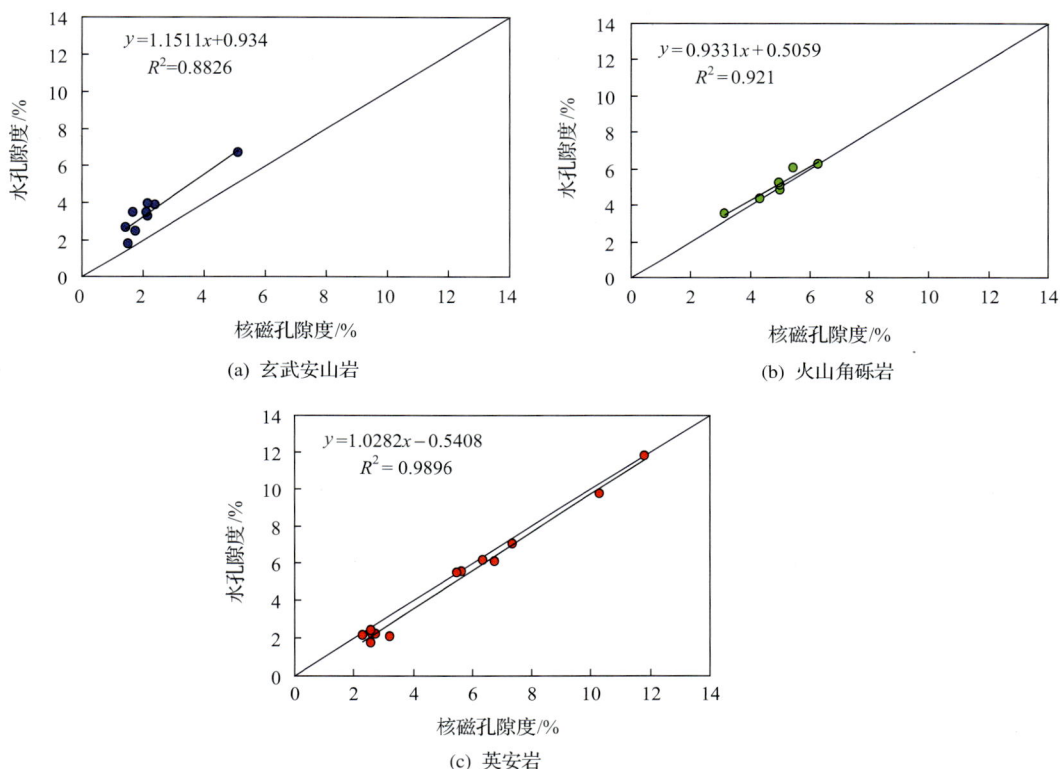

(a) 玄武安山岩

$y = 1.1511x + 0.934$
$R^2 = 0.8826$

(b) 火山角砾岩

$y = 0.9331x + 0.5059$
$R^2 = 0.921$

(c) 英安岩

$y = 1.0282x - 0.5408$
$R^2 = 0.9896$

图 4.14 几种主要火山岩岩性样品的核磁孔隙度与水孔隙度关系图

3)压汞实验分析法

压汞测试一直是储层孔隙结构研究的重要手段,由此得到的进汞饱和度曲线反映了岩石孔隙结构的好坏。从图 4.15 进汞饱和度与压力及孔隙度的关系可以看出,作为孔隙结构性质的宏观反映,岩样孔隙度的大小对进汞饱和度有影响:分析孔隙度(图中用不同颜色表示)越大,其进汞饱和度有增大的趋势,这一规律可以进一步从表 4.4 看出。因此,从孔喉及物性方面分析,英安岩和火山角砾岩为较好储层。

(a) 玄武安山岩进汞曲线

(b) 火山角砾岩进汞曲线

(c) 英安岩进汞曲线

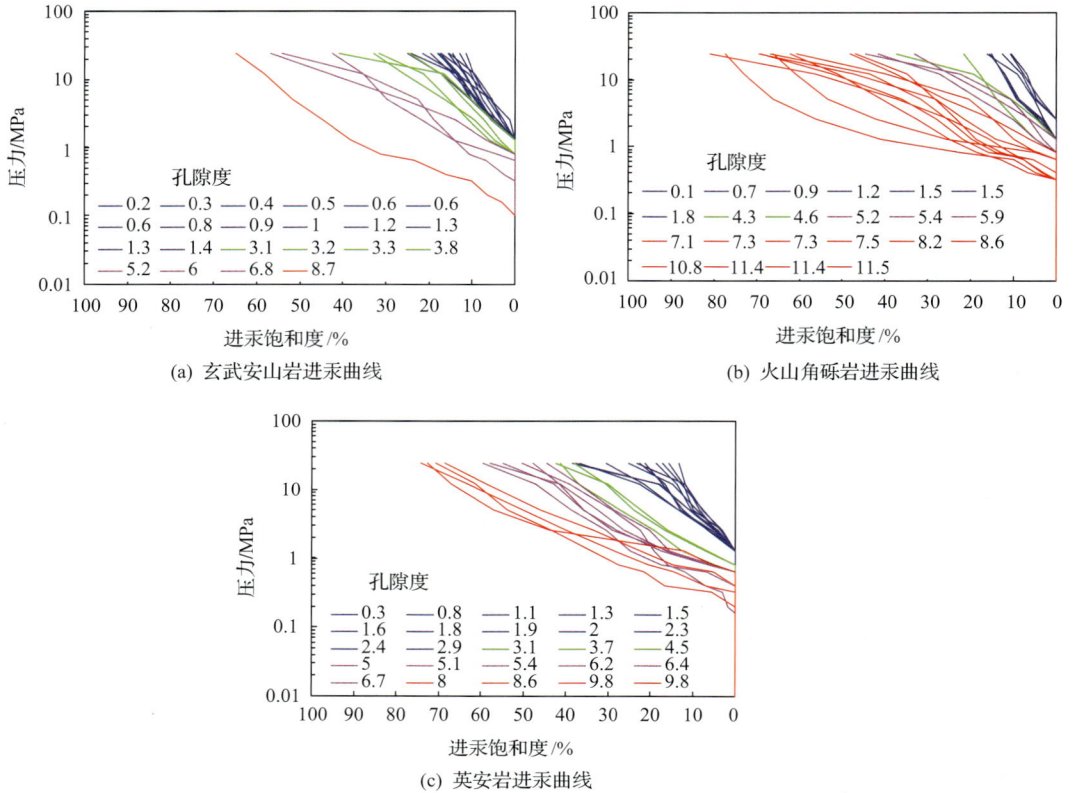

图 4.15 不同岩性火山岩进汞饱和度与压力关系图

表 4.4 不同岩性进汞饱和度与孔隙度数据

岩性	孔隙度/%	进汞饱和度/%
玄武安山岩	<3	<25
	3~5	25~40
	5~7	40~55
	>7	>55
火山角砾岩	<3	<15
	3~5	15~35
	5~7	35~45
	>7	>45
英安岩	<3	<35
	3~5	35~45
	5~7	45~60
	>7	>60

　　孔喉半径是压汞分析参数之一,是以能够通过孔隙喉道的最大球体半径来衡量的,其

大小受孔隙结构影响极大。地层中液体流动条件取决于孔隙喉道的结构,孔喉数量、半径大小、截面形状、液体与岩心的接触面大小等都起一定作用。如孔喉半径大,孔隙空间的连通性就好,液体在孔隙系统中的渗流能力就强。

图 4.16 给出了几种主要岩性的平均孔喉半径(毛管半径)分布直方图。从图中可看出,玄武安山岩的平均孔喉半径峰值在 0.1μm 左右、整体小于 1μm,而火山角砾岩和英安岩的平均孔喉半径峰值均在 1μm 左右,均好于玄武安山岩。

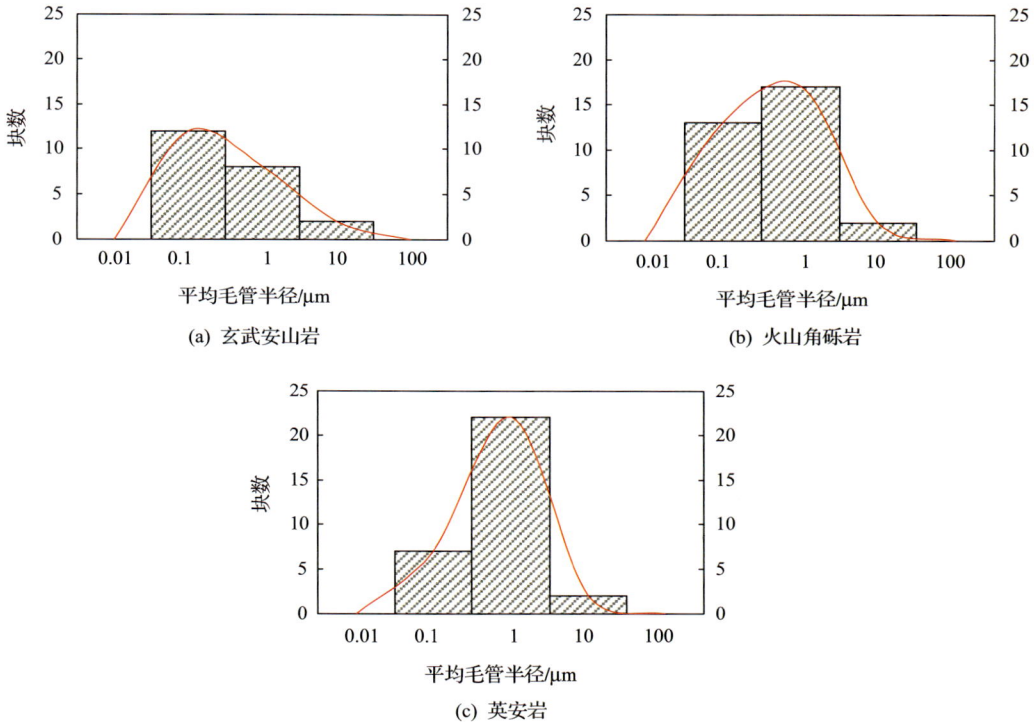

(a) 玄武安山岩　　　　　　　(b) 火山角砾岩

(c) 英安岩

图 4.16　几种火山岩的平均毛管半径分布直方图

进一步按照玄武安山岩、英安岩、火山角砾岩三种不同岩性分析了平均毛管半径与孔隙度、渗透率的关系,如图 4.17 所示。可以看到三种岩性的平均毛管半径与孔隙度、渗透率的相关性都较好,孔隙度和渗透率均随平均毛管半径的增大而增大,反映出火山岩基质孔隙具有碎屑岩的性质;在相同平均毛管半径下,玄武安山岩、英安岩、火山角砾岩的孔隙度依次变大,表明三种岩性中火山角砾岩和英安岩的孔隙结构好于玄武安山岩,在孔喉及物性方面,英安岩和火山角砾岩为相对较好储层。

选择发育裂缝的压汞实验岩心,通过计算最大孔喉半径、平均毛管半径、排驱压力与渗透率的关系,可以得到裂缝对渗透率的贡献率。从图 4.18 可以看出,渗透率与压汞资料的最大孔喉半径、平均毛管半径、排驱压力都有较好的相关关系。可以通过对没有裂缝的岩心孔隙度与渗透率建模,构建基质渗透率计算公式,利用总渗透率与基质渗透率的差值与总渗透率作比值计算,得到裂缝对渗透率的贡献率(如图 4.18 金龙井区岩样测试的裂缝平均贡献率为 90.3%)。

(a) 玄武安山岩

(b) 英安岩

(c) 火山角砾岩

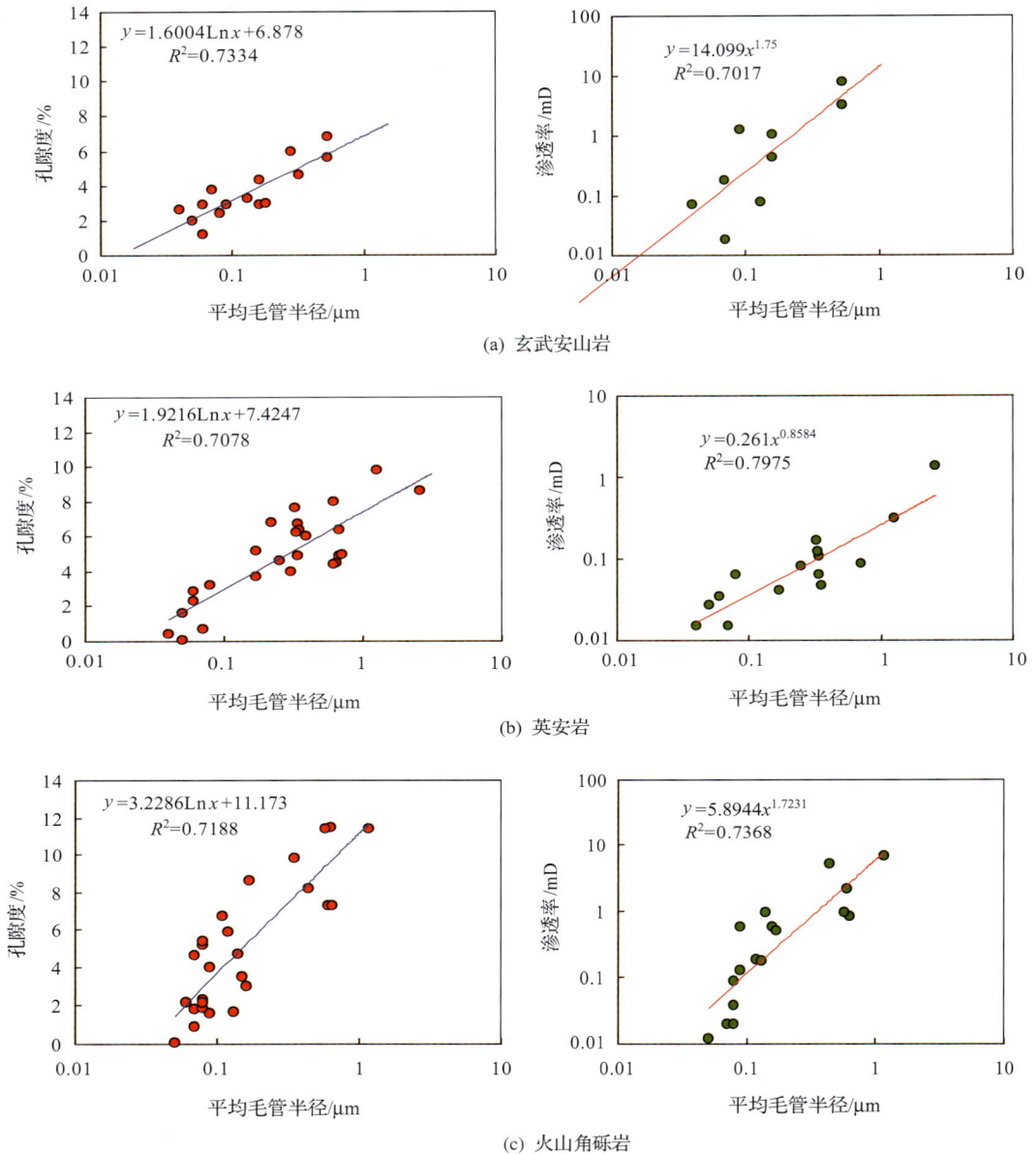

图 4.17　玄武安山岩平均毛管半径与孔渗关系图

2. 孔隙结构的测井评价

1）核磁共振测井评价酸性火山岩孔隙结构

核磁共振测井不仅能更直接地获得储层的孔隙度和渗透率，而且可以定性反映储层的孔隙结构，因而在碎屑岩储层评价中发挥了重要作用。幸运的是，这种方法仍然适用于酸性火山岩，但由于中基性火山岩铁镁矿物等铁磁矿物的含量较高，核磁共振测井在中、

(a) 最大孔喉半径、平均毛管半径与渗透率关系

(b) 排驱压力与渗透率、裂缝与渗透率关系

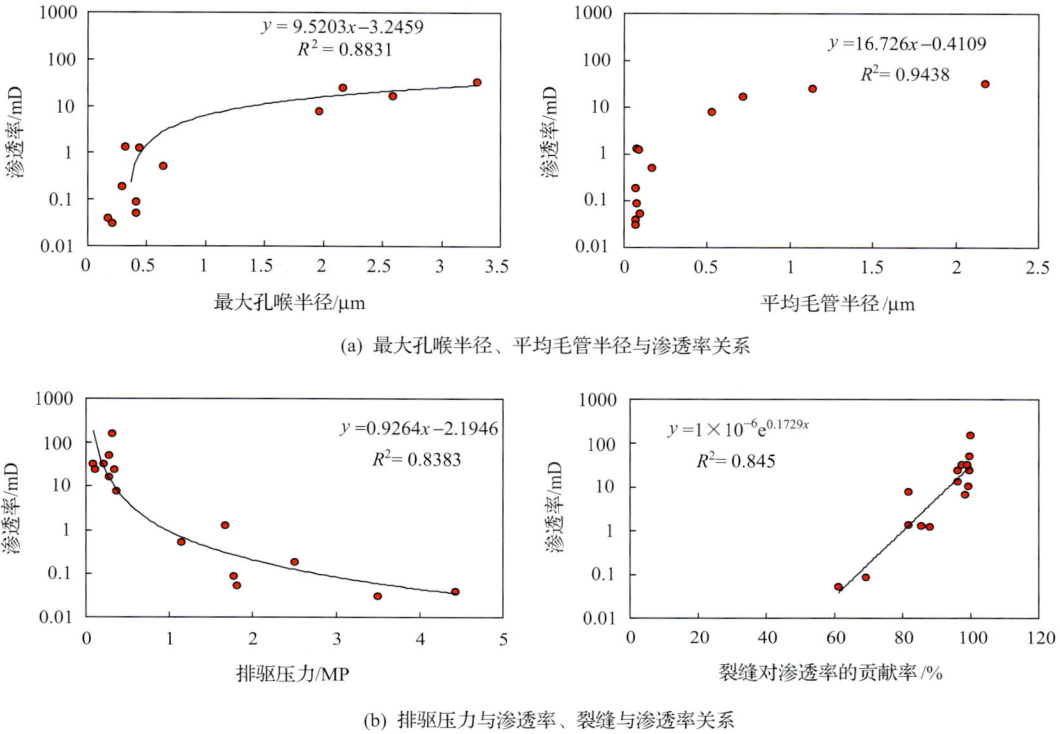

图 4.18　压汞参数与裂缝关系分析图

基性火山岩中的应用受到了限制。表 4.5 为准噶尔盆地彩深 1 井玄武质角砾岩不同回波间隔核磁共振孔隙度的测量结果。

表 4.5　彩深 1 井玄武质角砾岩不同回波间隔核磁孔隙度测量结果

岩心编号	渗透率/$10^{-3}\mu m^2$	体积磁化率/10^{-6}SI	称重孔隙度/%	核磁测量孔隙度(不同回波间隔)/%			
				200μs	600μs	900μs	1200μs
182	0.0599	303.13	9.80	3.29	0.2	0.42	0.11
186	0.0148	144.29	10.55	2.15	0.31	*	0.13
187	0.0083	153.93	8.78	0.9	0.04	0.14	0.09
189	0.0467	130.82	11.12	3.2	1.12	0.92	0.63
190	0.0466	154.24	8.93	2.24	3.29	0.57	0.76

注：SI 为国际单位制。

　　由于样品均为玄武质火山角砾岩，铁磁物质含量相对较高，体积磁化率较大。核磁测量分别采用了 200μs、600μs、900μs 和 1200μs 四种不同的回波间隔。从测量结果看，核磁共振实验孔隙度值明显小于称重孔隙度，且随着回波间隔的增大，测量孔隙度逐渐减小。实验结果证明，铁磁物质对核磁共振测量结果有较大的影响，影响结果造成波谱面积减小，测量采用的回波间隔越大，这种影响越大。

　　图 4.19 为 189 号岩心用 200μs、600μs、900μs 和 1200μs 四种不同的回波间隔测得的

T_2 波谱。该岩心饱和地层水测得的孔隙度为 11.12%，体积磁化率为 130.82×10^{-6} SI。不同回波间隔测得的核磁共振孔隙度分别为 3.2%、1.12%、0.92%、0.63%，明显低于岩心测量孔隙度，测量波谱明显受到了铁磁物质的影响。

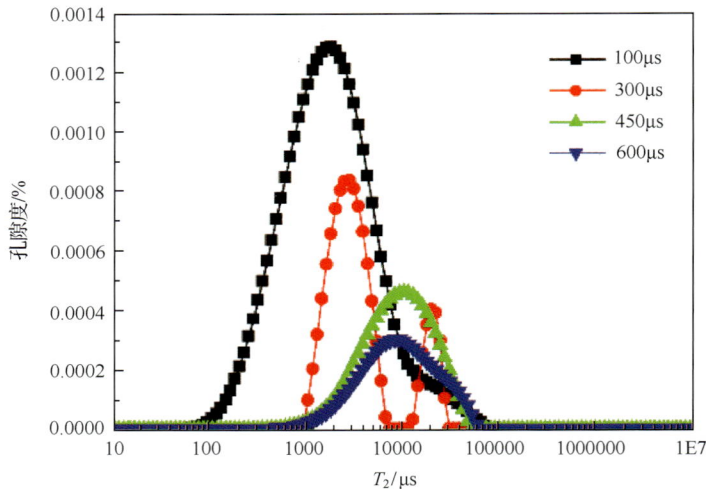

图 4.19　岩心 189 不同回波间隔下的 T_2 分布

　　系统的核磁共振实验证明，中—基性火山岩由于顺磁物质的含量较高，核磁共振测井的适应性较差，核磁共振测井的 T_2 波谱不能有效反映储层的物性和孔隙结构特征。酸性火山岩顺磁物质的含量较低，核磁共振测井能够有效地激发核磁信号，可以有效地测量火山岩物性，T_2 波谱可以有效地表征火山岩的孔隙结构。同时实验证明，核磁共振测井的回波间隔越大，顺磁物质的影响越大。现场核磁共振测井实验也得到了相同的结论。图 4.20 为 L14 井火山岩核磁共振测井适用性现场实验结果。实验井 3634～3670m 井段顶底为爆发相的玄武安山质火山角砾岩，物性较好，中部为溢流相的玄武安山岩，基质物性差，但裂缝较为发育。中部裂缝发育段，核磁共振测井在波谱的后部大 T_2 处有波峰显示，对裂缝有一定的识别能力。但在顶部物性较好的火山角砾岩段，岩心分析孔隙度与常规测井资料计算的孔隙度一致性较好，核磁共振测井孔隙度比岩心分析孔隙度小 3～5 个孔隙度单位，误差较大。另外，核磁共振测井波谱上，可动流体部分峰值较小，有效孔隙度为 5%～10%，该段的含气饱和度在 60% 左右，核磁波谱显示也与实际情况不符。由于受火山岩铁磁物质的影响，核磁共振测井在孔隙度达 15% 以上的高孔中基性火山碎屑岩中适用性仍然较差。

　　如图 4.20 所示，下部 4020～4054m 为同一口井同次测井流纹岩段的核磁共振测井响应，该井段自然伽马测井值较高为典型的酸性火山岩。从常规测井处理孔隙度和核磁共振孔隙度对比，二者数值基本一致，核磁共振测井孔隙度准确可靠。尽管该井段孔隙度仅为 12% 左右，远低于上段玄武安山角砾岩，但核磁共振波谱得到了有效激发。从核磁共振波谱可以看出，该段虽然孔隙度较低，但孔径分布相对较大，溶蚀孔发育，可动流体孔隙度较高，核磁共振测井有效地反映了储层的孔隙结构。该井段 FMI 图像显示，裂缝不发育，核磁共振两种模型计算的渗透率平均值为 $5 \times 10^{-3}\,\mu m^2$，为高孔、低渗的孔隙型流纹岩储层。该段射孔测试,无油嘴自喷,日产水 17m³。

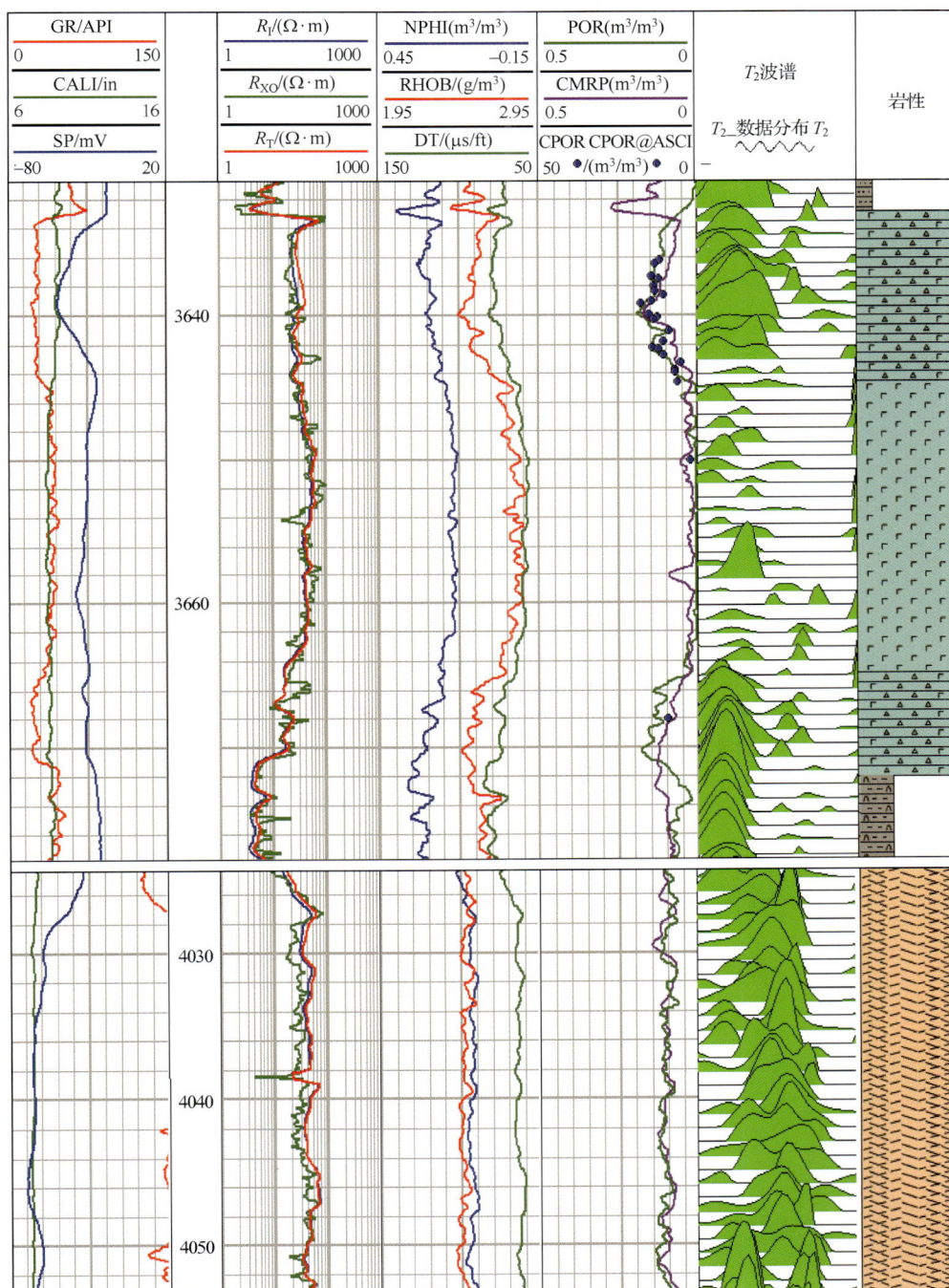

图 4.20　L14 井火山岩核磁共振测井适用性现场实验结果

NPHI. 补偿中子测井值;RHOB. 岩性密度测井值;DT. 声波时差测井值;CMRP. 核磁共振有效孔隙度;
POR. 孔隙度;CPOR. 岩心孔隙度

2）电成像测井评价中基性火山岩孔隙结构

核磁共振测井能有效地反映酸性火山岩的孔隙结构,在中基性火山岩由于铁磁物质的影响,核磁信号吸收较大,无法得到有效激发,使核磁共振测井在中基性火山岩中的应用受到限制,这时可以考虑利用分辨率很高的微电阻率成像测井,分析其对中基性火山岩孔隙结构的反应能力。

微电阻率成像测井仪可测得192条电阻率曲线,将这192条高分辨率电阻率成像,可以获得电阻率图像,该图像的分辨率足以识别微细的裂缝和较大规模的气孔和溶孔。

如图4.21所示,微电阻率成像测井可以测得192条沿井周分布动态调整的视电阻率曲线,这些电阻率曲线的探测深度基本与浅侧向的探测深度接近,经浅侧向电阻率刻度后可以得到192条视微电阻率曲线,这些曲线反映侵入带的电阻率特性。应用阿尔奇公式可将这192条电阻率曲线转换得到192条视孔隙度曲线：

$$\varphi_i = \sqrt{\frac{R_{\mathrm{mf}}}{R_i}} \tag{4.1}$$

式中,R_i是第i条电阻率曲线,R_{mf}是泥浆滤液电阻率,φ_i是第i条孔隙度曲线。

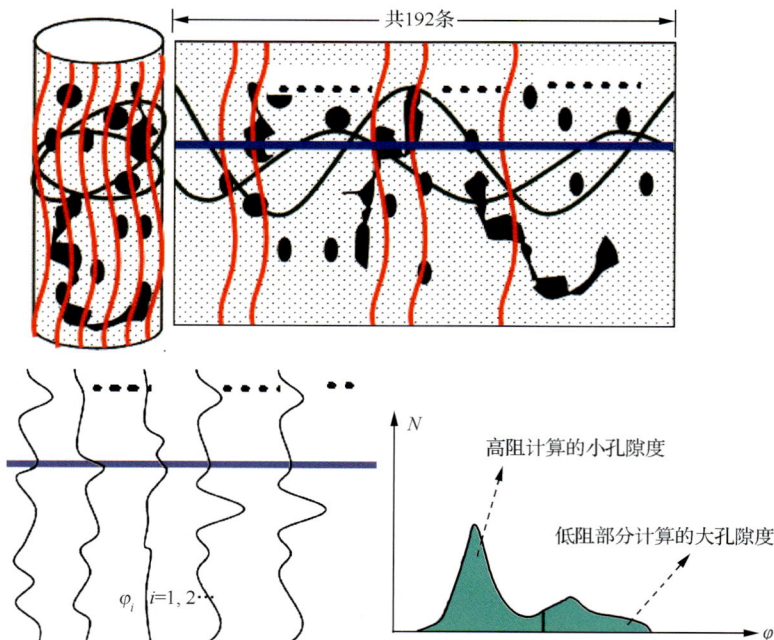

图4.21 微电阻率扫明成像测井资料计算孔隙度示意图

在深度记录点上、下各$L/2$范围选取一个采样点数为L的深度计算窗口,共可获得$192 \times L$个孔隙度计算值,按孔隙度大小统计分布频率,即可获得视孔隙度频谱分布图。当孔隙空间达不到视电阻率测井值的分辨率时,其计算的是小于分辨率孔隙空间的孔隙度平均值,这个数值相对较小,当孔隙空间尺寸大于电阻率曲线的分辨率时,它反映的是较大尺寸孔隙空间的孔隙度,这个孔隙度的数值相对较大。这样,孔隙度频谱分布基本可以反映岩石孔隙大小的分布特征,从而有效地反映孔隙结构。由计算方法可知,孔隙度频率分布图上不同孔隙度值位置峰值的高低主要取决于不同孔径的孔隙在地层中所占比例的大小,而峰的宽窄表示不同孔径的孔隙在地层中的分布是否均匀。若地层孔隙大小均匀,则分布较窄,反之较宽。

为了在反映孔隙结构变化的同时也能反映孔隙度大小,可进一步对上述计算孔隙度频谱进行刻度。设记录点的有效孔隙度为 φ,窗口内 $192 \times L$ 个孔隙度计算值的平均值为 φ_a,可令有效孔隙度为平均计算孔隙度的数学期望值,即 $192 \times L$ 个孔隙度计算值的平均值为 φ,则每个孔隙度计算值可刻度为

$$\varphi_i' = \frac{\varphi}{\varphi_a} \varphi_i \tag{4.2}$$

式中,φ_i 为第 i 条孔隙度曲线;φ_i' 为经刻度后的孔隙度平均值。

按此孔隙度计算值重新统计可以得到平均值等于有效孔隙度、以有效孔隙度为中心的孔隙度频谱分布,该频谱既可反映孔隙度的大小,又能定性反映孔隙尺寸大小及其分布。

在准噶尔盆地多口井中进行了微电阻率成像测井孔隙度频谱处理,图 4.22 是滴西 14 井流纹质火山碎屑岩井段的处理成果图。从处理的 FMI 孔隙度频谱分布图看,顶部玻屑、晶屑火山灰凝灰岩孔隙度值相对较小,孔隙度频谱显示较为集中,溶蚀孔不发育,基本为干层。中部角砾含量较高段不仅平均孔隙度高,而且孔隙度频谱分布范围宽,并在大孔径孔隙方向分布,表明孔隙半径较大。孔隙半径较大的孔隙应为交代溶蚀形成的孔洞。FMI 孔隙度频谱处理结果显示的孔径分布特点证明,该段火山岩物性的控制因素主要为后热液交代溶蚀作用,尽管靠近不整合面,但风化、淋滤作用相对较弱综合分析,中部火山角砾岩含量较高的井段具有好的储层物性,应为高孔、低渗的火山碎屑岩储层。以上述处理结果为依据,参考以上分析结果,与以往试油选择储层顶部试油不同,选择了储层的中部溶蚀孔发育带 3652~3674m 试油。小型压裂后,日产油 6.4t,日产气 9 万 m^3。

另一个解释井段的例子来自滴西 17 井安山玄武岩段(图 4.23),从 FMI 处理孔隙度频谱分布图上看出,FMI 孔隙度频谱反映的孔隙结构要比核磁共振测井 T_2 波谱反映的孔隙结构更合理。在顶、底部角砾岩段孔隙度较高,频谱分布较宽,溶蚀孔发育。上部角砾岩比底部角砾岩不仅孔隙大,而且频谱分布更宽,孔隙半径大,孔隙空间类型应以气孔和溶蚀孔为主。中部溢流相火山岩的安山玄武岩,孔隙度相对较低,孔径分布呈单峰状态,表明孔径分布较为均一。安山玄武岩中部基质孔隙极不发育,基本无储集性能。综合评价,顶、底部角砾岩为高孔、中渗的裂缝孔隙型储层;中部熔岩基本为裂缝性储层。该段火山岩 3633~3670m 全段射孔后压裂,针阀求产,日产油 19.6t,日产气 25 万 m^3。

3) 常规测井半定量评价孔洞孔隙度

核磁共振测井可以很好地反映酸性火山岩的孔隙结构,却不适合于基性火山岩,为此提出了应用微电阻率扫描成像测井孔隙频谱分布定性评价中基性火山岩孔隙结构的方法,这种方法不仅适用于基性火山岩,也适用于酸性火山岩,处理结果较为直观。但这种方法在一定程度上受油气和侵入程度的影响,且需要进行微电阻率成像测井,操作成本相

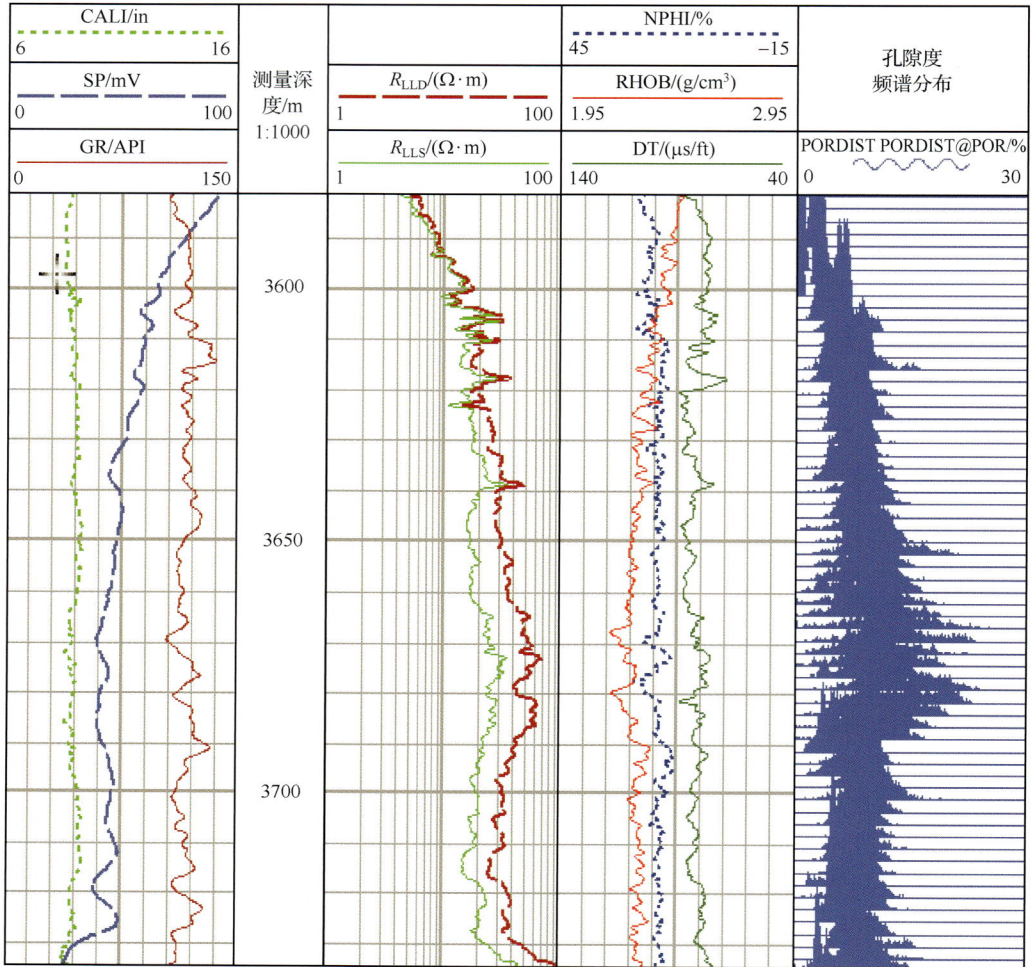

图 4.22　滴西 14 井流纹质火山碎屑岩井段成像测井孔隙度频谱分布图

对较高,因此需要寻求利用常规测井评价孔隙结构的方法。

　　用常规方法评价一个深度点孔隙结构的连续变化几乎是不可能的,但可以根据火山岩孔隙发育的特点,采用按孔隙相对大小分段统计研究的方法。火山岩基质孔隙空间主要以气孔和溶蚀孔为主,碎屑间孔极为少见,即使发育其孔隙尺寸也相对较小。这就为用常规测井方法按孔隙相对大小进行孔隙度的分段计算提供了可能。

　　体积密度测井可以有效地反映全部频谱段不同直径的孔隙空间,因而它计算的是总有效孔隙度,而声波测井由于其滑行波首波测井的特点,在基岩声速较大的情况下,它能有效反映的仅仅是那些孔径相对较小且分布均匀的孔隙空间。这样,用密度孔隙度减去声波孔隙度就可以得到孔隙直径相对较大的孔隙空间的孔隙度,计算公式如下:

$$\varphi_{kd} = \varphi_d - \varphi_s \tag{4.3}$$

式中,φ_{kd} 为孔洞孔隙度,%;φ_d 为密度测井计算孔隙度,%;φ_s 为声波测井计算孔隙度,%。

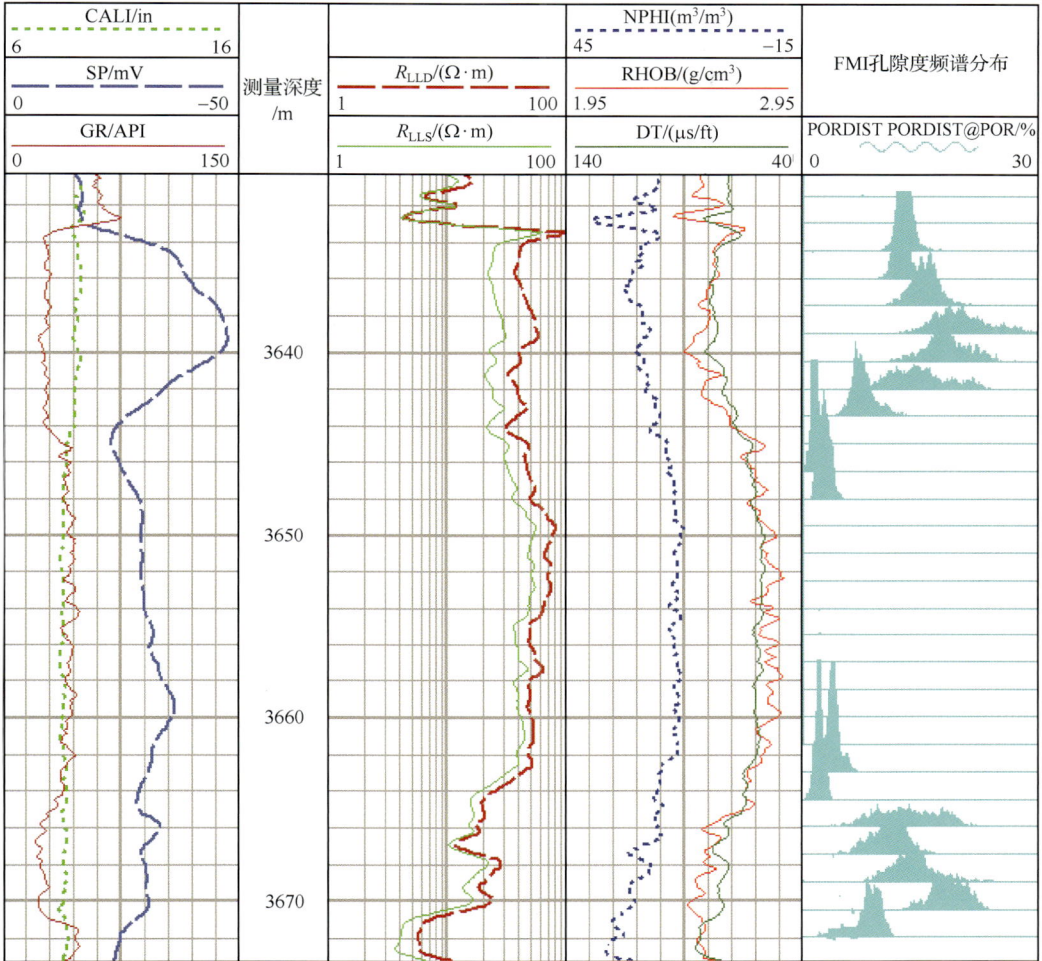

图 4.23　滴西 17 井玄武安山岩井段 FMI 孔隙度频谱分布图

　　需要说明的是,由于受各种因素的影响,声波测井所能反映的孔隙直径上限及反映程度有一定变化,这种方法反映的孔洞孔隙度大小是定性的,有一定的不确定性,但实践证明是一种可操作的、实用性好的方法。

　　图 4.24 为夏 72 井综合测井图,图中 4809~4822m 为溶结流纹角砾凝灰岩。从岩心扫描图像和 FMI 图像可以看出,该段火山岩溶蚀孔洞极为发育,且孔洞尺寸差异较大。该段物性较好处 4814~4819m 密度测井在 2.23g/cm³ 左右,声波测井值近 70μs/ft。由于为酸性火山岩,密度骨架为 2.63g/cm³,声波骨架时差为 54μs/ft,由此计算密度孔隙度 φ_d 为 25.0%,密度孔隙度与岩心分析平均孔隙度基本一致。计算声波孔隙度 φ_s 为 12.0%,由此得到大孔径孔洞孔隙度 φ_{kd} 为 13.0%。常规测井反映的孔洞孔隙度较大,与岩心观察及成像测井资料的显示结果基本一致。综合判断该储层为高孔低渗的火山岩储层。该井 4808~4826m 试油,经压裂改造,日产油 42.8t,日产气 0.32 万 m³。

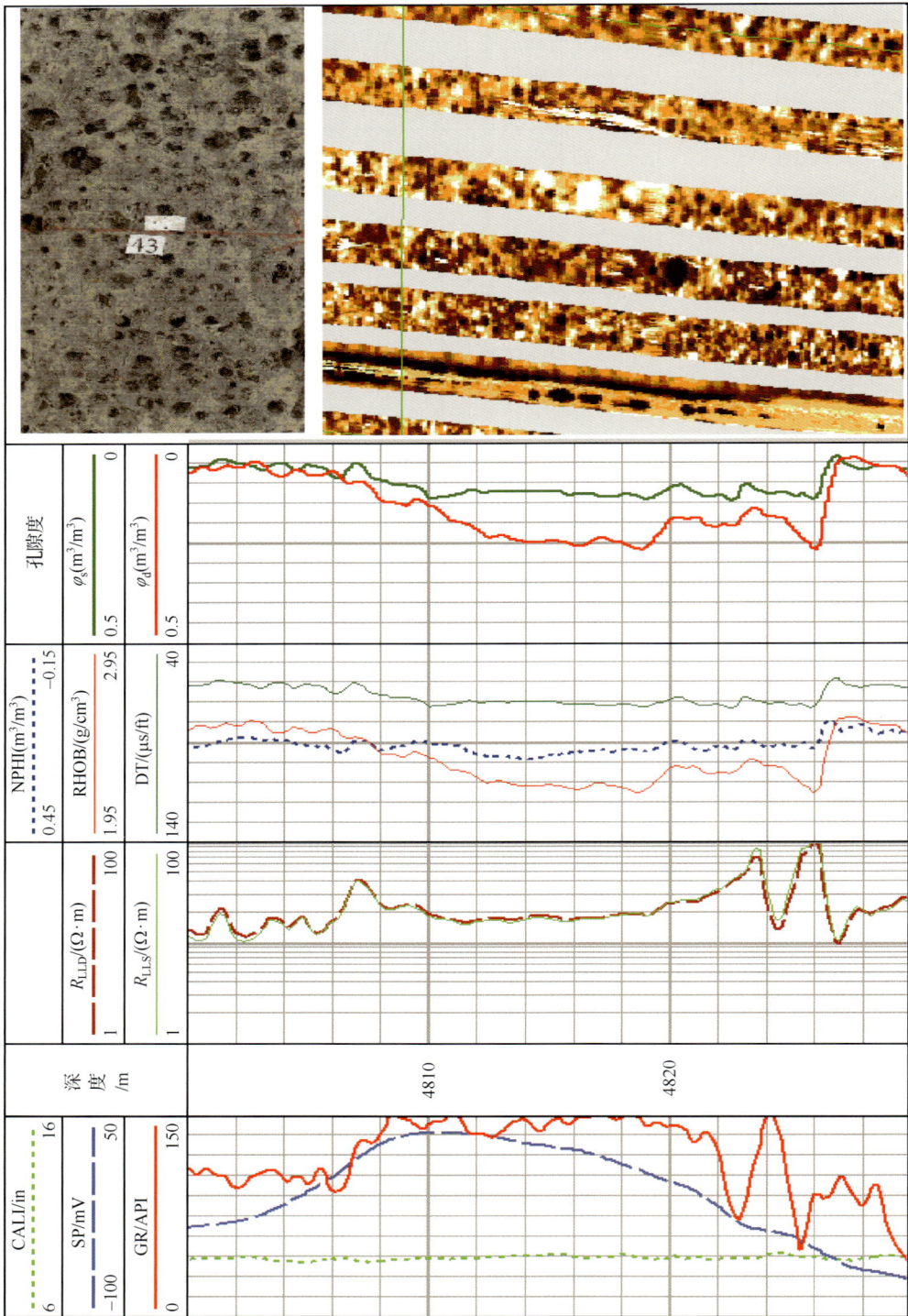

图 4.24 夏 72 井综合测井图

3. 蚀变及孔隙充填程度测井评价

岩石物理研究表明，对于蚀变和孔隙中充填黏土矿物的火山岩，中子测井反应敏感，且蚀变程度越高，孔隙充填程度越高，中子测井值越大。应用岩石物理特征，可以有效地识别火山岩的蚀变程度和孔隙充填程度。

图 4.25 为准噶尔盆地一个区块建立的玄武岩蚀变程度与孔隙充填程度的识别图版。图中横坐标为密度孔隙度与声波孔隙度的差值，反映了大尺寸气孔、溶蚀孔的发育程度；纵坐标为中子测井值，反映了玄武岩的蚀变程度和孔隙充填程度。该方法建立为分析蚀变和孔隙充填黏土矿物的火山岩提供了重要技术支撑，在多个油气田应用效果明显。

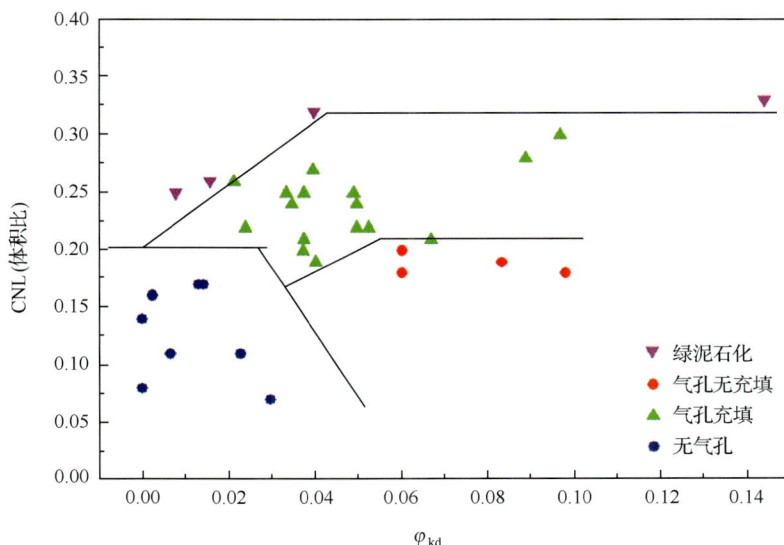

图 4.25　玄武岩蚀变程度与孔隙充填程度识别图版

准噶尔盆地玛东 3 井常规测井曲线和 FMI 图像（图 4.26）显示该井段为强蚀变的玄武岩。从 FMI 图像上看，气孔、溶蚀孔洞发育。气孔和溶蚀孔洞可分为两类，一类为高阻亮色斑点，为方解石充填形成的杏仁构造，另一类为低阻黑色斑点，是否充填仅从 FMI 图像较难判断。常规测井资料显示，4692～4706m 井段，密度测井值为 2.70g/cm^3 左右，密度骨架可选用上部和下部致密玄武岩的测井值 2.85g/cm^3，计算有效孔隙度为 8.1%；该段声波时差在 58μs/ft 左右，声波骨架时差可选择上部致密段的测井值 53μs/ft，计算该井段的声波孔隙度为 3.7%；由此计算孔洞孔隙度为 4.4%。常规计算的孔洞孔隙度与成像测井显示的一样，孔洞孔隙度发育。该段玄武岩补偿中子测井值较高，分布在 23% 左右，中子骨架达 15%。该层段在图 4.25 上落于气孔充填区，该段油气显示较好，但压裂试油为干层，证明了上述解释结论。

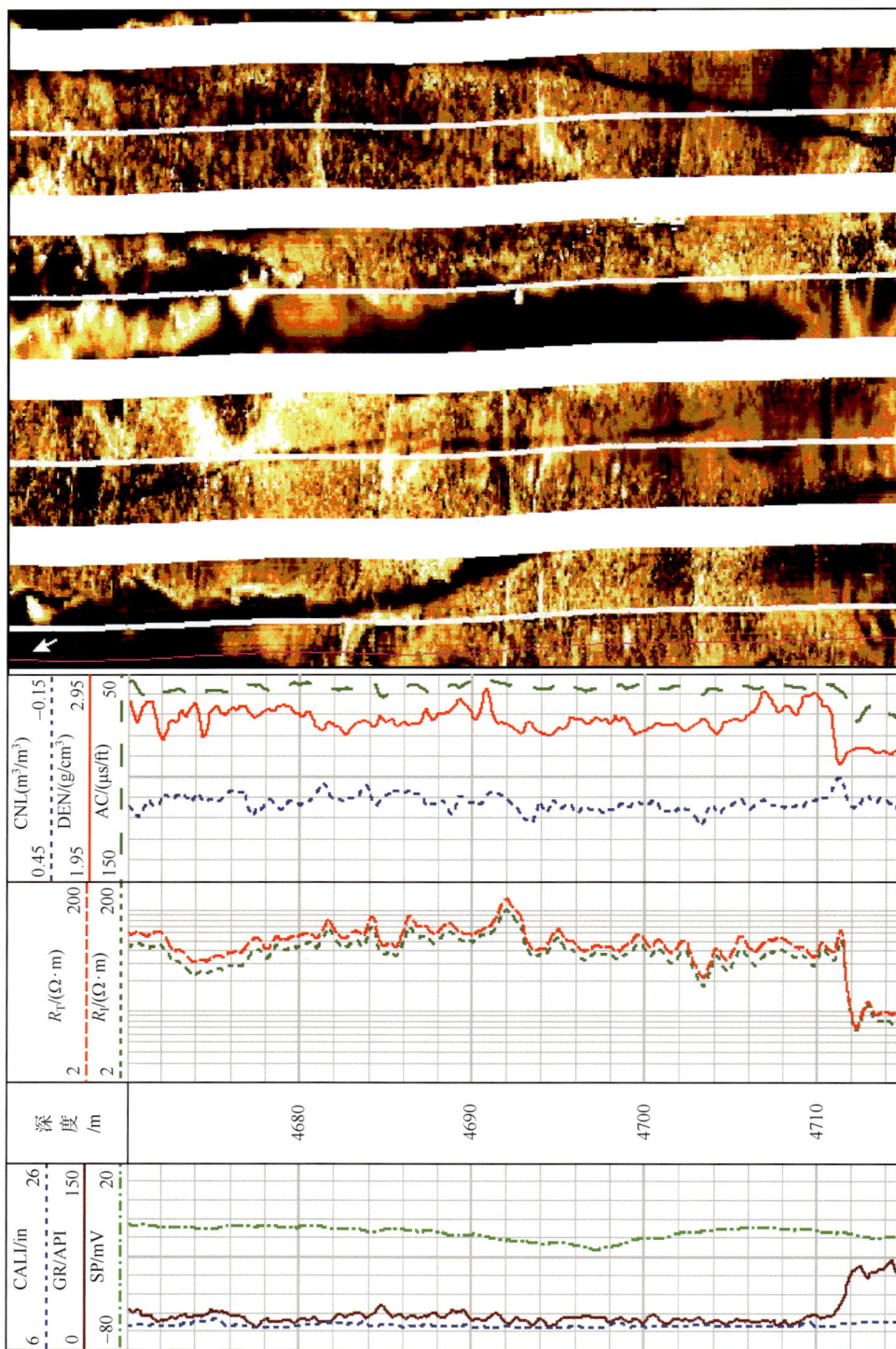

图 4.26 玛东 3 井玄武岩井段常规测井曲线和 FMI 图像

4.2.2　基质物性参数定量评价

在岩性划分和储层定性识别基础上,可以对火山岩物性参数进行定量评价,目前主要是计算储层的孔隙度,渗透率的定量计算还难以开展。

利用常规孔隙度测井(声波、密度、中子)计算孔隙度时认为岩石骨架参数值不变,在已知骨架参数条件下,可采用岩石体积物理模型评价孔隙度。由于火山岩地层岩性成分复杂多样,不同的分类或种属之间矿物成分和矿物含量差异较大,从而导致火山岩岩石物理特性,如骨架密度、骨架中子、骨架声波多变,准确计算孔隙度难度很大。而传统的火山岩孔隙度计算方法有岩石体积模型法和多矿物模型法等,不论哪种方法都无法回避测井骨架参数问题。因此,如何根据地层性质变化获取连续变化的骨架参数就成为孔隙度计算中的关键。目前可以根据常规测井及元素俘获能谱测井等资料,采用变骨架参数、分岩性建模等技术保证孔隙度等物性参数的解释精度。

1. 定骨架参数的确定

骨架参数可以通过多种方式获取,最常用的是基于常规测井资料的确定方法。对火山岩来说,虽然骨架的声波时差总体变化不大,但储集层广泛发育的裂缝对声波时差测井影响很大;尽管组成火山岩的各种原生矿物对中子孔隙度贡献不大,但气孔发育或杏仁结构发育的中基性火山岩中的充填矿物往往含有大量结合水,蚀变也导致大量结合水出现,这些均对中子孔隙度测井有较大影响。因此,声波时差测井和中子孔隙度测井在计算地层孔隙度时均不能取得理想的效果。相比而言,密度测井受这些方面的影响相对较小,可以利用密度测井进行火山岩储层孔隙度计算。

通过测试准噶尔盆地大量火山岩岩样的骨架密度值发现,各类火山岩的骨架密度都有一个分布范围,不同类岩石的骨架密度变化大,若采取某一典型骨架密度值计算孔隙度往往会引起较大误差。火山岩往往存在致密的熔岩层段,在熔岩和火山碎屑岩同质且矿物成分变化不大的情况下,可以直接读取致密段的测井值作为骨架参数;也可以利用各种孔隙度资料交会图(如密度-中子交会图等)确定骨架参数,而且这类交会图还可以利用骨架趋势线定性判断评价井段的岩性变化情况。这类方法在预探井的孔隙度计算中普遍采用,具有快速、方便的特点,评价误差基本可以接受,实践证明是一种行之有效的方法。

除这种直接利用孔隙度测井资料的方法外,也可以借助于某些岩心分析参数建立骨架参数与其他测井资料间的关系,拓展利用测井资料获取骨架参数的方法。图 4.27 所示是准噶尔盆地不同地区 92 块火山熔岩样品全岩氧化物分析得到的 SiO_2 含量与骨架密度的实验相关关系,显示熔岩的骨架密度与 SiO_2 含量呈较好的负相关性;而很多实验也已证明了火山岩自然伽马测井值 GR 与 SiO_2 含量之间存在着指数正相关关系。由此可以推断,GR 和火山岩骨架密度之间也一定存在一种指数相关关系。基于这一推论,用准噶尔盆地四个地区 39 口井 830 个熔岩的岩心骨架密度测定数据,在严格归位和 GR 环境校正的基础上,对 GR 和火山岩骨架密度值的关系进行统计,结果显示骨架密度与 GR 测井值呈现较好的指数负相关关系[图 4.28(a)],且中-基性火山岩(左、中部数据点)的骨架密度变化较大,酸性火山岩(右侧数据点)骨架密度变化相对较小。而对于一个具体的评价

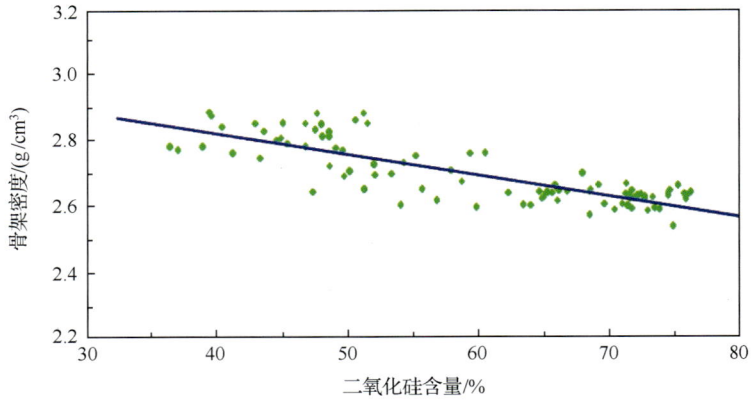

图 4.27　二氧化硅含量与骨架密度相关关系分析图

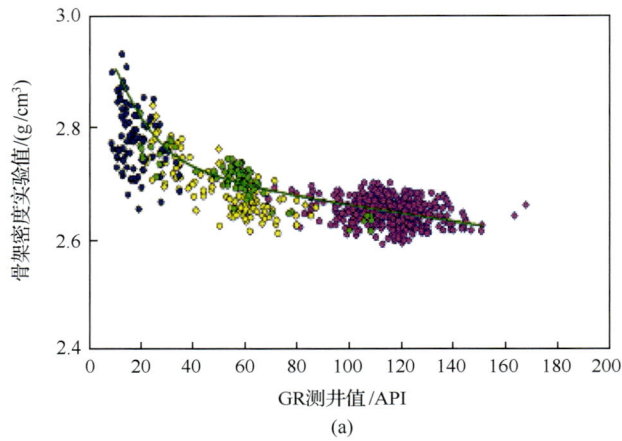

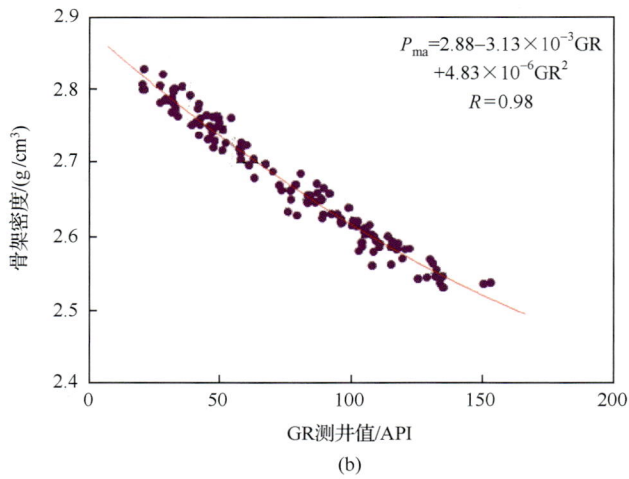

(a)

$$P_{ma}=2.88-3.13\times10^{-3}GR$$
$$+4.83\times10^{-6}GR^2$$
$$R=0.98$$

(b)

图 4.28　GR-骨架密度值相关关系分析图

8 口井，139 组数据

区,由于火山岩浆来源基本相同,在骨架密度-GR 关系图上数据的分布更为集中,数据的相关性会更好,图 4.28(b)所示为准噶尔盆地一个区块 8 口井 139 个实验数据建立的 GR 计算骨架密度图版,佐证了上述认识。

需要说明的是,上述给出是成分相对简单的火山熔岩的例子,由于不同类型火山岩的成分差异较大,在利用这种方法时可能需要一些相应的校正才能取得满意效果。

另外,直接利用岩心刻度测井也是确定骨架参数常用的方法,这种方法主要用于评价井解释和区块的储量计算,一般需要分地区、分岩性进行。岩石物理研究表明,火山岩的密度骨架和中子骨架随着岩石化学成分的改变而变化较大,声波测井骨架参数则相对变化不大。密度测井能够有效地反映各种类型的孔隙,声波测井则无法有效地反映各向异性的大孔洞。图 4.29 为应用克拉美丽气田石炭系 4 口井、88 块玄武安山岩样品建立的密度测井孔隙度计算模型。模型孔隙度与密度的相关系数达到 0.98,得到的玄武安山岩骨架密度为 2.78g/cm^3。

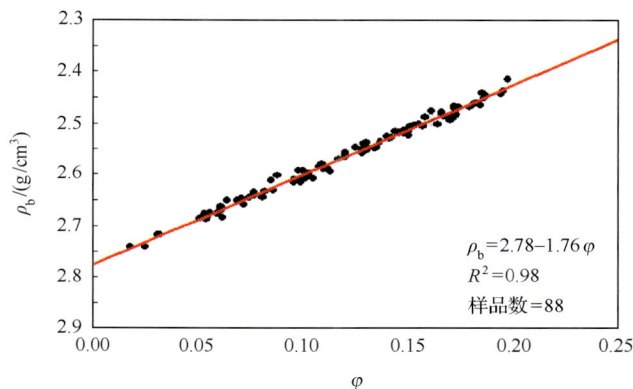

图 4.29　克拉美丽气田石炭系玄武安山岩密度测井孔隙度计算模型

2. 变骨架参数孔隙度解释技术

由于火山岩不同岩性的成分变化大,非均质性强,其骨架参数往往变化频繁,常规物性解释方法中分井段采用固定骨架参数时,骨架参数往往很难确定,导致解释误差很大。针对火山岩的这一特点,采用变骨架参数的解释技术可以很好地改善解释效果。变骨架参数可以简单分为两类:一类是针对岩性相对简单、单层厚度较大的情况,分不同岩性确定岩石骨架参数;另一类是在具备元素俘获能谱等测井资料时,建立随深度变化的骨架参数连续解释模型,以适用于更复杂的岩性变化情况。

1) 分岩性的孔隙度解释

岩性是影响火山岩储层好坏的直接因素,不同岩性的火山岩孔隙度可以很发育,但孔隙较发育的火山岩渗透率可以很差,这与火山岩的分布位置和裂缝的发育程度有关。从图 4.30 看出,火山岩纯基性岩和纯酸性岩由于只发育原生孔隙,物性都不好;物性最好的是中基性和中酸性过渡岩相,以火山角砾岩和英安岩为代表。

在一些研究中曾尝试分别建立声波和密度骨架模型对火山岩孔隙度进行定量评价,

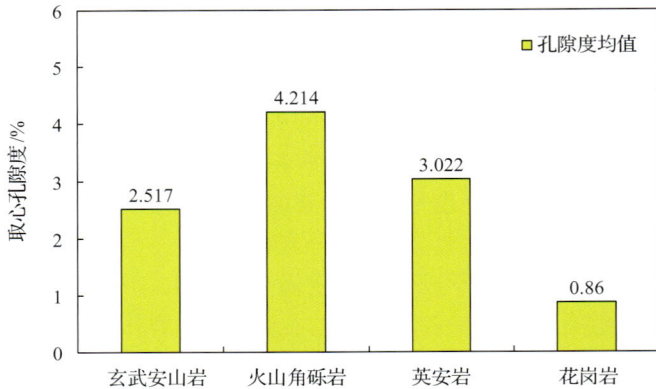

图 4.30 火山岩取心孔隙度分布频率直方图

但效果并不理想,计算孔隙度误差大,无法满足储量计算要求。分析原因认为,一是由于火山岩非均质性强,岩性互层变化快,使用固定骨架计算孔隙度存在较大误差,需要分别确定不同岩性的骨架参数;二是密度测井反映总孔隙,而声波测井只反映基质孔隙却无法反映次生孔隙(裂缝、气孔、溶蚀孔等)及孔隙的充填情况。基于这一分析,实际工作中可采用筛选物性样品、分岩性确定骨架参数、基于密度测井计算地层孔隙度的技术思路。

以中拐地区金龙油田石炭系火山岩为例,根据该区 11 口井 190 块岩心样品的岩性现场定名及部分薄片鉴定结果,将岩性分为玄武安山岩、火山角砾岩和英安岩三类。玄武安山岩一般呈致密块状,具斑状结构、基质一般呈微晶结构、间粒结构及拉斑玄武结构等,常见块状构造和杏仁构造,少量气孔构造;火山角砾岩是该区分布最为广泛的火山岩之一,具有火山角砾结构,角砾成分和大小变化都较大,其基质可以是火山灰、火山尘等凝灰质物质或少量霏细岩屑及个别石英、长石晶屑胶结,常见微裂缝及冷凝收缩形成的龟状裂纹,部分裂缝和裂纹常见充填方解石、绿泥石或石英;英安岩一般具斑状结构,斑晶含量较少,为角闪石和斜长石,基质主要为条状斜长石微晶和一些石英质集合体组成。图 4.31 是确定这三种岩性骨架密度值的图版,可以看到从基性岩到酸性岩,火山岩骨架密度逐渐减小:玄武安山岩为 $2.740g/cm^3$,火山角砾岩为 $2.679g/cm^3$,英安岩为 $2.655g/cm^3$。

在整体岩性变化不大时,为提高解释精度可分岩性建模。图 4.32 是金龙 101 井一井段的解释成果图。该井段以中基性火山角砾岩为主,夹有火山熔岩,而且从基性岩到酸性岩都有出现,物性变化大,采用分岩性处理,基质孔隙度计算值与岩心分析结果吻合较好,获得较好应用效果。

2)基于 ECS 测井的连续骨架参数确定及孔隙度解释

ECS 测井可以得到地层连续的元素含量,且不受地层流体性质影响,其种类和含量变化直接影响岩石的骨架密度,可以根据其测量值计算岩石的骨架密度。为支持 ECS 测井解释,斯伦贝谢设立了矿物和化学成分实验分析项目 MINCAP(mineralogy and chemical analysis project,MINCAP),由此得到岩样的骨架密度、元素及氧化物含量,再应用该公司的核参数计算软件 SNUPAR(schlumberger nuclear parameter,SNUPAR)得到岩样骨架的各种物理核参数,包括骨架密度、骨架中子、骨架光电吸收截面、骨架俘获截面等。

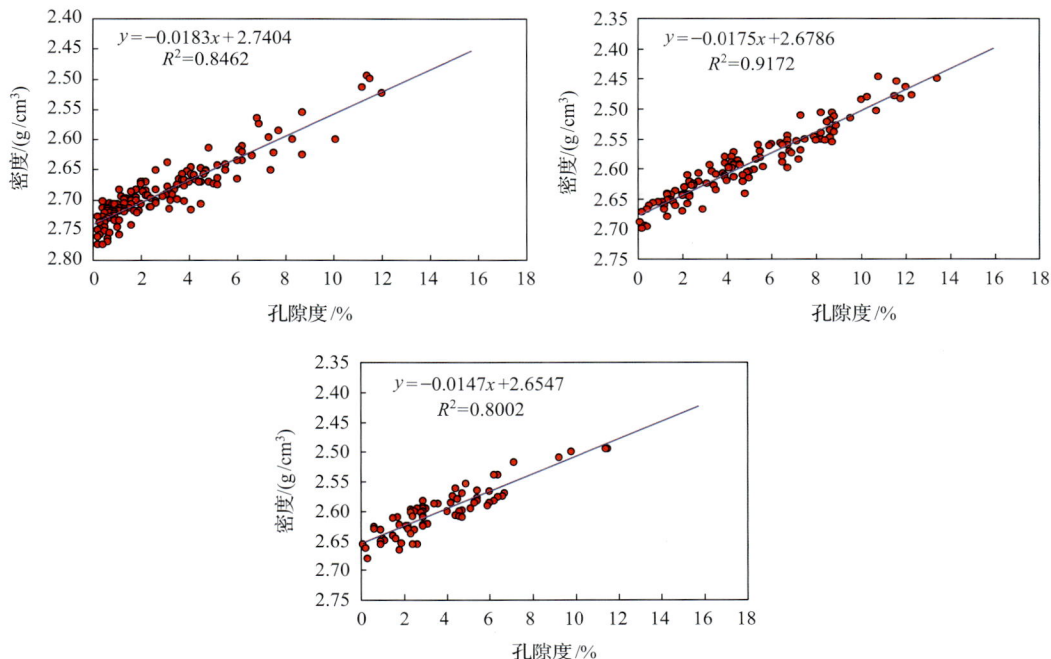

图 4.31　中拐地区金龙油田石炭系不同岩性的骨架确定图版

利用交会图技术发现各种岩石骨架参数与元素含量具有较好的相关性,应用多元回归,选取相关性较好的元素建立岩石骨架参数与元素含量的关系式。例如,斯伦贝谢建立的某地区岩石骨架参数与 ECS 元素含量的关系式为

$$\rho_{ma} = 3.1475 - 1.1003W_{Si} - 0.9834W_{Ca} - 2.4385W_{Na}$$
$$- 2.4082W_{K} + 1.4245W_{Fe} - 11.31W_{Ti} \tag{4.4}$$

式中,ρ_{ma} 是骨架密度(g/cm³);W_{Si}、W_{Ca}、W_{Na}、W_{Fe}、W_{K}、W_{Ti} 分别是 ECS 资料处理得到的硅、钙、钠、钾、铁和钛元素的质量分数(小数)。由此可以在井剖面上得到连续的骨架密度值。基于这一思路,应用准噶尔盆地腹部地区 18 口井 319 组实验数据建立的火山岩骨架密度计算模型为

$$\rho_{ma} = 2.53553 + 0.10462W_{Si} + 0.40365W_{Fe} + 13.619977W_{Ti} \tag{4.5}$$

在地层岩性不易判断的情况下,只需有 ECS 测井资料即可采用这种方法得到连续的密度骨架值 ρ_{ma},结合常规密度测井得到的地层体积密度值 ρ_{b},利用下面的孔隙度解释模型得到更为精确、合理的结果:

$$\varphi = (\rho_{ma} - \rho_{b})/(\rho_{ma} - \rho_{f}) \tag{4.6}$$

式中,ρ_{f} 为流体(泥浆滤液)密度。由模型计算得到一条较为精确的总孔隙度曲线。

图 4.33 为金龙 6 井玄武岩井段基于骨架密度公式(4.5)处理得到的孔隙度与岩心分析孔隙度对比图,计算孔隙度曲线与岩心分析孔隙度基本一致。

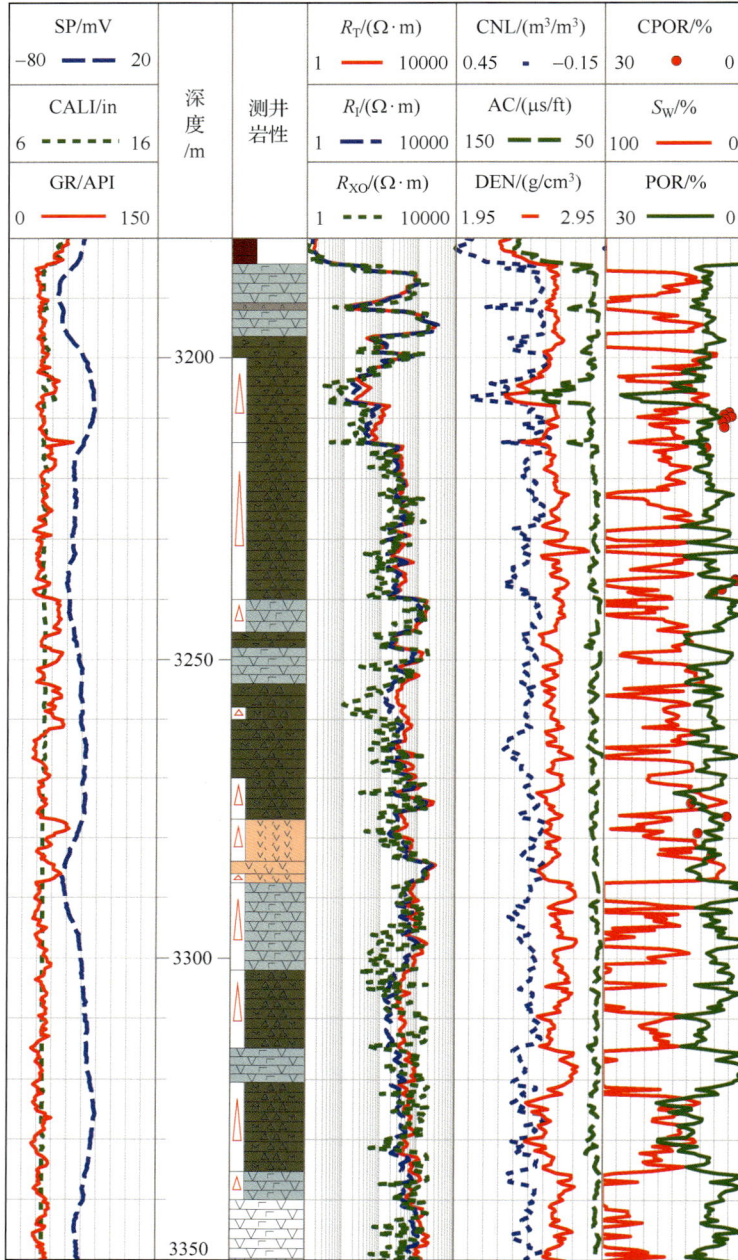

图 4.32　金龙 101 井孔隙度计算效果图

应用准噶尔盆地中拐地区火山岩岩心水测密度结果和 ECS 相对矿物含量,拟合得到的该地区骨架密度估算公式为

$$\rho_{ma} = 2.655 - 0.214W_{Si} + 0.48W_{Fe} + 11.476W_{Ti} \tag{4.7}$$

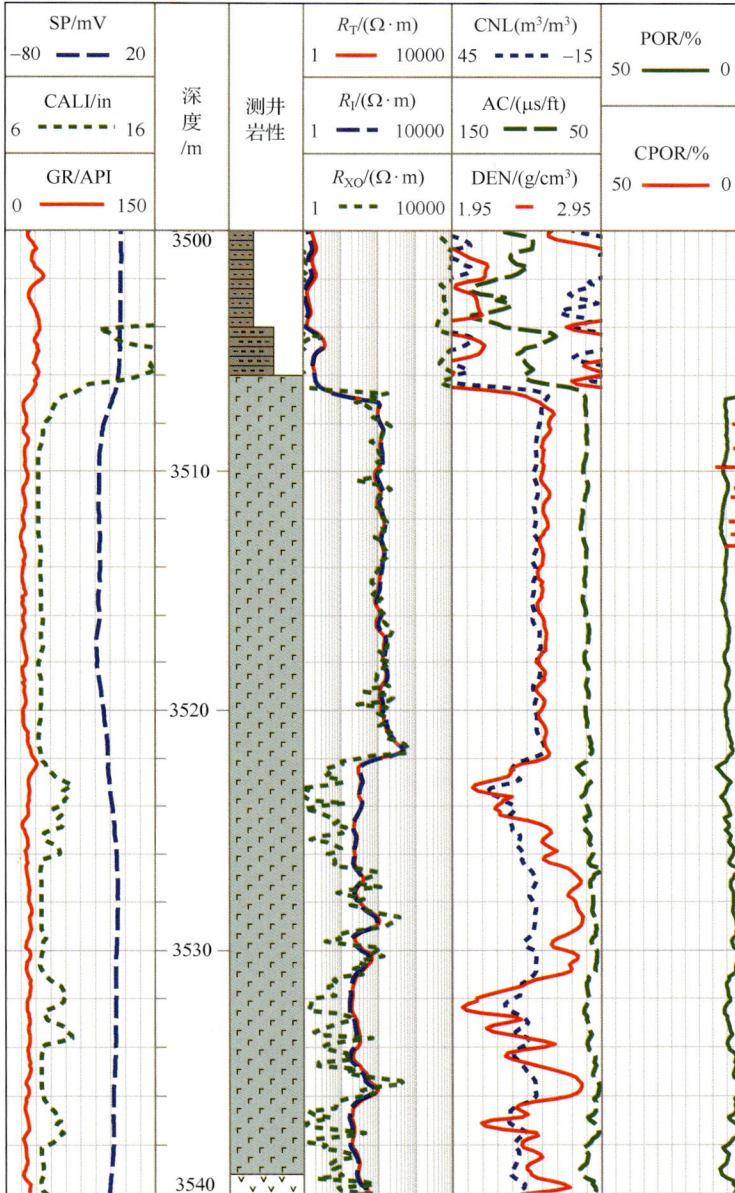

图 4.33　金龙 6 井玄武岩井段处理孔隙度与岩心分析孔隙度对比图

　　表 4.6 是金龙油田部分实验室水测密度值与由 ECS 测井的元素含量拟合所得密度值的对比结果。可以看出,计算值与岩心分析结果吻合较好。

　　图 4.34 表明常规实验分析测得骨架密度与公式拟合计算的骨架密度吻合非常好,公式精度高,效果可靠。通过 100 个岩心样品与基于该模型骨架值计算的孔隙度对比,平均相对误差为 12.2%,而基于常规测井曲线建模计算的孔隙度相对误差为 15.1%。可以看出,计算精度明显改善(图 4.35)。

表 4.6 变骨架密度分析基本数据信息

序号	水测密度 /(g/cm³)	ECS 测井拟合 密度/(g/cm³)	岩性	序号	水测密度 /(g/cm³)	ECS 测井拟合 密度/(g/cm³)	岩性
1	2.7	2.693	火山角砾岩	20	2.67	2.667	玄武安山岩
2	2.72	2.695	火山角砾岩	21	2.66	2.654	玄武安山岩
3	2.7	2.708	火山角砾岩	22	2.71	2.708	玄武安山岩
4	2.73	2.715	火山角砾岩	23	2.68	2.697	玄武安山岩
5	2.7	2.709	火山角砾岩	24		2.706	英安岩
6		2.644	火山角砾岩	25	2.7	2.692	英安岩
7		2.68	火山角砾岩	26	2.69	2.71	英安岩
8	2.69	2.684	玄武安山岩	27	2.69	2.714	英安岩
9	2.71	2.706	玄武安山岩	28	2.69	2.704	英安岩
10	2.69	2.711	玄武安山岩	29	2.68	2.714	英安岩
11	2.66	2.65	玄武安山岩	30		2.715	英安岩
12	2.65	2.65	玄武安山岩	31	2.78	2.745	英安岩
13	2.65	2.649	玄武安山岩	32	2.76	2.745	英安岩
14	2.64	2.649	玄武安山岩	33	2.61	2.614	英安岩
15	2.64	2.65	玄武安山岩	34	2.6	2.604	英安岩
16	2.64	2.652	玄武安山岩	35	2.6	2.607	英安岩
17	2.73	2.723	玄武安山岩	36	2.61	2.616	英安岩
18	2.73	2.708	玄武安山岩	37	2.64	2.62	英安岩
19	2.71	2.703	玄武安山岩	38	2.65	2.646	英安岩

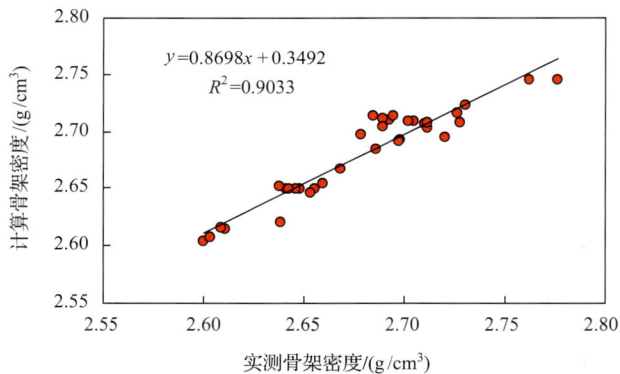

图 4.34 实测骨架密度与计算骨架密度误差对比

准噶尔盆地在火山岩地层已测 ECS 资料的井,不仅有火山熔岩,也有火山角砾岩,岩性遍及基性至酸性,模型适应性好。图 4.36 是一口井的解释成果图实例,可以看到基质孔隙度计算值与岩心分析结果符合率较高。

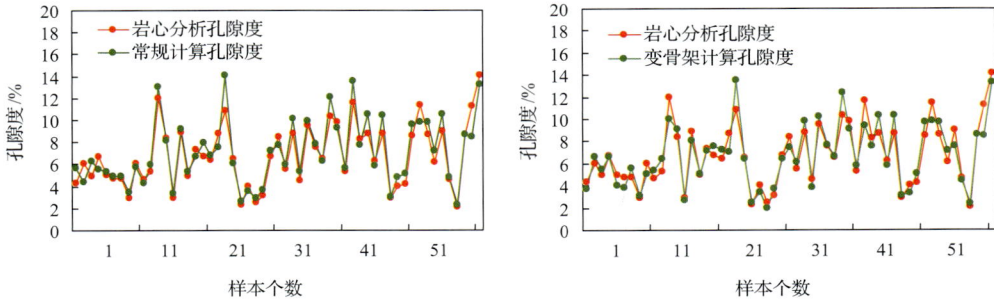

图 4.35　模型计算与分析孔隙度误差对比

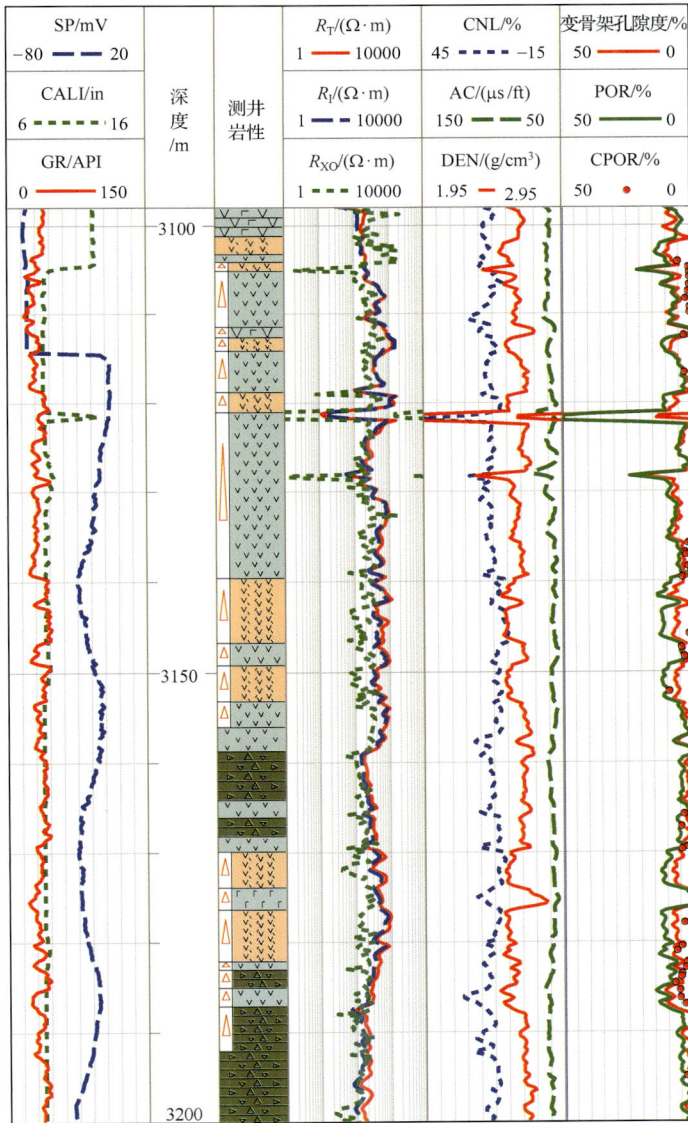

图 4.36　金龙 102 井变骨架处理成果图

从方法原理及应用效果来看,变骨架参数的孔隙度解释方法对于火山岩这类矿物成分及其含量变化较大的储层效果较好,但不足之处在于这一方法更多地依赖元素俘获能谱测井,在缺少这种测井资料时,利用其他常规测井资料很难准确地连续估算变化的骨架参数。

3. 核磁共振测井孔隙度解释

常规测井响应的影响因素非常复杂,通常包括许多与油气特征无关的因素,如岩石骨架成分及含量等。这些参数的准确性直接影响评价结果精度,并且许多与油气特征直接有关的因素因为不能被测井响应分辨而无法考虑进去,如渗透率、孔径、毛管束缚水等。而核磁共振测井观察到的回波串,是岩石孔隙结构和流体流动特性直接的综合反映,包含了孔隙类型、孔径大小、孔间连通性、流体类型、流动特性等十分丰富的信息,是唯一直接通过测量地层自由流体(可产流体)和束缚流体体积得到地层总孔隙度和有效孔隙度的测井方法。

核磁共振测井通常有三种主要的测量模式,即标准 T_2 谱模式、双 T_w(等待时间)模式和双 T_E(回波间隔)模式。其中标准 T_2 谱模式主要用于提供储层的岩石物理学参数,计算岩石总孔隙度和有效孔隙度。

核磁共振自旋回波串的初始幅度或 T_2 分布曲线围成的面积与探测范围内的孔隙流体中氢原子核数量成正比,经过刻度后即可计算出孔隙度值(图 4.37)。核磁共振测井认为岩石体积包括由骨架和干黏土组成的固体部分,以及由黏土束缚水、毛管束缚水和自由流体组成的孔隙部分(图 4.38)。这三部分孔隙空间是通过 T_2 截止值进行划分的。T_2 截止值一般通过岩心核磁共振实验或其他方法得到。

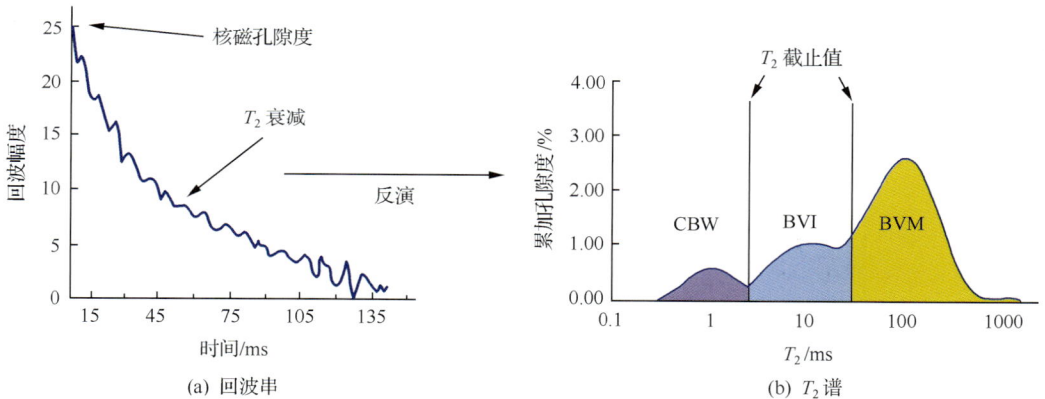

图 4.37　核磁共振测井求取孔隙度原理示意图
CBW. 黏土束缚水;BVI. 毛管束缚水;BVM. 自由流体

核磁共振测井的孔隙度模型见图 4.38。核磁共振总孔隙度(TPOR)包括自由流体相对体积、毛管束缚水相对体积和黏土束缚水相对体积三部分,即 TPOR＝MBVM＋MBVI＋MCBW,有效孔隙度(MPHI)则只包括自由流体体积和毛管束缚水体积,即 MPHI＝MBVM＋MBVI,式中,MBVM、MBVI、MCBW 分别为自由流体、毛管束缚水和黏土束缚水的相对体积。

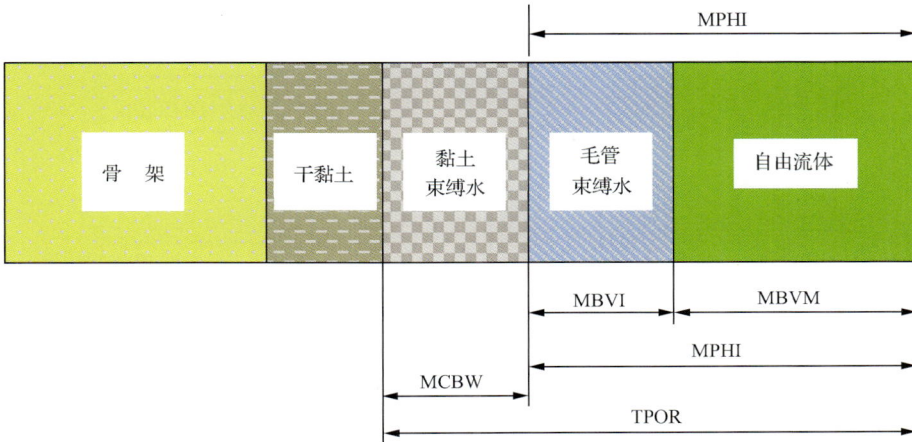

图 4.38　核磁共振测井孔隙度模型

为提高火山岩储层评价精度,准噶尔盆地各油气田测取了许多核磁共振测井资料,使用的仪器主要是哈里伯顿公司的 MRIL-P 和斯伦贝谢公司的 CMR。图 4.39 所示为一口井的解释成果图实例。可以看出,在火山角砾岩和英安岩段,核磁总孔隙度与常规分析孔隙度吻合率较高。

核磁共振测井是目前确定储层孔隙度较好的方法,通常在沉积岩中认为测量结果与岩性无关。但在用于火山岩储层评价时,由于火山岩成分复杂,岩石中铁磁或顺磁物质对其影响很大,在不同岩性地层中的适用性不同。为说明这一问题,设计实验分析了火山岩中常见的 Fe 对核磁测量的影响。实验测量了火山岩不同岩性的常规水孔隙度和核磁孔隙度。Fe 含量则由 ECS 测井计算得到。因为 Fe 含量对常规水孔隙度没有影响,因此利用水孔隙度减去核磁孔隙度的差值与 Fe 含量建立相关关系是可行的。由图 4.40 可以看出,中基性玄武安山岩随着 Fe 含量的增加,分析水孔隙度与分析核磁孔隙度之间的误差变大,当 Fe 含量小于 0.057% 时,核磁孔隙度基本不受影响。类似的实验则表明酸性火山角砾岩和英安岩,其水孔隙度和核磁孔隙度基本一致。

从以上分析及现场实践来看,核磁共振测井一般只能用于酸性火山岩储层中,在中基性岩中计算的孔隙度往往明显偏低,应用效果很差甚至不适用。在具体使用时可以结合常规密度测井等资料,改善解释效果,提高其适用性。

4. 基质渗透率解释技术

如何利用测井资料更加准确地计算地层渗透率,一直是测井界的难题。而对于火山岩渗透率的计算,目前也没有研究出更为有效的技术方法,这在一定程度上制约了火山岩储层测井解释评价工作的开展。通常的做法一是借助于岩心分析的渗透率与孔隙度,建立其相关关系,在利用常规测井资料精确解释孔隙度的基础上估算渗透率。二是利用核磁共振测井资料,采用不同渗透率模型获取更高精度的渗透率。从实验和测井原理上讲,这些方法获取的都是基质岩石渗透率。

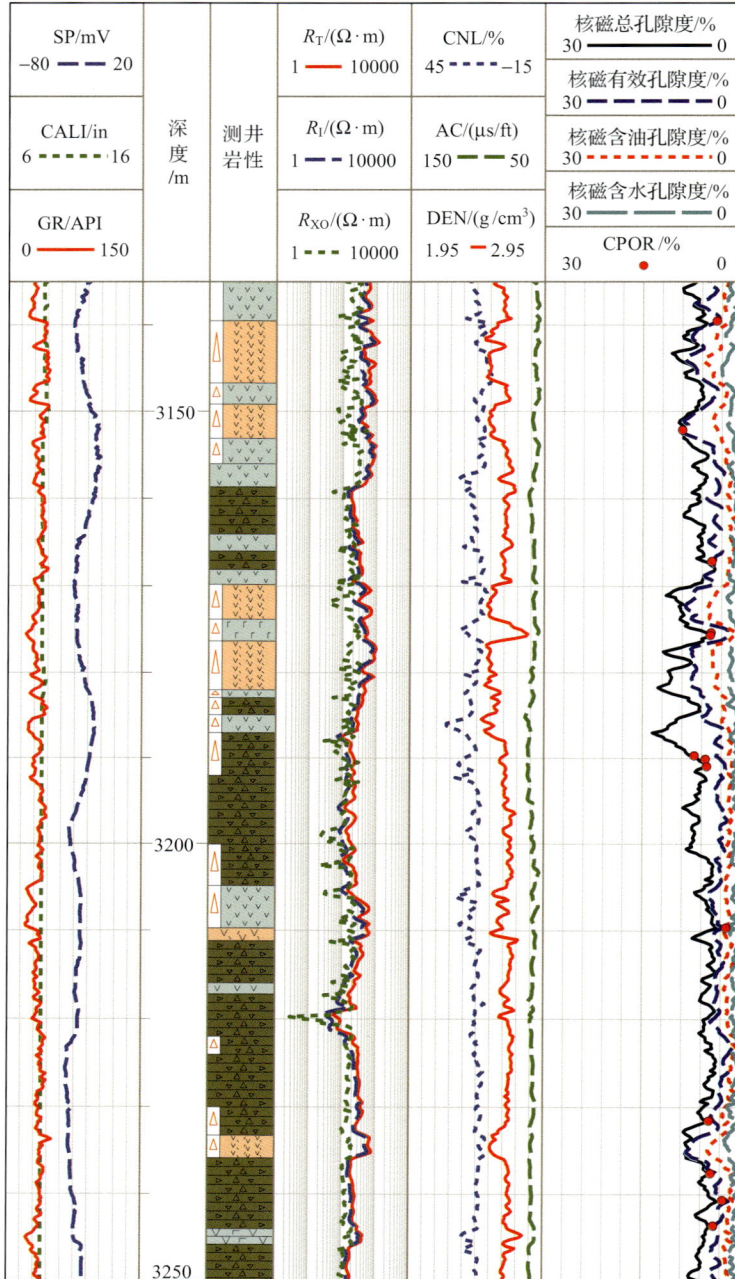

图 4.39　金龙 102 井核磁共振测井孔隙度计算效果图

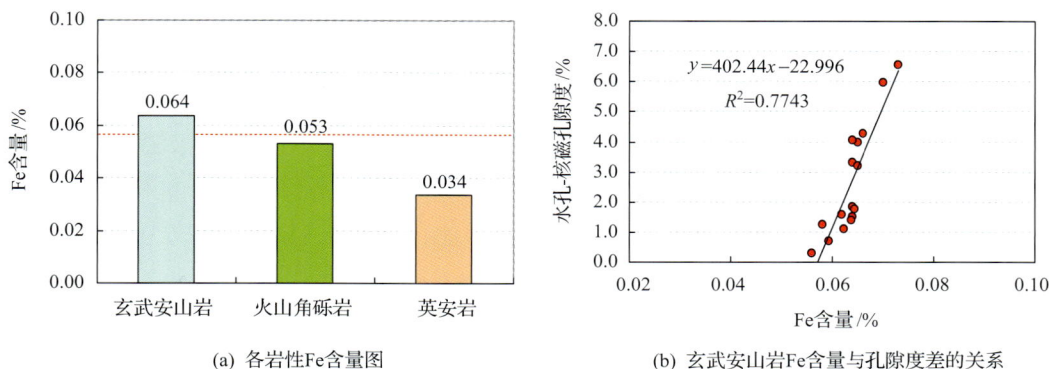

(a) 各岩性Fe含量图 (b) 玄武安山岩Fe含量与孔隙度差的关系

图 4.40 火山岩 Fe 含量及其对孔隙度测量的影响分析图

1）基于常规测井的渗透率求取方法

渗透率是影响储层流体能否产出的关键参数，它与岩石的孔隙结构密切相关。将岩心分析渗透率与岩心分析孔隙度建立关系，通过分岩性、分区域等精细研究，常常可以得到二者之间较好的相关关系式。因此，在确定储层基质渗透率时，最常采用孔隙度参数，通过回归建立渗透率参数求解模型。回归公式的一般形式为

$$K = C_1 e^{C_2 \varphi} \quad \text{或} \quad \ln K = D_1^* \varphi + D_2 \tag{4.8}$$

式中，C_1、C_2、D_1、D_2 分别为回归系数。

2）基于核磁共振测井的渗透率计算

渗透率与岩石的孔隙度及孔隙比表面等有关，而岩石的核磁共振横向弛豫时间 T_2 与孔隙比表面相关，因此，可以建立利用核磁共振估算岩石渗透率的方法。

确定核磁渗透率的方法是以 T_2 分布为基础，通过 T_2 截止值的选取计算可动流体及束缚流体体积，然后利用目前常用的计算渗透率的模型，即 Coates 模型和 SDR 模型。两者有相同的基础，只是用不同的方式来表达 T_2 分布，Coates 模型用自由流体指数和束缚水的比值来表达，而 SDR 模型用几何平均来表达（Coates et al.，1997；肖立志，2007）。

Coates 模型有很多变化形式，最常用的是：

$$K = \left(\frac{\varphi}{C}\right)^4 \left(\frac{\text{FFI}}{\text{BVI}}\right)^2 \tag{4.9}$$

式中，FFI 为可动流体体积；BVI 为束缚水体积；C 为地区经验性系数（需要由岩心实验确定）。该模型利用孔隙度、束缚水体积和可动流体体积来估算渗透率，因此，束缚水体积的确定方法对渗透率计算结果有很大的影响，如果能够准确确定束缚水体积和孔隙度，这就是一种比较常用的方法。当孔隙中含有轻烃，特别是天然气时，束缚水与自由流体均需要做含烃及含氢指数校正。

SDR 模型的一般形式：

$$K = C \varphi^4 T_{2\text{GM}}^2 \tag{4.10}$$

式中，$T_{2\text{GM}}$ 为 T_2 分布的几何平均值；C 为系数。

在一般意义上，Coates 模型不受孔隙中油气的影响，而 SDR 模型会受到油气的影响，

因此，在火山岩油气藏渗透率解释中常采用 Coates 模型，并且必须进行严格的刻度或标定。尽管有坚实的物理和油藏物理基础，核磁共振渗透率仍是一个基于统计关系的导出量，仍受岩性等因素影响。另外，渗透率本身有强烈的各向异性，但核磁共振无法反映，以上模型计算得到的渗透率的含义取决于标定模型时所用渗透率的含义和来源。

由于火山岩储层岩性复杂、物性变化大，目前仅能较好地计算孔隙度参数，由于缺乏有效的样本数据进行标定，渗透率的定量估算难度很大。图 4.41 中的渗透率曲线是中拐地区金龙 101 井利用核磁共振测井估算得到的。

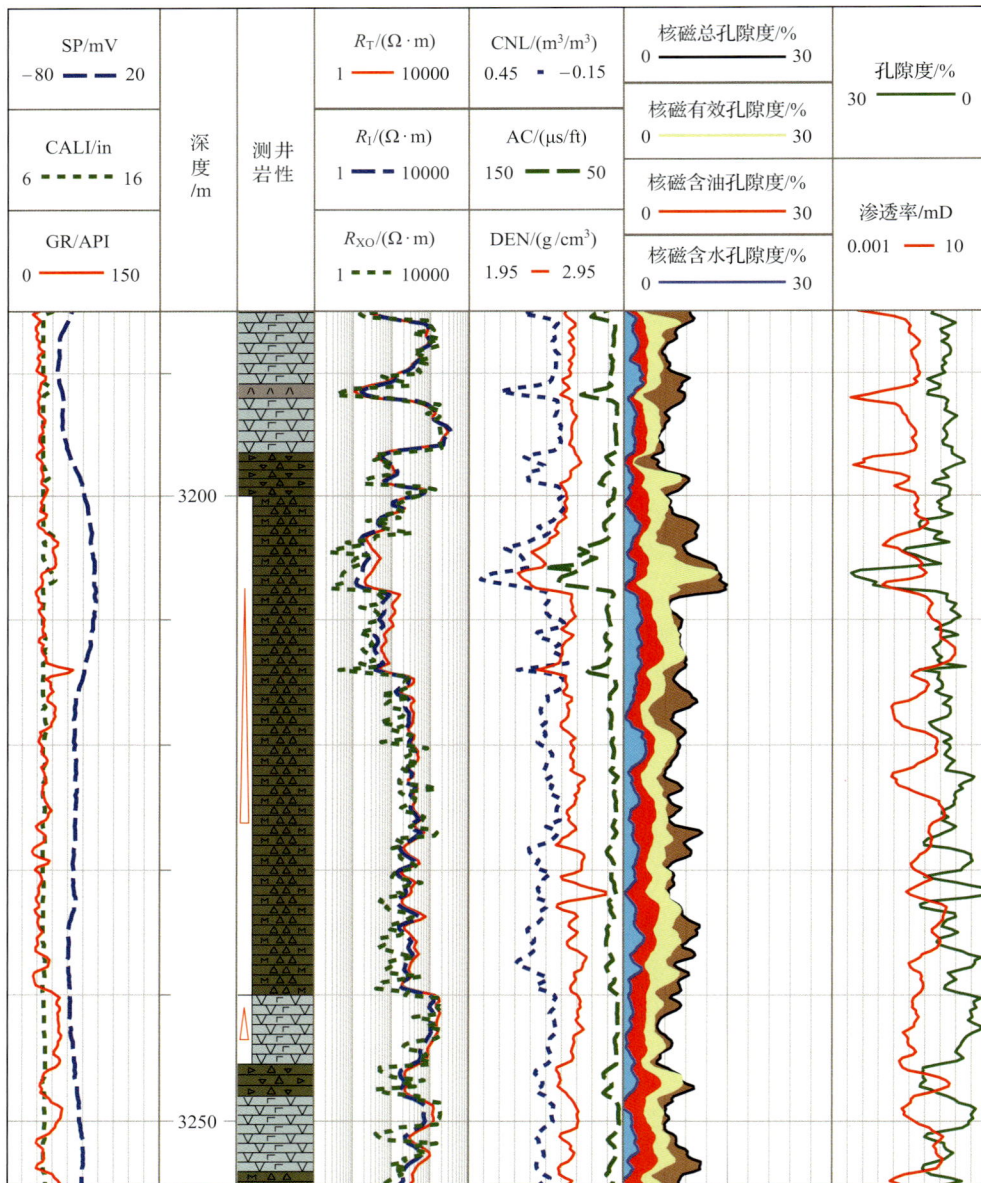

图 4.41　金龙 101 井火山岩核磁渗透率计算

4.3　火山岩储层裂缝评价

火山岩地层中常常发育裂缝,天然裂缝是形成火山岩储层的重要基础。当井眼穿过地层裂缝带时,由于钻井液侵入等因素的影响,会在不同探测深度的各种测井曲线上有所反映,可以根据测井响应特征对裂缝进行定性识别和定量评价。目前用于裂缝识别效果最好的是电成像测井,既可以对裂缝直观识别,也可以进行定量评价。但由于成像测井发展较晚、资料获取和处理成本高,其数量较少,在实际应用中需要发挥大量常规测井资料的作用。另外,阵列声波、地层倾角等测井资料也可以在裂缝识别中发挥重要作用。

4.3.1　裂缝的定性识别

利用测井资料对裂缝进行定性识别,需要从各种测井方法的原理本身分析裂缝响应特征,并综合利用这些特征进行判别。根据实际生产中的认识,目前识别裂缝相对最有效的是微电阻率成像测井,地层倾角测井、阵列声波测井等效果相对较差,而各种常规测井对裂缝的识别效果最差。

1. 常规测井识别法

利用常规测井资料进行裂缝识别,主要的依据是三孔隙度、三电阻率、自然伽马或自然伽马能谱、井径等测井曲线的响应特征,特别是在火山岩这类高电阻率剖面中,深浅侧向电阻率曲线评价裂缝效果更好。实际工作中常常综合应用这些测井曲线提取一些特征参数,进一步提高对裂缝的反应能力。

但也要注意到,用常规测井识别裂缝时影响因素较多,不确定性也随储层性质和井眼条件等方面的变化而增大,一般是在缺乏成像测井时应用。

1) 三孔隙曲线法

常规测井中的密度、中子、声波时差等三孔隙度测井主要用于孔隙度计算和岩性识别,其探测深度浅,通常为渗透性地层的冲洗带范围。若井眼钻遇裂缝,则井眼内泥浆进入裂缝后会在这些曲线上有明显响应特征,因而可用于识别井壁附近的裂缝。

密度测井主要反映岩石的总孔隙度,而与孔隙的几何形态无关,当地层中有裂缝存在时,密度会降低。由于密度测井为极板推靠式仪器,当极板接触到天然裂缝时会对密度测井产生较大影响,密度测井的校正曲线($\Delta\rho$)是快速直观识别裂缝的有效曲线,泥饼使补偿值增加,这常常是裂缝存在的指示。

由于补偿中子测井探测深度较大,是非均质的裂缝性火山岩油藏取得总孔隙度的有效方法。在火山岩剖面裂缝性层段上,补偿中子显示为相对高的孔隙度值,而裂缝越发育,中子孔隙度就越大。与其他常规测井类似,补偿中子也同样只能指示裂缝带的位置,不能确定裂缝的发育方向。

裂缝在声波曲线上的反应与井筒周围裂缝的产状及发育程度有关。声波曲线对高角度裂缝没有反应,对低角度裂缝或网状裂缝,声波测井值将相应增大;当遇到大的水平裂缝或网状裂缝时,声波能量急剧衰减可能导致"周波跳跃"现象。因此,利用声波时差可以识别水平裂缝或网状裂缝,但不能用于识别垂直裂缝。声波曲线对裂缝的显示主要取决于裂缝的张开度、发育程度、充填物和流体的性质。

2)电阻率曲线法

裂缝在电阻率曲线上的响应取决于许多因素,如裂缝倾角与方位、裂缝充填物等,常规电阻率测井方法中双侧向、微球形聚焦、微侧向等对裂缝有较好的反映,特别是在背景电阻率较高的火山岩中响应特征相对更为明显。

裂缝发育程度、裂缝角度和裂缝的流体性质不同可造成深、浅侧向电阻率数值的明显差异,反过来,通过这种"差异"的分析可以识别裂缝层段。比如,当钻井使用水基泥浆时,如果遇到裂缝性油层,虽然泥浆侵入很深,但钻井泥浆只能驱走大裂缝中的原油,而在小裂缝和微裂缝中仍会有残余油存在,此时双侧向测井仍会出现电阻率正差异,即深侧向测井视电阻率大于浅测向视电阻率;而当裂缝性油层变为水淹层时,大裂缝中的原油几乎完全被地层水驱赶走,此时若钻井泥浆侵入水淹层,则双侧向测井视电阻率可能出现电阻率负差异或正差异(取决于泥浆滤液矿化度与水淹层中注入水和原地层水混合液矿化度的相对大小)。因此,可以根据双侧向测井的深浅侧向电阻率曲线的幅度差来判断储层和裂缝发育段。

微球形聚焦或微侧向测井为极板型仪器,所以测量值具有方向性,只有当极板贴在裂缝之上时,才能反映出裂缝。但在裂缝方向上往往有扩径现象而形成椭圆井眼,增大了微电阻率测井探测裂缝的机会,且因微电阻率测井的探测深度比双侧向小,所以裂缝对它的影响也大。对于裂缝性储层,岩石基块的渗透性较差,钻井时泥浆的侵入较浅,钻井泥浆滤液则沿着较大的裂缝侵入。由此,在裂缝不发育的层段,微球形聚焦或微侧向电阻率测到的主要是岩石基块的电阻率,数值较大,而在裂缝发育段测到的是裂缝中泥浆滤液,其数值很低。当储层含有油气时,基块的侵入带渗透率较低,含有一定量的残余油,而裂缝中的油气几乎全被驱替,其电阻率数值上的差异将会更大,因此,裂缝发育段在微电阻率曲线上表现为高阻背景下的低阻异常尖峰,若将这些尖峰转化为变化率则表现为数值增大和跳变。微电阻率变化率对裂缝的响应大小受裂缝的倾角、张开度、充填性等影响,当遇到裂缝倾角低、张开度大、未充填裂缝时,数值增大跳变明显,反之则不明显。

常可用双侧向-微球形聚焦(或微侧向)三电阻率组合曲线上的响应特征进行裂缝识别。对于致密的火山岩,此三电阻率曲线均为明显高值且基本重合,而在裂缝发育层段,因钻井泥浆或泥浆滤液侵入较深,电阻率值明显降低,表现为高值电阻率背景上相对低的电阻率。由于裂缝发育的不均一性,电阻率曲线常呈高低间互、起伏不平的多尖峰状。当裂缝发育时,三条电阻率曲线都为低值显示,双侧向-微球形聚焦(或微侧向)幅度差明显;当仅有孤立稀疏的裂缝发育时,双侧向电阻率降低不明显,而微球形聚焦或微侧向电阻率常为显著低值。

3)自然伽马或自然伽马能谱曲线法

地层中的铀常以铀盐离子状态存在,并随水流移动而沉淀在渗透性地层,包括裂缝段中。因此可根据含铀量增加或含钾、钍数量低来确定裂缝发育带的位置。但由于总体上地层中铀含量本身并不高,很多时候这种特征不够明显,仅具有参考意义。

4）多井径曲线法

井径测量臂在探测到裂缝位置时，通常会造成井径变大，如果有多条井径曲线，则可以根据相互对比确定可能的裂缝存在。比如，遇有高角度张开缝时，只是某条井径变大（探测到裂缝的），其他井径曲线基本不变，出现椭圆井眼，可作为裂缝识别的参考之一。

以上特征一般在裂缝较发育，且基质岩性、地层流体等影响很小时相对明显。在实际地层情况下，许多特征可能并不出现，需要综合分析。

5）基于常规测井的裂缝半定量识别

在利用常规测井曲线特征识别裂缝时，可以综合利用各种曲线特征，通过半定量计算方法提取一些表征参数实现裂缝识别及裂缝发育程度判断。常用的参数和方法如下（王拥军等，2007）。

（1）次生孔隙度法：$FPR2＝\varphi_{ND}－\varphi_S$。式中，中子-密度交会孔隙度 φ_{ND} 代表总孔隙；声波孔隙度 φ_S 代表基质孔隙度。发育裂缝时 FPR2 大于零，裂缝发育程度越高，则该值越大。该方法易受孔隙结构变化的影响。

（2）视孔隙结构指数法：$FML2＝(\lg R_w－\lg R_t)/\lg\phi$。式中，$\phi$ 为孔隙度；R_w、R_t 分别代表地层水电阻率、原状地层电阻率（如环境校正后的深侧向电阻率）。FML2 随裂缝发育程度的升高而减小。该方法易受流体性质变化的影响。

（3）深浅侧向幅度差法：$FLPL＝(R_{LLD}－R_{LLS})/R_{LLD}$。式中，$R_{LLD}$ 和 R_{LLS} 分别为深、浅侧向电阻率。FLPL 主要反映高角度缝发育程度，高角度缝越发育，FLPL 越大。该方法易受"双轨"状诱导缝和压裂缝的影响。

（4）铀异常指标法：$FPU＝U/Th$。式中，U、Th 分别为伽马能谱测井的铀和钍含量曲线。FPU 随着裂缝发育程度增加而增大。该方法易受岩性变化的影响。

（5）裂缝概率函数：$FIDX＝(W_1\cdot XFPU＋W_2\cdot XFPR2＋W_3\cdot XFML2＋W_4\cdot XFLPL)/W$。式中，XFPU、XFPR2、XM2、XFLPL 分别为上述四种方法所计算参数经归一化处理的结果，未测伽马能谱时 XFPU 取 0；W 是各加权系数 $W_1\sim W_4$ 之和，可根据相关曲线对裂缝的敏感程度赋予加权系数不同的数值，如中拐地区石炭系火山岩 $W_1\sim W_4$ 分别取 0、1、1 和 0.5。FIDX 随裂缝发育程度增加而增大。该方法易受归一化过程中参数取值的影响，适合在单井上进行定性判别。

（6）裂缝发育指数函数：$FID2＝A\cdot FPR2/FML2$。式中，A 为调节参数；FPR2 和 FML2 由以上方法计算得到。FID2 随裂缝发育程度增加而增大。该方法受人工调节参数影响小，但适应岩性、孔隙结构和流体变化的能力较差。

综合利用以上参数对中拐地区多口井进行了裂缝识别。图 4.42 是该区金龙 10 井处理实例。可以看出以上参数在裂缝发育段具有较高的敏感性。

通常，火山岩物性差，岩性变化快，诱导缝发育程度高且常常掩盖其他裂缝的测井响应，在应用上述方法时需要结合具体区块分析选用。比如在准噶尔盆地中拐地区应用中，次生孔隙度法、视孔隙结构指数法和由此衍生的裂缝发育指数函数效果相对较好。

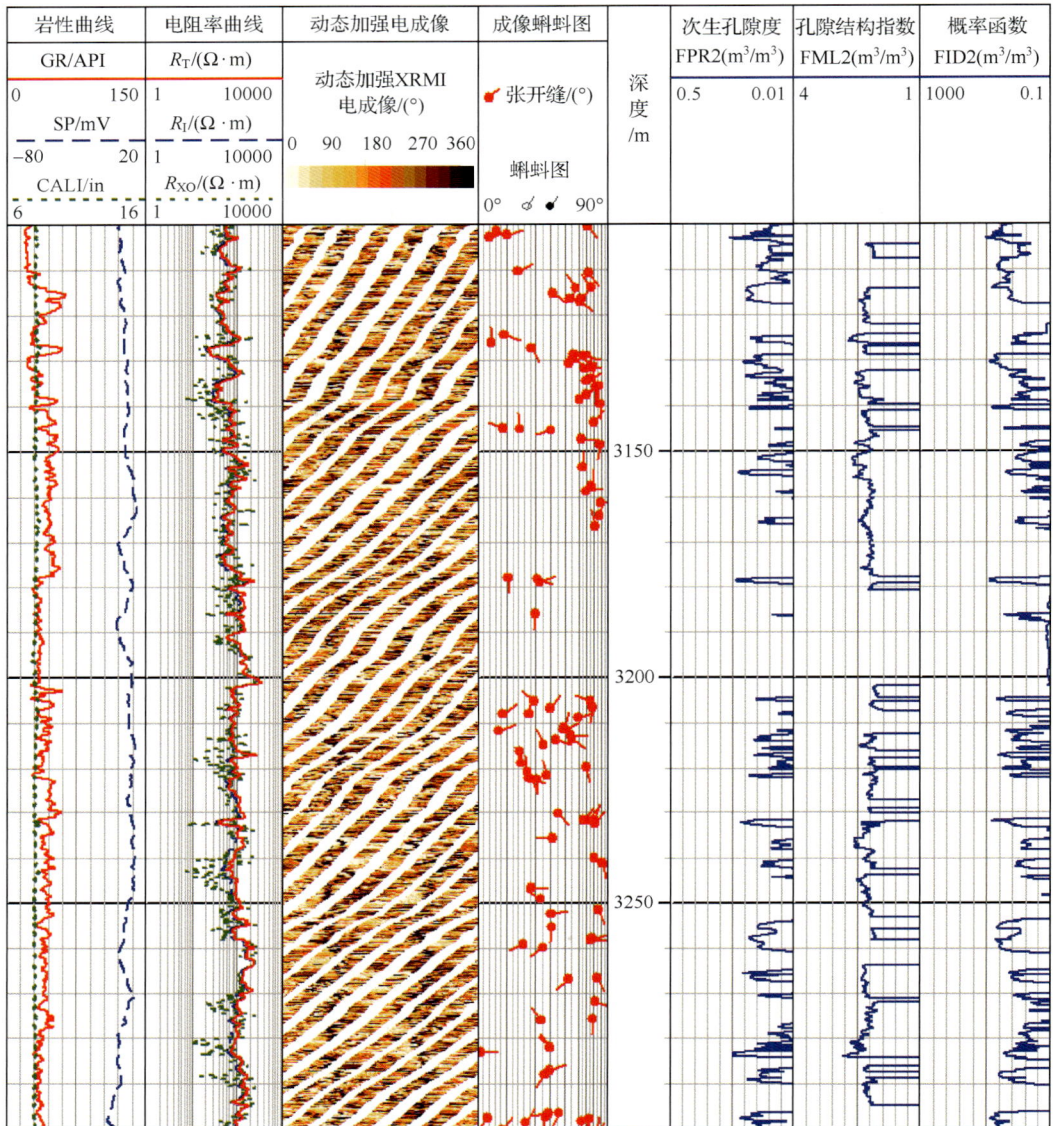

图 4.42　常规测井裂缝识别实例(金龙 10 井)

2. 地层倾角测井法

地层倾角测井是识别储层裂缝的有效方法之一,它可以分析裂缝发育层段、裂缝相对密度、裂缝的走向等参数。用地层倾角测井资料识别裂缝的方法有裂缝识别测井、电导率异常检测、双井径曲线等。

(1) 裂缝识别测井。地层倾角的微电阻率曲线常在高电阻率(简称高阻)背景上以低的电阻率异常显示出裂缝。以常用的四臂倾角仪为例,裂缝识别测井是利用地层倾角的4 条微电阻率曲线,按顺序排列组合相邻两极板的 4 组重叠曲线(1-2、2-3、3-4、4-1),裂缝则以明显的高电导率异常显示出来。当任一极板通过充满高电导率泥浆的裂缝时,其电导率升高,重叠曲线出现幅度差。一般高倾角裂缝常以一组或两组明显的幅度差出现,垂直裂缝在两条曲线上有较长井段的异常;而水平裂缝在 4 条重叠曲线上均有较短的异常。这种方法的缺点是不能准确识别沉积构造和裂缝。六臂或八臂倾角仪判断方法类似。

(2) 利用电导率异常检测识别裂缝。该方法是利用地层倾角测量的原始记录在曲线对比垂向移动范围所确定的井段上,求出各极板与相邻两个极板电导率的最小正差异值,并把此值叠加在该极板的方位曲线上。作为判别裂缝的标志,这种方法排除了由层理引起的电导率异常外,还突出了与裂缝有关的电导率异常。在电导率异常检测(DCA)成果图上,不仅可以直接显示出裂缝的存在,而且直接给出了裂缝存在的方位。用该方法必须满足三个条件,即电导率值超过一定的水准、电导率数值之差足够大、异常可以在极少数连续层位上探测到。

(3) 双井径重叠法。双井径重叠是识别裂缝的一种重要方法,通常具有较好的使用效果。根据地层倾角测井曲线显示的定向扩径、椭圆性井眼及相对方位角曲线平直无明显变化等,可以划分出高角度裂缝层段,而且,根据扩径方位或椭圆形井眼的长轴方向,可以确定高角度裂缝的方向。一般双井径曲线值与钻头直径均相等,为硬地层;双井径曲线值均小于钻头直径,为渗透层;双井径曲线值均大于钻头直径,为泥岩或疏松易塌层;双井径曲线值之一大于钻头直径,另一曲线值等于或大于钻头直径,呈椭圆形井眼,为高角度裂缝。

(4) 地层倾角矢量图法。在地层倾角测井矢量图中,裂缝可能表现为层段之间无法进行对比,或者表现为倾角看起来很混乱。如果属于后者,可以根据孤立的高倾角提示裂缝存在。

图 4.43 为金龙 101 井目的层段的地层倾角处理成果图,从成像测井图上可以看出裂缝较发育,裂缝段在四臂倾角微电导率曲线上显示较好。

3. 电成像测井法

成像测井资料井壁覆盖面积大(如 FMI 在 8.5in 井眼可达井壁 80%),纵向分辨率高,直观形象,因此用来识别裂缝具有其他测井资料无可比拟的效果。利用成像测井识别裂缝的基本原理是:任何地质现象只要与相邻地层的岩石电阻率存在一定差异,电阻率图像就会有所反映,这种电阻率差异愈大,图像的反映就愈为明显。如果处于裂缝层,高电阻率的岩性往往对应于浅色的图像,井壁地层存在裂缝时则会因充满导电泥浆而导致岩层电阻率降低,对应呈现为深色的图像。当然,低电阻率的岩性(如泥岩)也会在图像上显示为深色,但因其电阻率通常仍会高于充满水基钻井液的裂缝,其显示的颜色比仍比裂缝浅。

在电成像图上,大致可以把裂缝识别为天然裂缝和钻井诱导缝,天然裂缝包括张开裂缝和闭合裂缝,从产状上表现为斜交缝、水平缝和垂直缝。在电成像图上可以直观地对上述裂缝类型进行识别和描述,但重点是识别出对实际生产有意义的张开天然裂缝。

在地层微电阻率成像测井图上,与裂缝图像特征相似的还有层界面、缝合线、断层面、泥质条带、黄铁矿条带等,需要分析其区别,识别出真正的裂缝。层界面常常是一组相互平行或接近平行的高电导率异常,且异常宽度窄而均匀,而裂缝总是受到后期构造运动和溶蚀影响,一般呈现既不平行,又不规则的高电导率异常;断层面处总是有地层的错动,而

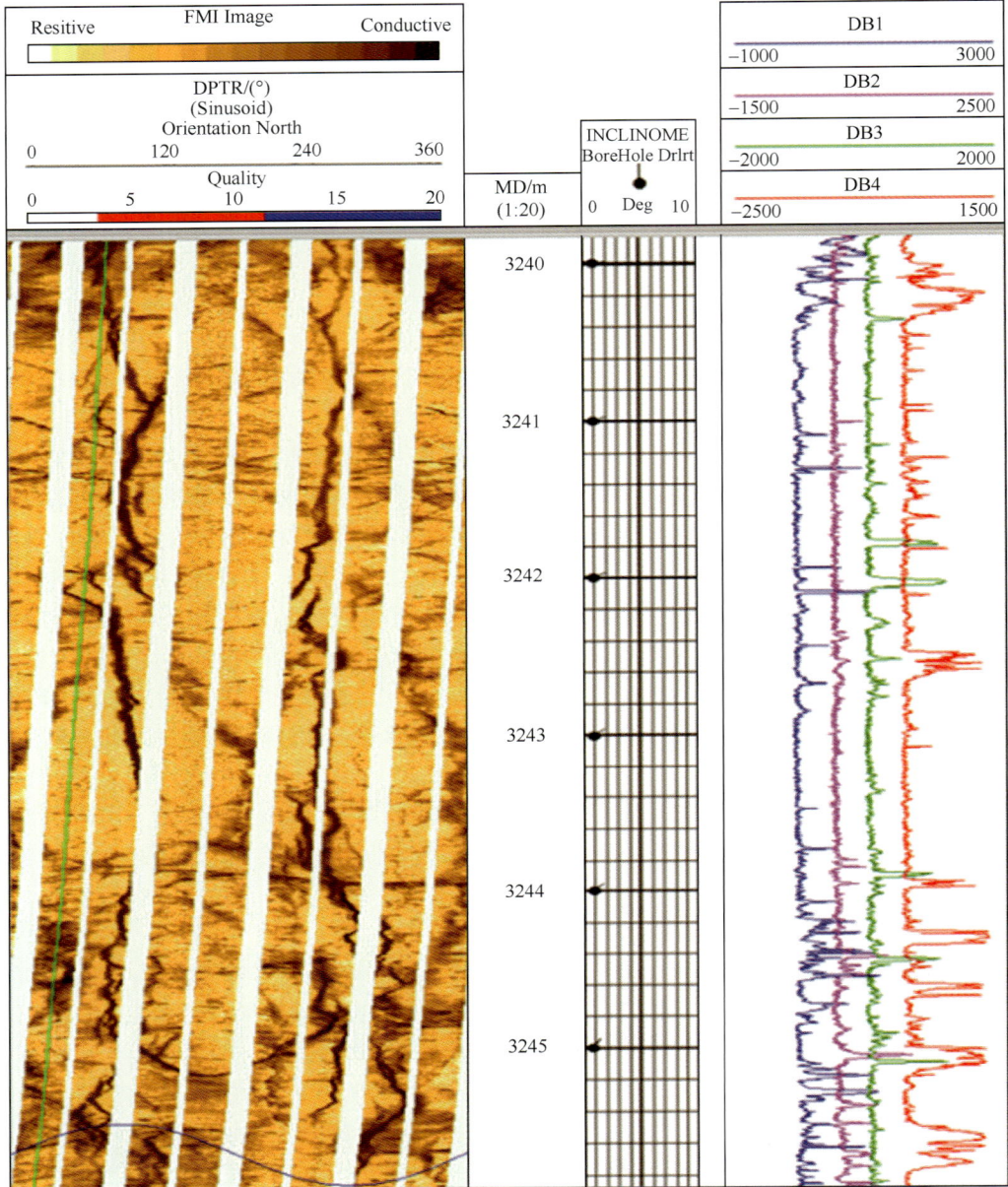

图 4.43 金龙 101 井地层倾角测井裂缝识别图

MD 为测量深度；Quality 为质控；DB1、DB2、DB3、DB4 分别表示 4 个极板电导率值；Resistive 为高电阻率；

Conductive 为高电导率；DPTR 表示地层沿南北向展开后的倾角

裂缝不具备这些特征；泥质条带的高电导率异常一般平行于层面且较规则，仅当构造运动强烈时才发生柔性变形，在出现剧烈弯曲的同时条带宽窄变化不大。

　　张开裂缝中往往充填有泥浆等低电阻率物质，因此，通常在 FMI 图像上显示为低阻黑色正弦曲线状特征，因裂缝角度不同在图像上表现形态不一：斜交开启裂缝在图像上显示为黑色较规则正弦波形状图；高角度甚至平行于井眼的开启裂缝，在图像上显示为与井轴夹角很小甚至平行的黑色线条，这种裂缝通常发育在致密岩石中；网状裂缝则呈现为几种倾向不同的开启裂缝交织在一起形成的交错黑色条带。闭合裂缝是由于地层的压溶作用形成的，往往充填有高阻物质如方解石等，因此，在电成像图像上闭合裂缝显示为高阻浅色的线条特征。

由钻井形成的裂缝统称为钻井诱生（诱导）裂缝。当钻开地层以后，由于地层内部应力释放、重泥浆与地应力不平衡、钻具振动或在井壁造成的擦痕都可以形成钻井诱生裂缝。诱导裂缝与天然裂缝在形态上有以下几点区别：①诱导裂缝排列整齐、规律性强，而天然裂缝分布不规则；诱导裂缝往往在 180°对称方位上分布，而天然裂缝通常单个出现，或成对出现但方位上并不对称。②天然裂缝缝面不太规则且缝宽有较大变化，而诱导缝的缝面形状规则且缝宽变化很小，天然裂缝的开度不稳定、时宽时窄、边缘不光滑；而诱导裂缝的开度稳定，边缘光滑，缝面平直。③诱导裂缝的径向延伸都不大，故深侧向测井电阻率下降不很明显。

图 4.44 为中拐地区金龙 10 井区石炭系储层裂缝类型 FMI 识别结果，图中显示该区发育斜交缝、垂直缝及网状缝。

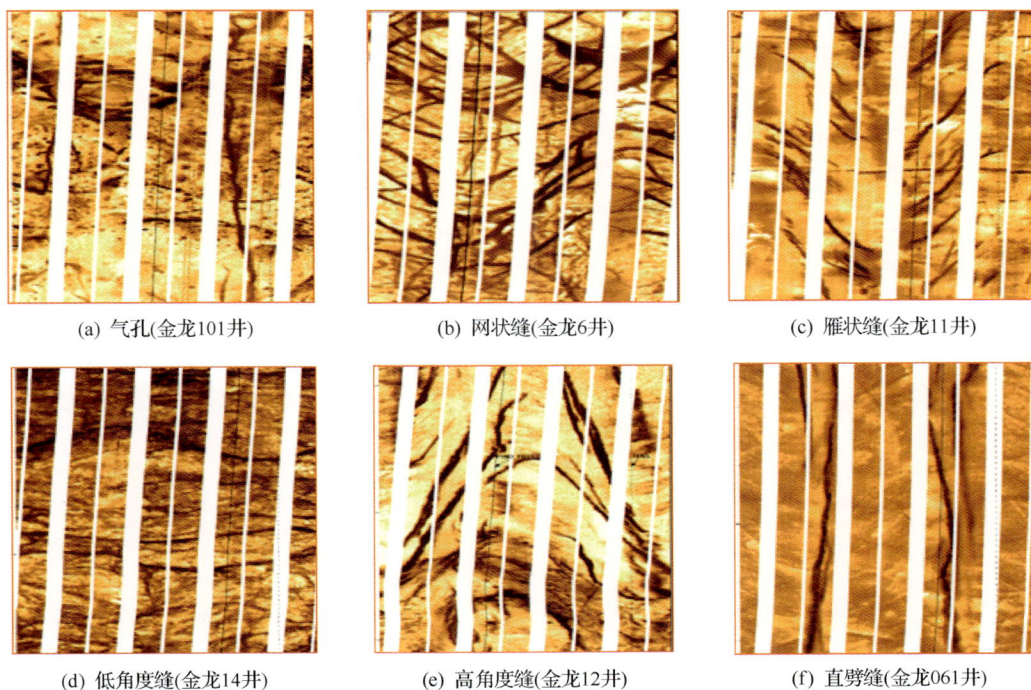

(a) 气孔(金龙101井)　(b) 网状缝(金龙6井)　(c) 雁状缝(金龙11井)
(d) 低角度缝(金龙14井)　(e) 高角度缝(金龙12井)　(f) 直劈缝(金龙061井)

图 4.44　金龙 10 井区石炭系储层裂缝类型的 FMI 图

成像测井为裂缝识别提供了最为直观、最为直接的手段，应用成像测井可以划分裂缝的类型、准确地确定裂缝的产状，提供相应的裂缝参数。尽管如此，成像测井识别裂缝也有一定的不确定性，有时很难判断裂缝的类型和性质，以下情形需要特别注意。

（1）通常钻井液电阻率比井壁环型地层剖面的电阻率低得多，由于钻井液的侵入，开口缝一般表现为低电阻率(简称低阻)黑色。充填缝在充填高电阻率(简称高阻)矿物(如方解石)时一般表现为高阻白色,半充填缝的充填部分表现为高阻白色而开口部分为低阻黑色。但充填缝在充填低阻矿物特别是高含水的低阻矿物时则较难识别,很容易误判为开口缝。

(2)在地应力各向异性较强、地层破裂压力较低的情况下,会产生一定数量的钻井诱导缝。在诱导高度较小的情况下相对较易识别,在诱导高度较大时,其特征几乎与垂直裂缝的形态完全一致,区分极为困难。

(3)当火山岩的流面倾角较大时,极易和裂缝混淆,特别是裂缝的倾角和流面的倾角差别不大时更是如此。如图4.45所示,右上为一段玄武岩井段的FMI图像,该井段流面极为发育,且构造倾角较大,从FMI图像上看,高角度流面与裂缝特性几乎完全一致,该井段试油为干层。

(4)火山集块岩的集块边缘和自碎火山熔岩的碎块边缘在成像测井图上与网状裂缝特征几乎完全一致,极易与网状裂缝混淆。图4.45的左侧为一火山集块岩的FMI图像,由于火山集块较大,集块边缘形成了完整的正弦曲线,极易与裂缝混淆;图中右下为一自碎玄武岩的FMI图像,自碎火山熔岩的边缘极易与网状裂缝混淆,但仔细观察,碎块边缘未形成完整的正弦曲线。该井段试油为干层。

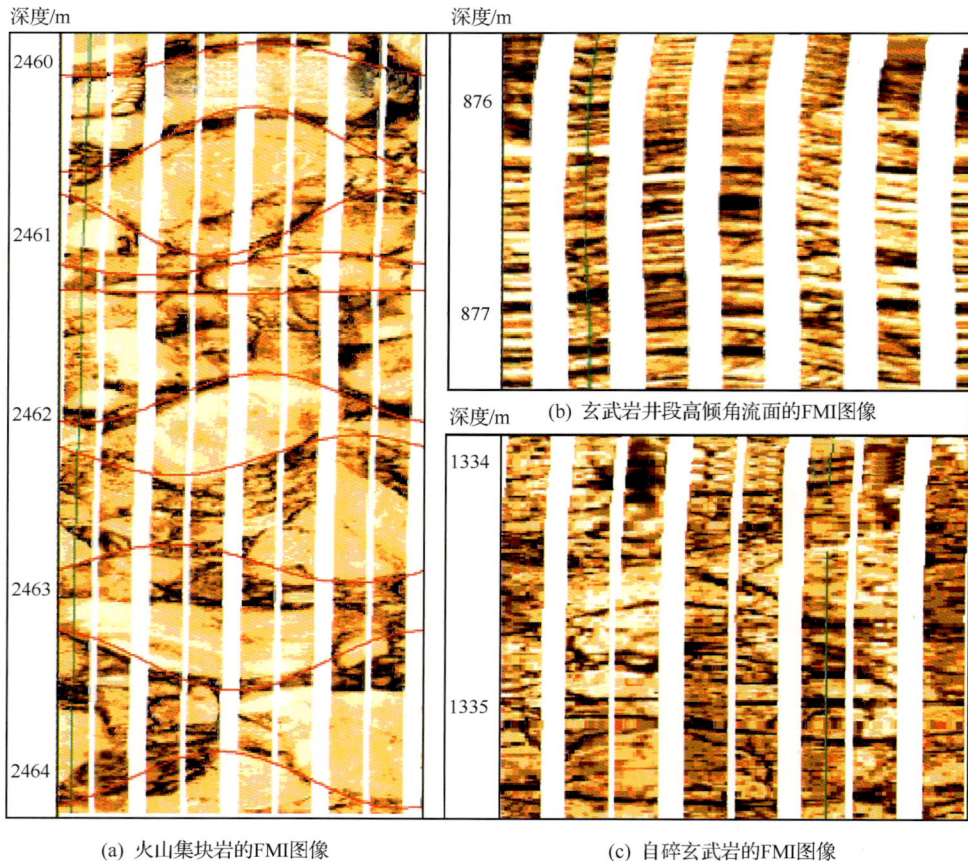

(a) 火山集块岩的FMI图像　　(b) 玄武岩井段高倾角流面的FMI图像　　(c) 自碎玄武岩的FMI图像

图4.45　不同火山岩FMI图像

4. 阵列声波测井法

理论模拟及现场工作实践都表明,纵波、横波和斯通利波对裂缝的反映极为敏感,其响应特征受裂缝倾角的影响较大,裂缝的倾角不同,其响应特征也有所不同。多极子阵列声波测井仪在火山岩地层、特别是块状的火山岩地层可提供高质量的体波和斯通利波信息,为火山岩地层的裂缝识别提供了极为有利的条件,对于评价裂缝的有效性并降低电成像测井识别裂缝的不确定性具有重要意义。

声波纵波、横波对裂缝有敏感的反映,这是由声波传播的固有特点所决定的。在声波的传播路径上,任何各向异性或非连续性,只要其尺寸与信号的波长相比不可忽略,均会在声波测量结果上产生影响。另外,流体和固体的弹性特征有着极大差异,因此,如果不连续介质为流体时将对声波传播产生巨大的影响,而这正是开口裂缝的情况。裂缝对纵、横波的影响主要表现为各种波相时差增大,并出现程度不同的能量衰减,波形的幅度减小,出现反射现象。实验和研究证明,在低角度裂缝和网状裂缝发育段,纵、横波能量均有较大的衰减,在垂直裂缝发育段,纵、横波能量均有衰减,横波衰减尤为严重。切入井壁较浅的诱导缝,由于声波测井的探测深度较大,对纵、横波的能量衰减影响不大,用能量衰减基本上可以区分出此类裂缝。

与纵波和横波不同,斯通利波是一种制导波而非体波,它在低频情况下近似为管波,在井筒内沿井壁表面传播,其能量从井壁开始向两侧呈指数衰减。井壁上由于裂缝的存在会导致斯通利波传播速度变化,产生斯通利波的反射,导致斯通利波的能量衰减。在裂缝宽度恒定的情况下,斯通利波的能量衰减随裂缝倾角的增加而增加。裂缝对斯通利波的影响可归纳为:斯通利波能量减小,时差增大,出现"人"字形反射图("人"字出头的位置大致对应裂缝的发育位置),出现斯通利波的模式转换。需要注意的是,裂缝对斯通利波的影响是由流体在裂缝中的流动引起的,斯通利波识别的都是井壁上的开启裂缝,且各种倾角的裂缝对其均有影响,倾角越大影响越大。

综上所述,在有条件的情况下,微电阻率成像测井和多极子阵列声波测井联测是识别裂缝最为有效的方法。用微电阻率成像测井可以直观识别裂缝,准确地描述裂缝的产状,进行裂缝的分类,提供完整的裂缝参数;而用多极子声波可以有效地识别排除诱导缝及各种充填缝,直观反映裂缝的渗透性,有效划分裂缝发育井段。

准噶尔盆地滴西 18 井次火山岩井段的常规测井曲线及裂缝综合评价如图 4.46 所示。图中前四道为常规测井曲线和深度道,第五道为应用 FMI 识别的各种裂缝倾角图,第六道为 DSI 测井 PS 测量模式第六接收探头接收的全波波形的 VDL 显示。该井的次火山岩体与二叠系地层呈岩性不整合接触,次火山岩(花岗斑岩)经过了强烈的风化改造。FMI 图上显示次火山岩体的上部高电导率缝和高阻缝均较为发育,高阻缝基本为方解石充填形成的。而高电导率缝分可分为三类:①高角度的大型开口纵向裂缝(蓝色),裂缝走向与构造轴线平行;②风化、淋滤形成的微细裂缝(绿色),该类裂缝倾角的范围及倾向较为杂乱;③钻井诱导缝,该类裂缝的走向与水平主应力方向一致。DSI 测井获得的全波波形显示,在 3600m 以上的大部分井段,纵波波至、横波波至及斯通利波波至幅度有较大的衰减,与 FMI 识别的裂缝分布一致性好,表明天然开口裂缝发育。但全波中斯通利波无大型反射,表明无大的开口低角度裂缝,与 FMI 裂缝显示情况也基本一致。3600m 以下,FMI 显示有大型的高导缝,但声波全波均无衰减,表明为钻井诱导缝。

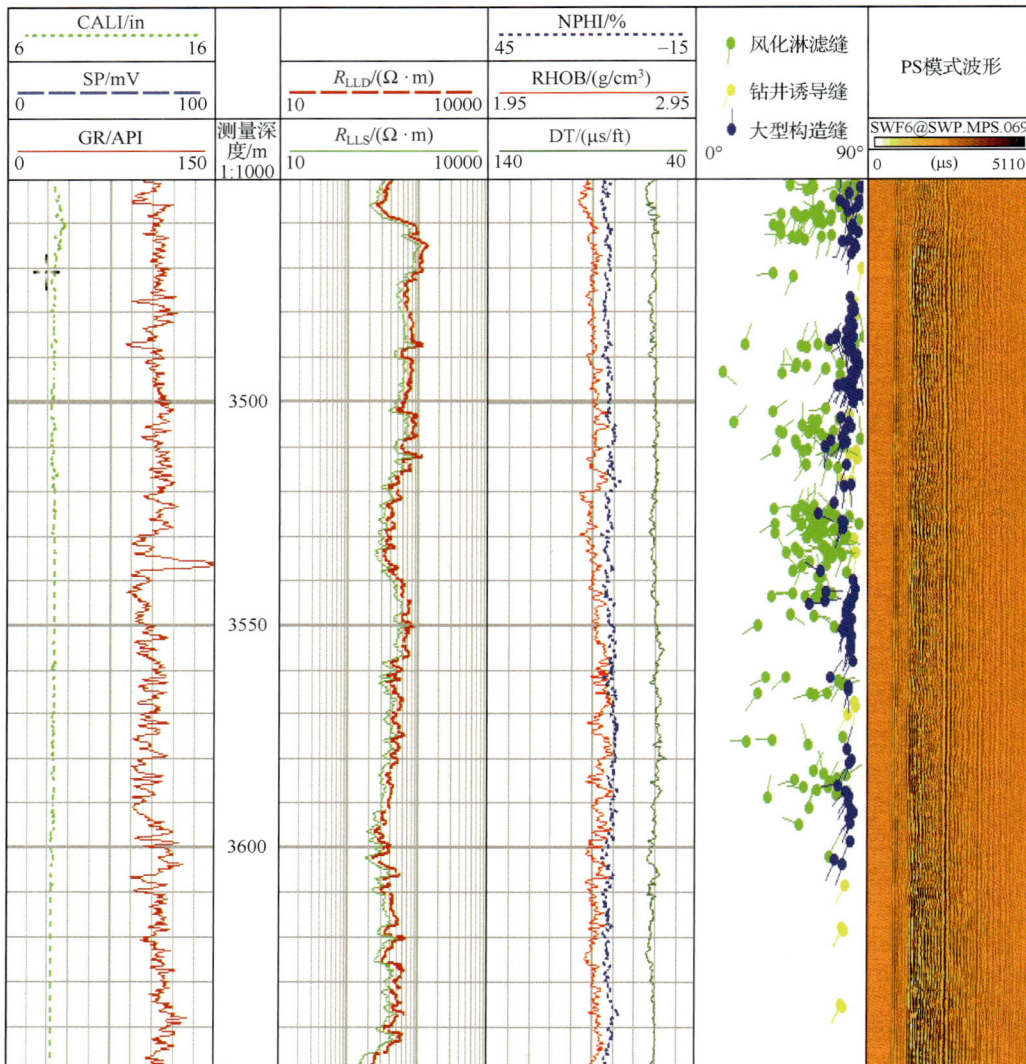

图 4.46 滴西 18 井次火山岩井段常规测井曲线及裂缝综合评价图
NPHI 为有效孔隙度;RHOB 为岩性密度

4.3.2 裂缝有效性分析

裂缝的有效性主要是指其张开程度或填充性、延伸性和发育时间等几个方面,裂缝有效性的评价是裂缝性油气藏测井解释的难点之一,也是影响开发效果的重要因素。目前识别裂缝的方法较多,但评价裂缝有效性的方法却很少。从测井角度来讲,电成像测井和阵列声波测井是相对最有效的资料。

裂缝的充填情况包括开启缝所占比例、开启缝基本特征两个方面。图 4.47 是红山嘴油田石炭系不同类型裂缝的充填状况统计。从图中可以看出,裂缝开启程度最高的是高角度缝,斜交缝和网状缝次之,低角度缝开启程度最低,裂缝充填最严重。高角度缝裂缝宽度大,延伸长,充填程度低,对储集层改造作用最为明显,是影响油气开发的关键因素。

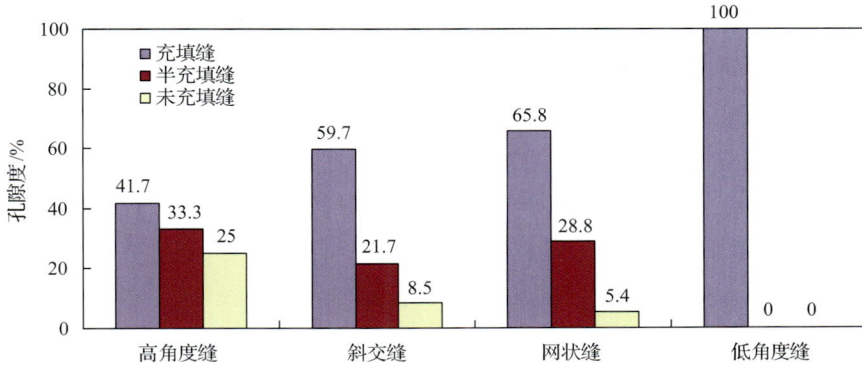

图 4.47　红山嘴油田石炭系不同类型裂缝充填状况

裂缝的延伸性与岩石力学性质密切相关,目前很难利用测井资料进行评价,即使识别裂缝效果较好的电成像测井,也因其探测深度太浅只能直观识别井壁附近的裂缝。

从裂缝发育时间来看,通常裂缝发育时间越晚,被充填、改造的可能性就越小,而早期裂缝多已被矿物充填,成为无效缝。以红山嘴油田石炭系火山岩为例,根据岩心观察裂缝的性质、充填物及相互交切关系,大致确定构造裂缝发育有两个期次:第一期是二叠系以前形成的早期构造缝,为含方解石、沸石和泥质等充填物充填,多为无效缝;第二期是二叠系以后形成的晚期构造缝,主要为未开启的微细裂缝、半充填-未充填的斜交缝和高角度裂缝,常切割其他类型裂缝,裂缝面较干净或可见炭迹。因此,红山嘴石炭系有效缝以晚期构造裂缝为主。另外,部分充填的裂缝也可能成为有效缝。

1. 基于电成像资料的分析方法

裂缝性储集体普遍具有空间上极强的非均质性,无论在微观还是宏观角度,现有技术尚不能准确刻画裂缝的几何形态和定量特征。电成像是目前识别裂缝最有效的手段。从图像上可以直接区分天然裂缝和钻井诱导缝,天然裂缝可以较容易地区分开启缝和充填缝,钻井诱导缝和充填的天然裂缝通常都是无效缝。而天然开启裂缝中的中高角度裂缝对开发是有效的,水平或低角度缝常常是无效的。从电成像资料上拾取并评价中高角度的天然开启缝或半充填缝,即可基本排除无效裂缝。

利用成像测井资料的直观拾取结果,定量分析裂缝视参数是目前常用的方法。其中常用裂缝线密度统计、裂缝宽度(开度)统计来反映裂缝在空间的发育程度及裂缝的有效性。

图 4.48 是金龙井区石炭系裂缝发育密度和开度分岩性统计图。可以看出,开启裂缝主要集中发育在中性安山岩、玄武岩及酸性英安岩中,裂缝密度相对较大,裂缝开度相对较小;火山角砾岩、凝灰岩中,裂缝密度相对较小,平均开度相对较大。

岩心观察结果表明,原生微细裂缝及早期构造缝在后期成岩阶段常处于充填或半充填状态,而晚期构造缝和溶蚀缝则大多数处于开启状态,有效开启缝所占比例大于充填的无效缝。如滴西地区石炭系火山岩,FMI测井解释结果表明,裂缝的开启程度高,其中开

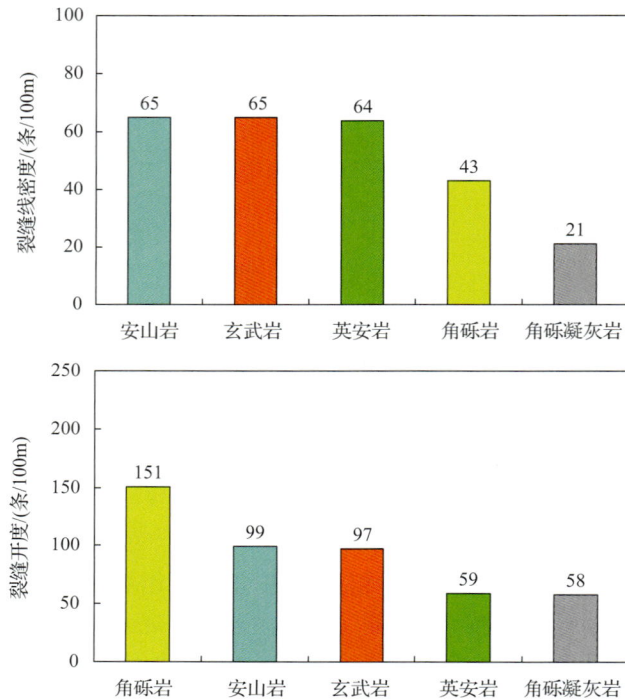

图 4.48　裂缝有效性统计图

启缝约占 91.5%，充填或半充填缝只占 8.5%；测井解释的微细裂缝比例小（约占 0.8%），裂缝的张开度较大。因此，总体而言，滴西地区石炭系以有效缝为主。

2. 基于阵列声波资料的分析方法

切割井眼的开启裂缝在阵列声波测井上有明显反映，主要体现在对斯通利波和横波传播特性的影响上，采用阵列声波测井可以宏观评价方位各向异性及衰减异常的相对强弱，据此可以识别裂缝，且识别的裂缝基本都是有效缝。

1）利用斯通利波评价裂缝有效性

斯通利波是一种低频散的导波，其速度略低于井内流体声速，并且不存在几何衰减，在全波列各种组分波中频率最低，能量较高，到达时间较晚。当地层中存在与井眼相交的裂缝时，由于井内泥浆与地层中的流体可以相互流动，造成了斯通利波的能量损失，并在裂缝的边界形成反射斯通利波，反射斯通利波的强弱主要取决于裂缝的宽度和充填性。高角度裂缝易引起斯通利波能量衰减，网状裂缝易引起斯通利波时差增加，斜交缝在斯通利波时差和能量上都具有相应的变化。同时低频斯通利波与储层的渗透性具有直接关系，利用斯通利波的能量衰减和传播速度可以较好地估计裂缝储层的渗透性。该方法的优点是能判断裂缝的有效性及储层的渗透性，对低角度缝的评价有绝对优势；不足之处是只能判断裂缝发育带，无法全面判断裂缝产状，也无法识别裂缝发育类型。

2）利用横波各向异性评价裂缝有效性

由于裂缝性地层所具有的各向异性，横波在其中传播时易出现分裂现象，即分裂为快、慢横波。因此，可以利用偶极横波成像或阵列声波测井资料提取快、慢横波信息，用来指示地层的各向异性大小，而裂缝密度、张开度等与裂缝的各向异性有密切关系，从而达到识别裂缝及其有效性的目的。

偶极声波成像测井各向异性参数是通过交叉偶极（BCR）测量方式获得快、慢横波的时差和偏转方向，进一步定义为快、慢横波速度（或能量）之差与速度（或能量）之和的百分比而得到的，反映了岩石各向异性的强烈程度。但影响岩石各向异性的因素很多，包括岩性的变化、岩石结构和孔隙结构的方向性及变化、某种物质定向排列和分布等，因此，必须结合其他测井资料，在分析引起各向异性原因的基础上进行地质解释。

中拐地区金龙 5 井 DSI 反射斯通利波裂缝评价效果如图 4.49 所示，图中产生反射斯通利波的位置即是有效裂缝发育位置。

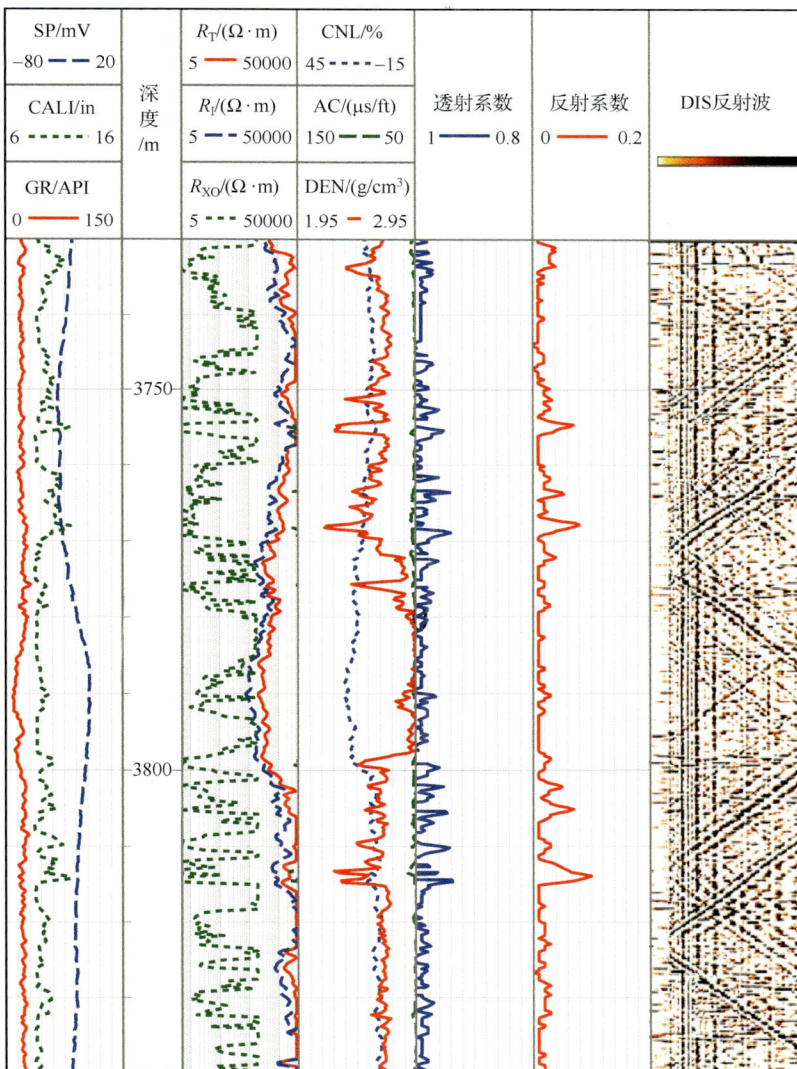

图 4.49　金龙 5 井 DSI 反射斯通利波裂缝评价效果图

利用偶极声波测井资料综合评价储层裂缝有效性的实例如图 4.50 所示,金龙 11 井的 BCR(交叉偶极接收方式)能量异常明显,且斯通利波渗流因子值高,反射异常及高幅衰减异常,波形变密度明显衰减特征均显示对应层段裂缝发育、渗透性好。其中金龙 11 井裂缝走向与水平主地应力方向基本一致,说明裂缝有效性较佳。该区开启裂缝类型主要包括中高角度斜交缝、不规则网状微细缝、共轭缝和平行缝等。

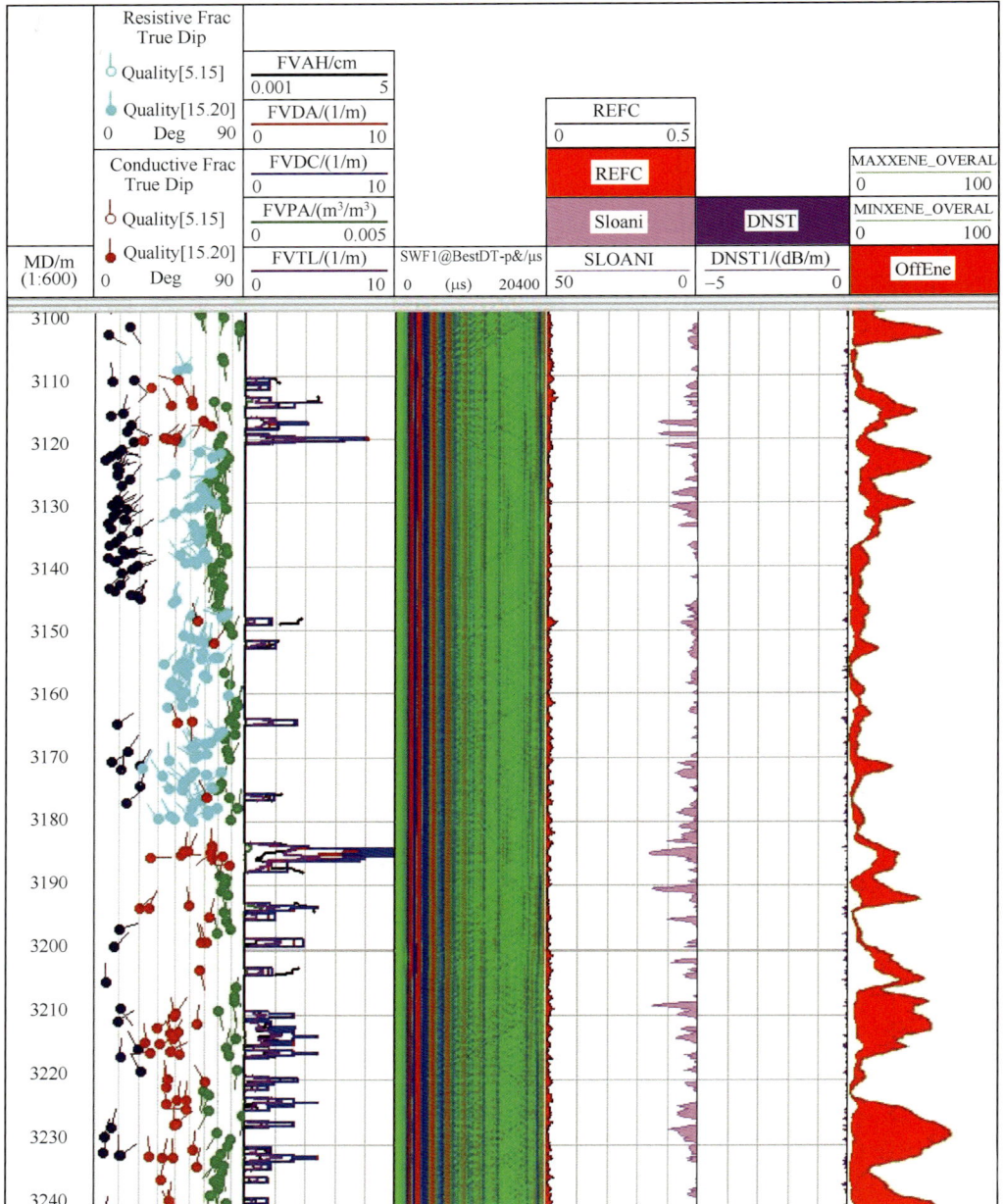

图 4.50　裂缝有效性分析(金龙 11 井)

Resistive Frac 为高阻缝;Conductive Frac 为高导缝;Sloani 为各向异性;DNST 为差分能量

裂缝的有效性受多种因素影响,受测井仪器探测特性及井眼条件限制,测井资料本身对有效裂缝的表征能力也会降低。尽管如此,就利用测井资料评价裂缝而言,综合利用电成像资料和阵列声波资料的裂缝响应特征仍然是目前最有效的方法。

4.3.3　裂缝参数的定量计算

刻画裂缝的定量参数通常包括裂缝宽度(开度)、裂缝孔隙度、裂缝长度和密度等,实际工作中主要是利用测井资料估算裂缝的宽度和孔隙度。现场应用表明,电成像资料效果最佳,但受限于这类资料相对较少,常需要充分发挥常规测井资料(主要是电阻率)的作用。

1. 基于常规测井的裂缝参数计算

常规测井资料一般仅能用来识别裂缝并利用电阻率测井估算裂缝的开度(宽度)和孔隙度。裂缝孔隙度虽然在总孔隙度中占比较小(国内外统计表明火山岩裂缝孔隙度一般小于1%),对储集空间贡献甚微,但裂缝具有非常重要的渗流特点,为油气的运移提供了通道。由电阻率测井估算裂缝开度和孔隙度的方法较多,总结起来主要有以下几种。

1) 裂缝开度估算方法

开度的计算通常是基于理论模拟、根据双侧向测井对裂缝的响应特征进行,目前大致按照高角度和低角度两种裂缝产状分别给出计算公式。

对于垂直(高角度)裂缝,以深、浅侧向电导率 C_{LLD} 与 C_{LLS} 之差、井眼半径 r 和泥浆滤液电导率 C_{mf} 为基础进行估算,并与双侧向仪器的径向探测能力(深、浅侧向测井仪的探测直径 D_d、D_s) 有关:

$$W = \frac{C_{LLS} - C_{LLD}}{C_{mf}(G_s - G_d)}, \text{ 其中 } G_s = \frac{\ln(D_s/r)}{D_s - r}, G_d = \frac{\ln(D_d/r)}{D_d - r} \tag{4.11}$$

斯伦贝谢采用的具体公式是:

$$W = \frac{C_{LLS} - C_{LLD}}{4C_{mf}} \times 10^4 \tag{4.12}$$

式中,C_{LLD} 和 C_{LLS} 单位是 mS/m;泥浆滤液电导率 C_{mf} 单位是 S/m;开度 W 单位是μm。

对于低角度缝,以深侧向电导率 C_{LLD} 与基块电导率 C_b 之差、泥浆滤液电导率 C_{mf} 为基础进行估算,并与双侧向仪器的纵向探测能力(测井仪的主电流层厚度 h)有关:

$$W = \frac{C_{LLD} - C_b}{C_{mf}}h \tag{4.13}$$

斯伦贝谢采用的具体公式是:

$$W = \frac{C_{LLD} - C_b}{1.2C_{mf}} \times 10^4 \tag{4.14}$$

2) 裂缝孔隙度估算方法

目前较有代表性的方法包括双孔介质模型法、双侧向电阻率幅度差法和 Barlai 方法等。基本都以泥浆滤液电导率、测井得到的不同探测深度的电导率差异或与基块电导率的差异为基础估算，并与具体测井仪器性能有关。这里仅给出计算公式，原理可参见相关文献。

双孔介质模型计算法：

$$\varphi_f = \sqrt[\text{MF}]{(C_t - C_b)/(C_{mf} - C_b)} \tag{4.15}$$

式中，MF 为裂缝孔隙度指数；C_t、C_b 和 C_{mf} 分别为测井得到的岩石电导率、基质岩石电导率和泥浆滤液电导率，单位均为 mS/m。

双侧向电阻率幅度差法：认为双侧向测井所探测到的裂缝是一个与压实、非裂缝性地层并联的电阻率系统，钻井过程中泥浆容易侵入裂缝孔隙空间，而不容易侵入基块孔隙中。在这种情况下，可以利用双侧向测井电阻率确定裂缝孔隙度：

$$\varphi_f = \left(\frac{C_{LLS} - C_{LLD}}{C_{mf}}\right)^{\frac{1}{\text{MF}}} \tag{4.16}$$

式中，MF 通常取值 1.5 以下。该式在地层水电导率 C_w 与泥浆电导率 C_m 相近时效果较好，当二者差别较大时，则采用以下形式：

$$\varphi_f = \left(\frac{C_{LLS} - C_{LLD}}{C_{mf} - C_W}\right)^{\frac{1}{\text{MF}}} \tag{4.17}$$

Barlai 公式法：匈牙利的 Barlai 基于阿尔奇公式提出如下裂缝孔隙度计算公式：

$$\varphi_f = 1.5 \times \frac{R_m}{R_{MSFL}} \times \frac{R_b - R_{MSFL}}{R_b} \tag{4.18}$$

式中，R_{MSFL} 是微球形聚焦测井电阻率，R_m 为泥浆电阻率，$\Omega \cdot m$；R_b 为基块电阻率，$\Omega \cdot m$。

2. 电成像测井资料评价裂缝参数

基于电成像测井进行裂缝识别后，可以进一步提取描述裂缝的定量参数，除描述裂缝面产状的倾角和倾斜方位角外，描述裂缝发育程度的参数主要包括裂缝宽度（开度）、长度、线密度和视孔隙度等。

1）裂缝宽度

目前，用测井资料估算裂缝宽度的方法较多，各有所长。尽管用微电阻率成像测井估算裂缝宽度还存在着许多不尽如人意的地方，但总体而言，仍是目前最为有效、最为先进的方法。

如图 4.51 所示，设微电阻率成像测井探测范围内地层的电阻率为 R_{xo}，在井壁上有一开度为 W 的裂缝，裂缝被电阻率为 R_m 的钻井液所充填，并假设 $R_m \ll R_{xo}$。当微电阻率成像测井的测量电极靠近裂缝时，由于裂缝内钻井液的低阻异常将引起微电阻率扫描成像测井测量电极电流的增大，这一电流增大的现象将继续增加下去直至该测量电极远离这一裂缝而不受其低阻异常的影响。由于这一原因，一个仅为 0.1mm 宽的裂缝在微电阻率成像测井图像上宽度可能显示为实际宽度的好几倍甚至几十倍。显然，用尺寸远大于

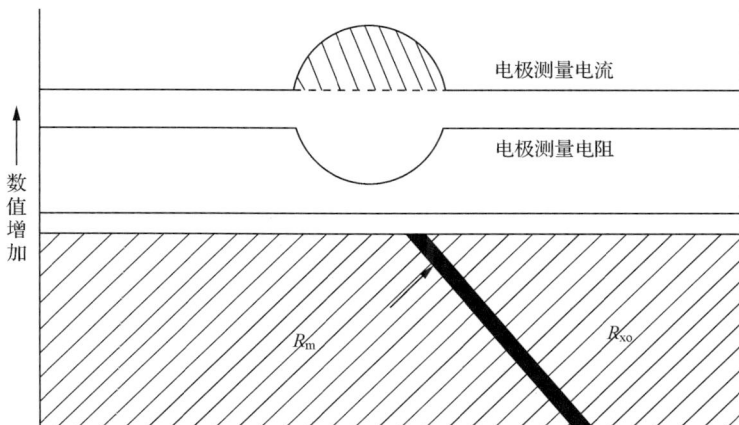

图 4.51　裂缝宽度计算示意图

裂缝宽度的 FMI 测量电极直接深测裂缝的宽度是不可能的。Mluthi 和 Souhaite 用三维有限元模型研究了这种响应关系,得到如下关系式:

$$W = CAR_m^b R_{xo}^{1-b} \tag{4.19}$$

式中,W 为裂缝宽度;C 和 b 分别为仪器常数;R_m 为泥浆电阻率,$\Omega \cdot m$;R_{xo} 是微电阻率成像测井电极探测范围内地层的电阻率,$\Omega \cdot m$;A 是裂缝引起的测量电流异常(增加)值,可由下式计算:

$$A = \frac{1}{V_e} \int_{h_0}^{h_n} \left[I_b(h) - I_{bm} \right] dh \tag{4.20}$$

式中,V_e 是测量电极与上部回流电极之间的电位差,V;$I_b(h)$ 是深度 h 处电极的电流值,μA;I_{bm} 是天然裂缝处的电流测量值,μA;h_0 和 h_n 分别是裂缝对电极测量值开始有影响和影响结束的深度。研究发现,当裂缝的倾角在 $0° \sim 40°$ 时,A 基本与裂缝倾角大小无关,而裂缝倾角超过 $40°$ 后,随着倾角增加,A 有减小的趋势。A 大小基本不受电极与井壁接触程度的影响。

　　由于仪器记录了电极电流,对于特定的仪器而言,估算裂缝参数只需知道 R_m 和 R_{xo} 即可。通常,这些数据都是已知的,综合应用式(4.19)和式(4.20),用微电阻率扫描成像测井资料即可求出裂缝宽度。由于一条裂缝的宽度在井壁不同位置上不尽相同,裂缝宽度常采用加权算术平均和加权水动力平均两种方式表示。

　　加权算术平均宽度:

$$W_a = \left(\sum_{i=1}^{n} L_i W_i \right) \Big/ \left(\sum_{i=1}^{n} L_i \right) \tag{4.21}$$

式中,W_i 和 L_i 分别是 FMI 图像上某一裂缝的第 i 段的宽度和长度。

　　加权水动力平均宽度:

$$W_{ah} = \left[\left(\sum_{i=1}^{n} L_i W_i^3 \right) \Big/ \left(\sum_{i=1}^{n} L_i \right) \right]^{1/3} \tag{4.22}$$

该式考虑了裂缝尺寸对流体流动特性的影响，在一定程度上代表了裂缝的渗透能力，是一个较有意义的指标。

从式（4.19）可以看出，要准确计算裂缝的宽度必须要有较高精度的 R_m 和 R_{xo} 值，这就要求在进行裂缝宽度计算前需对 FMI 测井资料进行微电阻率刻度标定。据统计，裂缝的宽度一般为 $10\sim200\mu m$，最常见的范围为 $10\sim40\mu m$。

2）裂缝长度

裂缝长度 F_L 定义为长度为 H 的井段内每单位面积的累积裂缝长度（单位为 m）：

$$F_L = \frac{1}{2\pi RHC}\sum_i L_i \tag{4.23}$$

式中，R 是井眼半径，m；C 是 FMI 的井眼覆盖率，其数值随着井眼半径的增大而减小，无量纲；L_i 是第 i 条裂缝的长度。

3）裂缝线密度

表示裂缝发育密度的方法较多，如体积密度、面积密度和线密度。由于 FMI 裂缝解释的固有特点，裂缝密度一般用线密度表示：

$$F_d = \frac{1}{H}\sum_i I_i \tag{4.24}$$

式中，F_d 是视裂缝密度，条/m；I_i 是长度为 H 的井段中第 i 深度段内的裂缝条数。在井斜较大时裂缝密度需要进行井斜校正。有时也用裂缝发育的平均间隔来描述裂缝的发育程度，其数值为 F_d 的倒数。

4）裂缝视孔隙度

定义为成像资料覆盖的井壁面积中裂缝开口面积（裂缝宽度与长度的乘积）所占的比例：

$$\varphi_f = \frac{\sum(L_iW_i)}{2\pi RCH} \tag{4.25}$$

实践证明，用微电阻率扫描成像测井图像计算的视裂缝孔隙度仅有数量级上的准确性，计算结果应进行岩心标定。

图 4.52 为准噶尔盆地西北缘二叠系克 80 井的测井综合评价图，图中中部玄武岩地层发育于致密砂砾岩地层中。在钻井过程中，在玄武岩井段见到了良好的油气显示。为此，该井在测全常规 9 条测井曲线的同时，加测了 FMI 测井。

FMI 测井显示玄武岩井段裂缝发育，该段裂缝按其成因可分为两类（图 4.53）：第一类为准同生裂缝，是冷凝收缩缝和破碎缝，裂缝宽度较小，倾角范围大，倾向杂乱，以微细裂缝为主。第二类为构造裂缝，是构造应力释放形成的大型张性和剪性开口缝，裂缝以高角度缝为主，走向近东西，此种裂缝数量虽不多，但在对储层渗透性的贡献方面占主导地位，是该段最为主要的裂缝系统。从裂缝产状图上可以看出，构造裂缝可分为南倾子系统和北倾子系统，两个子系统相互交叉，次生的构造裂缝和准同生裂缝在地层中交替出现、

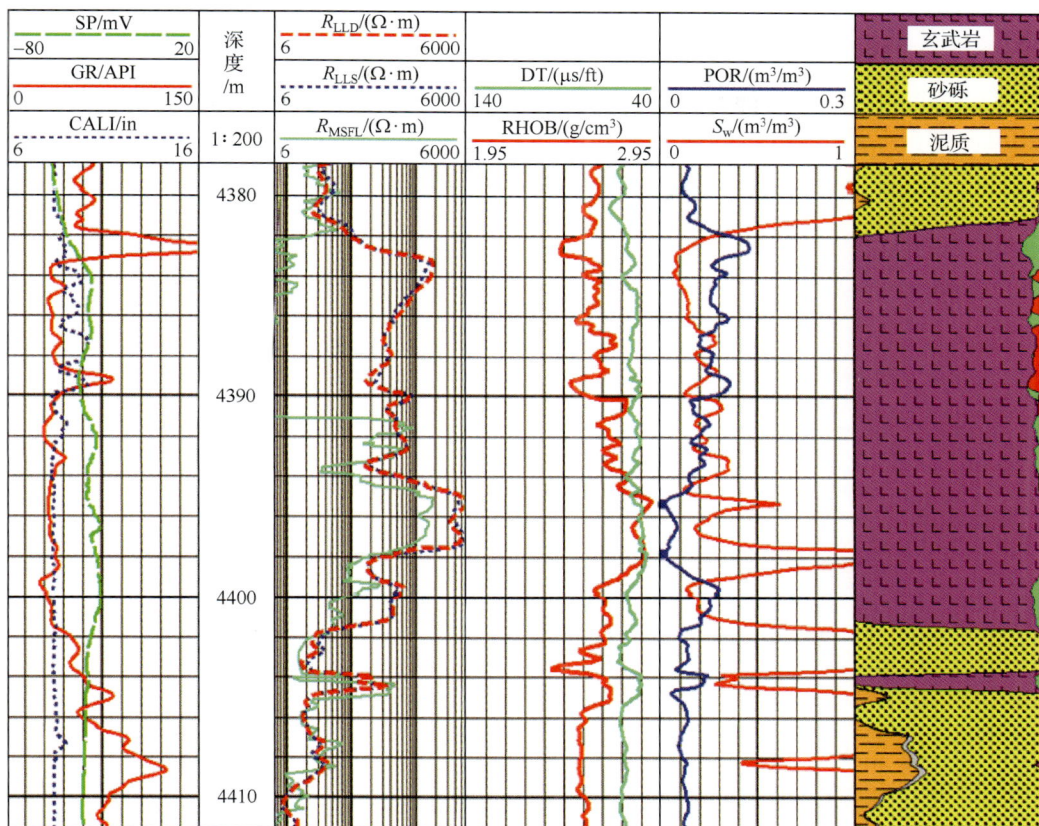

图 4.52　克 80 井玄武岩井段测井综合评价图

相互沟通、交互成网状,形成了极为有利的、复杂的裂缝网络。从裂缝产状图可以看出,裂缝走向近东-西向,用钻井诱导缝的走向配合区域地应力研究成果,判断现最大水平地应力的方向亦为近东-西向,现最大水平主应力的方向与裂缝走向一致。现地应力对开口裂缝有保持作用,地应力方向与裂缝走向呈最佳配合状态。

由克 80 井 FMI 处理获得的裂缝宽度与孔隙度进行统计直方图(图 4.53)可以看出,裂缝宽度主要分布在 0.05～0.15mm,裂缝视孔隙度主要分布在 0.05%～0.25%。该玄武岩井段的基质孔隙度较低,顶部亚相在 9% 左右,中部岩相仅为 2%,下部亚相的孔隙度在 6% 左右。综合分析其顶部亚相为高孔的裂缝孔隙型储层,中部亚相为裂缝型储层,底部亚相为低孔的裂缝孔隙型储层。结合其他测井、录井及常规解释结果,该段解释为油水同层。后优选 4378～4392m 井段射孔求产,7.5mm 油嘴日产气 9602m³,产油 67m³,产水 52m³。

(a) 高倾角的构造裂缝

(b) 准同生的微细缝

(c) 构造裂缝的倾角与倾向[单位: (°)]

(d) 构造裂缝的走向[单位: (°)]

(e) 裂缝宽度直方图

(f) 裂缝孔隙度直方图

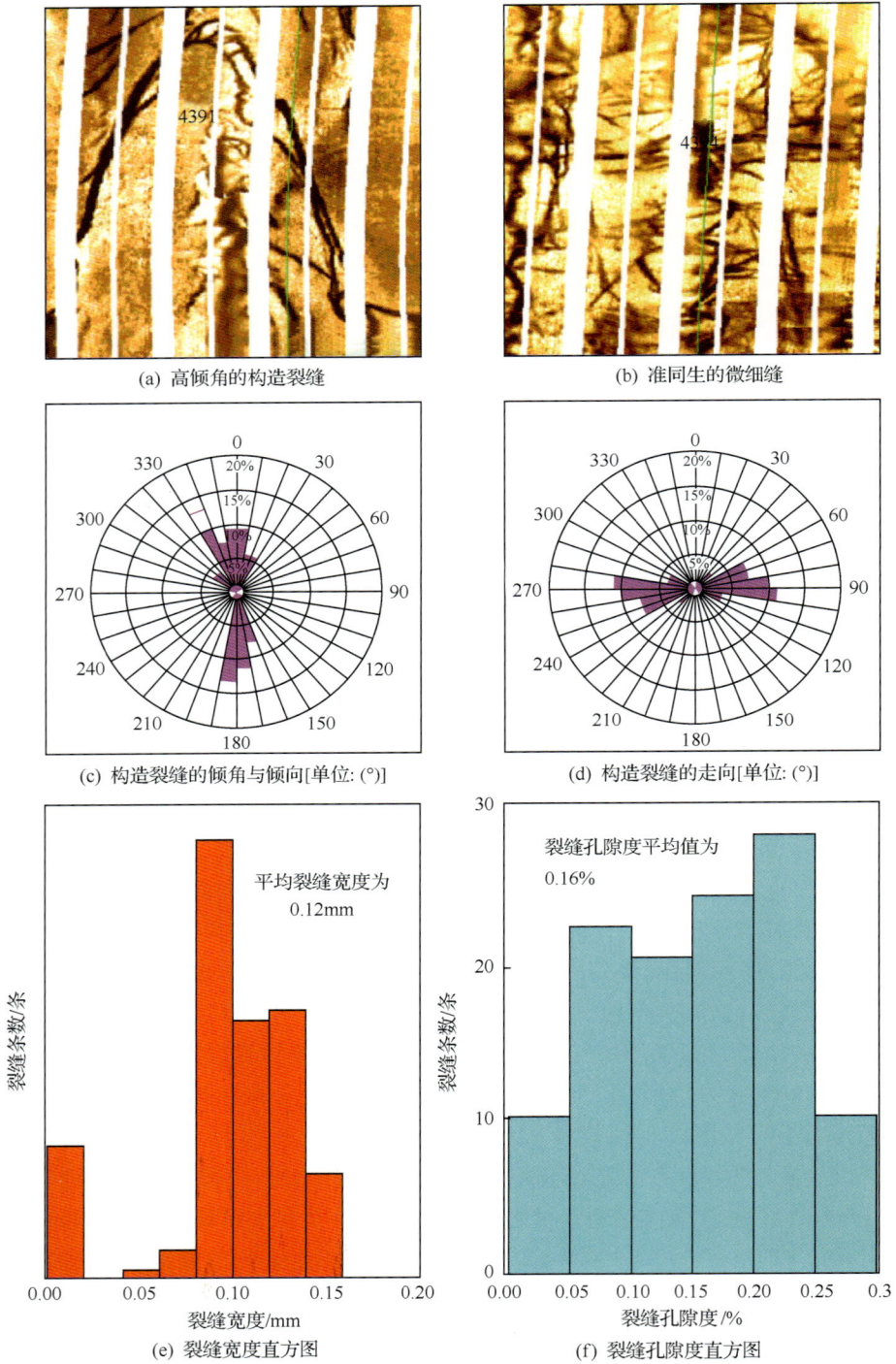

图 4.53　克 80 井玄武岩段裂缝类型产状与裂缝参数

4.4　火山岩储层分类评价标准

火山岩的储层分布受多种因素控制,包括构造作用、古地理、岩浆演化和火山喷发作用后的埋藏和后生作用等。火山岩储层比碎屑岩储层具有更大的复杂性和更强的非均质性,其研究难度远比碎屑岩储层大。当前国内对火山岩储层评价主要以宏观物性参数孔隙度和渗透率作为储层分类的标准,并结合由岩石毛细管压力曲线求取的微观孔隙结构参数进行储层分类评价,也有一些学者提出对裂缝性火山岩储层以地层孔隙度和裂缝密度对其储集性进行划分。

火山岩的气孔、杏仁、节理、裂隙、沉积层、间断面、风化壳、流动构造等特征都与其孔隙发育类型和发育状况密切相关。火山岩的岩相不仅控制了火山岩储集体的形态规模及相互间联系,而且也控制着储集空间类型和储集层岩石组合特征,因此造成不同火山岩相及同一岩相带中不同亚相的储层及其储集特征差异较大。此外,构造运动和构造部位对断裂的形成和火山岩中裂缝的发育程度起主导作用。构造作用形成的构造裂缝不仅本身可作为储集空间,还可连通各种孔隙并促进后期溶解作用的进行,对改善储集条件具有重要作用。风化淋滤作用和埋藏成岩期的溶解作用和可形成大量孔隙,但该期也常发生自生矿物充填孔隙和裂缝,从而降低储层的物性。

综合各种研究认为,火山岩储层的分布规律与优质火山岩相带、风化淋滤带、有利的成岩部位密切相关。火山岩相分布控制了有利储层分布,溢流相顶部自碎角砾岩发育带及气孔发育带决定了火山岩储层的分布、火山喷发的期次性和纵向上储层发育的韵律性;风化淋滤决定了优质储层的发育带,风化淋滤对储层具有积极的改善作用,增大了储集空间,提高了储集性能;有利成岩部位是火山岩优质储层分布区,生烃中心指向区和风化淋滤斜坡带是有利储层的发育区,同时断裂发育区的展布是火山岩储层油气高产分布区,裂缝极大地改善了储层渗透率,提高了储集性能。

由于准噶尔盆地不同地区的地层情况差异较大,很难制定出适用于整个盆地的储层评价标准。这里仅以中拐地区金龙油田为例进行介绍,其他地区可作为参考。由于中拐地区火山岩蚀变影响孔隙的有效性,所以孔隙评价要综合孔隙度大小和孔隙有效性。按照孔隙度大小分为高孔、中孔、低孔和超低孔隙度,具体标准为:小于 4%(有效储层下限值极值)为超低孔隙度(一般为非储层,裂缝型储层除外),孔隙度在 4%～6%(有效储层下限值临界值)为低孔隙度;孔隙度在 5%～10% 为中孔隙度;孔隙度大于 10% 为高孔隙度。孔隙的有效性用蚀变程度来表征,蚀变越严重,孔隙有效性越小。确定孔隙度大小和储层蚀变程度之后,就可以对储层孔隙进行综合评价,评价标准见表 4.7。

表 4.7　火山岩孔隙综合评价标准

孔隙度	未蚀变/轻度	中度蚀变	重度蚀变	泥化
高孔隙度	优	中	差	非储层
中孔隙度	中	差	差	非储层
低孔隙度	差	差	差	非储层
超低孔隙度	差	非储层	非储层	非储层

中拐地区火山岩岩性主要为玄武安山岩、火山角砾岩和英安岩。三种岩性都发育有效储层,储层类型比较复杂。在实际分类过程中,结合常规孔渗分析和储层储集空间类型归类,综合运用压汞实验数据定量划分储层级别,制定的储层分类标准见图4.54。

Ⅰ类储层:孔隙发育优等的储层。按照其裂缝发育程度分为裂缝孔隙型和孔隙型。孔隙评价中等、但裂缝优等的孔隙裂缝型储层也属于Ⅰ类储层。

Ⅱ类储层:孔隙评价中等、裂缝评价中等或差的储层属于Ⅱ类储层,包括裂缝孔隙型和孔隙型。孔隙度低、孔隙评价差、而裂缝优等的孔隙裂缝型储层同样属于Ⅱ类储层。

Ⅲ类储层:裂缝发育中等或差,孔隙度低、孔隙评价差的储层属于Ⅲ类储层,包括孔隙裂缝型和孔隙型;裂缝优等或中等的超低孔隙度储层也属于Ⅲ类储层,为裂缝型。

Ⅳ类储层:裂缝发育差的超低孔隙储层属于Ⅳ类储层。

参照以上分析方法建立火山岩储层评价标准并进行分类,可以取得更好的效果。研究发现,准噶尔盆地不同区块火山岩储层分类极不相同,如东部五彩湾凹陷根据压汞资料划分了三类储层,大致分别对应火山角砾岩、熔结角砾岩类和熔岩类;西部五八区可将储层分为四类,Ⅰ类为最好的孔隙型储集岩,主要为近火山口带的断层角砾岩,Ⅱ类为双重介质储集岩,主要为近火山口带的破碎玄武岩和火山角砾岩,Ⅲ类是中差的储集岩,Ⅳ类为极差非储集岩。

划分级别	岩性	主要发育储集空间	孔隙度/%	渗透率/mD	裂缝孔隙度/%	进汞饱和度/%	DEN/(g/cm³)	归一化电阻率	压汞曲线	R_I/(Ω·m) 1—1000；R_{XO}/(Ω·m) 1—1000；R_T/(Ω·m) 1—1000；CNL/% 45—−15；AC/(μs/ft) 150—50；DEN/(g/cm³) 1.95 2.95；核磁总孔/% 30 0；核磁有效孔/% 30 0；核磁含油孔/% 30 0；核磁含水孔/% 30 0	产能
Ⅰ类储层	玄武安山岩	裂缝、溶洞、气孔	>7	>10	>0.1	>55	<2.61	0.4~0.65	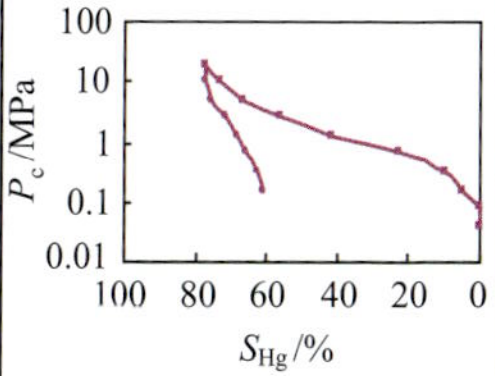	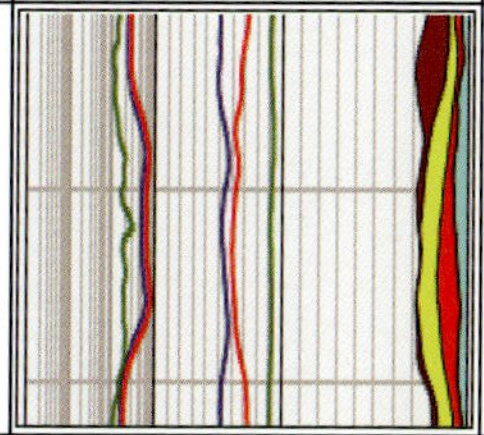	金龙102井，压裂，日产油30.1t
	火山角砾岩			>2		>45	<2.56				
	英安岩			>1		>60	<2.55				
Ⅱ类储层	玄武安山岩	裂缝、溶蚀孔	5~7	2~10	>0.1	40~55	2.65~2.61	0.65~0.8	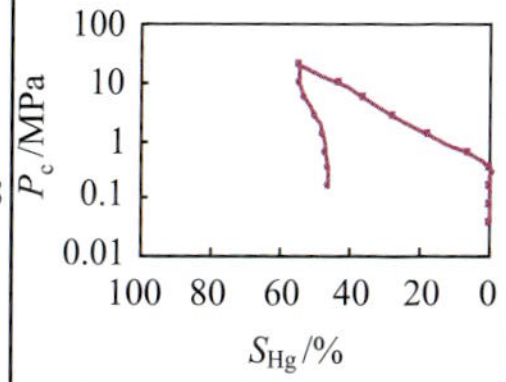	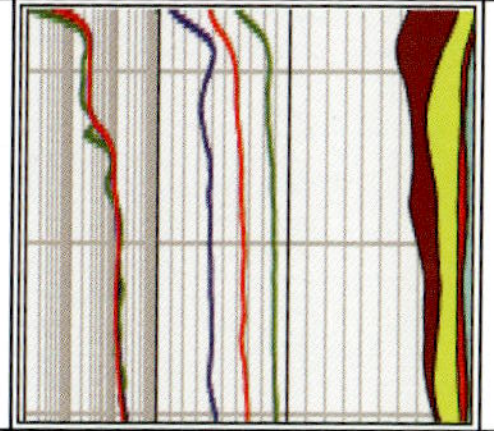	金龙061井，压裂，日产油8.83t，日产水7.12m³
	火山角砾岩			0.1~2		35~56	2.59~2.56				
	英安岩			0.2~1		45~60	2.58~2.55				
Ⅲ类储层	玄武安山岩	微裂缝	3~5	0.2~2	0.01~0.1	25~40	2.69~2.65	0.8~0.85	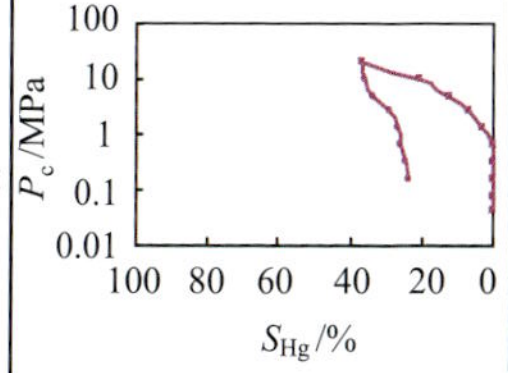	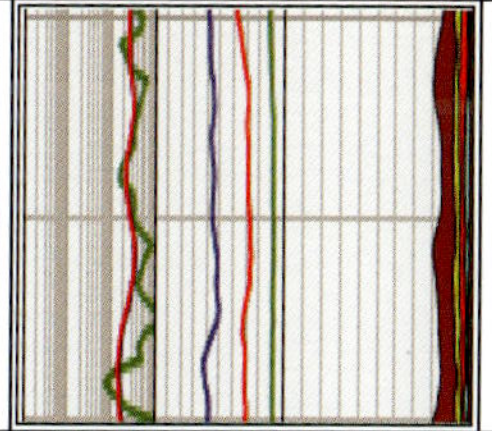	金龙15井，压裂，日产油1.28t
	火山角砾岩			0.04~0.1		15~35	2.63~2.59				
	英安岩			0.07~0.2		35~45	2.61~2.58				
Ⅳ类储层	玄武安山岩	/	<3	<0.2	/	<25	>2.69	>0.85	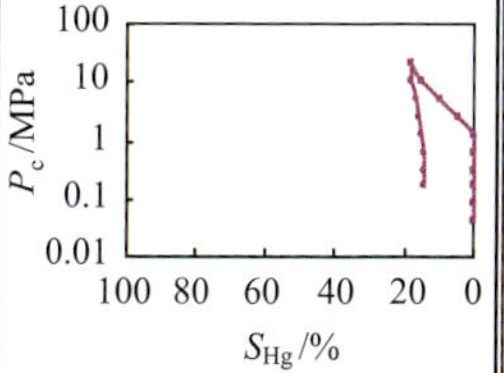	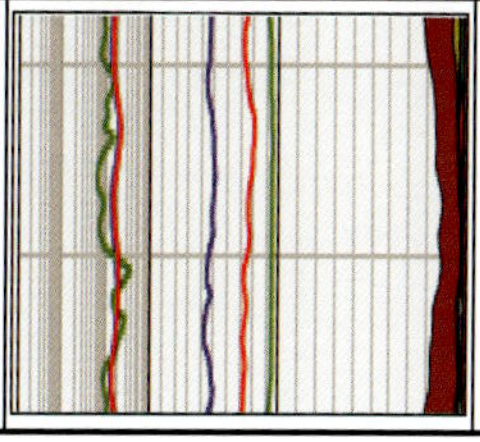	拐16井，压裂，日产油0.93t，偏干
	火山角砾岩			<0.04		<15	>2.63				
	英安岩			<0.07		<35	>2.61				

图 4.54　中拐地区石炭系火山岩储层综合评价标准

“/”表示无裂缝，无溶蚀孔

火山岩储层油气评价技术 第5章

火山岩储层油气评价包括流体性质的定性识别和含油气饱和度的定量计算两个方面。目前采取的主要思路是借鉴相对成熟的碎屑岩储层油气评价技术和方法,并结合火山岩储层特点进行精细研究和修正。

常规测井中流体识别和饱和度计算主要依赖于电阻率资料,而火山岩储层的特殊性导致电阻率测井值常常发生许多不确定性变化,给火山岩油气评价带来了很大困难。跟普通的碎屑岩相比,电阻率法评价火山岩油气层的主要困难表现如下(中国石油勘探与生产分公司,2009):岩性复杂多样,变化相对频繁,不同岩性的电阻率差异大,这种差异在相当程度上减弱了电阻率对流体性质的反应能力;储层孔隙类型多样,孔隙结构更复杂,即使同种岩性其电阻率值也会因孔隙结构的不同而发生较大变化;裂缝、孔洞通常比较发育,泥浆滤液在裂缝、大孔洞发育带的侵入一般较深,并且侵入剖面更复杂,减弱了不同流体之间电阻率径向变化的对比度;经典的阿尔奇公式本身并不适合于裂缝-孔隙双重介质的火山岩储层,需要对电阻率进行复杂的裂缝影响校正,缝洞发育的严重非均质性为资料校正带来了困难。尽管存在这些困难,但电阻率法仍然是最常用的方法,只是需要在实践中根据火山岩储层的这些特点,采取措施减小这些因素导致的不确定性。

在应用常规电阻率法基础上,还要特别重视非电阻率测井方法的应用,充分发挥微电阻率成像、核磁共振、阵列声波等现代特殊测井技术的优势,并综合钻井、录井、地层测试等第一手资料的油气显示信息,最大限度地提高测井资料评价火山岩储层含油性的能力。

5.1 流体性质的定性判别

火山岩流体性质的识别通常是在储层划分及物性评价的基础上进行的,不同流体的岩石物理特征有所不同。这些物理特征的差异在各种测井资料上或多或少都会有所反映,这是利用测井资料进行流体性质识别的基础。

在碎屑岩储层流体性质识别中形成的一些比较成熟的技术和方法,仍然可以借鉴用于火山岩储层流体性质识别。但由于火山岩岩性、储集类型及孔隙结构复杂,特别是中深层火山岩储层更是如此,火山岩储层流体性质的识别难度更大,是目前测井解释的难题之一。在实践中需要根据火山岩储层的特点,以常规测井资料和流体识别技术为基础,结合声电成像、核磁共振等现代测井技术,在录井及地层测试等资料的标定下,探索更适合火山岩储层的流体性质识别方法。

5.1.1　常规曲线重叠和交会图法

利用常规测井资料进行油气识别时最常用的方法是曲线重叠法和交会图法,其作图的基本思想就是综合利用油气层在不同测井资料上的响应特征,以直观图形方式呈现,便于快速判断储层流体性质。

1. 曲线重叠法

曲线重叠法是碎屑岩储层油气识别常用的方法,有的普遍适用于油气层识别,有的仅适用于天然气识别。这些方法中绝大多数在火山岩储层仍然是行之有效的。中子-密度曲线重叠、声波时差-中子伽马曲线重叠、三电阻率曲线重叠等都是常用的方法,其中识别天然气层最常用且效果较好的是中子-密度重叠图方法。

补偿中子测井测量的是岩石的含氢指数,储层中含有天然气时,岩石的含氢指数显著降低;密度测井测量的是岩石电子密度,在一定程度上近似于岩石体积密度,由于气体的密度明显小于油和水,同一储层当孔隙中为天然气时,与含其他流体相比密度值应有一定程度的降低。当在仪器的探测范围内储层中有天然气存在时,补偿中子获得的中子孔隙度应有所减小,出现所谓的"挖掘效应",密度测井值应有所降低,形成了中子孔隙度减小、密度孔隙度增大的岩石物理现象。两种孔隙度测井曲线重叠,会形成"镜像"现象(曲线包络),这种岩石物理特征可用于天然气的定性识别。

图 5.1 为准噶尔盆地滴西 14 井常规测井气层识别图。图中显示井段为酸性火山碎屑岩,火山岩的化学成分变化不大,储层的孔隙度相对较高。井段 3610～3735m 补偿中子测井与密度测井曲线呈明显的镜像特征,"挖掘效应"明显,为典型的气层特征。

2. 交会图法

用于油气层识别的交会图有多种,这些交会图都基于对油气比较敏感的测井资料或参数制作,对于油、气等不同类型流体的识别能力也有差异,常需要利用多种交会图进行综合判别和相互验证。识别油气层最常用的是电阻率-孔隙度交会图,而中子-密度交会图、纵横波速度比-泊松比交会图等主要用于气层识别。

电阻率与孔隙度交会图是广泛用于碎屑岩储层的油气层识别手段,是对阿尔奇公式这一计算含油饱和度最基本公式的简单图解。这种交会图形象直观,既可计算含油饱和度,又可指示油水层的分区规律。而对于火山岩储层,特别是中基性的火山岩储层,岩性及孔隙类型和孔隙结构的变化对电阻率影响较大,该方法适用性变差。因此,在火山岩储层要有效地应用这种方法,需要分岩性建立多井的电阻率-孔隙度交会图。另外,这种方法适用于孔隙、孔洞型储层,对裂缝型储层的适用性较差。当岩性相同时,测井响应的变化主要取决于储层物性和流体性质的变化,该方法应用效果更佳。

图 5.2 是根据中拐地区金龙 10 井区石炭系火山岩测试和试油资料绘制的电阻率-孔隙度交会图。从图中可看出,电阻率和孔隙度关系可以较好地反映储层流体性质。因为试油层位岩性相对变化不大,物性越好,电阻率越高,含油特征越明显,物性好且电阻率低时,一般含水,而电阻率高且物性差时,则多为干层。根据该图版,电阻率下限为 $100\Omega\cdot m$,含油饱和度下限为 45%,孔隙度下限为 5%。

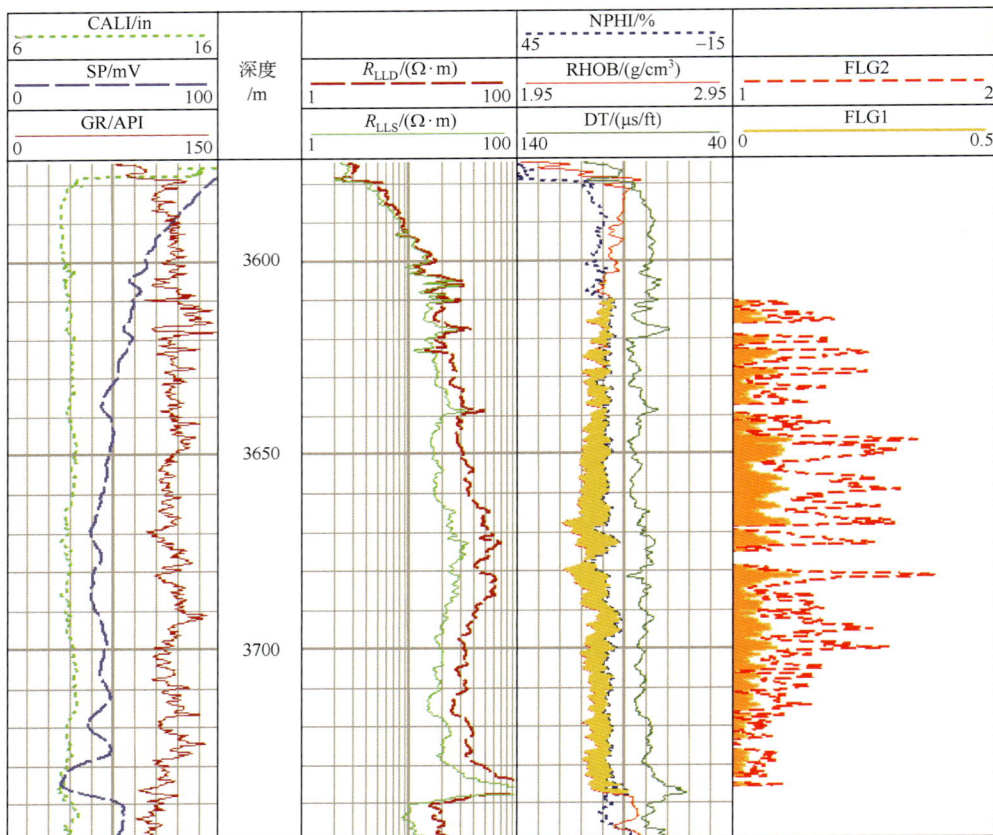

图 5.1　准噶尔盆地滴西 14 井常规测井气层识别图

FLG1 为算术组合法天然气指示指数；FLG2 为几何组合法气体指示指数

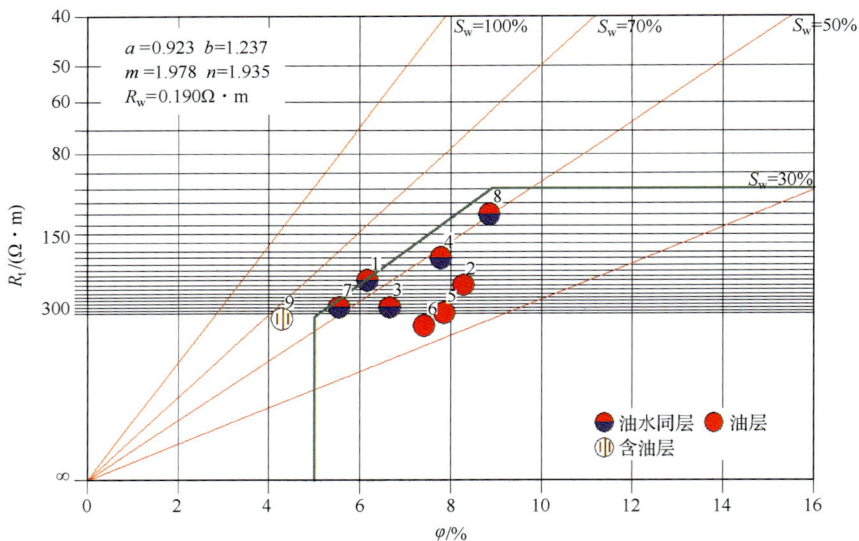

图 5.2　中拐地区石炭系试油图版

R_w 为地层水电阻率；a、b、m、n 分别为阿尔奇公式的参数，无量纲利用这种图版判断流体性质需满足岩性不变、层位不变、试油数据可靠等基本条件，否则无法正确反映储层流体性质。图 5.2 中 10 号点是金龙 12 井试油结果为水层的储层段，该段岩性是安山岩，与其他测试层段不同，岩性使得电阻率大大增高，掩盖了储层流体性质对电阻率的影响，无法正确判断流体性质。

图 5.3 为准噶尔盆地滴西 182 井石炭系目标火山岩井段的中子-密度交会图。图中数据点显示出不同的岩石物理特征。圈定区域内的采样点中子测井值、密度测井值明显减小，为天然气显示。将这些数据点投射到测井曲线图上，有效地识别出了天然气层，且该井段试油获得了高产天然气。

5.1.2　声电成像测井法

声、电成像等特殊测井的应用，为火山岩储层流体性质判断提供了新的技术支持。其中偶极子声波和多极子阵列声波等资料在气层识别中更有优势，而基于微电阻率成像测井发展的流体识别方法则可以较好地将油气和水区分开。

1. 偶极子声波测井资料识别气层

偶极子声波或多极子阵列声波等测井资料是进行气层识别时常用且较为有效的资料，其主要依据是地层含气时对纵波、横波的速度和幅度影响不同。含气时使纵波速度明显降低、幅度衰减较大，而对横波基本无影响，因此，可以利用纵横波速比、计算的泊松比、能量衰减等识别气层。对于火山岩储层来说，由于其基质孔隙通常较低，这在一定程度上造成了速度法识别气层的不确定性。实验及现场应用均表明，气层纵波的幅度衰减较大，与速度变化相比，幅度的变化更明显。因此，应用纵、横波不同波至的声波幅度比识别气层有时可能更有优势。

基于纵、横波幅度变化可以形成多种识别气层的方法，这里主要介绍一种用于准噶尔盆地火山岩气层识别的方法。该方法在进行声波幅度恢复的基础上，分别对纵、横波波至到达后一定时间内的声波幅度平方进行累加，计算纵波和横波波相带内波形幅度的平方积分，并且为了统一远、近波的可对比性，减小后续波形的影响，其积分范围给予一定的限制。对于单一的接收器，其能量计算公式如下：

$$\text{ENCO} = \sum_{\text{TICO}}^{\text{TICUT1}} A_t^2 \tag{5.1}$$

$$\text{ENSH} = \sum_{\text{TISH}}^{\text{TICUT2}} A_t^2 \tag{5.2}$$

式中，ENCO、ENSH 分别为纵波和横波波相的平方积分值，无量纲；TICO、TISH 分别为纵波、横波波至时间，μs；TICUT1、TICUT2 分别为纵波、横波幅度计算的时间窗口，μs；A_t 是到达时间为 t 时波形的幅度（无量纲）。利用这样计算的 ENCO、ENSH 及 ENCO/ENSH 可识别气层。

(a) 滴西182井火山岩井段中子-密度交会图

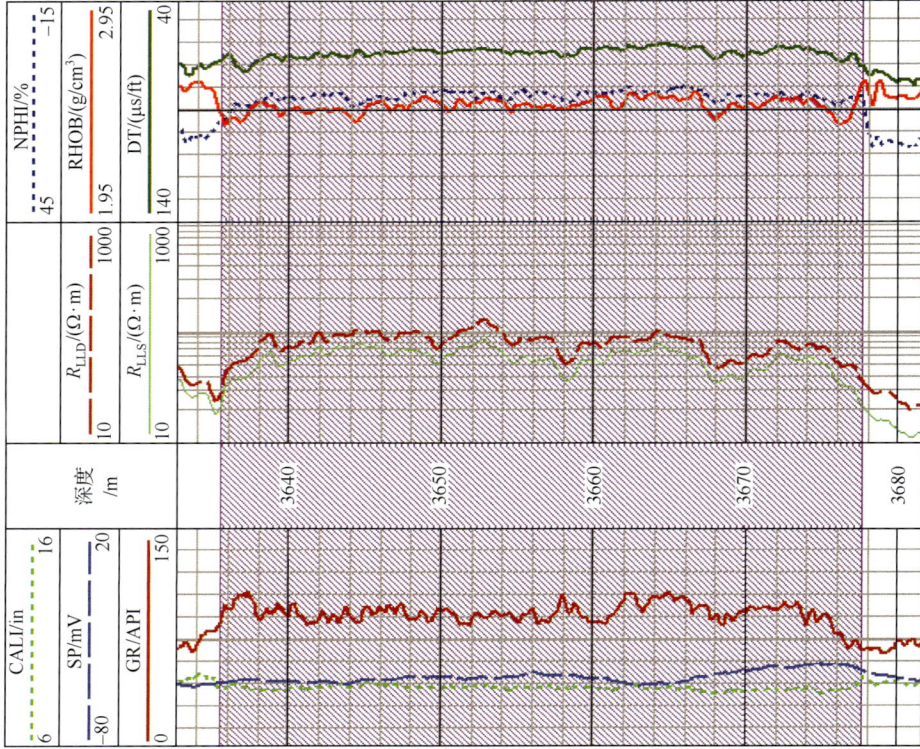

(b) 滴西182井单井井柱状图

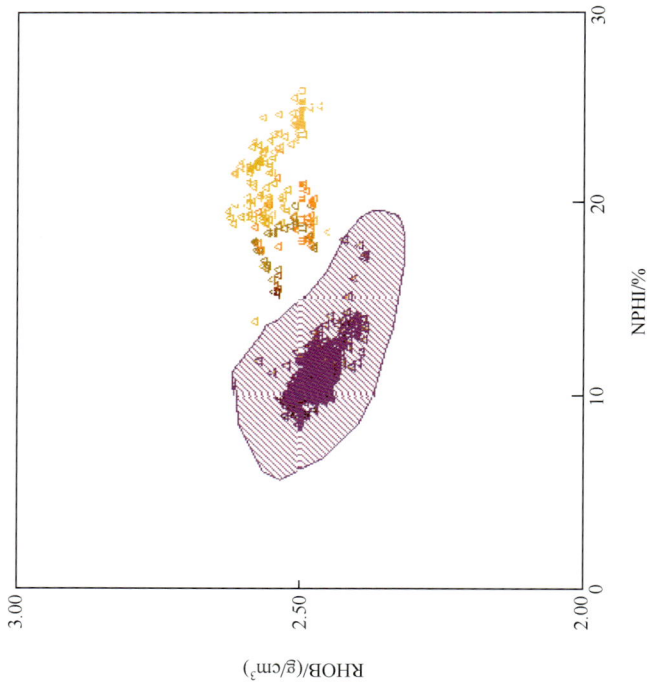

图 5.3　滴西 182 井测井综合解释成果图

图 5.4 为准噶尔盆地滴西 182 井应用 DSI 测井资料进行气层识别的实例。图中最后一道为用 DSI 测井资料计算的 V_P/V_S 和动态泊松比曲线 μ，3638～3676m 井段 V_P/V_S 和泊松比 (μ) 与相邻地层相比明显较低，为气层显示。图 5.4 中从右数第二道是用 DSI 仪器 PS 模式第 8 个接收器接收的声波全波资料（显示在图 5.4 中从右数第三道中）计算的纵、横波幅度平方积分值和两个积分值的比值。在气层段 ENSH 比相邻的地层幅度大，ENCO 不仅不高于相邻的地层，数值还明显低于相邻的地层，ENCO/ENSH 在气层段数值明显低于相邻地层，为典型的气层显示，该段试油获得高产天然气。

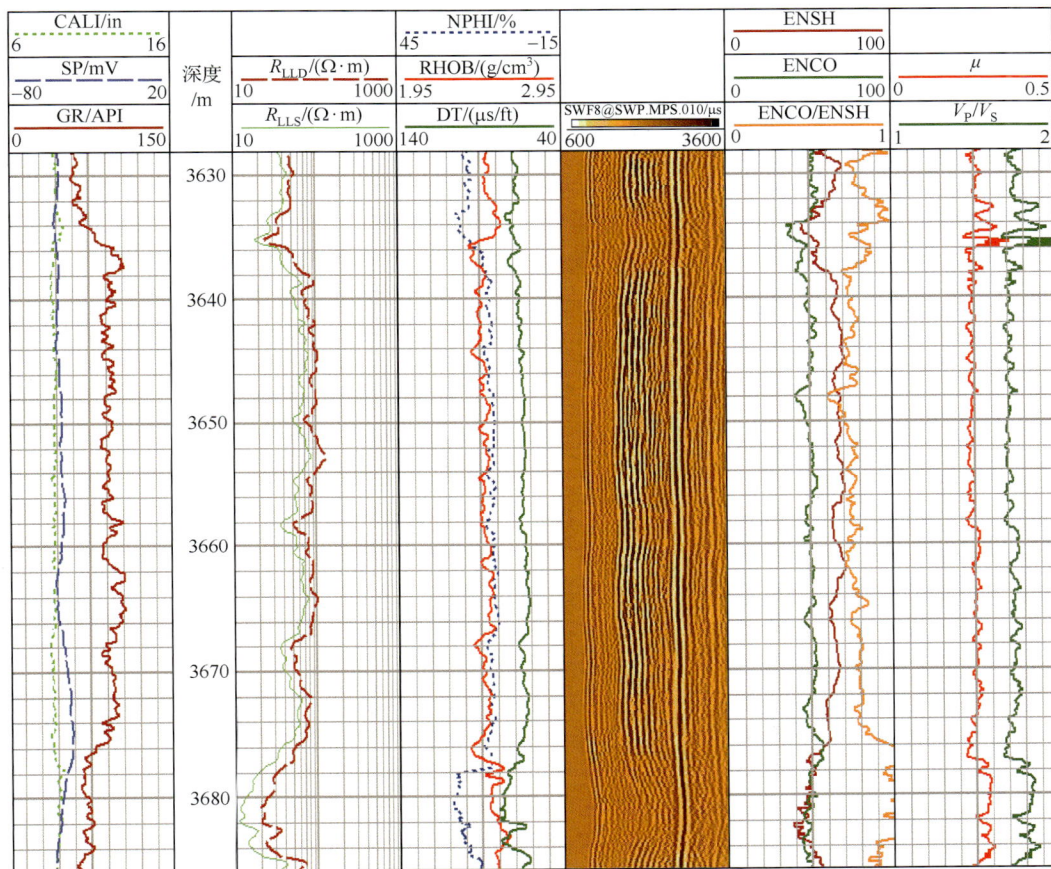

图 5.4　滴西 182 井应用 DSI 测井资料气层识别图

值得说明的是，当裂缝发育程度较高时，声波速度和能量都会受到裂缝的影响。一般而言，低角度裂缝造成纵波时差加大，幅度衰减增大，高角度裂缝造成横波时差加大，幅度衰减增大。应用声波测井资料进行气层识别时需注意裂缝发育的影响，分析声波速度和幅度的变化是由裂缝还是气层所造成的。

2. 微电阻率成像测井识别流体性质

微电阻率成像测井可以很好地在井周测量不同点、不同方位的电阻率的变化，有效地反映不同方位储层流体性质的变化。将常规测井视地层水电阻率识别油气层的方法与微电阻率成像测井的特点相结合，就形成了应用微电阻率成像测井资料计算视地层水电阻率频谱识别油气层的方法，为岩性变化大、各向异性强的火山岩储层中流体性质识别提供了新方法和手段。其基本原理如下。

基于阿尔奇公式，由常规测井计算视地层水电阻率 R_{wa} 的公式为

$$R_{wa} = \frac{R_t}{a}\varphi^m \tag{5.3}$$

式中，R_{wa} 为视地层水电阻率，$\Omega \cdot m$；R_t 为地层真电阻率，$\Omega \cdot m$；φ 为孔隙度，小数；a、m 分别是无量纲系数。

在较为均质的砂岩储层水层段计算的 R_{wa} 基本等于地层水电阻率 R_w，在油气层段计算的 R_{wa} 大于水层。用这种方法可进行流体性质的快速识别。

目前，现场上有多种型号的微电阻率成像测井仪，尽管仪器参数有所不同，但其测量原理完全相同。为了控制仪器始终工作在线性范围内，测量过程中仪器自动调节工作电压和工作电流。因此，微电阻率成像测井仪记录的电阻率曲线实际上是"伪"电阻率曲线，要将其转换为电阻率曲线，需要常规电阻率测井曲线的刻度。由于微电阻率成像测井仪的探测深度与浅侧向电阻率的探测深度接近，故基本上是将微电阻率成像测井仪的测量值刻度到浅侧向的测量值。其刻度方法有多种，这里以等平均值的刻度方法为例，设微电阻率成像测井仪共有 n 个电阻率纽扣电极，在每个深度点可记录 n 条微电阻率曲线，这 n 条电阻率曲线的平均值可表示为

$$R = \frac{1}{n}\sum_{i=1}^{n} r_i \tag{5.4}$$

刻度系数：

$$c = \frac{R_{LLS}}{R} \tag{5.5}$$

式中，r_i 指第 i 个电极的电阻率；R_{LLS} 为浅侧向电阻率。

每个纽扣电极的浅侧向刻度值可表示为

$$R_i = cr_i \tag{5.6}$$

将式（5.4）、（5.5）和（5.6）代入式（5.3），在每个深度点可计算出 n 个视地层水电阻率值：

$$R_{wai} = \frac{R_{LLS}}{a}\varphi^m \frac{nr_i}{\sum_{i=1}^{n} r_i} \tag{5.7}$$

将这 n 个 R_{wa} 值按由小到大统计其分布频率,即可形成视地层水电阻率频谱。

由刻度方法和微电阻率扫描测井的测量原理可知,计算视地层水电阻率频谱反映的基本上是侵入带的流体特征。对于水层,计算的视地层水电阻率中值数据较小,且分布较为集中;对于油气层,由于各向异性影响,侵入带对油气的冲刷程度有所不同,视地层水电阻率频谱分布范围相对较宽,且数值相对较大(图 5.5)。用这种方法,可以有效地识别油气层和水层。

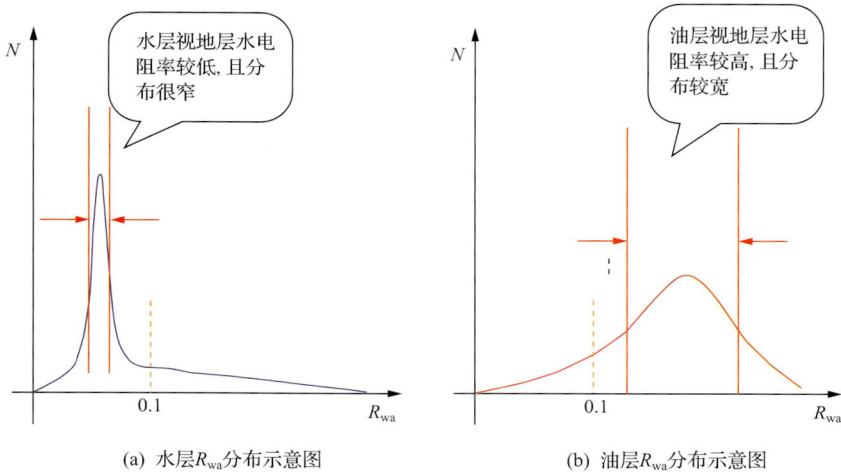

(a) 水层 R_{wa} 分布示意图　　　　(b) 油层 R_{wa} 分布示意图

图 5.5　油水层视地层水电阻率频谱分布示意图

应用 FMI 视地层水电阻率频谱识别流体性质的实例见图 5.6,图中井段为准噶尔盆地金龙 061 井石炭系酸性火山碎屑岩。3396～3400m 井段岩性为安山岩,三孔隙度测井曲线显示孔隙度相对较大,FMI 孔隙度频谱显示,孔隙分布范围较大,FMI 视地层水电阻率频谱分布显示视地层水电阻率中值较大,且分布范围较宽,为典型的油气显示。3405～3415m 井段 FMI 视地层水电阻率频谱前移,谱峰变窄,有含水特征。综合各种信息,3396～3415m 井段解释为油水同层,该段经压裂试油,日产油 8.83t、水 7.12m³。

图 5.7 为准噶尔盆地滴西 17 井玄武安山岩井段的综合测井图。从电阻率测井曲线看,顶底部亚相物性好的井段电阻率测井值也相对较低,含油气显示不明显。FMI 处理得到的视地层水电阻率频谱分布显示,顶底部亚相频谱分布较宽,为油气遭不均匀冲洗形成的,且其平均值相对较高,为典型的油气层显示。中部亚相几乎无油气显示迹象,表明基质孔隙不发育,且基质孔隙不含油气。FMI 成像测井资料显示,整个井段裂缝发育。综合分析认为顶底部亚相为裂缝孔隙类储层,而中部亚相为裂缝型储层。中子孔隙度-密度孔隙度重叠及算术气层指数 FLG1>0(图 5.1),均显示为气层。综合各种资料,该层解释为气层。3633～3670m 井段射孔试油,针阀求产,日产气 25 万 m³,日产油 19.6t,证明了测井解释结论。

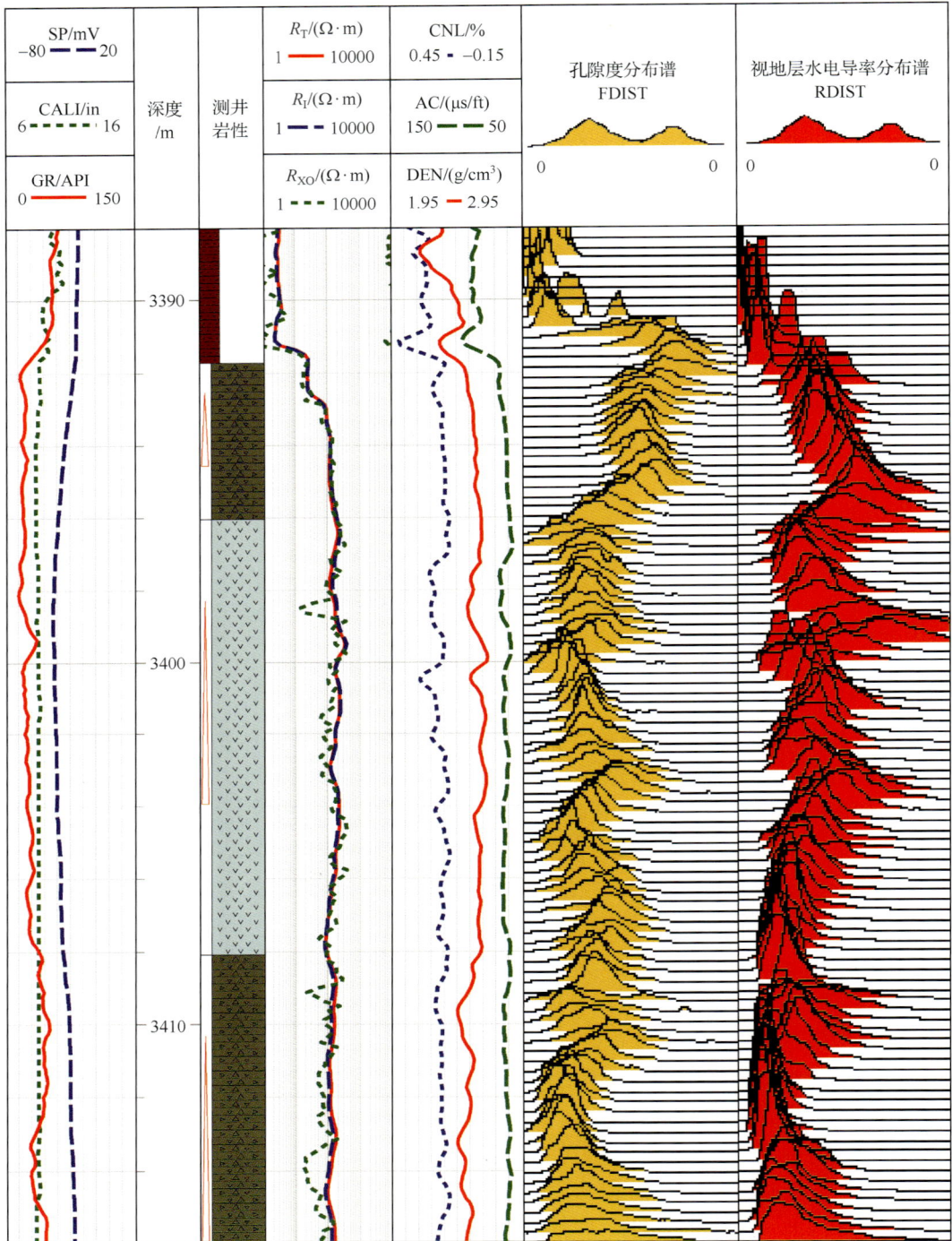

图 5.6　金龙 061 井石炭系火山岩 FMI 视地层水电阻率频谱识别流体性质

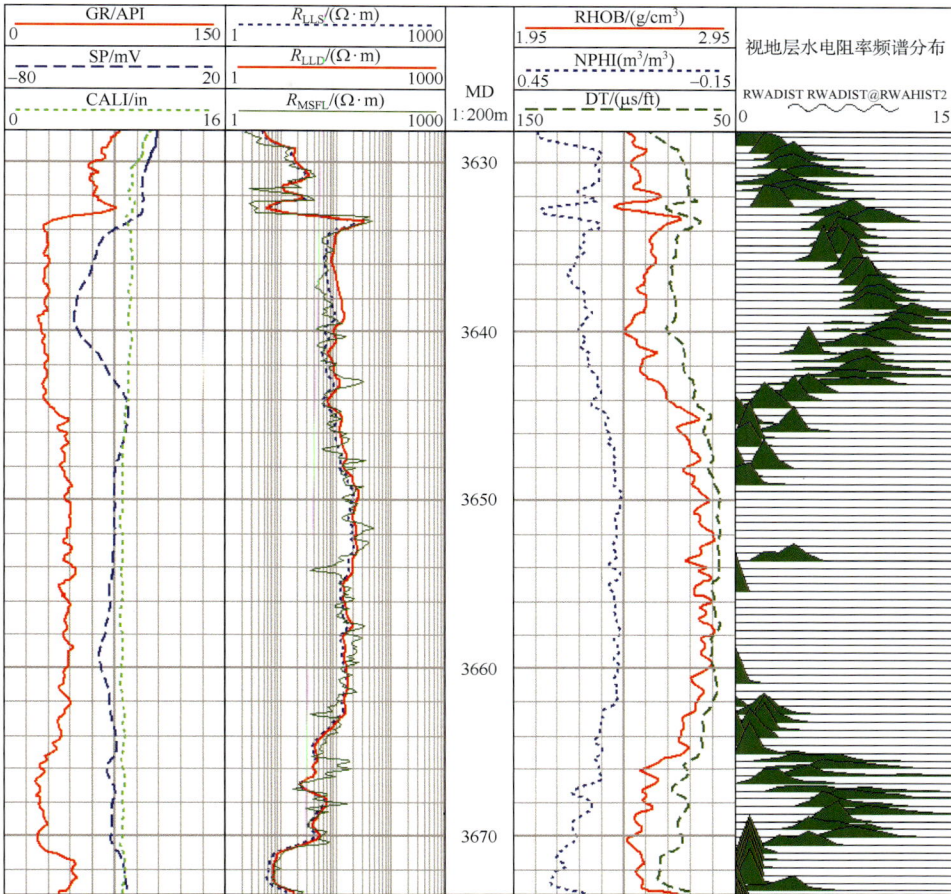

图 5.7　滴西 17 井火山岩段 FMI 视地层水电阻率频谱流体类型识别

5.1.3　核磁共振测井法

核磁共振测井不仅是物性评价的有效手段，而且应用不同的采集方式和采集参数得到的资料还可进行流体性质识别。该测井方法推广应用以来，陆续发展了一系列定性或者定量指示油气层的方法，其中应用最广泛的是差谱法和移谱法。另外，密度孔隙度和核磁孔隙度重叠也是一种气层识别的有效方法。

差谱法是采用长、短双等待时间核磁测井方式时，将水和油气分开的最常用方法。该方法间接利用了地层水与烃（油、气）纵向弛豫时间 T_1 差异很大的特点，认为选择不同的等待时间，所测到的回波串中将包括不一样的信号分布：长等待时间回波间隔 T_{RL} 回波串得到的 T_2 分布中，油、气、水各相都包含在其中，而且完全恢复，短等待时间回波间隔 T_{RS} 回波串得到的 T_2 分布中，水的信号完全恢复，油气信号只是很少一部分，两者相减可消除水的信号而余下油与气的信号。在火山岩储层中，轻质油相（或油水同层）的 T_2 谱出现拖曳现象，基性岩 T_2 谱前移，差谱明显；水层和干层无差谱，但个别存在残余油情况下可能出现较小差谱信号（图 5.8）。

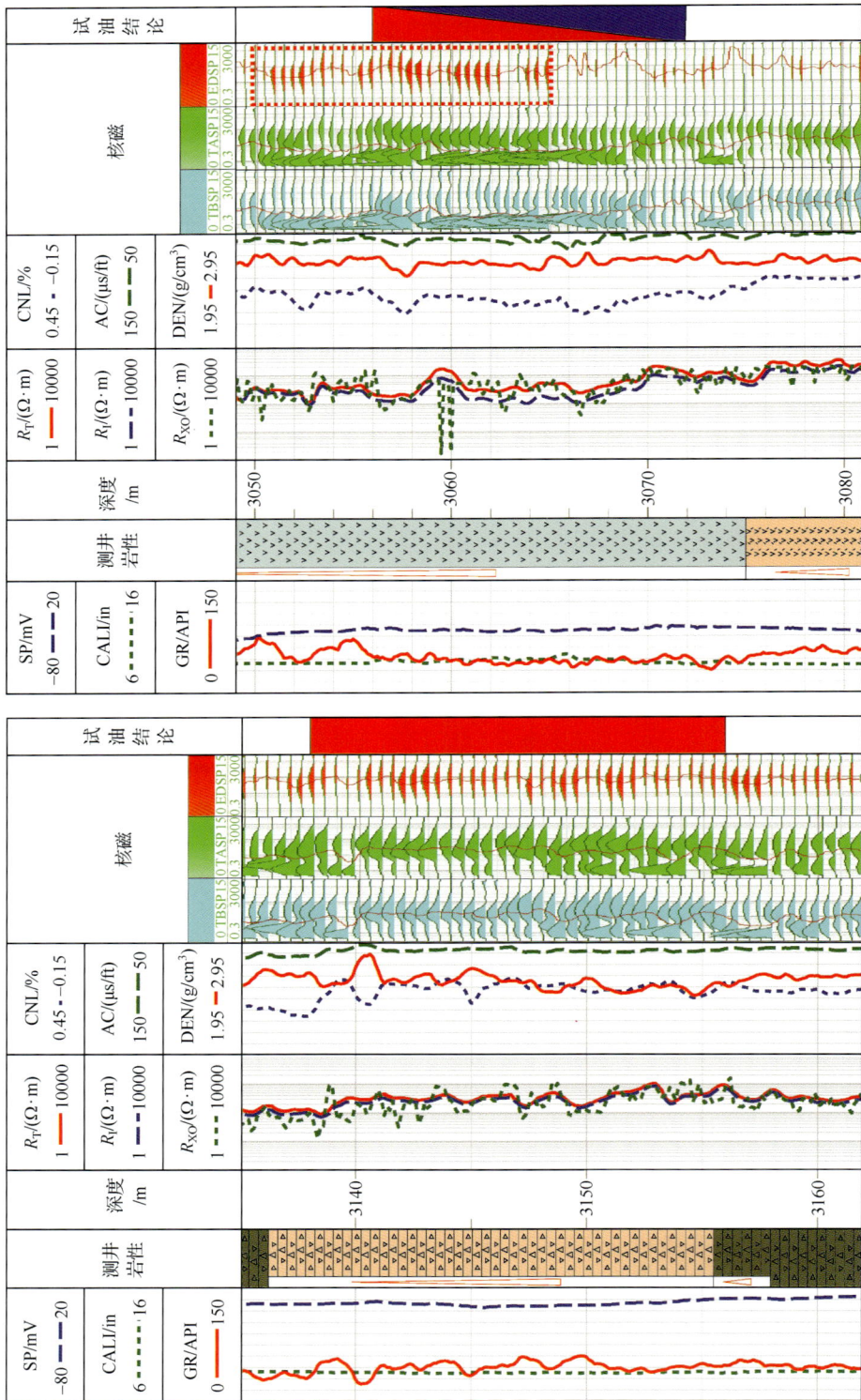

图 5.8　金龙 10 井、金龙 11 井核磁差谱与试油结果对比图
TBSP 为短等待时核磁谱特征；TASP 为长等待时核磁谱特征；EDSP 为差谱特征

(a) 金龙10井　　(b) 金龙11井

密度测井当其探测范围内有天然气存在时,由于天然气密度较低,相对于孔隙中所含其他流体来说,其计算的孔隙度相对偏大。同时,当储层中含气时,由于气体的含氢指数较低,且测量的等待时间不够时气体未完全极化(为了使储层气体充分极化,要求 CPMG 脉冲序列的等待时间在 10s 左右),应用常规采集参数测量的核磁孔隙度偏低。由此,可利用密度孔隙度和核磁孔隙度的差异进行气层识别。

图 5.9 为准噶尔盆地滴西 18 井核磁共振孔隙度与密度孔隙度重叠气层识别图。图中全井段岩性基本一致,均为酸性的次火山岩,井段 3700～3820m 密度孔隙度与核磁孔隙度出现较大差异,而在下部密度孔隙度与核磁孔隙度基本一致,综合电阻率测井资料和密度-中子测井重叠结果,解释 3820m 以上为气层,以下为水层。后期试油与油藏描述证明了上述解释结论。

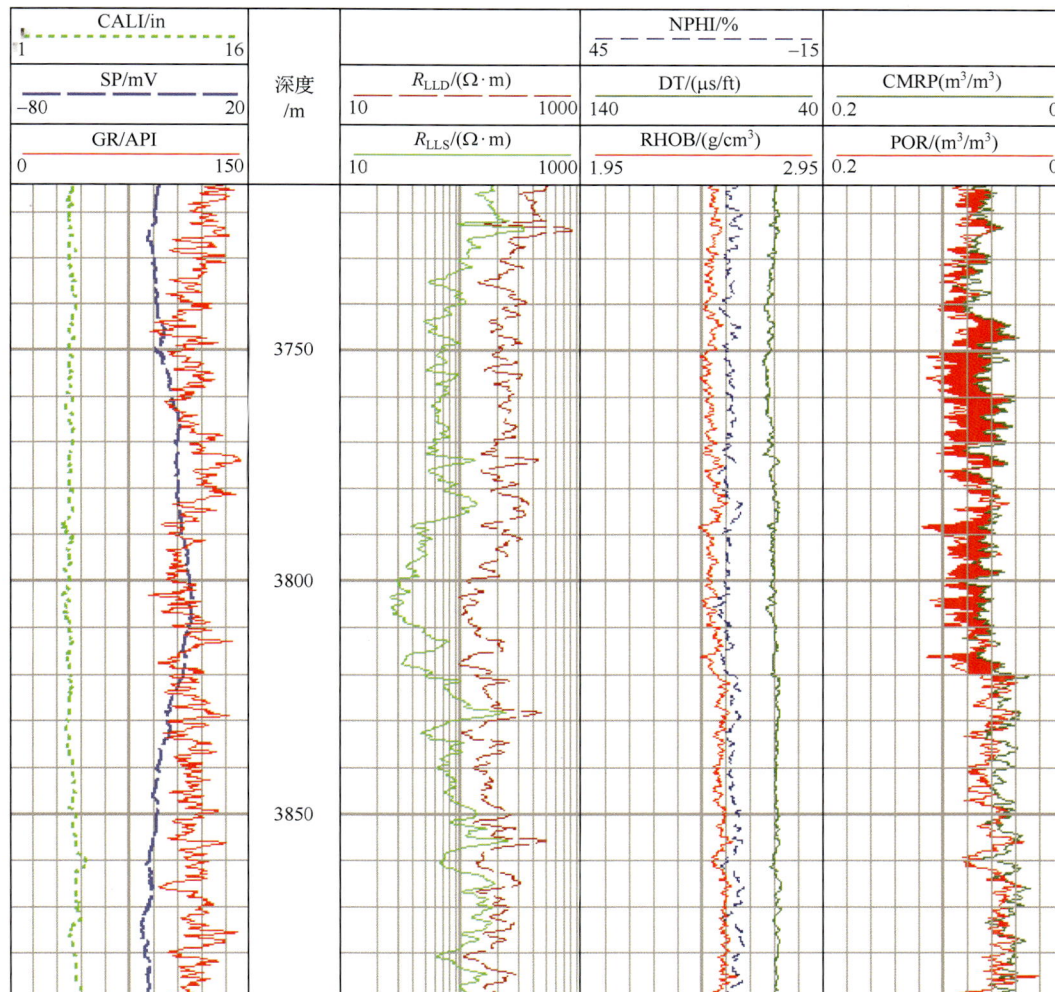

图 5.9　准噶尔盆地滴西 18 井核磁孔隙度与密度孔隙度重叠识别气层图

CMRP. 核磁共振有效孔隙度

5.1.4 直接测试法判别流体性质

上述基于测井资料的流体识别方法均为间接分析手段,由于测井响应受众多因素的影响,解释结果存在一定的多解性和不确定性。而气测录井(气测井)、电缆地层测试等手段则可以通过直接测取来自地层的油、气、水等流体信息,为测井解释等提供验证依据,是储层综合解释和求取产能的重要参考资料。

1. 录井分析法

气测录井属于随钻天然气地面测试技术,主要是通过对钻井过程中进入钻井液的天然气组成成分和含量进行测量分析,依此来判断地层流体性质。它能及时发现油气显示,分析判断有无工业价值的油气层。

1) 气测录井判断流体性质的基本原理

气测录井可分为简易气测、色谱分析和定量分析等不同的层次。简易气测仅测量全烃,分析甲烷、重烃和非烃含量;色谱分析是指全套气测,即测量全烃及组分甲烷、乙烷、丙烷、异丁烷、正丁烷和氢气、二氧化碳等;定量分析的测量项目与色谱分析相同,但与真空蒸馏相结合,可求出钻井液含气饱和度及呈溶解状态的甲烷、乙烷、丙烷、异丁烷、正丁烷、氢气和二氧化碳等。

最常用的色谱分析是指样品进入色谱柱后各组分逐步分离的过程,有气相色谱和液相色谱两种方式。以气相色谱为例,当载气携带着样品进入色谱柱后,色谱柱中的固定相就会将样品气中的各组分分离开,固定相为液体时是利用了样品中各组分在固定液中的溶解程度不同,根据溶解系数的大小不同把烃类分离开来,而固定相为固体时利用的是对不同组分吸附能力的差异。

2) 气测录井流体性质识别方法

根据全烃曲线和色谱曲线,可以划分出储集层的气测异常段。一般全烃含量大于0.5%或高于基值2倍以上的井段均视为异常段。全烃曲线的异常可能超前或滞后储集层,造成这种现象的主要原因可能是钻井液性能、地层压力、后效和迟到时间计算误差引起的,应进行综合分析。

根据每个区块的气测形态、组分特征,加上荧光显示情况、钻井液性能变化情况等,可以初步判断地层流体性质。一般情况下,油层异常幅值为基值的3~5倍,而气层则在6倍以上,现场发现气测异常等于或大于上述幅度时可初步判为油气层。但由于影响油气层异常幅度的因素很多,如油气比、井筒钻井液压力与地层压力的差值、上部油气层的后效、脱气器脱气功率、仪器的性能程度等,现场多采用类比法进行分析解释,即收集本区邻井已有试油结论的气测解释资料,结合本井气测异常和构造情况进行定性解释。通常相同层位的油气比大体相当,与邻井气测异常幅度具较好的可比性。最终需要结合岩心、测井等完成综合解释,判断储层流体性质、确定试采层位,并进一步求取产能等数据。一般油气水层的特征(图5.10)如下。

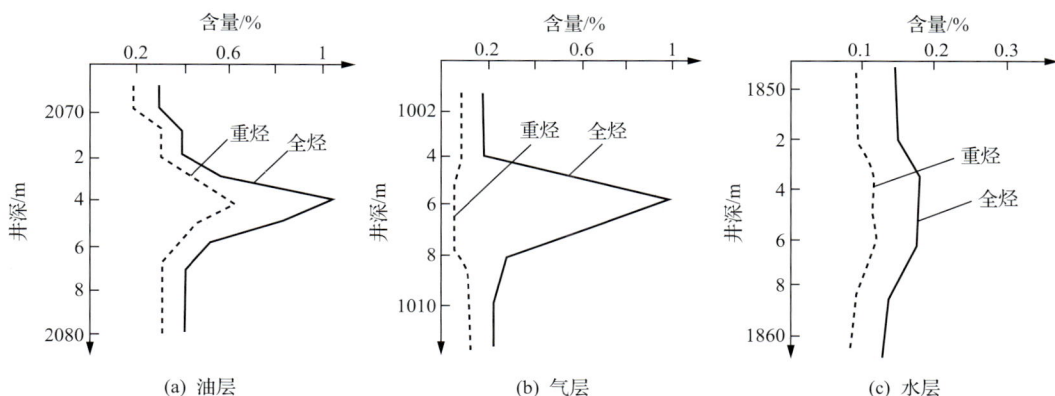

图 5.10 油气水层在气测曲线上的典型显示

（1）油层：全烃含量高，峰宽且平缓，幅度比值较大，组分齐全，重烃含量较高，钻时低，后效反应明显，有时有反吹峰。

（2）气层：全烃含量高，曲线呈尖峰状，幅度比值大，组分以甲烷为主，其次为乙烷，其他组分无或者微量，无反吹峰，钻时低，后效反应明显。

（3）水层：不含溶解气的纯水层无气测异常，含有溶解气的水层一般全量值较低，组分不全，主要为甲烷，非烃组分较高，无后效反应或反应不明显。

在现场录井过程中，通过对循环钻井液中所携带的来自地层的气体进行组分分离与定量鉴定，可以得到一组气测录井参数。由于地面所能检测到的烃类气体源于地层流体中的轻烃（$C_1 \sim C_4$ 或 C_5），因此两者在数量和特征上的趋势一致，并且这些气测参数与储层中所含流体性质有着十分密切的关系。根据流体中烃组成及含量，就可以判断出储层中流体的性质。利用气测录井资料解释评价油气层的方法就是在此基础上研究形成的。

3）准噶尔盆地火山岩气测录井流体识别方法

以准噶尔盆地中拐地区石炭系火山岩储层气测评价为例。以核磁差谱孔隙度为横坐标，气测烃类比（由不同成分的烃含量定义）为纵坐标建立图版，如图 5.11 所示，发现储层流体性质和烃类比有较好的对应关系。

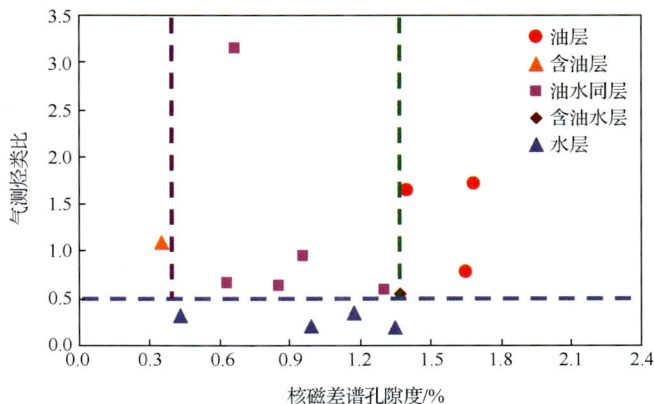

图 5.11 中拐地区石炭系气测烃类比与核磁差谱孔隙度交会图

从图中可看出,当烃类比小于 0.5 时,储层不含油,因此以 0.5 为界,区分水层和含油层。含油层中差谱孔隙度大于 1.33 为油层,小于 0.4 为干层,介于两者之间为油水同层。该图版能很好地用于油水层划分。图 5.12 是图版用于该地区金龙 103 井时的流体性质识别效果图。

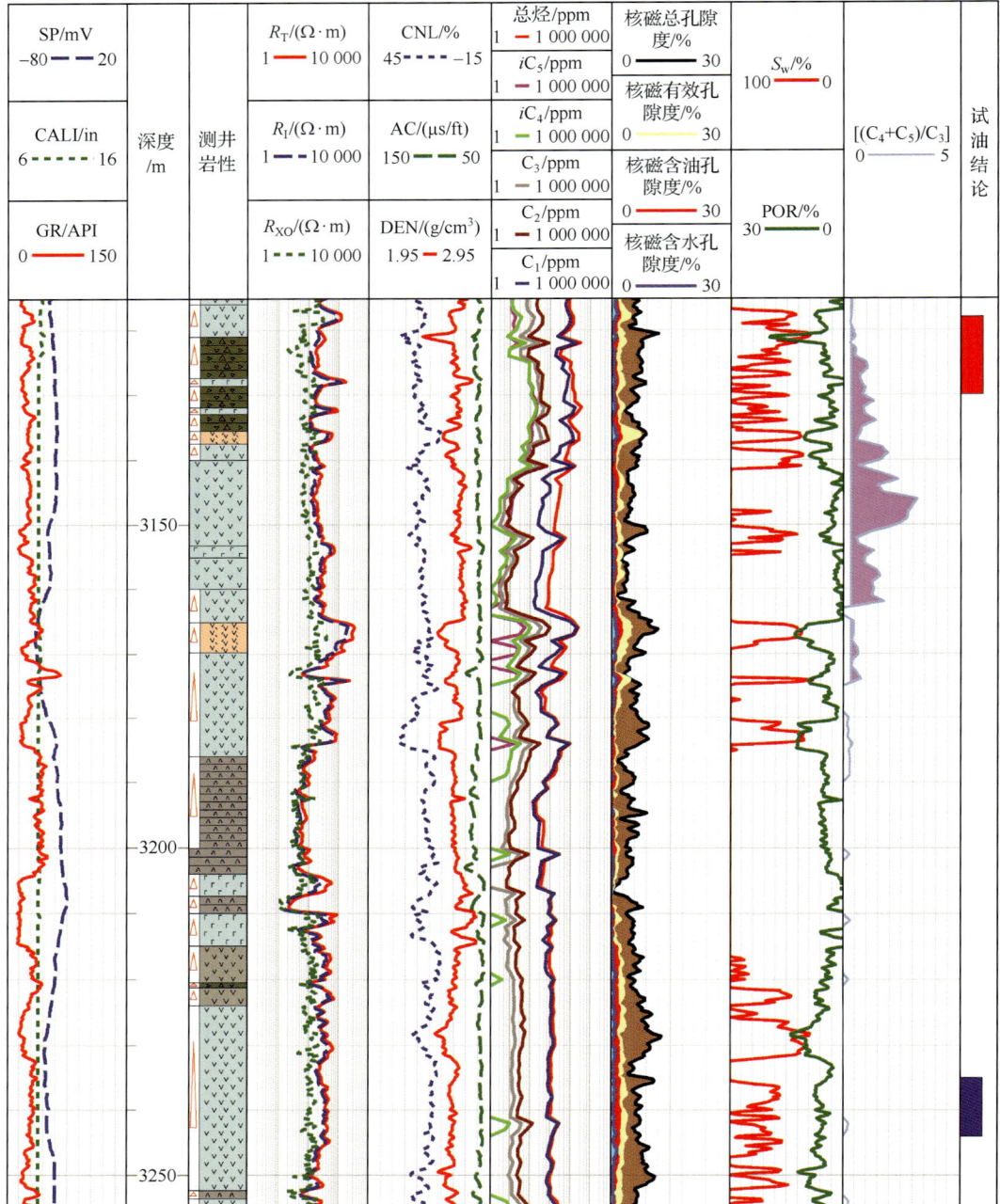

图 5.12　金龙 103 井气测类比法识别流体性质

结合核磁测井差谱特征与气测烃类特征初步建立了该地区油水层判别标准(表 5.1)。根据已钻井的录井、气测、测井、岩心分析、试油试采结果进行了包括岩性、物性、含油性和电性的四性关系综合研究,确定油气层的定性识别标准为:录井见到荧光以上含油显示;录井气测烃类比值在 0.5 以上,组分齐全;火山角砾岩电阻率中低值,英安岩电阻率高值;具有一定孔隙度和有效裂缝发育的层段。

表 5.1 流体性质气测综合识别标准

岩性	物性			含油性		气测	电性
	孔隙度/%	核磁总孔隙度/%	密度/(g/cm³)	含油级别	含油饱和度/%	烃类比	电阻率
玄武安山岩	>5	>6	<2.65	荧光以上	>44	>0.5	高值
火山角砾岩	>5	>6	<2.59	荧光以上	>44	>0.5	中低值
英安岩	>5	>6	<2.58	荧光以上	>44	>0.5	高值

2. 电缆地层测试法

除录井外,还有一种直接获取地层孔隙流体性质的方法是电缆地层测试。这也是目前唯一能进行油气层动态测试的方法,已发展成为在裸眼井和套管井中大量使用的一种方法。可以对潜在的生产层进行测试,对于确定储层有效渗透率,判断油、气、水层及产层水动力系统的特性具有独特作用,在许多地区是必测项目。

电缆地层测试可以用测压、光学流体分析、地层取样的方式快速直观地确定流体的性质,是火山岩储层流体类型识别及验证的有效手段。但火山岩储层裂缝、特别是高角度裂缝的发育给电缆地层测试带来了很大困难,因此测试前需要进行更加精细的测井评价工作,以确保电缆地层测试的工作效率,提高测试成功率。

电缆地层测试仪器有多种,目前最具代表性的是斯伦贝谢公司推出的模块式动态电缆地层测试仪 MDT。地层测试(MDT)主要用于确定储层的流体性质和油藏类型,准确获取地层压力剖面,快速确定原状地层的流度和渗透率各向异性等性质,结合测井解释结论对储层流体性质进行判定。其特点是灵活的模块式设计,各模块可根据地层测试的需要进行组合。

早在 1997 年,新疆油田分公司就开始进行火山岩储层电缆地层测试的实验工作,在预探井沙丘 6 井的石炭系火山岩储层成功地进行了 MDT 单探井测试,并成功验证了火山岩储层的流体性质,发现了沙丘 6 井石炭系火山岩油层。

图 5.13 为沙丘 6 井的常规测井曲线。综合岩性分析 2530~2547m 井段为玄武质凝灰角砾岩。声波孔隙度和密度孔隙度重叠,显示火山岩段溶蚀孔洞发育。该段玄武质凝灰角砾岩蚀变程度较高,骨架明显存在绿泥石化,孔洞绿泥石充填严重,造成了低密度、高声波时差、高中子孔隙度的测井响应特征。但从整段曲线观察,充填程度变化较大,充填程度指示曲线[(cnl-pord)/pord]显示,2532~2538m 和 2545~2546.5m 两段绿泥石充填程度较低,自然电位曲线也显示该两段地层渗透性较好。在火山岩段综合解释 2532~2538m 和 2545~2546.5m 两段为有效储层,其他井段绿泥石充填严重,为无效储层。分析认为,该井段火山岩的物性主要受溶蚀孔洞发育程度控制。上部 2532~2538m 的储层声波时差曲线与密度曲线的变化规律明显不一致,声波时差曲线与上部地层基本一致,而

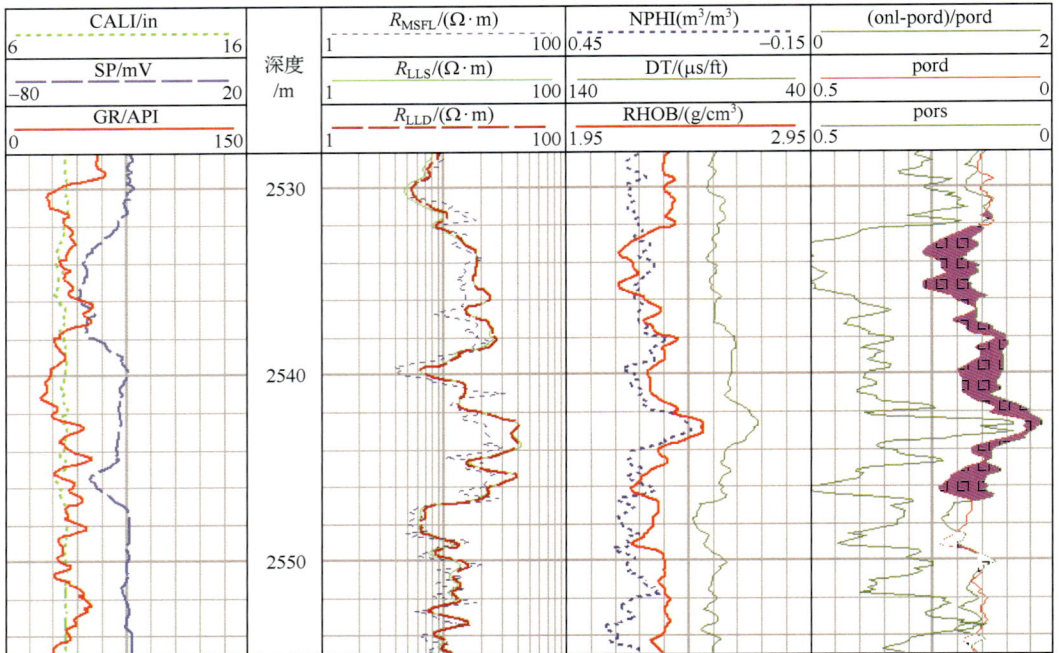

图 5.13 沙丘 6 井综合测井图

密度曲线明显降低，为典型孔洞、孔隙度发育的特征，该段自然电位测井曲线出现明显的负异常，表明渗透性相对较好。下部 2545～2546.5m 的薄层与上部这一渗透层的测井特征完全相同，分析为溶蚀孔洞发育的火山角砾岩储层。

选择下部 2545～2546.5m 的 1.5m 薄层进行 MDT 单探井测试（薄层测试时间短），探针座封于 2545.1m。测试过程中，泵出模块工作 22min 光学流体（OFA）分析见油，59min 后管线内的流体几乎全为原油。以 OFA 分析结果为指导，进行了流体取样，取样一次成功，2.75gal 的取样桶内所取样品几乎全为原油，这一测试结果验证了该玄武质熔结角砾岩储层为油层。但 2532～2547m 井段初次试油却为干层，因 MDT 取得了好的油样，在此指导下重新补孔试油，获得日产油 19t 的工业油流，从而发现了该井区石炭系油藏。

5.2 火山岩储层饱和度的定量计算

由于裂缝影响，很难直接利用普遍适用于碎屑岩储层的现有饱和度计算方法求准火山岩储层的饱和度，不同地区应根据本地区特点采用不同的饱和度方程进行计算。

尽管火山岩储层更为复杂，应用电阻率法仍是应用测井资料确定火山岩储层油气饱和度最常用的方法，其前提是需要对电阻率进行基质孔隙侵入和裂缝侵入两方面的侵入校正，并对阿尔奇公式进行裂缝影响修正。当然，除传统的电阻率方法外，近年来核磁共振等特殊测井资料也已用于饱和度计算，并取得了效果，但实践表明，基于核磁共振测井的饱和度计算方法更适用于酸性火山岩，对中基性岩效果较差。

5.2.1　火山岩基岩的岩电实验分析

由于火山岩的岩性、孔隙类型多样,需要分岩性进行系统的岩电实验,确定不同岩性类型的基岩岩电参数,为基于电阻率资料的饱和度解释奠定基础。第 2 章已经介绍了准噶尔盆地火山岩的声电实验,这里结合具体实验资料,简要分析了阿尔奇岩电参数随岩性变化的规律,为饱和度精细计算提供基础实验数据。

选取准噶尔盆地 178 块石炭系不同岩性的火山岩基岩进行地层因素-孔隙度实验分析。其中玄武岩样品 16 口井 51 块,安山岩样品 11 口井 40 块,英安岩样品 11 口井 60 块,流纹岩样品 5 口井 27 块。实验样品的岩性全部经过岩性核定,所选样品均为小岩样,剔除了全部裂缝发育的样品。实验数据能够有效地代表不同火山岩基岩的岩电关系,实验获得的孔隙度—地层因素关系式系数见表 5.2,实验数据分析结果见图 5.14。

表 5.2　不同岩性火山岩孔隙度-地层因素关系式中的系数

岩性	a	m	相关系数	令 $a=1$ 时 m 的值
玄武岩	5.36	1.23	0.77	1.76
安山岩	1.63	1.74	0.89	1.94
英安岩	1.03	1.97	0.96	1.97
流纹岩	0.42	2.45	0.96	2.07

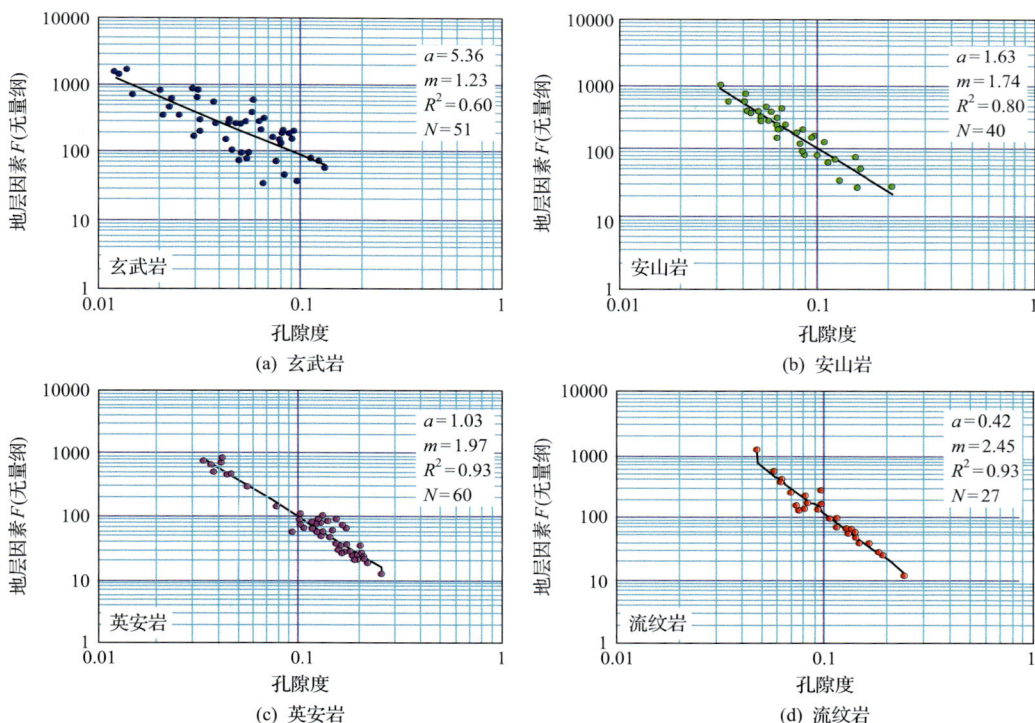

图 5.14　准噶尔盆地石炭系不同岩性火山岩孔隙度-地层因素实验关系图

N 为样品数;R^2 为相关系数

分析结果表明,从基性火山岩到酸性火山岩,参数 a 逐渐减小,m 逐渐增大,数据的离散程度越来越小,相关性越来越好。分析原因,是中基性火山岩蚀变程度不同造成的。若令 $a=1$,则 m 逐渐增大,显示从基性到酸性火山岩 m 逐渐增大的岩电特征。火山岩基岩的孔隙度—地层因素关系符合阿尔奇公式,只是不同地区不同岩性的公式参数有所不同。

为了确保实验的系统性,对 178 块进行孔隙度-地层因素实验的样品全部进行了含水饱和度-电阻增大系数实验。其中玄武岩 51 块样品获得了 355 组实验数据,安山岩 40 块样品获得了 370 组实验数据,英安岩 60 块样品获得了 588 组实验数据,流纹岩 27 块样品获得了 158 组实验数据。四种岩性的实验结果见图 5.15,公式系数见表 5.3。

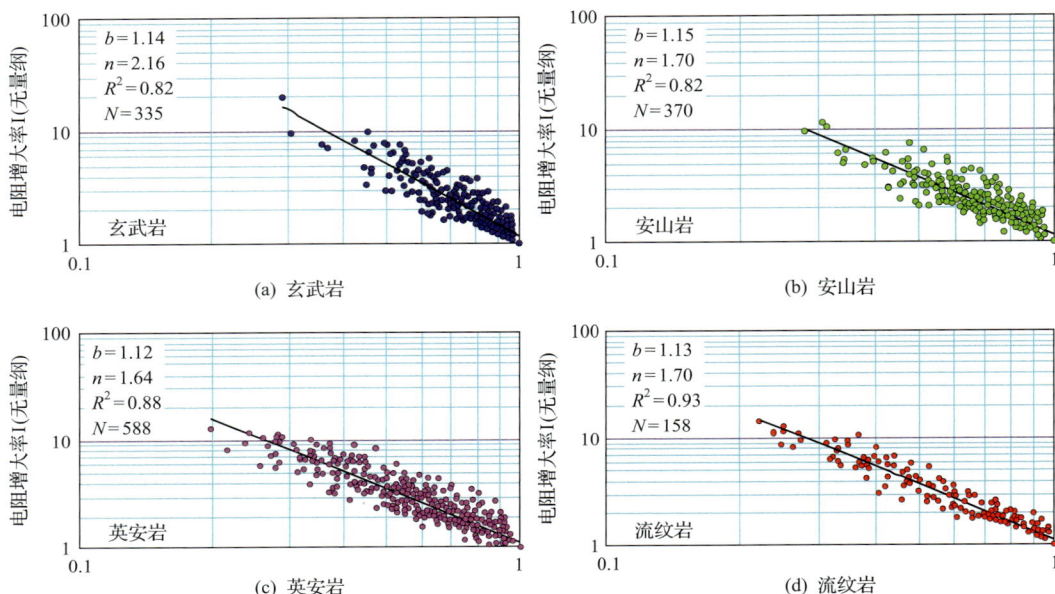

图 5.15　准噶尔盆地石炭系不同岩性火山岩含水饱和度-电阻增大率实验关系图
N 为实验数据组数

表 5.3　不同岩性火山岩含水饱和度-电阻增大系数关系式系数

岩性	b	n	相关系数	令 $b=1$ 时 n 值
玄武岩	1.14	2.16	0.90	2.45
安山岩	1.15	1.70	0.91	1.97
英安岩	1.12	1.94	0.94	1.80
流纹岩	1.13	1.70	0.96	1.85

从实验结果看,四种岩性的火山岩含水饱和度与电阻增大系数之间都存在较好的对数线性相关性,完全符合阿尔奇公式所揭示的岩、电关系。跟孔隙度-地层因素实验数据一样,从基性岩到酸性岩,实验数据的离散性越来越小,相关关系越来越好,这应该是火山岩岩石学特征的反映。若令 $b=1$,则 n 从基性岩到酸性岩有逐渐减小的趋势。

系统的岩电实验证明,各种岩性的火山岩基岩基本符合阿尔奇公式所揭示的岩电关系,只要分地区和岩性对不同孔隙结构的火山岩基岩进行系统的分类,获得准确的基岩电阻率测井值就可以用电阻率测井资料计算火山岩基岩的饱和度。

5.2.2　基于电阻率测井的方法

尽管火山岩储层应用电阻率法计算流体饱和度的不确定性增加,但这种方法仍然是应用测井资料确定饱和度最常用的方法。实际研究工作的重点应放在电阻率资料校正及建立适应的解释模型上,以减少这种饱和度计算的不确定性。

1. 电阻率测井资料校正

根据电阻率测井原理,在火山岩这类高阻剖面中更适合采用侧向测井(通常测量双侧向)。对于火山岩储层,钻井过程中存在基质孔隙侵入和裂缝侵入两种类型的钻井液滤液侵入。因此,要获得基岩原状地层的电阻率,需要进行基质孔隙侵入和裂缝侵入两方面的侵入校正(中国石油勘探与生产分公司,2009)。实践证明,先进行基质侵入校正,后进行裂缝侵入校正的方法较为合理。基质孔隙的校正方法相对较为成熟,这里仅简单讨论不同情况下的裂缝侵入校正问题。

1) 侵入深度小于浅侧向测井的探测深度时

在钻井过程中,由于井内钻井液柱压力大于原始地层压力,钻井液(或钻井液滤液)容易侵入裂缝性地层,在井眼周围形成很深的钻井液侵入带(或冲洗带)。

当钻井液侵入裂缝性油气层的深度小于浅侧向测井探测深度时,双侧向测井测量的视电阻等于井内钻井液电阻与冲洗带电阻及原状地层电阻串联。

深侧向测井的视电阻 r_{LLD} 可表示为

$$r_{\mathrm{LLD}} = r_{\mathrm{md}} + r_{\mathrm{xod}} + r_{\mathrm{td}} \tag{5.8}$$

式中, r_{md}、r_{xod}、r_{td} 分别表示深侧向测井测量的钻井液、冲洗带及原状地层的电阻,$\Omega \cdot \mathrm{m}$。

深侧向测井测量的电阻率关系如下:

$$r_{\mathrm{LLD}} = \frac{R_{\mathrm{LLD}}}{2\pi h_0} \int_{\frac{d_0}{2}}^{\frac{d_{\mathrm{LLD}}}{2}} \frac{\mathrm{d}r}{r} = \frac{R_{\mathrm{LLD}}}{2\pi h_0} \ln \frac{d_{\mathrm{LLD}}}{d_0} = \frac{R_{\mathrm{LLD}}}{2\pi h_0} \ln \frac{d_{\mathrm{LLD}}}{d_0/2} = \frac{R_{\mathrm{LLD}}}{K_{\mathrm{d}}} \tag{5.9}$$

$$r_{\mathrm{md}} = \frac{R_{\mathrm{m}}}{2\pi h_0} \int_{\frac{d_0}{2}}^{\frac{d_{\mathrm{c}}}{2}} \frac{\mathrm{d}r}{r} = \frac{R_{\mathrm{m}}}{2\pi h_0} \ln \frac{d_{\mathrm{c}}}{d_0} \tag{5.10}$$

$$r_{\mathrm{xod}} = \frac{R_{\mathrm{xo}}}{2\pi h_0} \int_{\frac{d_0}{2}}^{\frac{d_{\mathrm{xo}}}{2}} \frac{\mathrm{d}r}{r} = \frac{R_{\mathrm{xo}}}{2\pi h_0} \ln \frac{d_{\mathrm{xo}}}{d_{\mathrm{c}}} \tag{5.11}$$

$$r_{\mathrm{td}} = \frac{R_{\mathrm{t}}}{2\pi h_0} \int_{\frac{d_{\mathrm{xo}}}{2}}^{\frac{d_{\mathrm{LLD}}}{2}} \frac{\mathrm{d}r}{r} = \frac{R_{\mathrm{t}}}{2\pi h_0} \ln \frac{d_{\mathrm{LLD}}}{d_{\mathrm{xo}}} \tag{5.12}$$

式中, d_{LLD} 是深侧向测井的探测直径,m; d_{c} 是井眼直径,m; d_0 是仪器直径,m; h_0 是电流层厚度,m; r 是电阻,Ω; K_{d} 是深侧向测井仪电极系数,m; d_{xo} 是冲洗带直径,m; R_{m} 和 R_{xo} 分

别是钻井泥浆和冲洗带地层的电阻率,$\Omega \cdot m$。

将式(5.9)~(5.12)代入式(5.8),获得深侧向测井测量的视电阻率 R_{LLD} 响应方程为

$$R_{\mathrm{LLD}} = \left(\frac{K_{\mathrm{d}}}{2\pi h_0}\ln\frac{d_{\mathrm{c}}}{d_0}\right)R_{\mathrm{m}} + \left(\frac{K_{\mathrm{d}}}{2\pi h_0}\ln\frac{d_{\mathrm{xo}}}{d_{\mathrm{c}}}\right)R_{\mathrm{xo}} + \left(\frac{K_{\mathrm{d}}}{2\pi h_0}\ln\frac{d_{\mathrm{LLD}}}{d_{\mathrm{xo}}}\right)R_{\mathrm{t}} \tag{5.13}$$

从式(5.13)可以看出,深侧向测井测量的视电阻率是井内钻井液电阻率、冲洗带电阻率和原状地层电阻率的加权平均值。因此,钻井液电阻率、冲洗带电阻率和原状地层电阻率的径向几何因子相加等于1,即

$$\frac{K_{\mathrm{d}}}{2\pi h_0}\ln\frac{d_{\mathrm{c}}}{d_0} + \frac{K_{\mathrm{d}}}{2\pi h_0}\ln\frac{d_{\mathrm{xo}}}{d_{\mathrm{c}}} + \frac{K_{\mathrm{d}}}{2\pi h_0}\ln\frac{d_{\mathrm{LLD}}}{d_{\mathrm{xo}}} = 1 \tag{5.14}$$

原状地层的径向几何因子为

$$\frac{K_{\mathrm{d}}}{2\pi h_0}\ln\frac{d_{\mathrm{LLD}}}{d_{\mathrm{xo}}} = 1 - \frac{K_{\mathrm{d}}}{2\pi h_0}\ln\frac{d_{\mathrm{c}}}{d_0} - \frac{K_{\mathrm{d}}}{2\pi h_0}\ln\frac{d_{\mathrm{xo}}}{d_{\mathrm{c}}} \tag{5.15}$$

将式(5.15)代入式(5.13),重新获得深侧向测井测量的视电阻率响应方程为

$$R_{\mathrm{LLD}} = \left(\frac{K_{\mathrm{d}}}{2\pi h_0}\ln\frac{d_{\mathrm{c}}}{d_0}\right)R_{\mathrm{m}} + \left(\frac{K_{\mathrm{d}}}{2\pi h_0}\ln\frac{d_{\mathrm{xo}}}{d_{\mathrm{c}}}\right)R_{\mathrm{xo}} + \left(1 - \frac{K_{\mathrm{d}}}{2\pi h_0}\ln\frac{d_{\mathrm{c}}}{d_0} - \frac{K_{\mathrm{d}}}{2\pi h_0}\ln\frac{d_{\mathrm{xo}}}{d_{\mathrm{c}}}\right)R_{\mathrm{t}}$$

$$\tag{5.16}$$

同样,浅向测井测量的视电阻 r_{LLS} 可表示为

$$r_{\mathrm{LLS}} = r_{\mathrm{ms}} + r_{\mathrm{xos}} + r_{\mathrm{ts}} \tag{5.17}$$

式中,r_{ms}、r_{xos}、r_{ts} 分别表示浅侧向测井测量的钻井液、冲洗带及原状地层的电阻。按以上思路可导出浅侧向测井测量的视电阻率 R_{LLS} 响应方程为

$$R_{\mathrm{LLS}} = \left(\frac{K_{\mathrm{s}}}{2\pi h_0}\ln\frac{d_{\mathrm{c}}}{d_0}\right)R_{\mathrm{m}} + \left(\frac{K_{\mathrm{s}}}{2\pi h_0}\ln\frac{d_{\mathrm{xo}}}{d_{\mathrm{c}}}\right)R_{\mathrm{xo}} + \left(1 - \frac{K_{\mathrm{s}}}{2\pi h_0}\ln\frac{d_{\mathrm{c}}}{d_0} - \frac{K_{\mathrm{s}}}{2\pi h_0}\ln\frac{d_{\mathrm{xo}}}{d_{\mathrm{c}}}\right)R_{\mathrm{t}}$$

$$\tag{5.18}$$

式(5.16)与式(5.18)解联立方程,可以获得双侧向测井侵入校正新公式,校正后的原状地层电阻率 R_{t} 为

$$R_{\mathrm{t}} = \frac{K_{\mathrm{s}}}{K_{\mathrm{s}} - K_{\mathrm{d}}}R_{\mathrm{LLD}} - \frac{K_{\mathrm{d}}}{K_{\mathrm{s}} - K_{\mathrm{d}}}R_{\mathrm{LLS}} \tag{5.19}$$

斯伦贝谢公司现场使用的双侧向测井电极系数为 $K_{\mathrm{d}} = 0.89$、$K_{\mathrm{s}} = 1.45$,代入式(5.19)得

$$R_{\mathrm{t}} = 2.589R_{\mathrm{LLD}} - 1.589R_{\mathrm{LLS}} \tag{5.20}$$

当钻井液侵入裂缝性油(气)、水层的深度小于浅侧向测井探测深度时,利用以上公式可以确定原状地层电阻率。

2) 侵入深度较大或深、浅侧向电阻率无差异时

当裂缝中钻井滤液侵入较深而超出了深、浅侧向测井的探测范围或深、浅侧向电阻率无差异时,裂缝侵入校正可按下式进行:

$$R_t = \frac{kR_{LLD}R_{mf}}{kR_{mf} - R_{LLD}\varphi_f^{MF}} \tag{5.21}$$

式中,k 为裂缝校正系数;MF 为裂缝的孔隙度指数;φ_f 为裂缝孔隙度。

为了方便计算,实际应用中常用下式进行裂缝的侵入校正:

$$R_t = R_{LLD}e^{kR_{mf}\varphi_f} \tag{5.22}$$

2. 阿尔奇公式的修正

火山岩岩性复杂,储层孔隙类型多样,且多为裂缝孔隙双重介质的储层。应用表明,对于裂缝孔隙双重介质的储层,经典的阿尔奇公式的适用性变差,需要对公式进行裂缝影响修正,国内外发表了大量这方面的研究成果,提出了多种修正模型,应用中也收到了较好的地质效果。

准噶尔盆地从 20 世纪 80 年代后期开始进行这方面的研究工作,直至 90 年代末期,通过与高校的科研合作,初步形成了较为完善的火山岩裂缝、孔隙双重介质储层的饱和度计算技术。与国内外同行所采用的思路一样,该项技术的核心是对阿尔奇公式进行裂缝影响修正,所提出的火山岩裂缝、孔隙双重介质饱和度计算公式为

$$S_{wb} = \left[abR_w \left(\frac{1}{R_{LLD}} - \frac{\varphi_f^{MF}}{R_{mf}k} \right) \bigg/ \varphi_b^m \right]^{\frac{1}{n}} \tag{5.23}$$

式中,S_{wb} 为基岩的含水饱和度,%;a、b、m、n 分别为基质的岩电参数;R_w 为地层水电阻率;φ_f 为裂缝、孔洞孔隙度,%;φ_b 为基质孔隙度,%;其他系数含义同前。

式(5.23)在准噶尔盆地火山岩裂缝、孔隙双重介质的饱和度计算中发挥了重要的作用,得到了较为广泛的应用,收到了明显效果。但该公式也有一定的不足之处,主要表现为:一是通常裂缝发育情况较为复杂,裂缝校正系数 k 和裂缝的孔隙度指数 MF 较难确定,人为因素增加;二是储量计算中,每个数据都应是可检查的,但裂缝电阻率的校正值不可检查,在储量计算中无法应用。

因此,需要找到一种每种参数既可检查,又能进行必要裂缝校正的方法。对于裂缝、孔隙双重介质的储层,钻井过程中存在钻井液滤液的双重介质侵入问题。基质孔隙的侵入与碎屑岩储层基本相同,但对裂缝和孔洞而言,泥饼几乎对它们无好的封闭作用,加之裂缝、孔洞的渗透率较高,侵入一般较深,深侧向测井的电阻率可近似表示为

$$\frac{1}{R_{LLD}} = \frac{1}{R_b} + \frac{\varphi_f^{MF}}{R_{mf}k} \tag{5.24}$$

式中,R_b 是具有基质孔隙的基岩电阻率,$\Omega \cdot m$。

也就是说,火山岩裂缝、孔隙双重介质的储层,岩石的电阻率可看成基岩和裂缝电阻

率的并联。通常，在油气层段，裂缝的含油气饱和度可近似为100%，需要计算的是基质饱和度。基质饱和度的计算可分两步进行：第一步对裂缝、孔隙双重介质储层的电阻率进行校正，消除裂缝影响，获得无裂缝的基岩电阻率R_b；第二步获得基岩的饱和度方程，求出基岩饱和度。由此可知，需要配套两种技术，一种是基岩电阻率求出技术，另一种是系统的基岩电阻率实验，验证阿尔奇公式在火山岩基岩中的适应性，并获得准确的公式参数。

3. 火山岩储层基质饱和度计算

大量实验表明（见5.2.1节），火山岩储层基质岩电参数符合阿尔奇规律，对裂缝进行侵入校正可以获得基岩的电阻率。因此，火山岩储层基质饱和度通常仍采用阿尔奇公式计算：

$$S_o = 1 - \sqrt[n]{\frac{abR_w}{\varphi^m R_T}} \qquad (5.25)$$

式中：S_o为基质岩石含油饱和度，%；φ为基质的有效孔隙度，%；R_T为基质岩石真电阻率，$\Omega \cdot m$。

在生产实践中发现，应用上述方法计算火山岩基岩的饱和度效果较好。该方法有效地避免了裂缝钻井液滤液对电阻率测井资料的影响，可操作性强，同时解决了饱和度模型电阻率校正的不可检查的问题，在储量计算中得到了有效的应用。用这种方法进行火山岩裂缝孔隙双重介质基岩饱和度的计算时一般分三步进行：首先，通过岩电实验获得基岩阿尔奇公式的计算参数；其次，进行基质孔隙的侵入校正、裂缝侵入校正；最后，应用区块的地层水电阻率资料、计算的基质孔隙度资料及校正获得的基岩电阻率资料，按式(5.25)计算基岩原状地层的含油气饱和度。

图5.16为滴西171井常规测井火山岩井段测井综合评价图。该火山岩井段的岩性为玄武岩和玄武质火山碎屑岩，碎屑岩含有一定的火山灰成分。该段火山岩裂缝及溶蚀孔洞发育，为典型的裂缝、孔隙双重介质储层。图5.16中左数第三道为双侧向测井曲线R_{LLD}、R_{LLS}及经裂缝孔洞侵入校正的基质真电阻率曲线R_T，第四道是中子、密度、声波三孔隙度曲线，第五道分别为计算孔隙度和岩心分析孔隙度对比、用R_{LLD}计算的饱和度S_{wa}和用R_T计算的饱和度S_w对比图。电阻率校正结果，孔洞、裂缝发育井段的电阻率得到有效提高，而裂缝、孔洞不发育的井段，电阻率测井值校正前后变化不大。从校正前后计算的饱和度曲线对比看，孔洞、裂缝发育段的计算饱和度得到有效提高，校正后的饱和度曲线更加合理。在1524～1528m井段，孔隙度在全井段最高，微电阻率扫描成像测井显示该井段裂缝、溶蚀孔洞最为发育，但校正前用R_{LLD}计算的饱和度值却低于下部相邻的孔隙度较低的地层，不符合油藏物理特征，而经裂缝、孔洞侵入校正后，该段饱和度得到较大幅度提高，饱和度值明显高于下部储层，计算结果更趋合理。

基于电阻率测井资料的阿尔奇公式目前仍是计算饱和度的主要方法，从公式的建立条件分析，将其用于火山碎屑岩中效果较好，而火山熔岩中效果较差，而且在应用时需要对电阻率进行基质及裂缝侵入校正，准确获取火山熔岩的岩电参数难度较大。

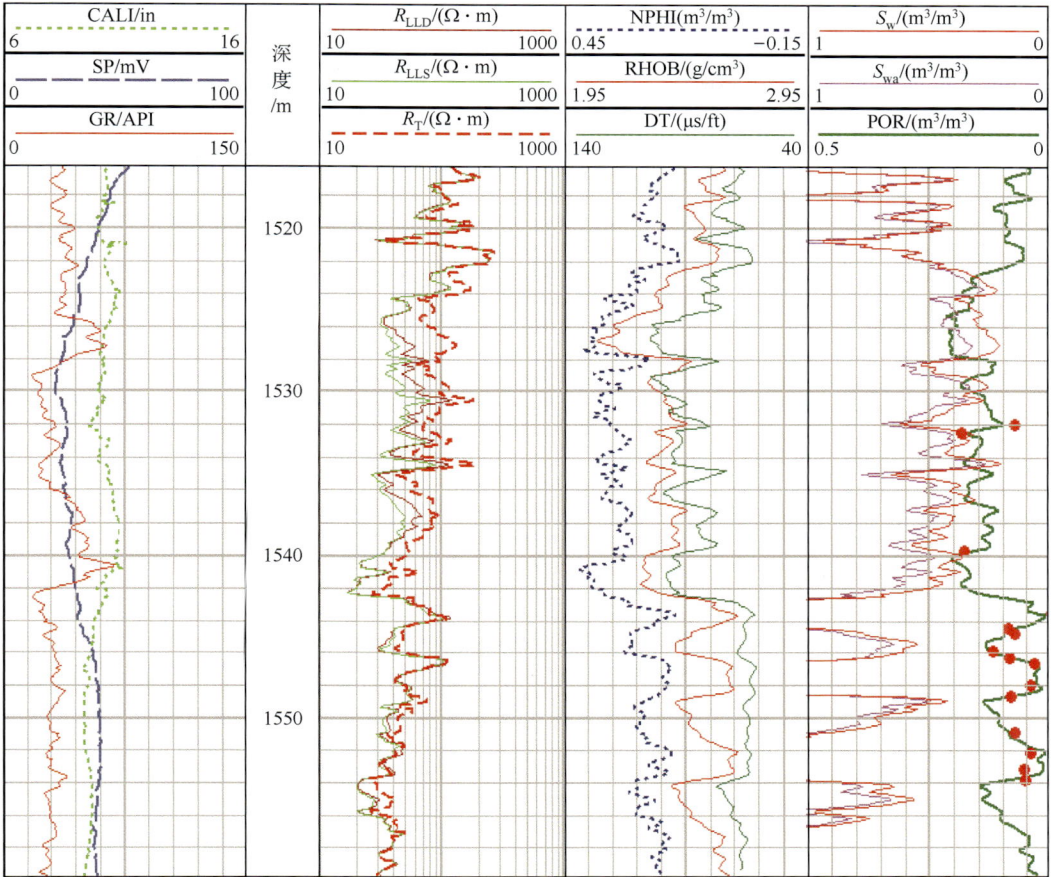

图 5.16　滴西 171 井玄武质火山碎屑岩储层综合测井评价图

5.2.3　基于毛管压力测试的饱和度计算

在缺乏密闭取心资料情况下,根据毛管压力资料确定饱和度是常用方法之一。利用毛管压力资料求原始含油饱和度主要有帕塞尔法(Purcell)、含油高度法、J 函数拟合法和沃尔法(Woll)等。由于帕塞尔法能够得到每个岩样的原始含油气饱和度,相比而言具有一定优势,在克拉美丽气田石炭系几个区块的火山岩储层平均原始含气饱和度评价中采用了这种方法。

帕塞尔法的基本思想是:先计算不同孔喉半径区间的储层渗透能力及累计渗透能力,然后用累计渗透能力达到 99.99% 时所对应的孔喉半径作为有效孔喉半径下限(即最小孔喉半径),进而在毛管压力曲线上反求出原始含油气饱和度值。

孔喉半径与毛管压力的关系为

$$P_c = \frac{2\sigma \cos\theta}{r} \tag{5.26}$$

式中，P_c 为毛管压力，MPa；σ 为流体界面张力，dyn[①]/cm；θ 为润湿接触角，(°)；r 为孔喉半径，μm。对空气-汞体系来说，$\sigma = 480\text{dyn/cm}$，$\theta = 140°$，代入式(5.26)，略去负号，则有

$$P_c = \frac{0.735}{r} \tag{5.27}$$

最小孔喉半径对应的 P_c 即为最大毛管压力，该压力值在平均毛管压力曲线上对应的汞饱和度作为原始含油饱和度，或代入以下表达式求出各岩样的原始含油气饱和度：

$$J(S_{Hg}) = \frac{P_c}{\sigma \cos\theta} \sqrt{\frac{k}{\varphi}} \tag{5.28}$$

式中，$J(S_{Hg})$ 为 J 函数，无因次量；S_{Hg} 为汞饱和度；k 和 φ 分别为渗透率和孔隙度。

利用得到的各岩样原始含油气饱和度、孔隙度、渗透率和含油气高度建立统计关系式，即得到饱和度解释模型：

$$S_o = f(H_o, \varphi, k) \tag{5.29}$$

式中，H_o 为油藏含油气高度，m，可根据测井或试油得到的油水界面计算得到。

该方法的原始含油气饱和度是逐点解释的，对岩心的均质性要求比较高，在含油气饱和度与各块岩样的孔隙度、渗透率和含油高度相关性很高时效果最佳。

利用毛管压力资料求取饱和度的优势是可以在一定程度上弥补缺少密闭取心资料的缺憾，通过岩心分析得原始含油饱和度。但在建立含油饱和度模型时，很多关键系数需靠数据拟合来确定，人为因素影响大，因此，不能局限于只用到毛管压力曲线资料来建立解释模型，而必须结合当地的沉积和构造等特征，或结合测井等资料来完善模型参数。

5.2.4 核磁共振测井饱和度计算方法

在利用核磁测井资料反演得到的标准 T_2 谱中，由截止值 $T_{2\text{cutoff}}$ 将地层的 T_2 谱划分为两部分，左侧 T_2 分布代表束缚流体，右侧代表可动流体，积分面积分别代表束缚流体和可动流体的相对体积。在正确刻度的前提下，整个 T_2 分布曲线的积分面积等于地层孔隙度，则束缚流体和可动流体的相对体积分别除以孔隙度即可得到束缚流体和可动流体饱和度。前已叙述，中基性火山岩中铁磁物质的含量相对较大，其核磁共振波谱受铁磁物质的影响较大，难以获得能够代表储层孔隙结构的 T_2 波谱。因此，由核磁共振测井资料计算流体饱和度的方法主要适用于酸性火山岩，在中基性火山岩中适用性较差。

另外，利用核磁共振谱转化为毛管压力曲线的技术已相对成熟，由转化得到的毛管压力曲线计算含油饱和度的方法已逐步被认可和采纳。

1. 应用核磁共振测井求出的可动流体饱和度计算储层饱和度

地层中可动流体体积代表在一定压差下可流出的流体相对含量。在油气从烃源岩运移到储层的过程中，油气要驱替原始孔隙中的地层水，在油源充足前提下，若成藏后未经

---

① 1dyn=10^{-5}N，达因。

大的地质改造,即储层目前具有的孔隙结构与成藏时大致相同,则可以认为储层中可动流体体积等于孔隙中的烃含量。在这种假设下,在远离油(气)水界面的储层,油气层驱替压力足够的情况下,可以用核磁共振测井处理得到的可动流体体积近似表示储层的含油气饱和度。这种方法的应用前提是获得准确的储层核磁共振波谱和 T_2 截止值。

现场核磁共振测井施工中可调整的采集参数主要有等待时间 T_W 和回波间隔 T_E。火山岩储层一般孔隙度较低,且大直径的溶蚀孔洞发育,特别是当储层含油气等轻烃成分时要有较长的等待时间、较短的回波间隔才能有效采集能够代表储层性质的 T_2 波谱。

图 5.17 左为准噶尔盆地石炭系储层一块流纹岩样品不同回波间隔实验获得的 T_2 波谱。该样品的饱水孔隙度测量值为 7.99%,实验采用的回波间隔分别为 200μs、600μs、900μs、1200μs,对应每个回波间隔获得的核磁实验孔隙度分别为 7.64%、2.76%、1.83%、1.69%。从实验结果看,随着回波间隔的增大,测量获得的孔隙度测量误差越来越大,获得的 T_2 波谱的代表性越来越差。图 5.17 右为一块英安岩样品不同回波间隔实验获得的 T_2 波谱。该样品的饱水孔隙度测量值为 9.48%,对应回波间隔 200μs、600μs、900μs、1200μs 获得的核磁实验孔隙度分别为 9.58%、6.38%、4.56%、2.09%。

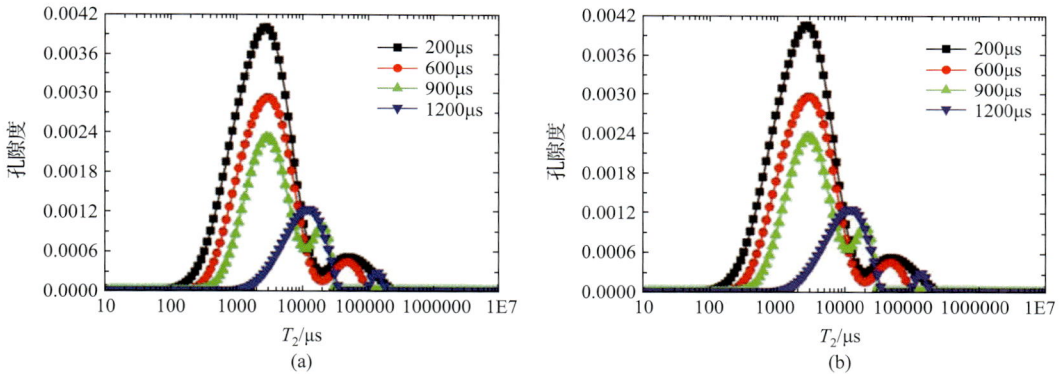

图 5.17 流纹岩、英安岩样品不同回波间隔的实验 T_2 波谱图

系统的岩心实验证明,在采集等待时间足够长且回波间隔小至 200μs 时,核磁共振测井获得的 T_2 波谱质量较好,这一回波间隔恰恰是 CMR-PLUS 所采用的最小回波间隔。可见,对孔隙度相对较低、大直径溶蚀孔洞发育的火山岩储层,要获得高质量的核磁共振波谱,应尽可能采用仪器最长的等待时间和最小的回波间隔采集资料。

T_2 截止值 $T_{2cutoff}$ 是求出束缚水饱和度的关键参数。实验证明,T_2 截止值的变化较大,对酸性火山岩而言,$T_{2cutoff}$ 主要分布在 11~28ms。不同岩性的火山岩要进行系统实验,才能获得有代表性的 $T_{2cutoff}$,从而求出准确的可动流体饱和度和束缚水饱和度。

2. 应用核磁共振谱转换的毛管压力曲线求饱和度

油藏毛细管性质决定了油水的分布,因此,毛管压力的测定是油藏表征的基本要素。迄今毛管压力曲线的测定仅限于岩心分析,而通常岩心数量非常有限,实验室岩心分析常常不能完全代表井下的渗透条件,并且实验用的小块岩心不一定能代表目的层段情况。由于核磁共振 T_2 分布与孔隙结构直接相关,可以利用 T_2 分布来构建毛管压力曲线,其理论基础是表面弛豫起主导作用,方法的基本思路是用(压汞)毛管压力数据 P_c 刻度核磁 T_2 谱,即建立 P_c 和 T_2 之间的转换关系或确定二者之间的转换系数。

利用核磁共振转换毛管压力曲线求饱和度时,其应用效果主要受三方面因素影响:一是地质因素,储层的孔喉直径与毛管直径之间必须具有较好的相关关系;二是采集及处理的因素,采集的核磁共振 T_2 谱应能够有效地反映储层的孔径分布,转化技术能够获得高质量的毛管压力曲线;三是要获得相对准确的油藏信息,包括油(气)水界面的深度和储层流体的密度差。其中油藏的油水界面可以用测井、试油的方法获得,如应用定性的测井油气层识别技术可以提供油藏的油水界面,利用电缆地层测试资料获得的压力剖面可以快速、准确地确定油水密度差,高压物性资料也可以提供准确的油水密度差。下面主要讨论最为关键的转换技术。

从岩石物理学意义上说,压汞毛管压力曲线反映的是某一孔喉大小控制下的孔隙体积分布,而核磁共振 T_2 分布谱则反映不同孔隙大小的孔隙体积分布。因此,核磁共振 T_2 分布转化为压汞毛管压力曲线或孔喉分布时,必须假设岩石的孔隙半径与喉道半径存在相关关系,而且孔喉半径比的变化不太剧烈。

如果限定孔隙几何形状,可以导出 T_2 与孔隙半径 r_{por} 的关系式为

$$\frac{1}{T_2} = \rho_2 \frac{S}{V} = F_s \frac{\rho_2}{r_{por}} \tag{5.30}$$

式中,ρ_2 为岩石表面弛豫率,m/ms;S、V 分别为孔隙表面积和体积,m³;F_s 为孔隙几何形状因子。当表面弛豫机制起主导作用时,可利用 T_2 分布来评价孔喉分布。如果假设孔隙半径与喉道半径 r 呈比例或相关关系,即

$$r_{por} = nr \tag{5.31}$$

则式(5.30)可改写为

$$\frac{1}{T_2} \approx \rho_2 \left(\frac{F_s}{r_{por}} \right) = \rho_2 \left(\frac{F_s}{nr} \right) \tag{5.32}$$

合并式(5.27)和式(5.32),整理即得

$$P_c = C \frac{1}{T_2}, C = \frac{0.735n}{\rho_2 F_s} \tag{5.33}$$

式中,C 称为转换系数。

实现这种思路(求取转换系数)目前有三种方法,即相似对比法、平均饱和度误差最小法和幂指数分段刻度法。

(1)相似对比法:采用两种数据图形对比方法,根据最大相似性原理求出孔隙弛豫时间与毛管力之间的转换系数 C。该方法直接利用岩心核磁共振 T_2 谱和压汞分析数据之间的相关性,客观地确定 T_2 与 P_c 之间的转换系数,避免了确定岩石特性参数的困难。

(2)平均饱和度误差最小法:最早由 Shell 公司的 Yakov 提出,其原理是首先将 T_2 谱的幅度进行归一化,T_2 谱总幅度之和为 100%,将 T_2 谱从大孔向小孔进行反向累加,得到一条在物理意义上与毛管压力相似的 T_2 谱累积曲线,其累积饱和度相当于毛管压力曲线的饱和度,毛管压力曲线与 T_2 饱和谱累积曲线反映近似相同的岩石孔隙结构(孔喉比不

大）。寻找一个最佳转换系数 C，使转换得到的毛管压力曲线与实际的毛管压力曲线最为接近。

（3）幂指数分段刻度法：利用单一、线性的刻度系数时，小孔径处（高毛管压力段）转化得到的毛管压力曲线与实测毛管压力曲线相差较大，分析认为主要原因应是大孔喉的转换系数不同，即不同孔径段上的刻度系数有所不同，因此提出了分段刻度的方法，以改善单一刻度方法在小孔喉段的刻度误差。

应用核磁共振谱毛管压力曲线求饱和度的实例见图 5.18。该井段为克拉美丽气田滴 403 井的石炭系流纹岩段。测井和试油综合确定的 L4 井所在的气藏气水界面推至本井的对应深度为 3730m，气藏中部地层压力条件下的流体密度为 $0.29\mathrm{g/cm^3}$，流体密度差为 $0.71\mathrm{g/cm^3}$。由于气藏高度较大，该流纹岩段处于气藏的顶部，可认为核磁共振测井测得的孔隙流体空间完全被天然气驱替，地层的饱和度可以用自由流体孔隙度与有效孔隙度的比值获得。该井段采用的 T_2 值为该地区的实验值，取值为 28ms，左数第五道的粉色点画线 S_{WCMR} 就是用 T_2 截止值 28ms 处理获得的自由流体孔隙度和有效孔隙度的比值求出的饱和度曲线。左数第六道为用核磁共振谱转换得到的地层条件下毛管压力曲线，按气水界面 3730m、流体密度差 $0.71\mathrm{g/cm^3}$ 计算每个深度点的 P_c，应用每个深度点的转化毛管压力曲线计算出了饱和度曲线 S_{WPC}（图中绿色虚线）。另外，还经孔隙、裂缝侵入校正后的电阻率（左数第三道中的 R_T 曲线）和孔隙度曲线应用阿尔奇公式计算了饱和度

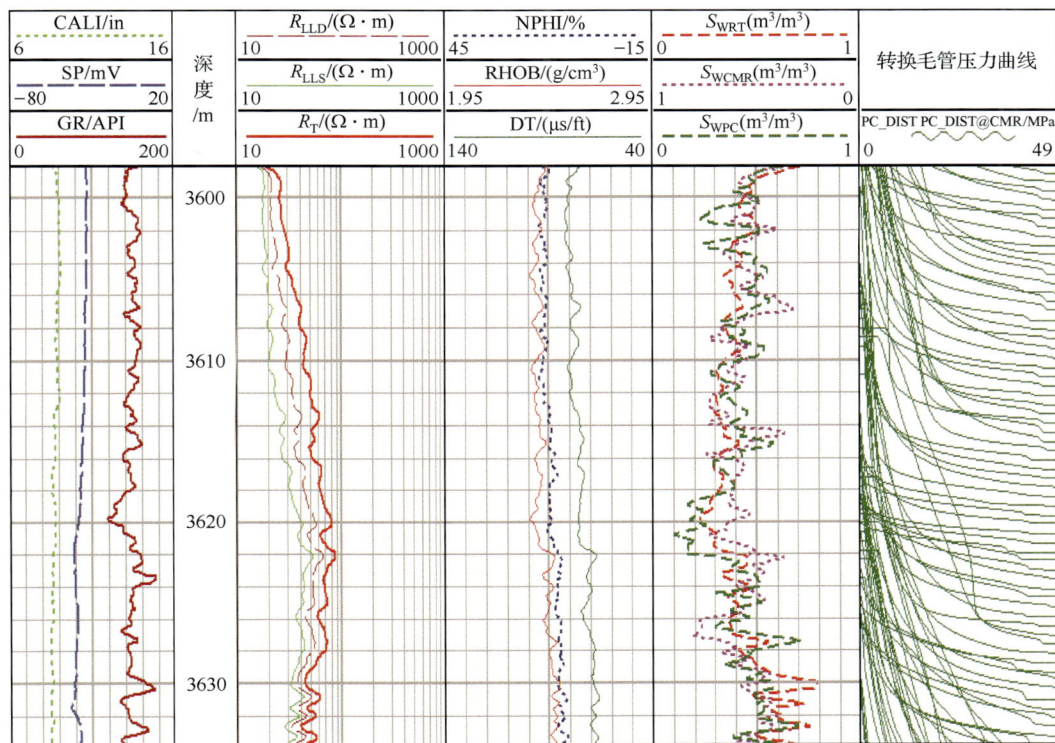

图 5.18　滴 403 井流纹岩段核磁共振测井资料饱和度综合评价图

曲线 S_{WRT}（图中红色虚线）。三种方法计算的饱和度曲线数值略有差异，但变化规律及平均值基本一致，三种方法相互印证，表明该流纹岩井段计算的饱和度是可靠的。三个数值平均后得到该流纹岩井段的含气饱和度为 65%。

另一个例子来自克拉美丽气田滴西 18 井的次火山岩段，见图 5.19。该井钻井过程中油气显示较好，中子-密度测井重叠具有明显的"镜像"特征，"挖掘效应"明显，定性识别为气层。为了有效获得高质量的 T_2 谱，核磁共振测井选用了 CMR-PLUS 测井仪，回波间隔选用 200μm，通过井下测井实验选用了较长的等待时间，获得了高质量的 T_2 谱（图中从左往右最后一道）。该波谱有效地反映了储层的孔隙结构。对 T_2 谱进行转换形成地层条件下的毛管压力曲线（图中左数第六道）。油水密度差采用 $0.71g/cm^3$，应用实际的油水界面，计算出毛管压力饱和度曲线 S_{WPC}（左数第五道中粉红色曲线）。由于该井段离气水界面距离较远，应用可动流体孔隙度和有效孔隙度计算出了饱和度曲线 S_{WCMR}（左数第五道中绿线）。该井段高角度裂缝发育，应用裂缝侵入校正方法获得基岩电阻率 R_T，计算出

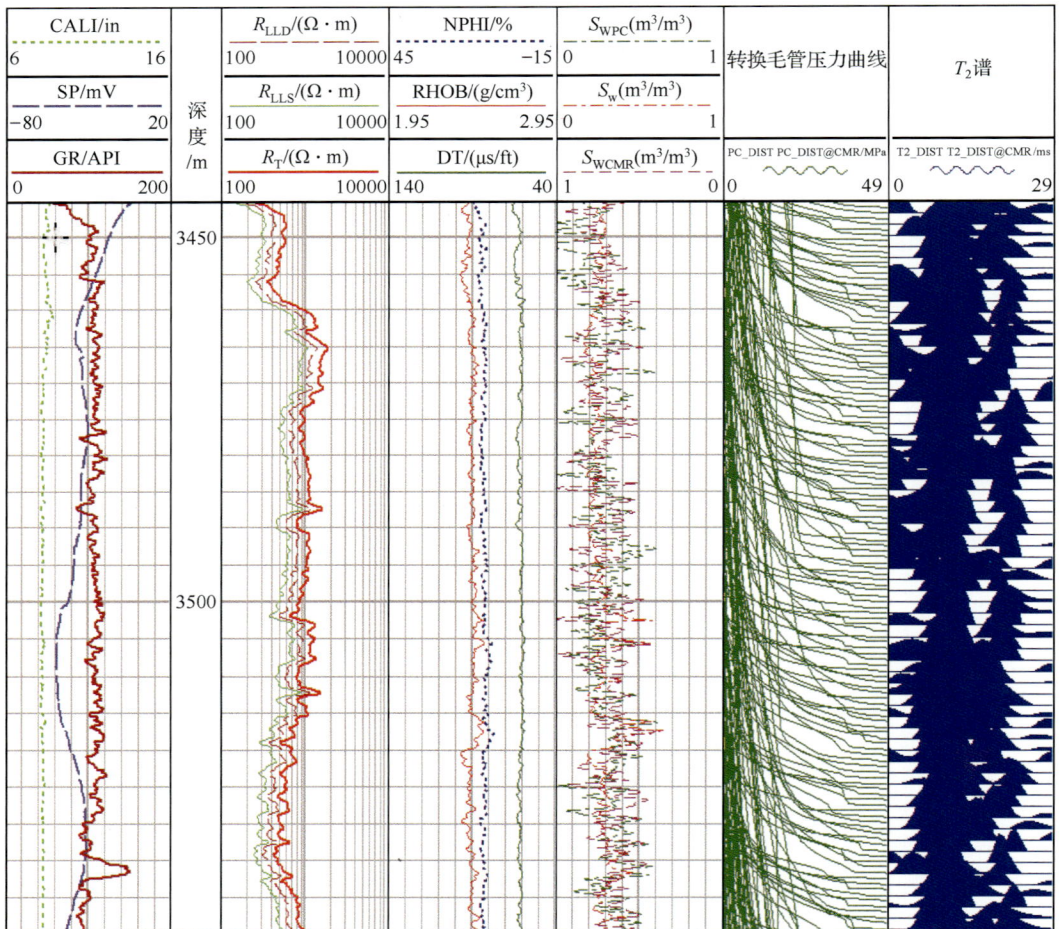

图 5.19　滴西 18 井酸性次火山岩段测井资料综合评价图

了电法饱和度 S_w（左数第五道中红色曲线）。三条饱和度曲线重叠可以看出，其数值虽有差异，但平均数值基本相同。该井段内转化毛管压力曲线法计算的平均含气饱和度为72％，电阻率法计算的平均饱和度为71％，束缚水饱和度法计算的平均饱和度为70％。三种方法计算的饱和度平均值一致，这在一定程度上证明了该段饱和度计算值的可靠性。

　　总之，与传统的毛管压力测量相比，核磁测井具有快速、无损害等特点，且可以在井中获得连续的地层信息。因此，从 T_2 分布中获得毛管压力曲线的方法在实际生产应用中具有广阔前景。随着核磁共振解释技术发展，核磁共振谱转化毛管压力曲线的效果越来越好，由此计算的含油气饱和度精度也会不断提高。

　　核磁共振测井确定饱和度时，主要的不足是受到岩石中顺磁物质的影响，一般只能用于酸性火山岩储层，对中基性岩不适用或效果很差。另外，在低孔隙度储层、裂缝性溶洞性等非均质性严重的储层及混合润湿和亲油储层，核磁共振测井仍然有许多困难。因此，不管什么条件下，流体识别和评价的最好方法还是核磁共振与其他有效测井信息的综合解释。

火山岩储层综合评价及应用效果 第6章

经过近些年的技术攻关和生产实践,逐步形成了较为系统的准噶尔盆地火山岩油气藏测井评价理论、方法和技术,在油田勘探开发中很好地发挥了测井技术优势,取得了明显的地质效果。前面几章已分别针对火山岩岩性、物性、含油性评价的方法原理和技术、从测井评价共性角度进行了论述,并给出了相应技术的应用实例。本章旨在选取准噶尔盆地的典型火山岩油气田,系统阐述测井技术在储量参数计算、储层特征精细评价,以及与地质、地震等相关技术领域结合进行油气藏类型及控藏因素评价、岩相平面展布预测等方面的应用,力图展示储层综合评价技术的应用效果,希望能为不同地质条件下的火山岩储层综合评价提供参考资料。

精细、高效的火山岩测井评价技术和成果,为解决地质研究中存在的油气藏类型判断、控藏因素评价等问题,为评价井的部署及气藏的准确、快速认识,以及各种应用研究成果的综合研究和跟踪评价,都提供了强有力的技术支持。这里以克拉美丽气田滴西14井区气藏和金龙油田金龙10井区油藏的跟踪评价研究为例,介绍准噶尔盆地火山岩储层的综合评价技术及其应用效果。

6.1 克拉美丽气田储层综合评价

克拉美丽气田探明于2008年,是新疆油田第一个千亿立方米规模的大气田。该气田的投产是新疆油田从大油田向大油气田转变迈进的重要一步,标志着新疆油田在天然气勘探开发上步入全新境界。克拉美丽气田石炭系岩性十分复杂,发育沉积岩和火山岩两大岩石类型,其中火山岩既有从基性到酸性的各类熔岩和火山碎屑岩,又有花岗斑岩、二长斑岩等次火山岩。储层孔缝类型多样,孔隙包括原生气孔、残余气孔、粒内孔、粒间孔、基质微孔、晶间微孔、重结晶晶间孔及各种溶孔,裂缝包括收缩缝、炸裂缝、粒间缝、层间缝、构造缝、溶蚀缝等。储层岩性、孔隙结构复杂、非均质性强、纵横向变化快等特点,给储层岩性、物性及流体性质识别造成了极大困难。

根据克拉美丽气田火山岩储层特点及需要解决的问题,有针对性地进行了微电阻率扫描成像测井(FMI、EMI)、核磁共振测井(CMR、MRIL-P)、偶极子声波测井(DSI、WAVESONIC)、旋转式井壁取心(MSCT)和元素俘获能谱测井(ECS)。上述特殊测井系列的应用为开展测井技术攻关奠定了坚实基础,攻克了岩性识别、基质孔隙度计算、裂缝及次生孔隙评价、流体性质识别及饱和度计算等多项关键技术,形成了相对完善的火山岩测井储层评价技术,为气田发现、评价及探明提供了重要的测井技术支持。

6.1.1　储层测井评价

1. 岩性岩相划分

针对克拉美丽气田石炭系岩性发育特点,在环境校正和归一化处理基础上,采用岩心标定测井,GR、DEN 和 ECS 等测井资料识别火山岩化学成分,常规测井和 FMI 测井识别火山岩结构及构造特征的技术思路,对火山岩岩性进行了综合识别。

储层岩性识别采用"二步三细"划分法。第一步将火山岩和沉积岩分开:火山岩和沉积岩的区分相对简单,一般用常规测井识别图版即可有效划分,利用 FMI 成像能够有效反映沉积构造的特点可以更为准确地识别,两种方法相结合,基本可以确保正确划分。第二步将火山岩再分三步进行细分:首先按岩石结构、成因将火山岩划分为火山熔岩类、火山碎屑熔岩类和火山碎屑岩类三大类,因熔结火山碎屑岩和火山碎屑熔岩在测井学上较难分辨,统一归结为火山碎屑熔岩类;而后按 SiO_2 含量将火山岩划分为玄武质、安山质、英安质、流纹质四大类;最后按火山岩的结构、构造特征和火山碎屑粒级进行火山岩岩性的细分。

克拉美丽气田建立的测井岩性识别图版见图 6.1 和图 6.2。图 6.1 显示沉积岩 R_T/AC 一般低于 0.12,GR 测井值小于 110API;中基性火山熔岩位于 Ti-Fe 交会图右上方,酸性火山熔岩处于 Ti-Fe 交会图左下方;在 FMI 成像测井图上,沉积岩具有明显的沉积构造。从图 6.2 看出,GR 能够有效区分火山岩的成分:玄武安山岩区 GR 小于 64API,安山岩区 GR 为 64～87API,二长玢岩区 GR 为 87～115API,酸性岩区 GR 大于 112API。密度测井可以定性反映岩石的结构、构造:斜线以下为相应岩区的熔岩,斜线以上则为角砾岩区。

图 6.3 为滴 403 井石炭系测井岩性识别成果图。通过上述研究发现,克拉美丽气田石炭系各岩类呈大套发育特征。

在岩性识别和岩石类型划分的基础上,根据火山岩岩相标志,结合岩心、化验分析、测井、地震等资料,通过建立地质-地震对应关系,对克拉美丽气田石炭系单井岩相进行了划分。岩性岩相研究结果表明,克拉美丽气田石炭系火山岩分上下两个序列,中间夹一套沉积岩。上序列火山岩主要为一套溢流相的中基性-基性火山熔岩,分布于滴西 17 井、滴西 173 井和滴西 172 井沿线以西(图 6.4);下序列火山岩主要为爆发＋溢流相的分布较为广泛的酸-中酸性火山岩,以及次火山岩相的浅成侵入岩,酸性喷发岩平面上主要分布于滴西 14 井、滴 403 井及滴西 10 井附近(图 6.5、图 6.6),次火山岩相的浅成侵入岩主要沿滴水泉西断裂分布,目前集中在滴西 18 井区及滴西 10 井区(图 6.6、图 6.7)。

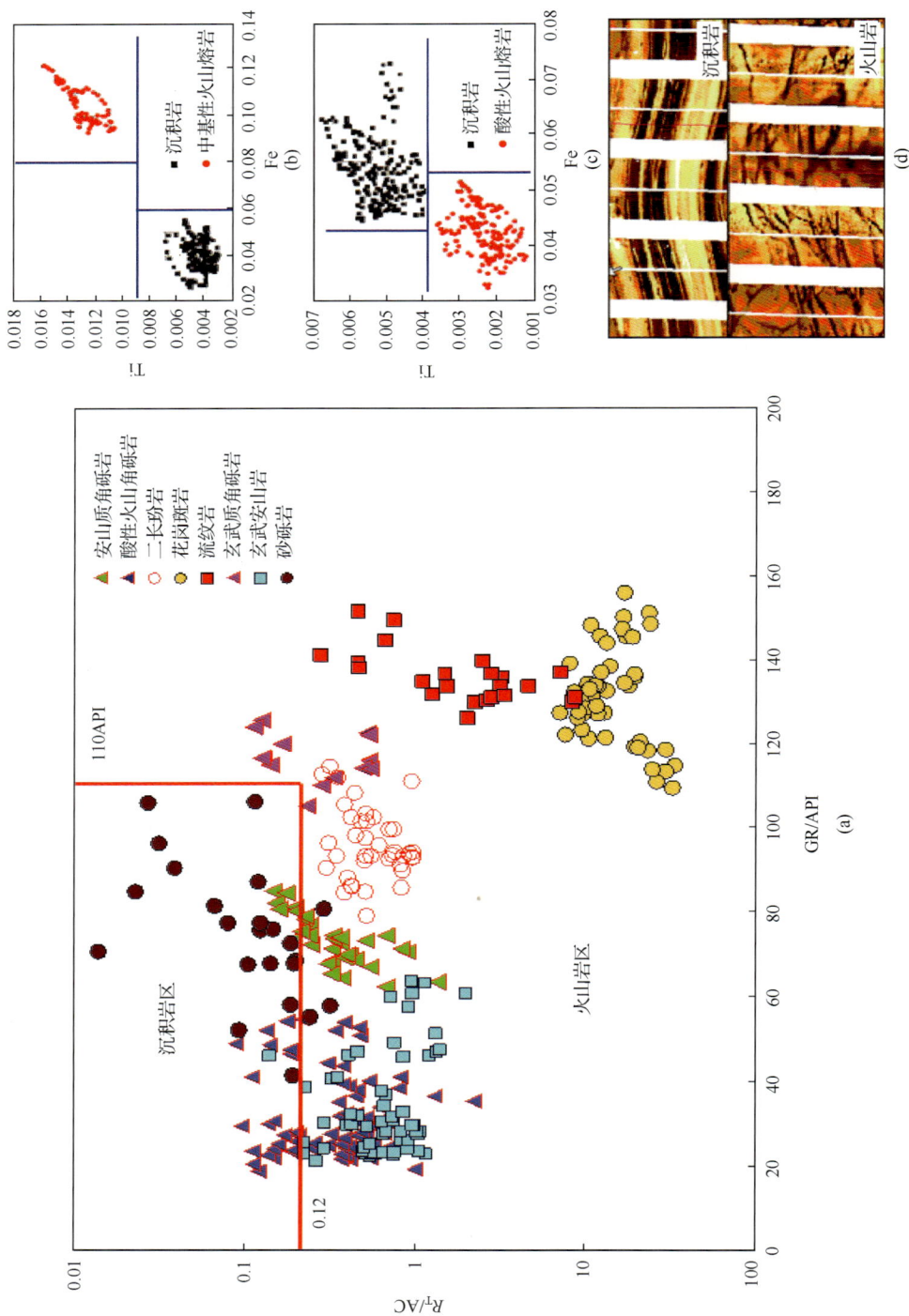

图 6.1 克拉美丽气田沉积岩-火山岩岩性识别图版

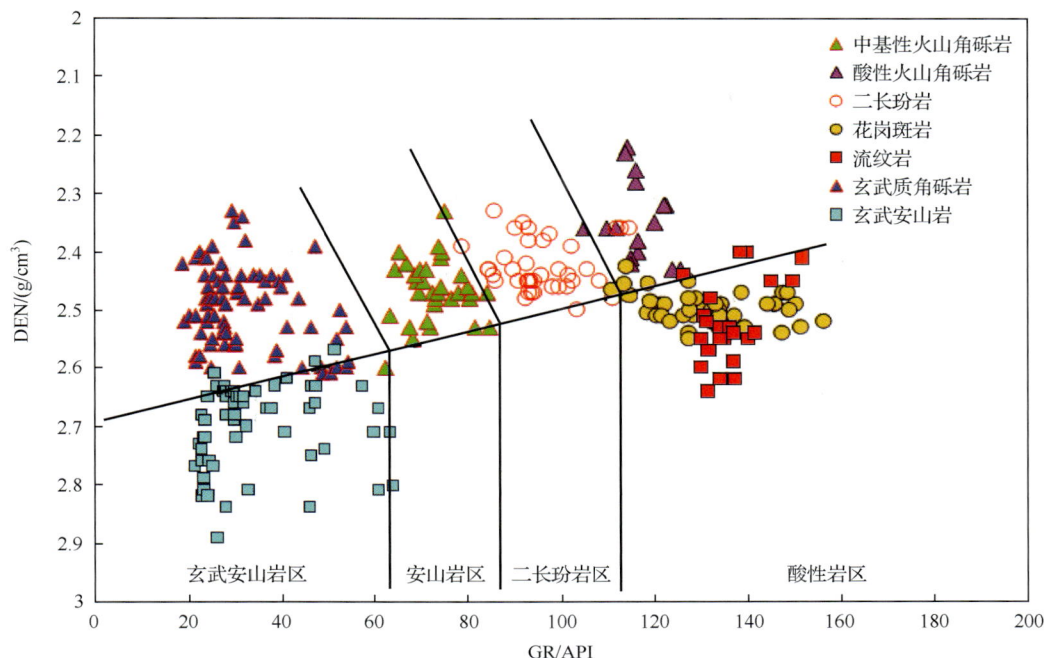

图 6.2　克拉美丽气田火山岩常规测井岩性识别图版

　　试油资料表明,克拉美丽气田石炭系火山岩储层有利的火山岩相带为溢流相、爆发相的近火山口亚相及次火山岩相(图 6.4～图 6.7)。

2. 物性评价

　　针对克拉美丽气田储层为裂缝、孔隙双重介质的特点,综合应用常规溶蚀孔洞识别技术、FMI 孔隙度谱孔隙结构评价技术、核磁共振谱孔隙结构评价技术及孔隙充填程度评价技术评价了基质孔隙度;而后利用 FMI 结合 DSI 测井对有效裂缝进行识别及参数评价。

1) 基质孔隙度计算

　　针对克拉美丽气田石炭系各岩性大套发育的特点,采用分岩性建立骨架图版进行孔隙度计算的技术。分析认为,该气田密度测井能较好地反映沉积岩、侵入岩、熔岩及凝灰质角砾岩的物性变化,而声波测井对安山质角砾岩的物性变化有较好响应(图 6.8),为此,针对不同岩性,分别采用密度测井和声波测井计算孔隙度。图 6.9 为克拉美丽气田石炭系不同岩性孔隙度处理结果图,从图可看出,处理孔隙度与岩心分析孔隙度基本一致。

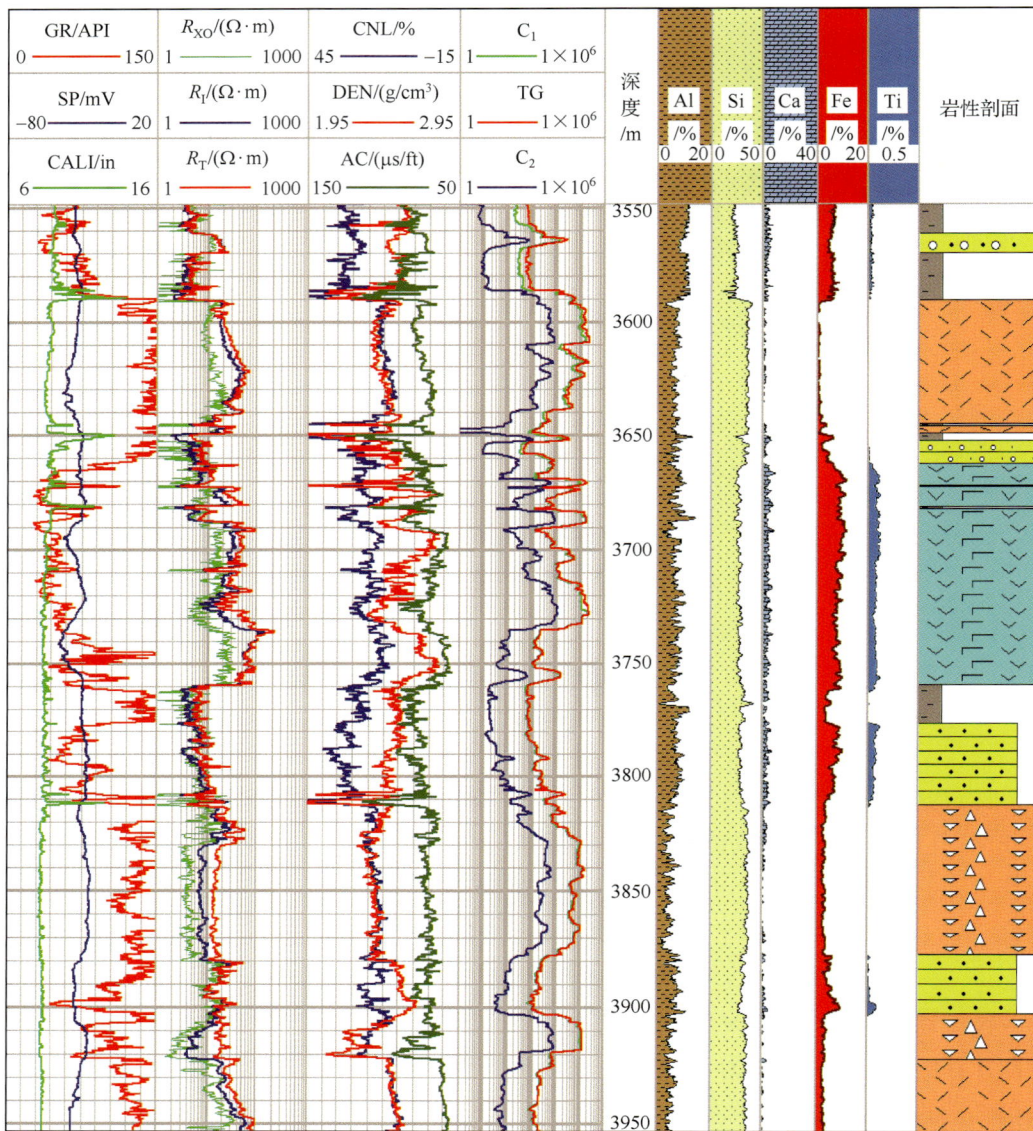

图 6.3　克拉美丽气田滴 403 井石炭系测井岩性识别成果图
TG 为总烃

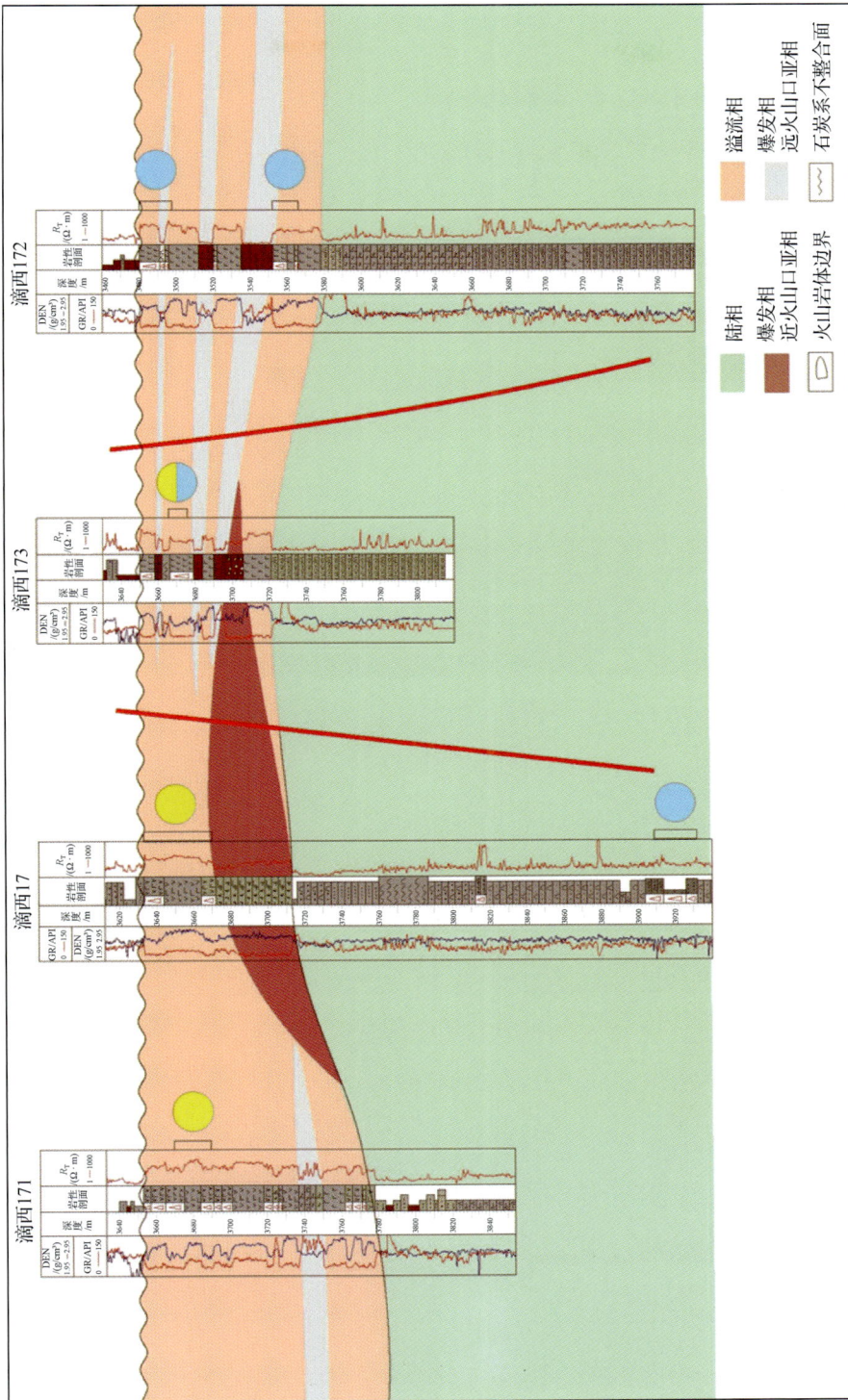

图 6.4　克拉美丽气田滴西 17 井区石炭系岩相剖面图

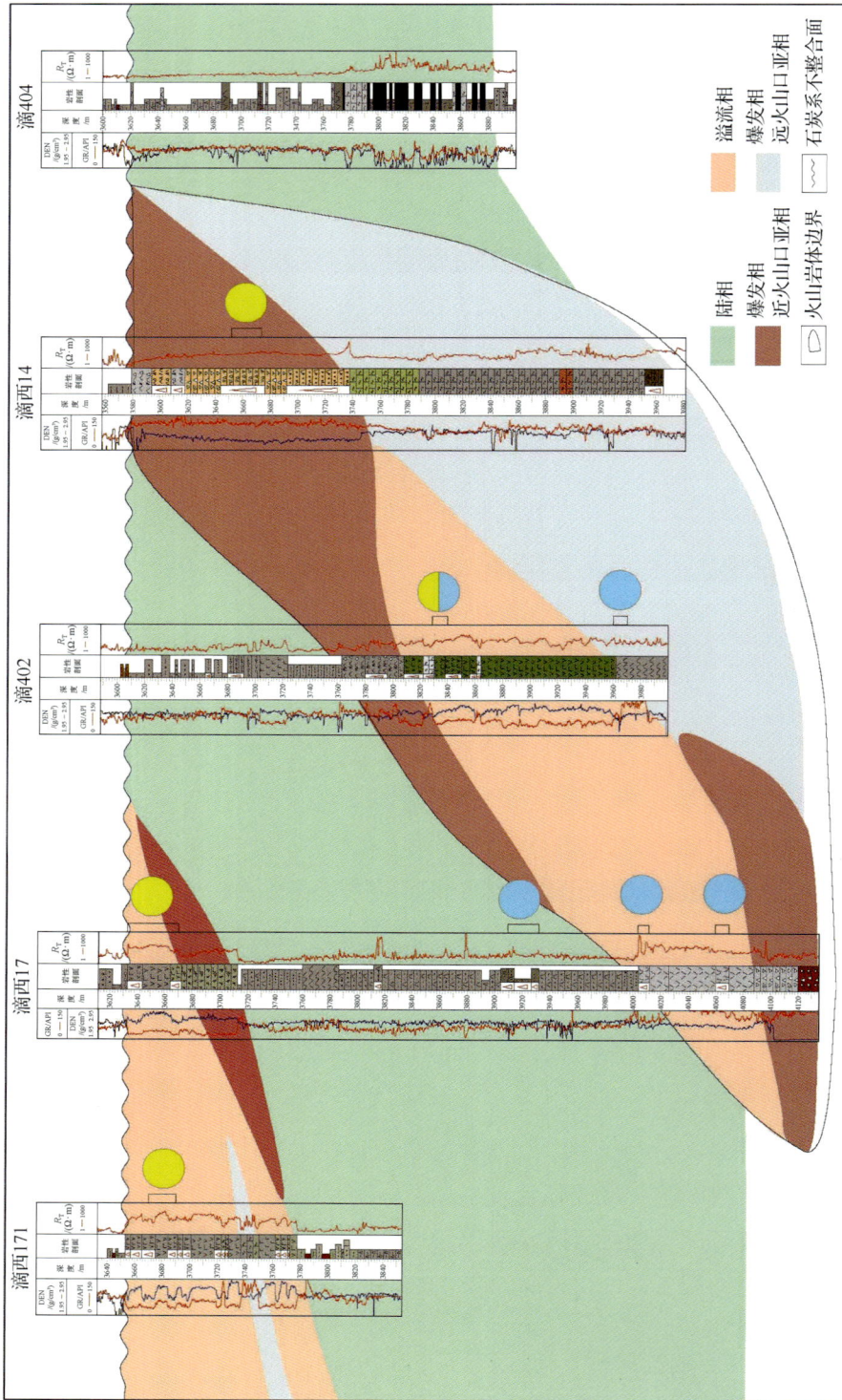

图 6.5 克拉美丽气田滴西 14 井区石炭系岩相剖面图

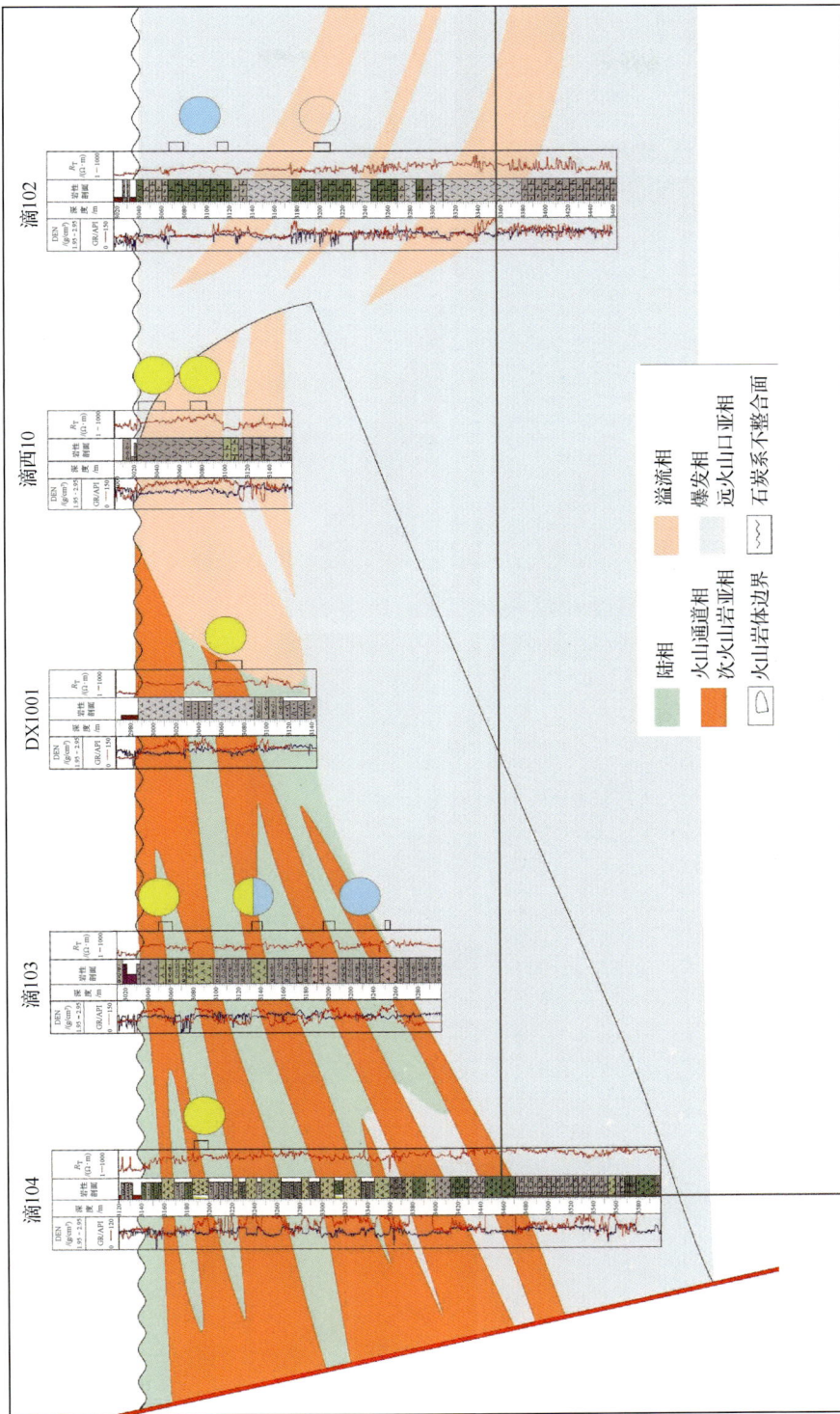

图 6.6　克拉美丽气田滴西 10 井区石炭系岩相剖面图

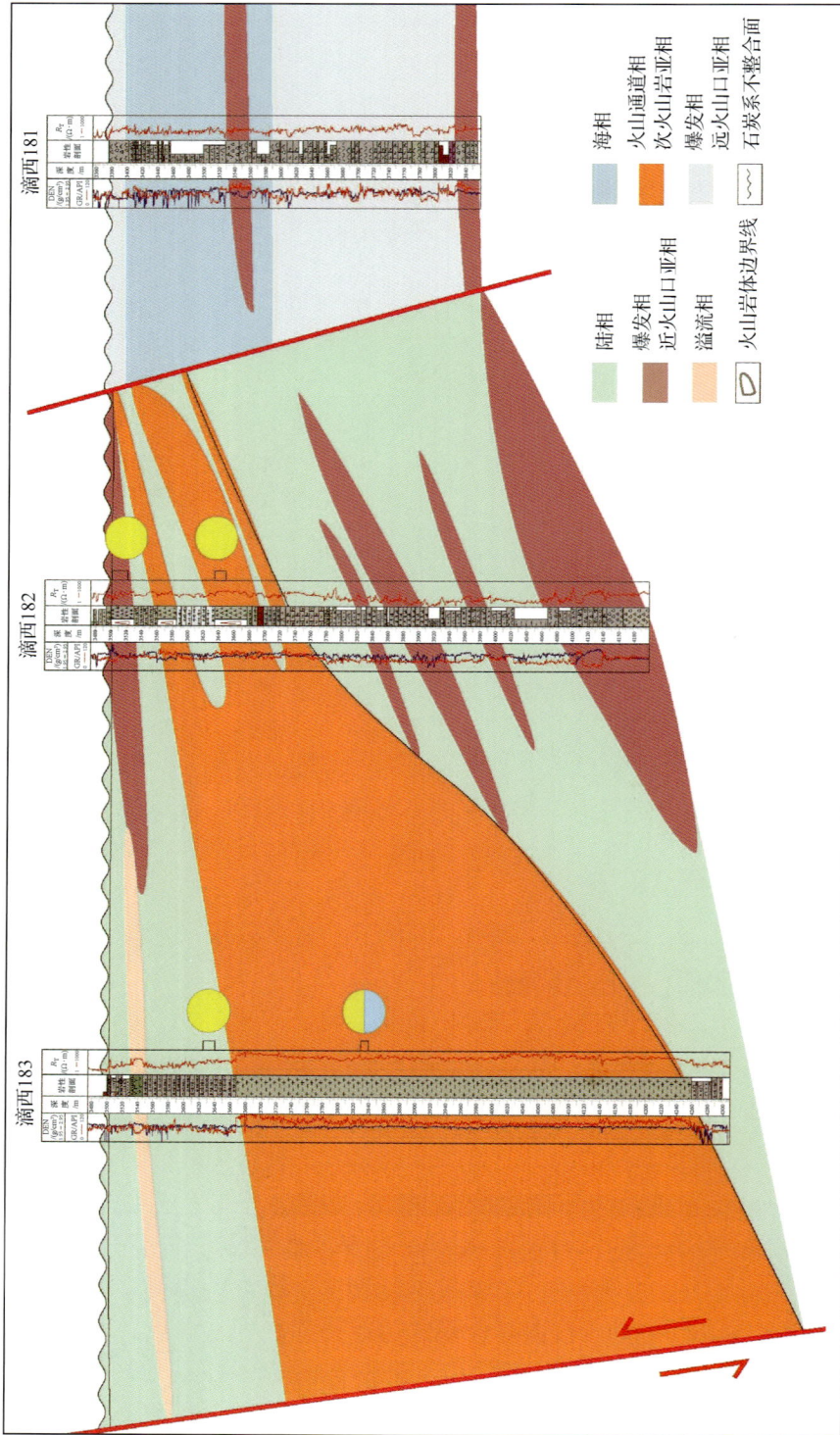

图 6.7　克拉美丽气田滴西 18 井区石炭系岩相剖面图

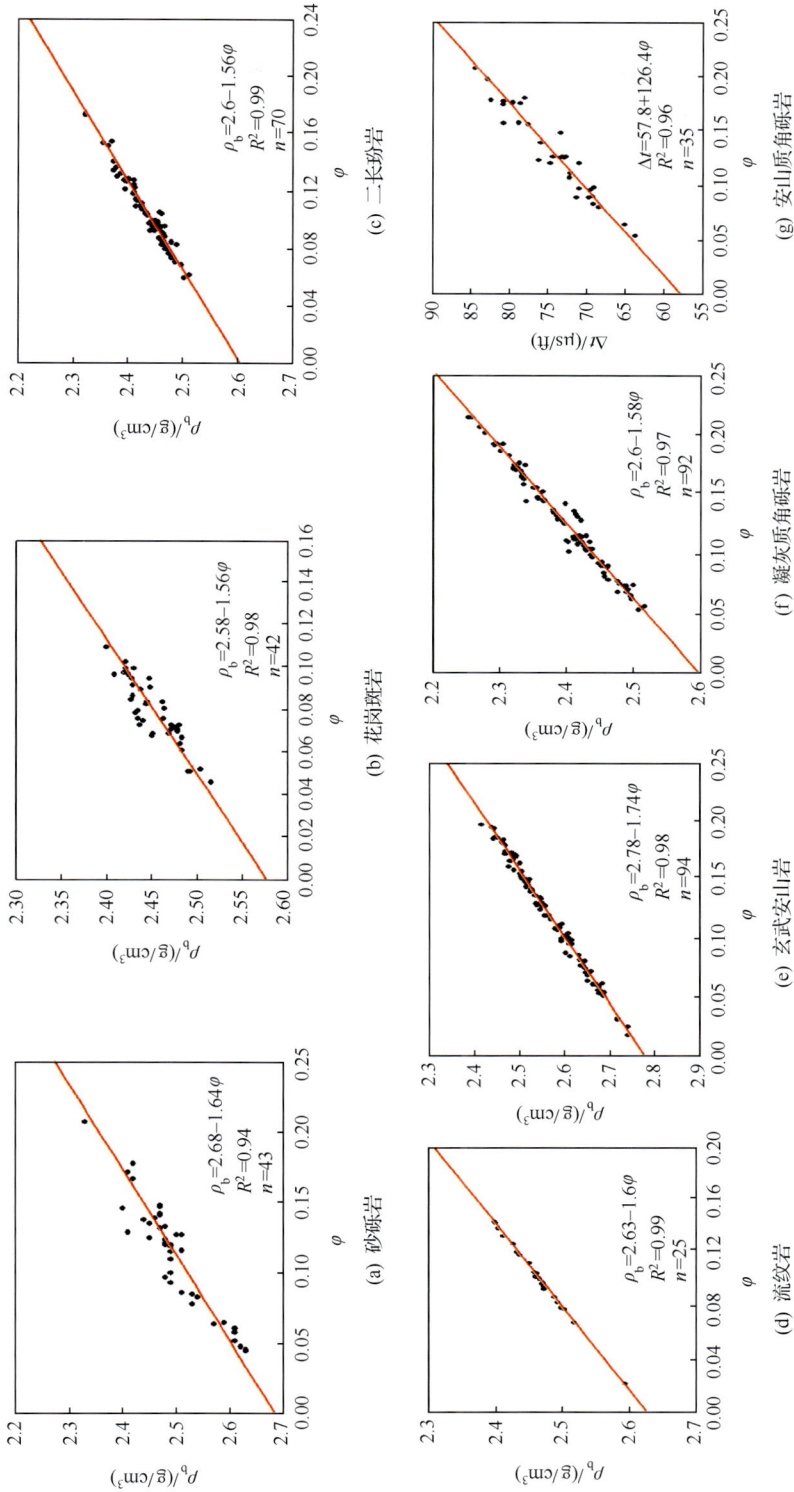

图 6.8　克拉美丽气田石炭系不同岩性骨架图版

n. 样品数

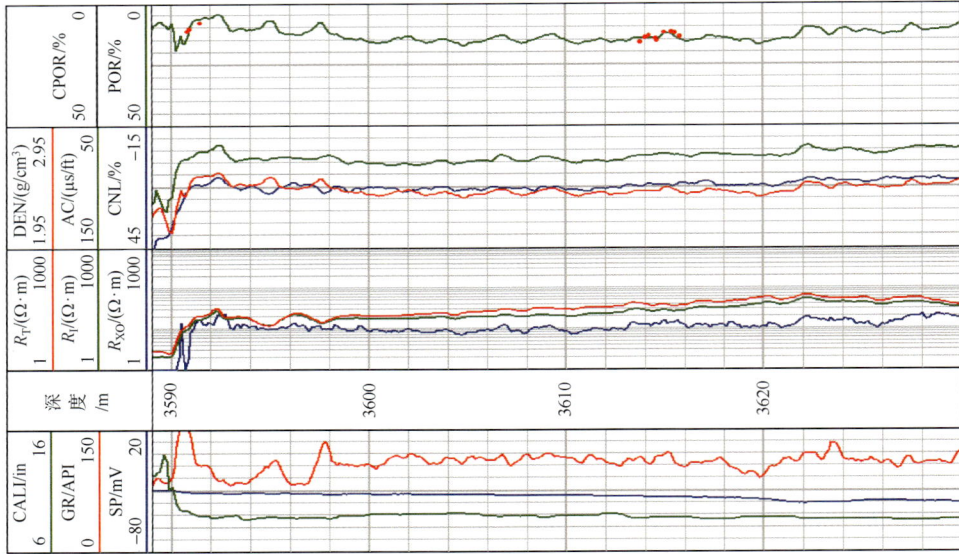

(b) 流纹岩(滴403井)

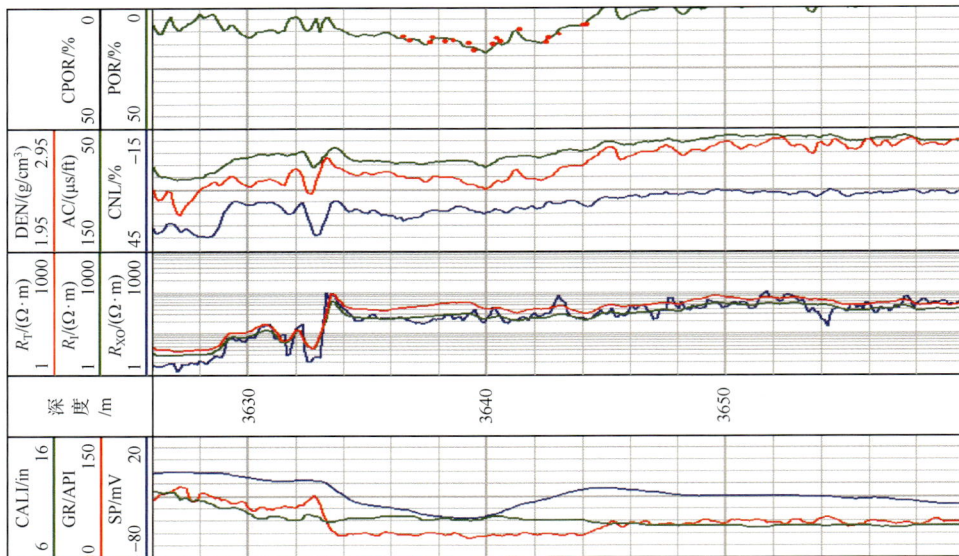

(a) 玄武安山岩(滴西17井)

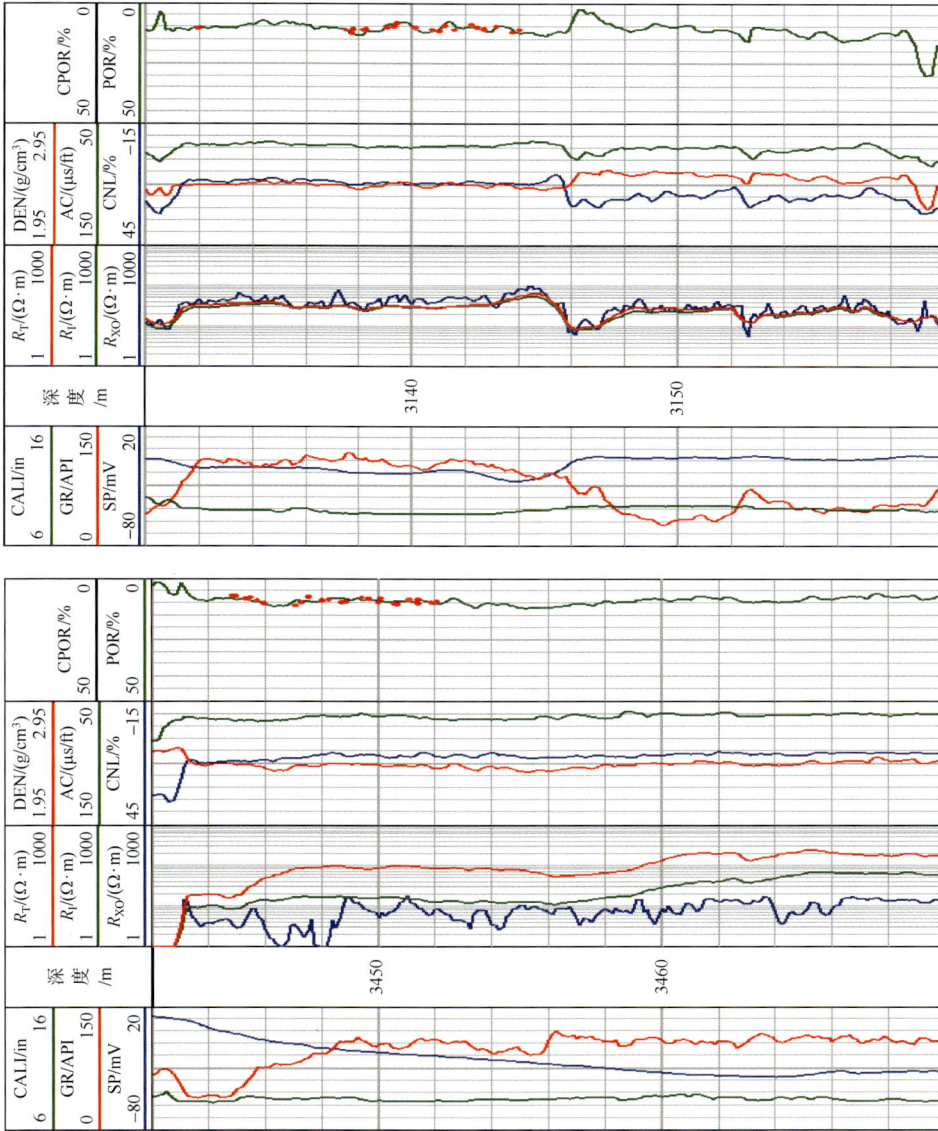

(d) 二长斑岩(滴103井)

(c) 花岗斑岩(滴西18井)

图 6.9　克拉美丽气田石炭系不同岩性处理孔隙度与岩芯分析孔隙度对比图

表 6.1 为取心井段测井计算孔隙度与岩心分析孔隙度对比。对比结果进一步证实了孔隙度计算模型合理有效,同时,也反映了该气田石炭系火山岩储层中火山碎屑岩物性好于火山熔岩,中酸性岩好于中基性岩,火山熔岩、火山碎屑岩物性变化较大的特点。

表 6.1 克拉美丽气田石炭系测井计算孔隙度与岩心分析孔隙度对比

井名	岩性	分析孔隙度/%	处理孔隙度/%
滴 403 井	酸性火山角砾岩	16.85	16.71
滴西 1414 井	酸性火山角砾岩	16.43	16.26
滴西 14 井	酸性火山角砾岩	17.28	17.68
滴西 182 井	中基性火山角砾岩	12.98	12.96
滴 403 井	流纹岩	13.72	14.08
滴西 10 井	流纹岩	9.53	9.86
滴西 17 井	玄武安山岩	11.99	12.76
滴西 171 井	玄武安山岩	7.22	7.58
滴 401 井	玄武安山岩	14.38	15.32
滴 402 井	玄武安山岩	11.08	10.87
滴 403 井	玄武安山岩	13.65	14.18
滴 103 井	二长玢岩	7.51	7.83
滴西 182 井	二长玢岩	9.11	9.34
滴 104 井	二长玢岩	10.50	11.01
滴西 18 井	花岗斑岩	8.80	9.24
滴西 183 井	花岗斑岩	5.00	5.06
滴西 184 井	花岗斑岩	8.15	8.13

2) 裂缝评价

微电阻率成像测井资料表明,克拉美丽气田石炭系储层开口裂缝多为高角度缝或直劈缝,易与钻井诱导缝相混淆。因此,在裂缝评价中,首先利用偶极横波测井 DSI 和微电阻率扫描成像测井 FMI 识别天然裂缝和钻井诱导缝;然后采用斯仑贝谢公司的裂缝计算方法对有效缝进行定量计算,准确评价裂缝长度(FVTL)、裂缝密度(FVDC)、裂缝视孔隙度(FVPA)和裂缝走向等参数。

图 6.10 为滴西 18 井有效缝识别及定量评价效果图。该井石炭系钻遇火山岩 400m,基质孔隙度较小,平均为 7.6%。但微电阻率扫描成像图反映裂缝较发育,依据裂缝参数定量评价结果,确定火山岩上部井段为有效储层,压后自喷日产气约 25 万 m³。本井的成功解释说明了裂缝对储层渗透能力的改善起到了关键作用。

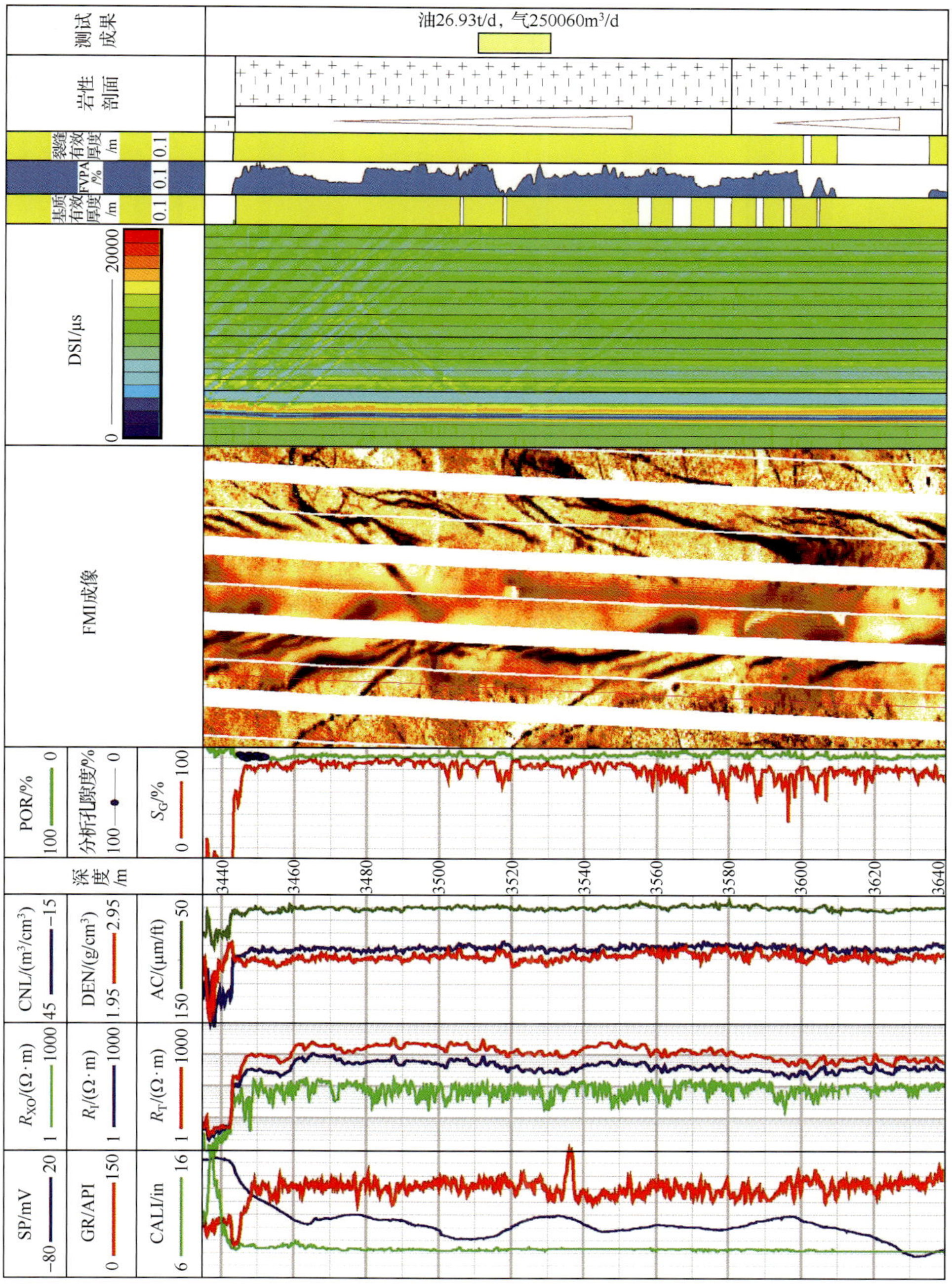

图 6.10　克拉美丽气田滴西 18 井有效裂缝识别及定量评价效果图
FVPA. 裂缝视孔隙度

同时,从对克拉美丽气田七种产气岩性的裂缝发育情况统计结果来看,裂缝的发育情况与岩性也有着重要的关系,次火山岩裂缝最发育,中基性火山熔岩次之(图 6.11)。

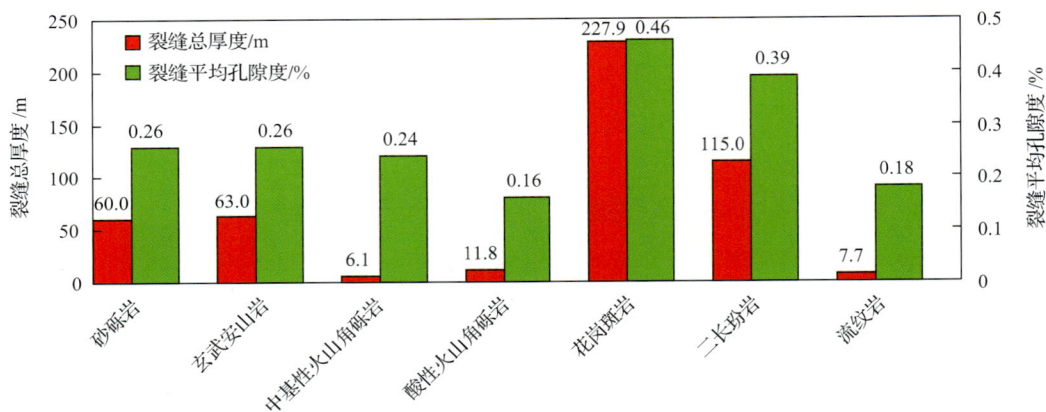

图 6.11　克拉美丽气田石炭系不同岩性裂缝厚度与孔隙度

3. 含油性评价

克拉美丽气田储层流体以天然气为主,这里只针对气层说明其定性识别和饱和度定量计算方法。

1) 气层定性识别

克拉美丽气田使用了三种基于测井曲线特征的气层识别方法,即密度与中子测井曲线重叠法、核磁孔隙度与密度孔隙度重叠法及 DSI 处理结果识别气层法。

该气田利用这些方法进行气层识别的实例效果见图 6.12。滴西 18 井密度与中子测井曲线重叠图上,"挖掘效应"明显,为气层显示;同时,DSI 处理结果图上,V_P/V_S 及泊松比明显变小,也指示为气层,识别结果与试油结果一致。滴西 183 井密度孔隙度与核磁孔隙度重叠图上,3840m 以上密度孔隙度明显比核磁孔隙度大,气层特征明显。

2) 含气饱和度计算

克拉美丽气田含气饱和度计算采用了电阻率法。首先对电阻率进行泥浆侵入校正,获得原状地层真电阻率;然后分岩类建立岩电图版,确定不同岩类的岩电参数,计算饱和度。通过分析,最终确定了中基性岩类、酸性侵入岩类、酸性喷出岩类和砂砾岩四套岩电图版(图 6.13)。图 6.14 为滴西 183 井电阻率法处理饱和度效果图,从图中可看出,处理饱和度与密闭取心饱和度基本一致。

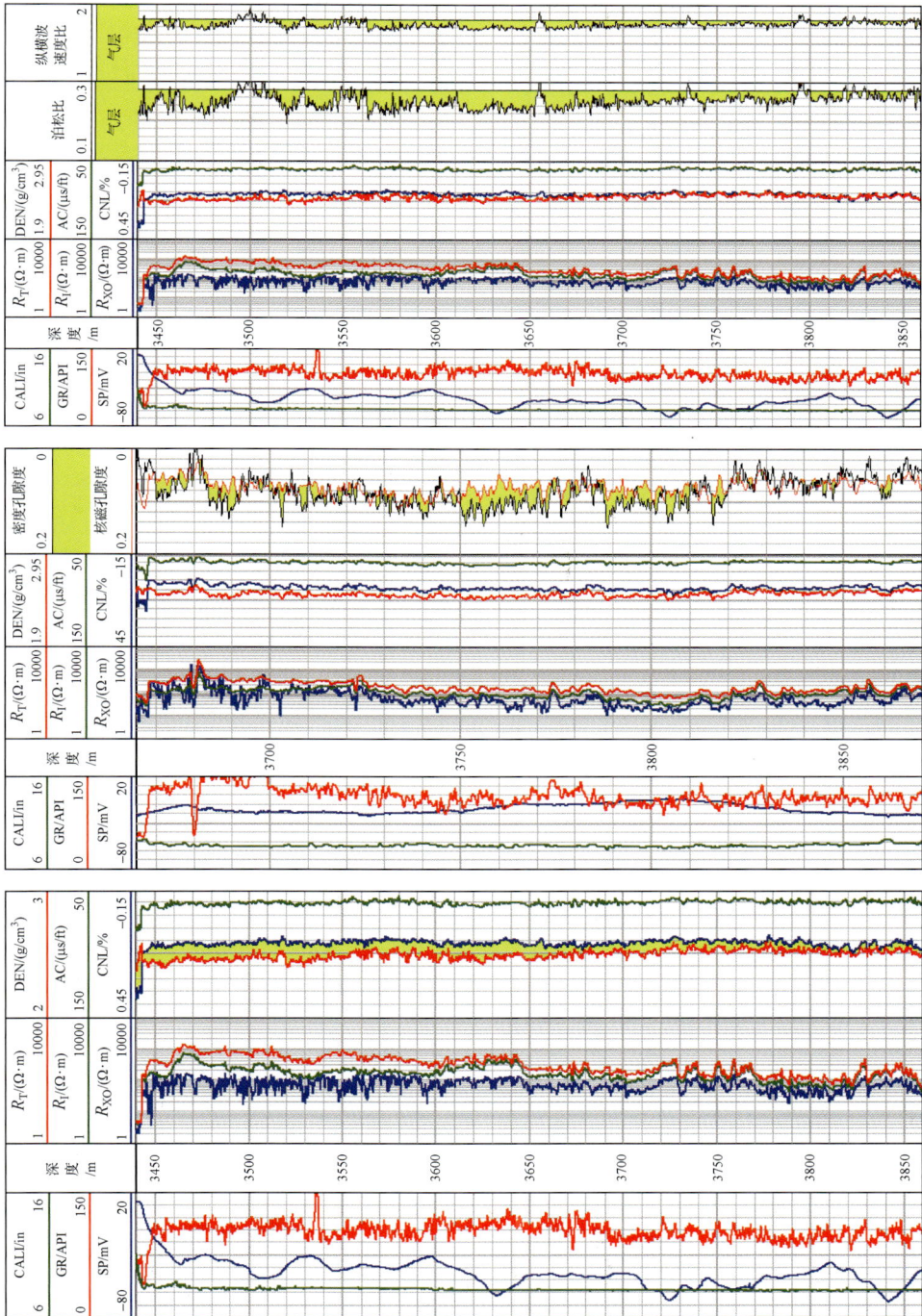

(c) DSI处理结果（滴西18井）

(b) 核磁孔隙度与密度孔隙度重叠法(滴西183井)

(a) 密度与中子曲线重叠法(滴西18井)

图 6.12　克拉美丽气田气层识别效果图

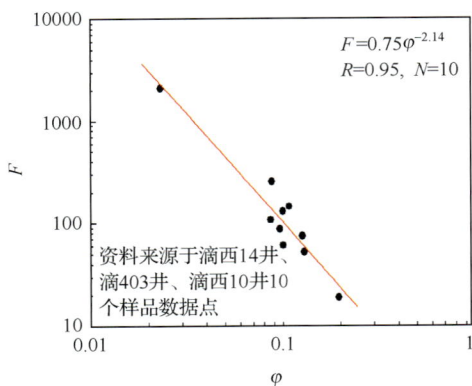

(a) 酸性喷出岩 F-φ 交会图

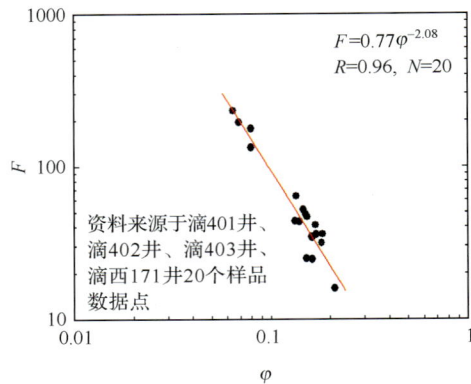

(b) 玄武岩 F-φ 交会图

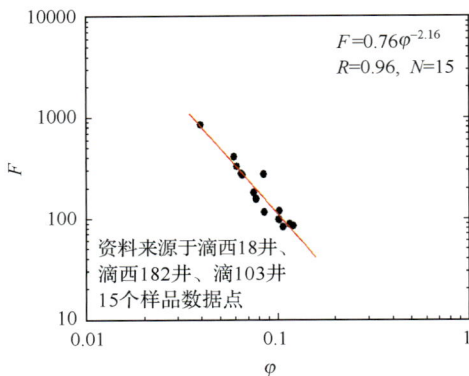

(c) 侵入岩 F-φ 交会图

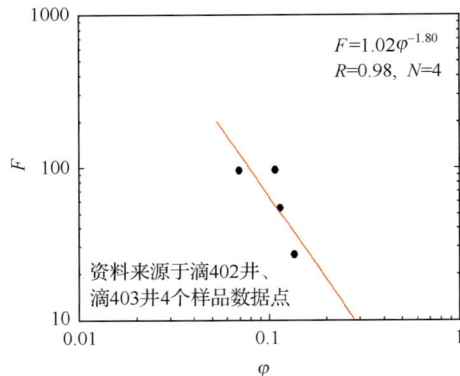

(d) 砂砾岩 F-φ 交会图

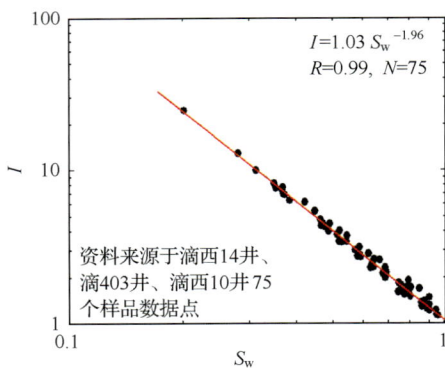

(e) 酸性喷出岩 I-S_w 交会图

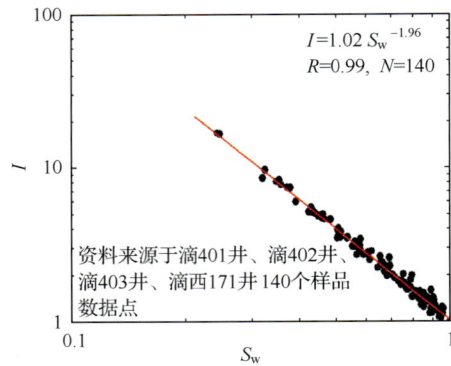

(f) 玄武岩 I-S_w 交会图

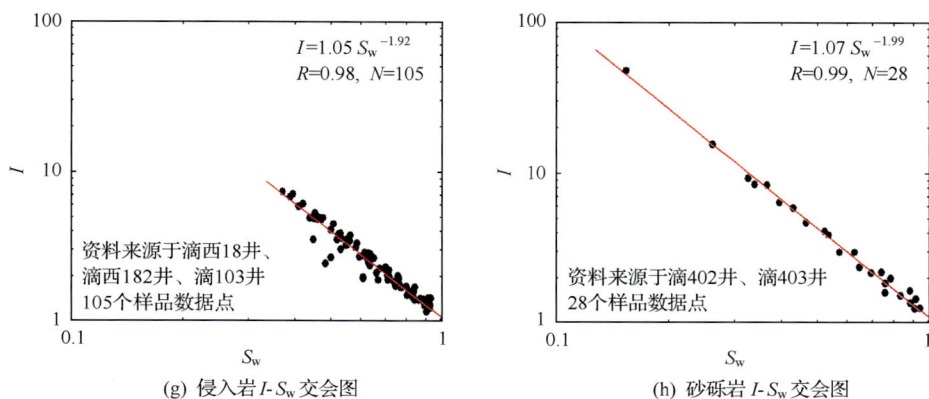

(g) 侵入岩 I-S_w 交会图　　　　　　(h) 砂砾岩 I-S_w 交会图

图 6.13　克拉美丽气田石炭系不同岩类的岩电图版

N. 样品数

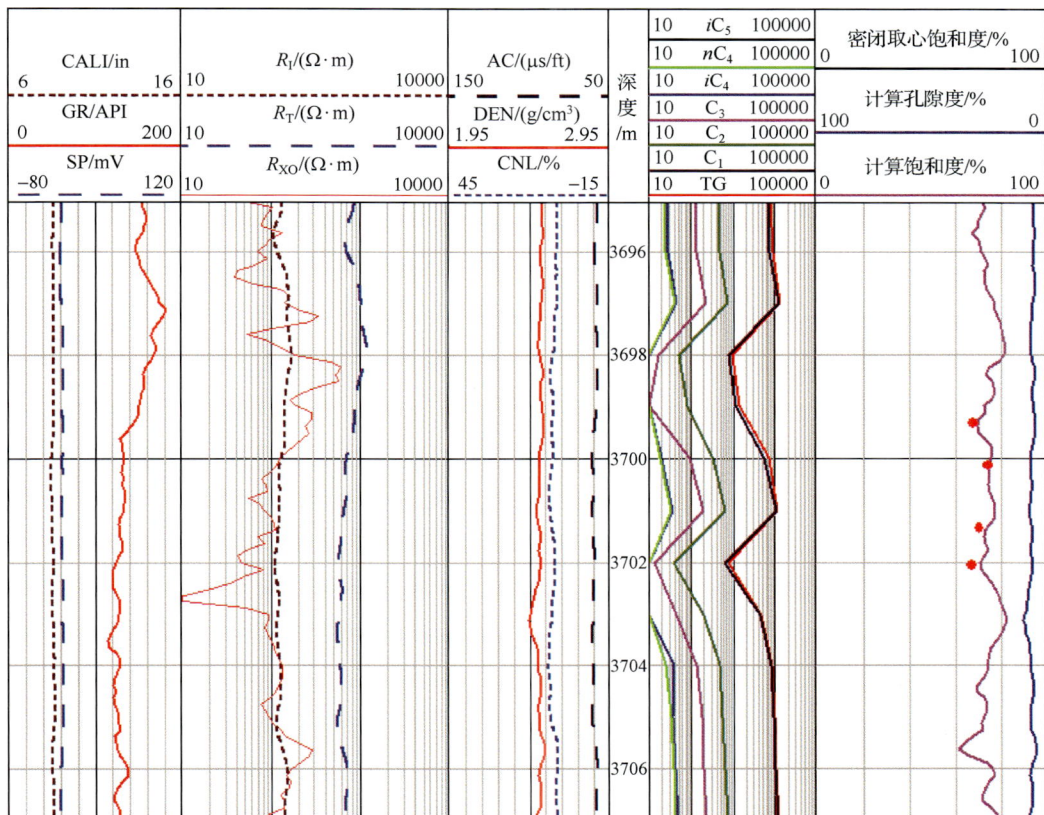

图 6.14　克拉美丽气田滴西 183 井处理饱和度与密闭取心饱和度对比

6.1.2 应用效果

克拉美丽气田储层测井评价技术的发展及应用,对深化认识该气田的气藏类型、提供储量计算参数及指导开发部署等具有重大意义。

1. 深化认识气藏类型

在储层测井评价基础上,开展了克拉美丽气田单井及多井跟踪研究,深化了气藏类型认识。

该气田的滴西14井在酸性火山碎屑岩地层获工业气流后,相继部署了滴401井、滴402井、滴403井、滴404井四口评价井(图6.15)。这4口评价井除滴404井外都钻到该套酸性火山碎屑岩地层,气藏评价较为顺利,但随后的试油结论却带来了新的疑问:滴401井处于构造高部位的油层3630.0~3659.0m试油,(压裂)抽汲获日产3.78t的正常黑油,而位于气藏中部的滴403井第二试油层3720~3734m井段试油,日产气5363m³,日产油3.37t,日产水18.45t,结论为气水同层,这一结果使该区气、水关系认识进一步复杂化(图6.16)。

针对这一疑问,开展了该气藏的测井岩性、岩相及含油性综合评价,评价结果如图6.17所示。岩性、岩相测井识别结果表明,滴西14井区钻揭的石炭系火山岩为以酸性爆发相为主、基性和酸性溢流相发育的复合锥,呈典型的双峰式火山岩特征(仅有酸性和基性火山岩,中性火山岩不发育)。该复合锥由两大旋回、4个喷发期次组成,每个旋回从基性火山岩喷发期次开始,到酸性喷发期次结束。

旋回一开始为基性喷发,主要形成第一喷发期次的溢流相玄武岩,该次喷发溢流的方向性较强,主要发育于滴402井、滴401井所在的西北部,东部滴西14井、滴403井不发育;喷发期次二火山爆发较为强烈,形成爆发相的流纹质火山碎屑岩,该次喷发基本为中心式喷发,喷发无方向性、滴西14井位于喷发中心,发育厚度较大,滴401井、滴402井、滴403井也有火山碎屑岩发育,但发育厚度相对较小,从FMI图像观察,滴401井、滴403井虽然发育厚度相对较小,但火山碎屑岩火山角砾成分增大,为顺坡滚落的产物,应处于锥体的边底部。第一喷发旋回结束后,火山活动进入静止期,在喷发形成的火山锥底部上超伏沉积了一定厚度的沉积岩(滴402井、滴403井),随后火山喷发进入第二旋回。

旋回二早期为基性喷发,主要形成了第三期次的溢流相玄武岩,该次喷发表现为中心式喷发特点,除位于锥体顶部的滴西14井不发育外,其他井均有发育;此次喷发结束后,火山活动进入了能量相对较低的第四期次酸性喷发,形成了方向性较强的溢流相流纹岩,主要发育于滴403井所在的东北部。

火山喷发结束后,火山锥体开始接受沉积,形成火山岩潜山。后期构造运动使该区整体抬升,火山岩锥体的顶部遭受到一定程度的风化、剥蚀(滴西14井、滴403井),而锥体边底部则沉积了大套的沉积岩,滴401井顶部油层段就位于该套沉积岩区,分析认为滴401井顶部油层应该为火山锥体上部侧向封挡层内发育的沉积岩层状油藏,与滴西14井区气藏分属为两个不同的藏;而滴401井下部气水同层则位于火山岩喷发期次三的溢流相玄武岩区,与滴西14井区气藏仍属同一个藏。

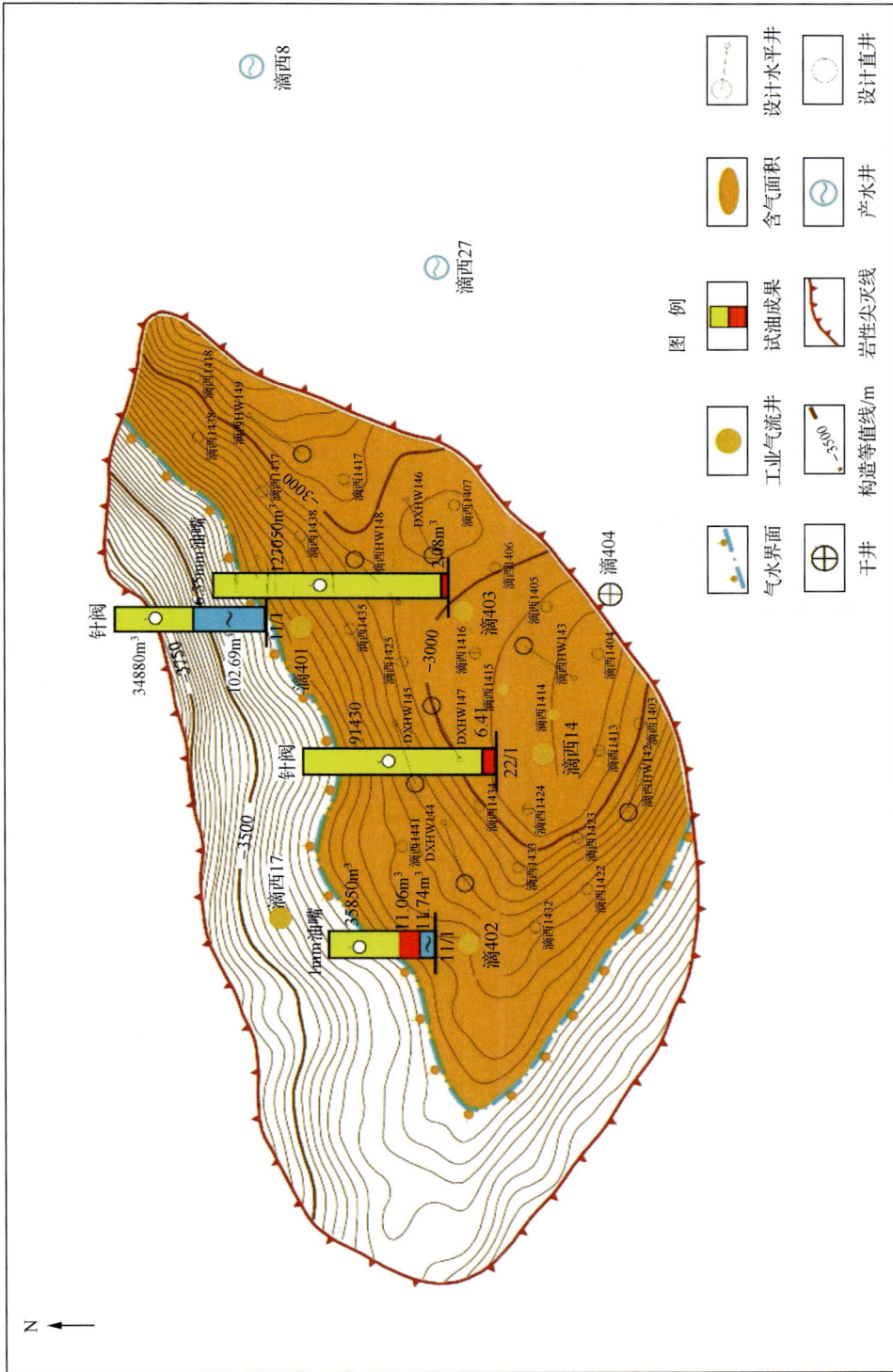

图 6.15　滴西 14 井区石炭系气藏评价部署图

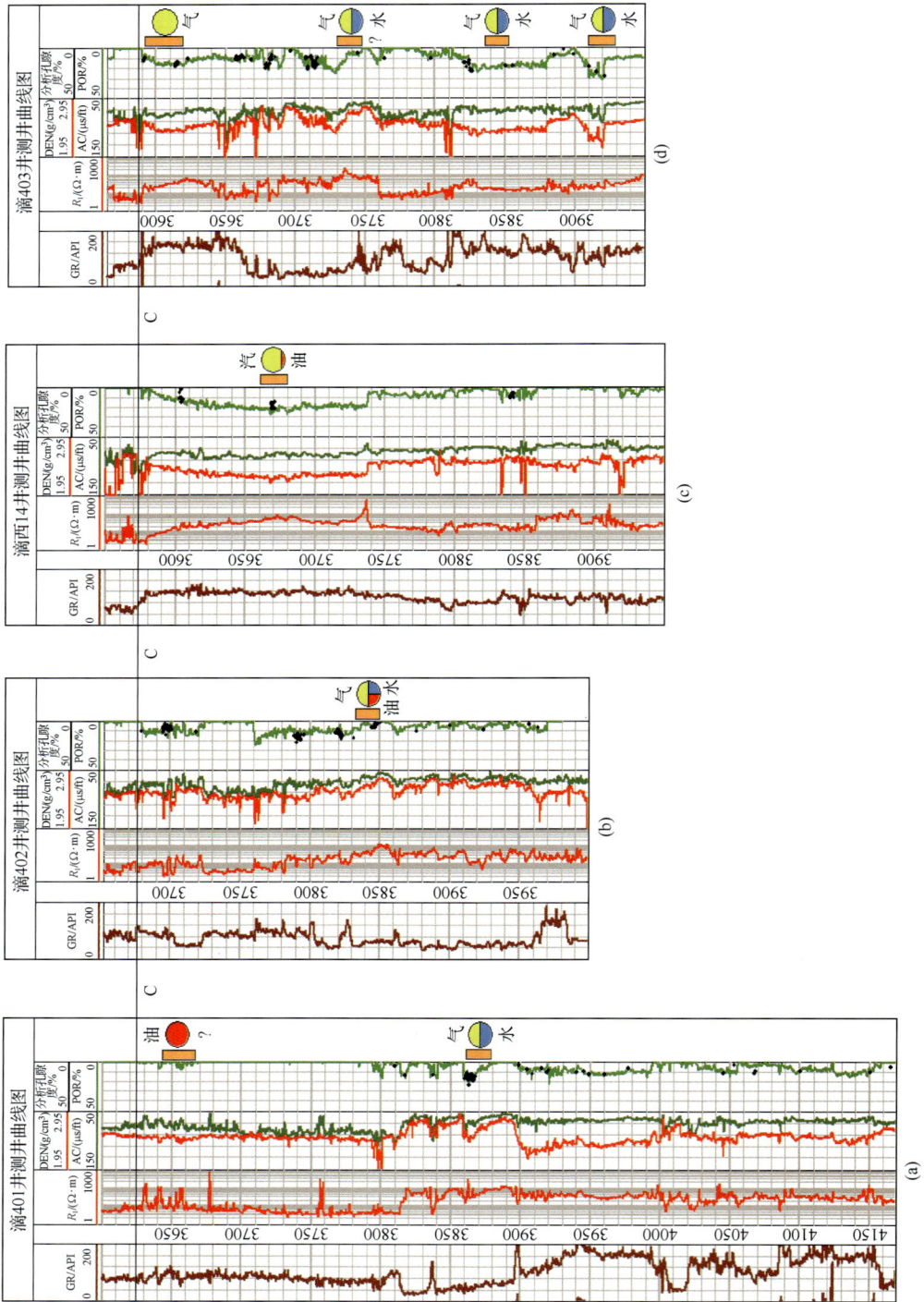

图 6.16 克拉美丽气田滴西 14 井区石炭系气藏多井对比

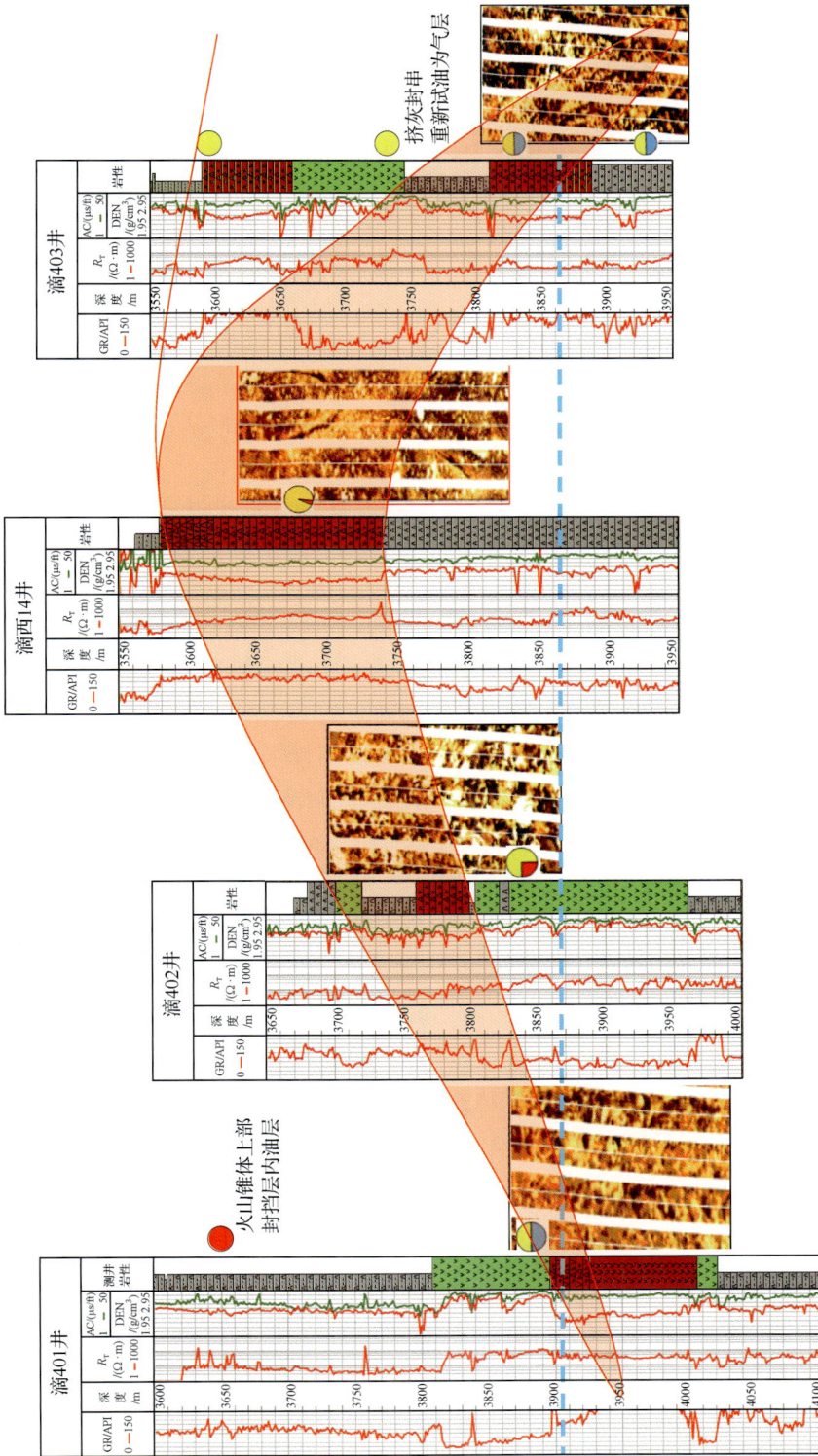

图 6.17　滴西 14 井区综合岩性、岩相解释成果图

滴 403 井第二试油层为气、水同层,微电阻率成像测井(FMI)图像显示。该试油层段下部发育两条大的直劈缝,分析认为可能是底水上串导致出水。后经工程复验发现该段地层管外串槽,通过挤灰封串,重新试油,自喷日产气 10450m³,无水。最后认为滴西 14 井区气藏仍具有统一的气水界面。火山岩测井评价技术为准确认识该气藏类型起到了至关重要的作用。

2. 提供储量计算参数、指导开发部署

克拉美丽气田火山岩储层测井评价技术推广应用价值高,形成的岩性岩相识别技术、基质孔隙及裂缝孔隙定性定量表征技术、流体性质识别及饱和度定量评价等技术。一方面,大大提高了火山岩评价精度,为该气田的储量计算提供了准确参数和下限标准,最终落实天然气储量约 1000 亿 m³;另一方面,为井震结合预测优势储层及优选试油层段、选择富集区部署开发井网提供了可靠参数和依据,截至 2014 年年底,克拉美丽气田累计建产 16.21 亿 m³,直井平均单井日产量达 6 万~12 万 m³,水平井平均单井日产量达 24 万~38.4 万 m³,获油率高,勘探开发效果显著。火山岩测井评价技术为实现气田高效、持久发展奠定了基础。

6.2　金龙油田储层综合评价

金龙油田位于准噶尔盆地西北缘中拐地区。2010 年以来,科研人员以中拐凸起为目标,围绕石炭系和二叠系佳木河组、乌尔禾组开展研究工作,勘探与评价紧密配合。2010 年,金龙 2 井二叠系乌尔禾组恢复试油,获日产 17.8t 工业油流,发现了金龙油田。2012 年,金龙 2 井区西部的金龙 10 井石炭系获日产 17.3t 工业油流,进一步扩大了金龙油田的含油范围,拓展了新的含油层系。截至目前,金龙油田已经发现二叠系乌尔禾组、佳木河组和石炭系三套含油层系,储量总规模超过 1 亿 t。

金龙油田石炭系具有多期次喷发和多系列的特点,岩性较为复杂,岩石类型有火山岩和正常沉积岩。井下钻遇的火山岩岩性主要以大套中基性火山岩(玄武岩、安山岩、霏细岩)为主,局部有花岗岩、火山角砾岩和凝灰岩。储层孔隙类型多样,孔隙主要有溶蚀孔、气孔,裂缝主要有斜交缝、直劈缝及网状缝等。火山岩岩性、孔隙结构的复杂性,使得运用测井资料进行储层评价难度很大。针对金龙油田石炭系储层评价难点,开展了系统的测井技术攻关,形成了配套的火山岩测井评价技术系列,为油田储量的顺利提交及高效开发提供了技术保障。

6.2.1　储层测井评价

1. 岩性、岩相划分

实验发现,金龙油田火山岩从基性岩到酸性岩铀、钍、钾含量变化很小,GR 值并没有

明显增大的趋势,且酸性花岗岩也呈现低 GR 特征,因而无法用 GR 进行火山岩岩性的划分。但根据敏感性分析,中子孔隙度由于受蚀变影响从基性岩到酸性岩呈现逐渐减小的趋势,而密度曲线可将玄武安山岩、花岗岩与其他几种岩性分开,其他常规测井则对区分岩性不敏感。

因而,在岩心标定测井基础上,采用 CNL-DEN 交会图(图 6.18),并结合 ECS 测井得到的矿物组分、成像测井提取的各种图像模式等特殊测井方法和信息对火山岩进行识别,提高了测井岩性解释的符合率。图 6.19 为金龙 14 井石炭系测井岩性识别成果图。通过上述研究发现,金龙油田石炭系岩性呈现薄互层交替发育的特征。

在岩性划分基础上,进一步对金龙油田石炭系单井岩相进行了划分。金龙油田石炭系火山岩自下而上划分为 Ⅰ 和 Ⅱ 两个喷发期次,喷发期次 Ⅰ 又进一步细分为上、下两个期次(图 6.20)。两期岩相自下而上具有爆发—溢流—过渡—爆发—溢流间互的特征,各期次之间无明显隔层。

喷发期次 Ⅰ 下部储层以爆发相为主,是较好的储层,但除金龙 10 井因构造位置相对高而获油外,其余井均为钻遇,且构造位置均处于油水界面之下。喷发期次 Ⅰ 上部储层在油藏范围内以溢流相熔岩为主,若气孔和裂缝发育也能成为较好储层。喷发期次 Ⅱ 储层以石炭系顶面风化壳和爆发相角砾岩为主,是较好的储层。

试油资料表明,金龙油田火山岩优质储层岩性主要为爆发相的中基性火山碎屑岩,包括玄武质熔结角砾岩、安山质熔结角砾岩和火山角砾岩,其次为溢流相的流纹岩(图 6.20)。

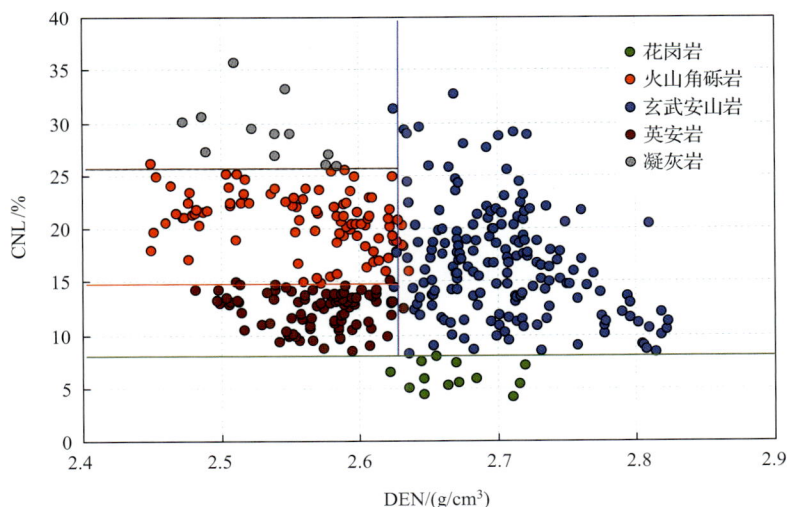

图 6.18　金龙油田石炭系火山岩中子-密度岩性图版

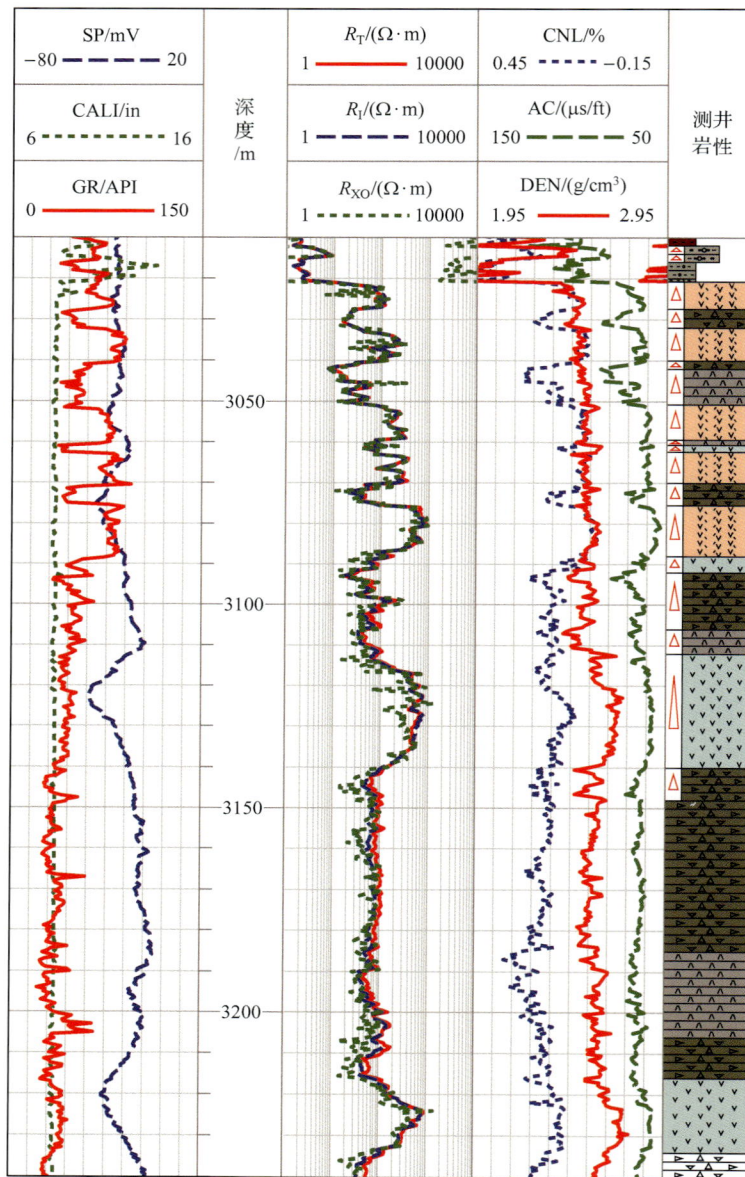

图 6.19 金龙油田金龙 14 井石炭系测井岩性识别成果图

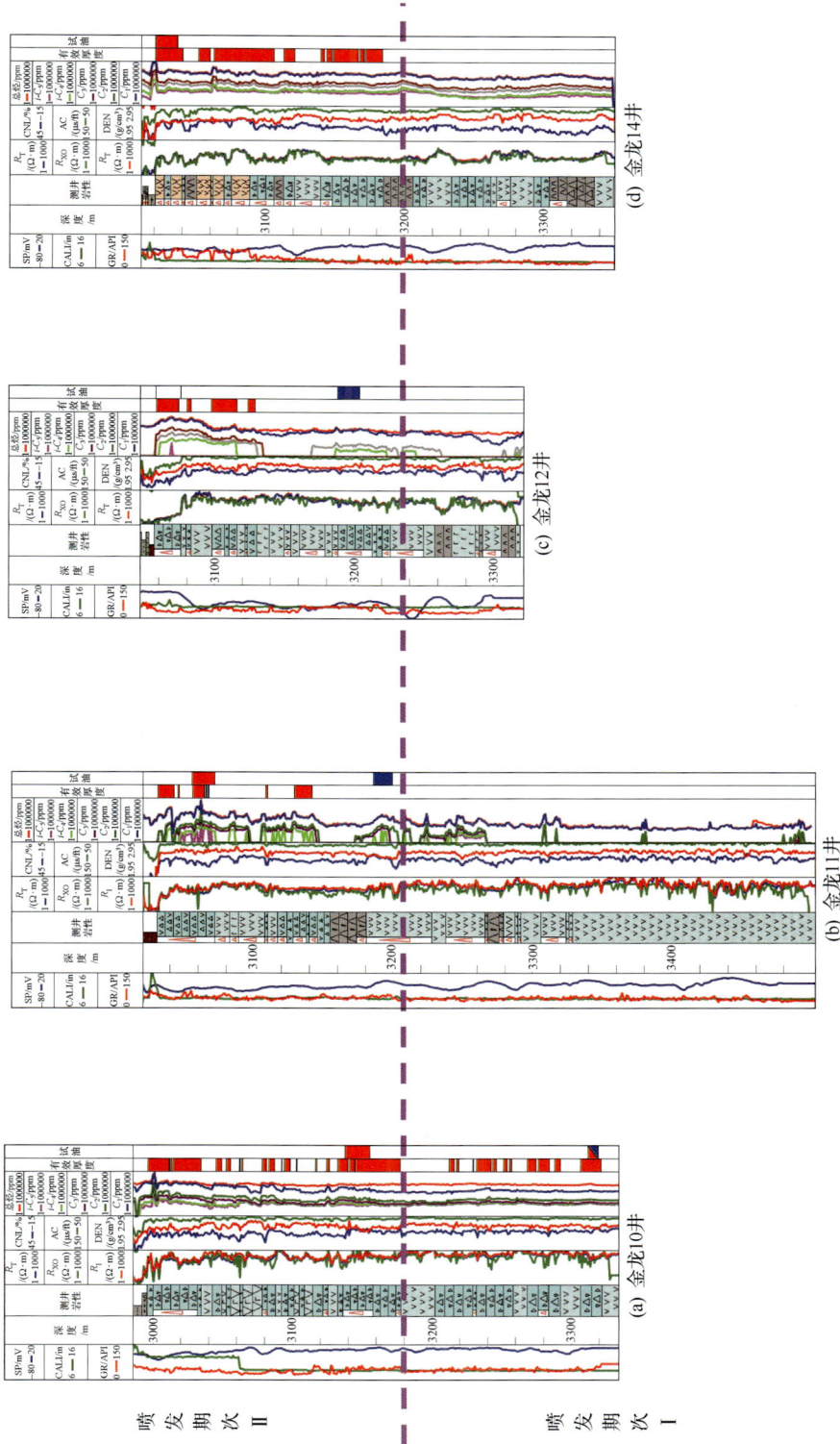

图 6.20 金龙油田石炭系过金龙 10 井—金龙 14 井火山岩岩相剖面图

2. 物性评价

1) 基质物性评价

因金龙油田石炭系火山岩岩性复杂多样,使用固定骨架计算孔隙度存在较大误差,无法满足物性评价及储量参数的计算要求。因而,采用了分岩性变骨架的解释思路,在各种岩性孔隙结构分析的基础上,利用岩心分析资料分别得到了石炭系玄武安山岩、火山角砾岩、英安岩的骨架密度值。图 6.21 是金龙 103 井一井段的解释成果图。该井段以中基性火山熔岩为主,夹有火山角砾岩,而且从基性岩到酸性岩都有出现,物性变化大,采用分岩性处理,基质孔隙度计算值与岩心分析结果吻合较好(左数第六道),获得较好应用效果。

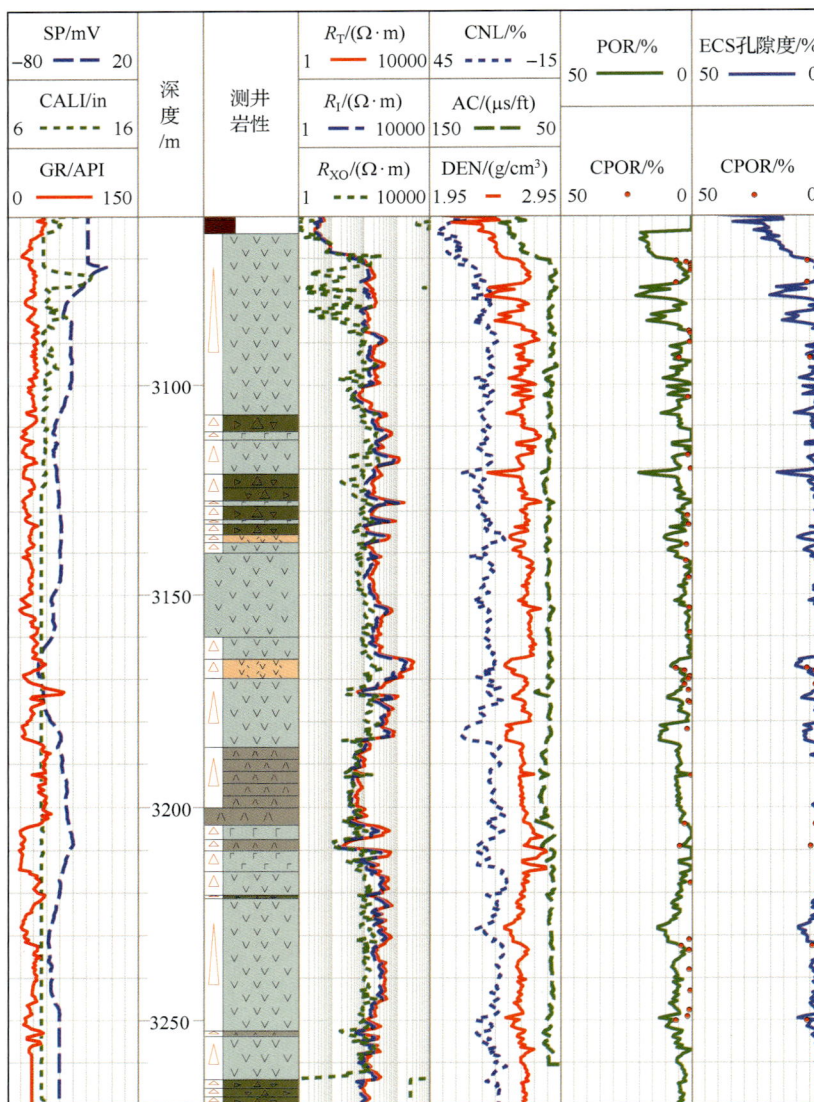

图 6.21 金龙 103 井孔隙度计算效果图

分岩性建立模型计算孔隙度,虽然效果好,但对于岩性互层变化快的井计算工作量大。因金龙油田大部分井都进行了 ECS 测井,本次主要采用 ECS 变骨架模型计算孔隙度。图 6.21 左数第七道即为金龙 103 井 ECS 变骨架孔隙度计算结果,计算值与岩心分析结果符合率较高,大大提高了工作效率。

2) 裂缝评价

针对金龙油田石炭系裂缝发育特点,在准确识别有效缝的前提下,分别利用常规测井资料及 FMI 成像资料来评价裂缝发育程度。图 6.22 为金龙 10 裂缝定量评价效果图,图中蓝线为常规测井评价结果,红线为 FMI 成像测井定量评价结果,二者吻合率高,表明利用测井资料评价裂缝有较好效果。

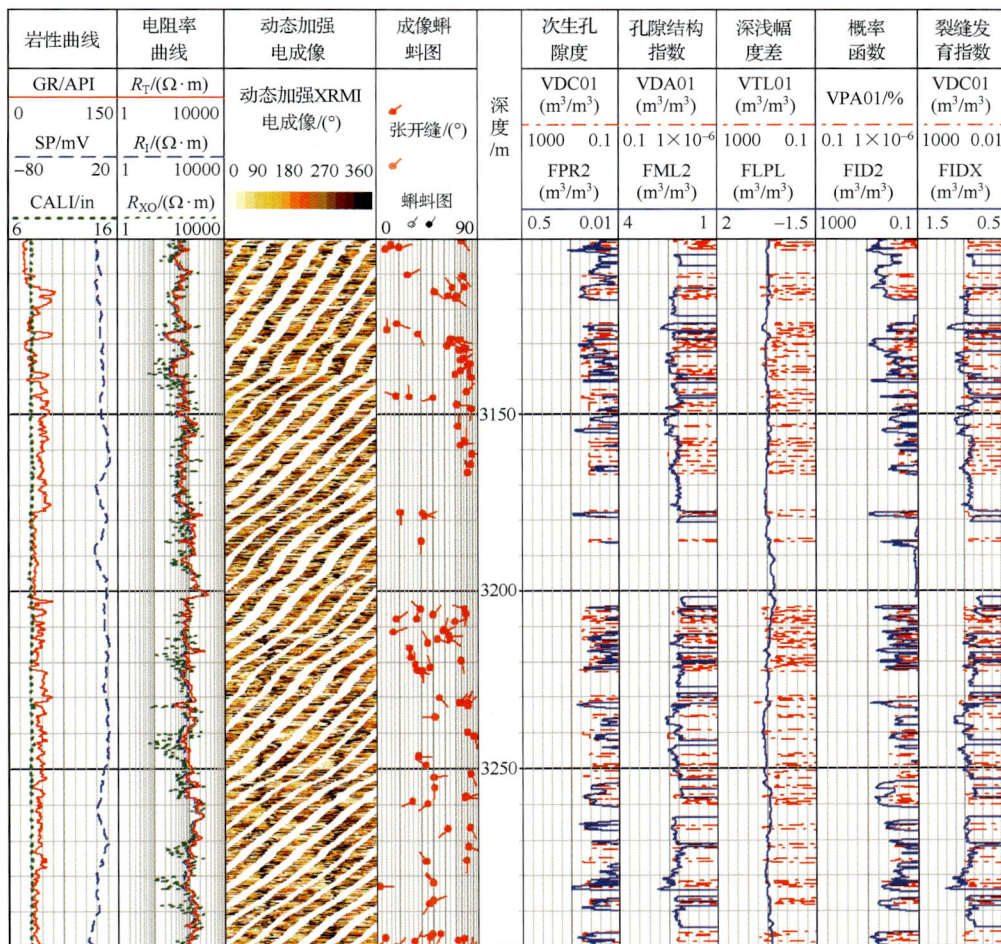

图 6.22　金龙油田金龙 10 井裂缝综合评价图

3. 含油性评价

流体性质识别是火山岩测井评价的难点,主要原因是岩性的各向异性、复杂多变的孔隙结构及裂缝孔隙双重介质等多种因素,造成电阻率测井对流体类型反映的信噪比降低,不确定性增加。

　　根据气测及试油资料可知,金龙油田有利储层多为油层,基本不发育气层。利用测井资料识别气层的方法有很多,但针对油层识别方法较少,方法可靠性差。实际研究中根据流体的测井响应特征及其他资料,采用了交会图法、气测烃类比法、核磁共振测井等方法结合对储层流体性质进行综合识别。特别是在该油田首次提出并利用烃类特征比与核磁差谱孔隙进行流体性质判别,其中烃类特征比能够将水层分开,核磁差谱孔隙能够将油层、油水同层、干层分开,通过两者结合提高了测井解释符合率(图 6.23)。

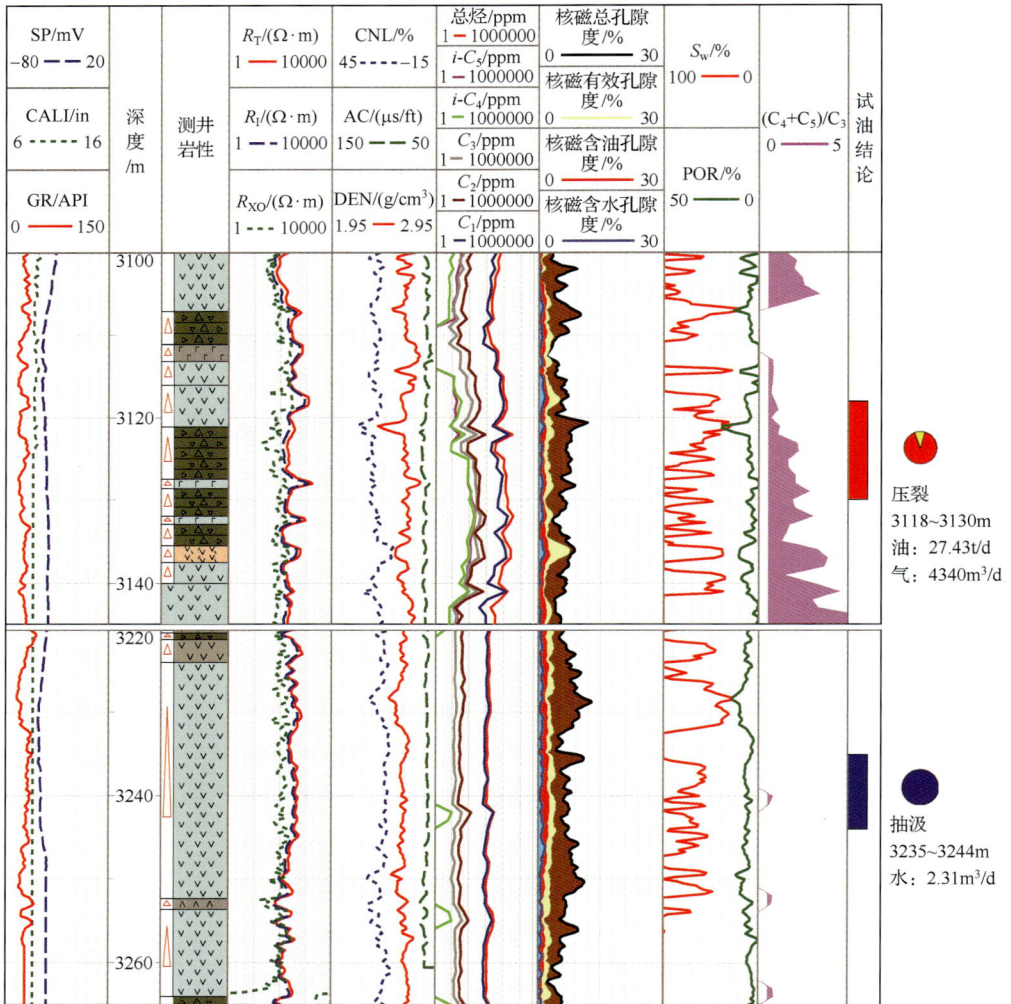

图 6.23　金龙 103 井气测类比法识别流体性质

　　金龙油田含油饱和度的计算采用了电阻率法。由于岩性、孔隙类型多样,需要分岩性进行系统的岩电实验,确定不同岩性的基岩岩电参数。该油田各岩性岩电参数如表 6.2所示。图 6.23 中金龙 103 井饱和度即是依据这些解释参数,利用深侧向电阻率由阿尔奇公式计算得到的,计算结果与试油结果相吻合。

表 6.2　金龙油田饱和度解释参数

岩性参数	a	m	b	n
玄武安山岩	1.036	1.516	1.064	3.244
火山角砾岩	1.868	2.001	1.178	1.723
英安岩	1.051	1.928	1.242	2.453

4. 储层分类评价

根据测井分析的孔隙和裂缝发育情况,结合孔隙度大小及有效性分析,按照本书 4.4 节给出的火山岩储层分类评价标准,对金龙油田各井进行了储层分类综合评价。该油田火山岩储层可分为四类(实例见图 6.24):Ⅰ 类储层一般为高产储层;Ⅱ 类储层比 Ⅰ 类储层物性稍差,产量稍低,但也具备自然产能,且能达到工业油气流标准;Ⅲ 类储层为低产储

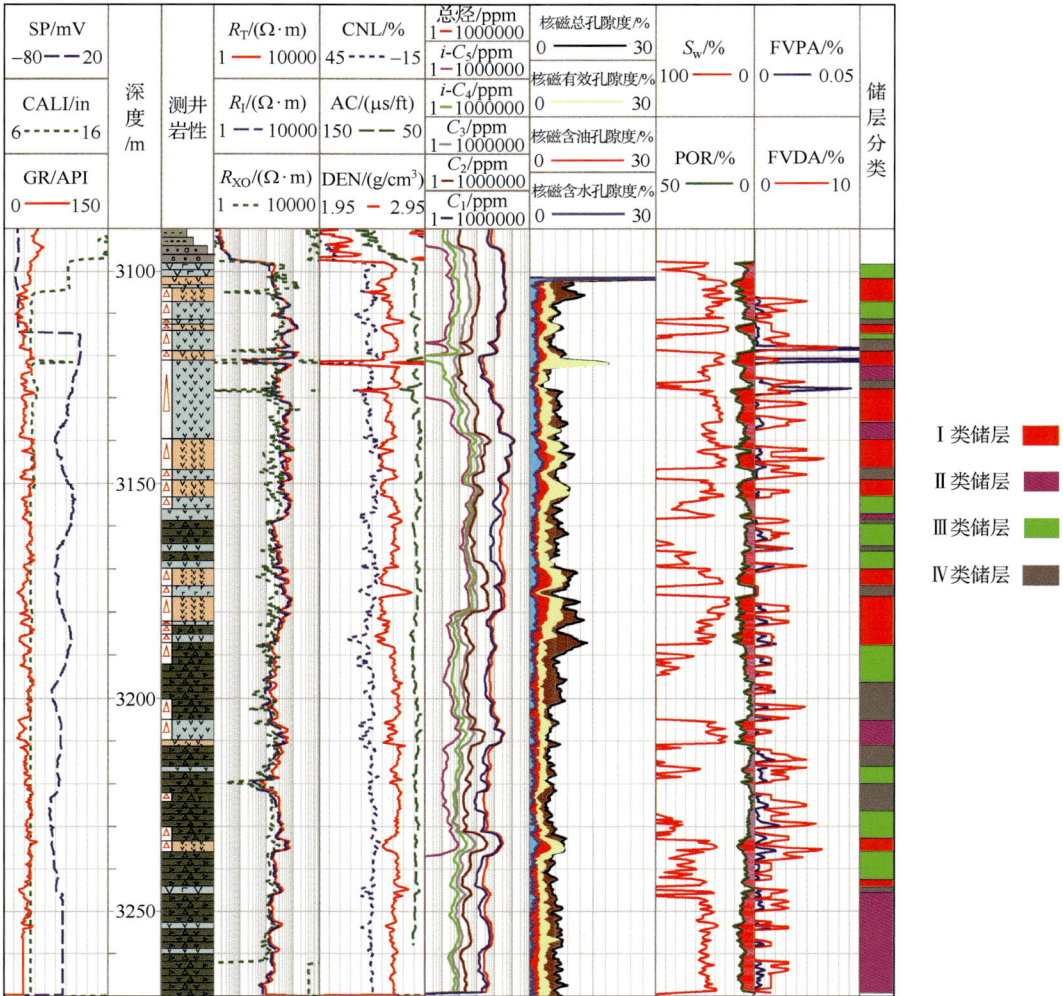

图 6.24　金龙 102 井储层分类成果图

层;Ⅳ类储层为致密层,偏干。根据反映储层储集能力的孔隙和裂缝等综合评价结果,将本区火山岩储层划分为与产能分类相对应的四类储层,为储层预测、储量计算等提供了依据。

6.2.2 综合应用效果

金龙油田的精细测井评价技术,在油田勘探开发综合研究和实践中发挥了重要作用,在分析控藏因素、确定油藏类型、井震结合预测优势储层、指导工程措施改进、提供储量计算参数和指导开发部署等多方面体现了测井技术的优势。

1. 分析控藏因素,确定油藏类型

在储层测井评价基础上,对金龙油田油藏进行了控藏因素分析。以金龙油田金龙10井区为例,石炭系完井试油并获工业油流的有10口井11层。结果证实:该区火山角砾岩及熔岩均可作为有利储层,储层岩性以火山角砾岩为主,中基性熔岩次之。钻探结果显示,整个中拐凸起石炭系普遍含油,古隆起高部位油气更为富集。金龙10井区块、金龙101井区块和金龙11井区块位于古隆起的高部位断块岩性岩相有利区,单井产量高,完钻的金龙102井、金龙103井两口评价井已获高产油流。

从该区构造特征看,石炭系发育两组断裂体系,两组断裂交错,形成了一系列断块圈闭。自西向东过红019井—拐16井—金龙10井—金龙101井—金龙061井—金龙6井—拐10井方向、自南向北过金龙102井—金龙105井—金龙103井—金龙11井方向的石炭系油藏剖面图显示,金龙10井区石炭系油藏是受断裂控制、带底水的块状油藏,它被断裂分割成若干个断块油藏,试油证实每个断块具有不同的油水界面(图6.25、图6.26),沿中拐凸起鼻隆轴线方向是油气主要聚集带。

沿金龙6井—金龙061井—金龙10井一线,从低至高,油水界面有阶梯状抬升的趋势,油藏呈阶梯状分布。高部位为气层,中间为油层,低部位为油水同层,气油比逐渐降低,表明该区油藏具有油气多期持续充注的特征。油水界面受构造位置及断裂双重控制,为受断裂遮挡带底水的块状油藏。

平面上相对高部位的金龙5井石炭系未获工业油流,其岩性为巨厚致密花岗岩。由此可见,油藏除受断裂控制外,局部也受岩性岩相控制。从纵向上看,油藏范围内单井录井呈大段连续油气显示,储层岩性、物性均无明显隔层,加之高角度缝和直劈缝发育,储层上下沟通,因此该区火山岩油藏为块状油藏。

钻探结果表明,金龙10井油层跨度大,底部油水同层距石炭系顶界320m。金龙11井钻揭石炭系466m,均为大段气测异常,岩性以火山熔岩夹火山角砾岩为主,完井试油2层,仅在石炭系顶部获油水同层1层。金龙12井钻揭石炭系265m,均为大段气测异常,岩性以火山熔岩夹火山角砾岩为主,完井试油为水层。金龙11井和金龙12井试油结果与金龙10井差异较大。分析认为:一方面,金龙10井区块石炭系在地震剖面上呈块状杂乱反射结构,而龙11井、金龙12井等区块石炭系内部呈大角度似层状反射结构,且岩性组合上也有差异,金龙10井、金龙101井以火山角砾岩为主夹熔岩,而金龙11井、金龙12井夹有不等厚的凝灰岩,油藏存在岩性或地层侧向遮挡,分隔性较强;另一方面,保存

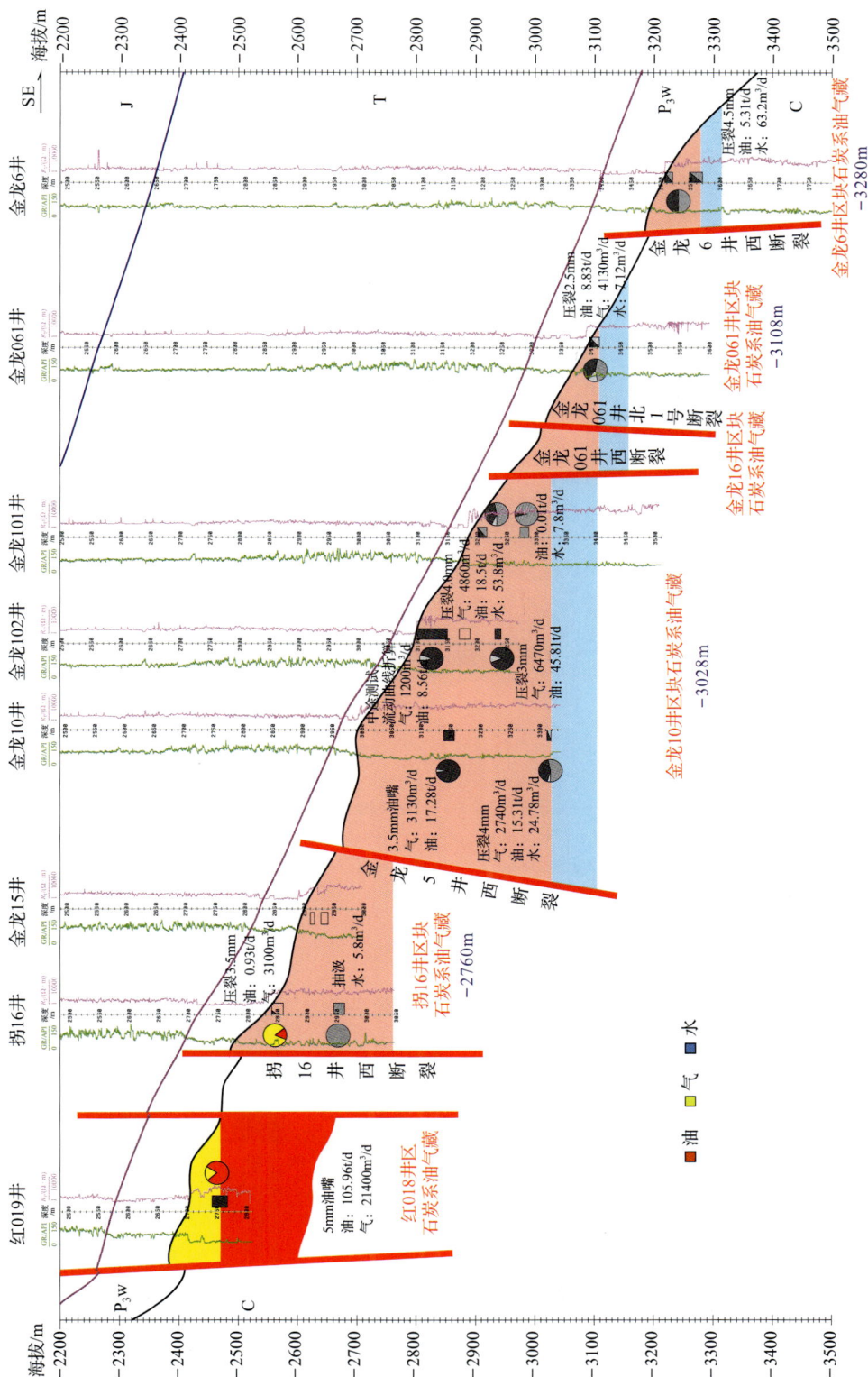

图 6.25　中拐地区石炭系油藏东西向油藏剖面图

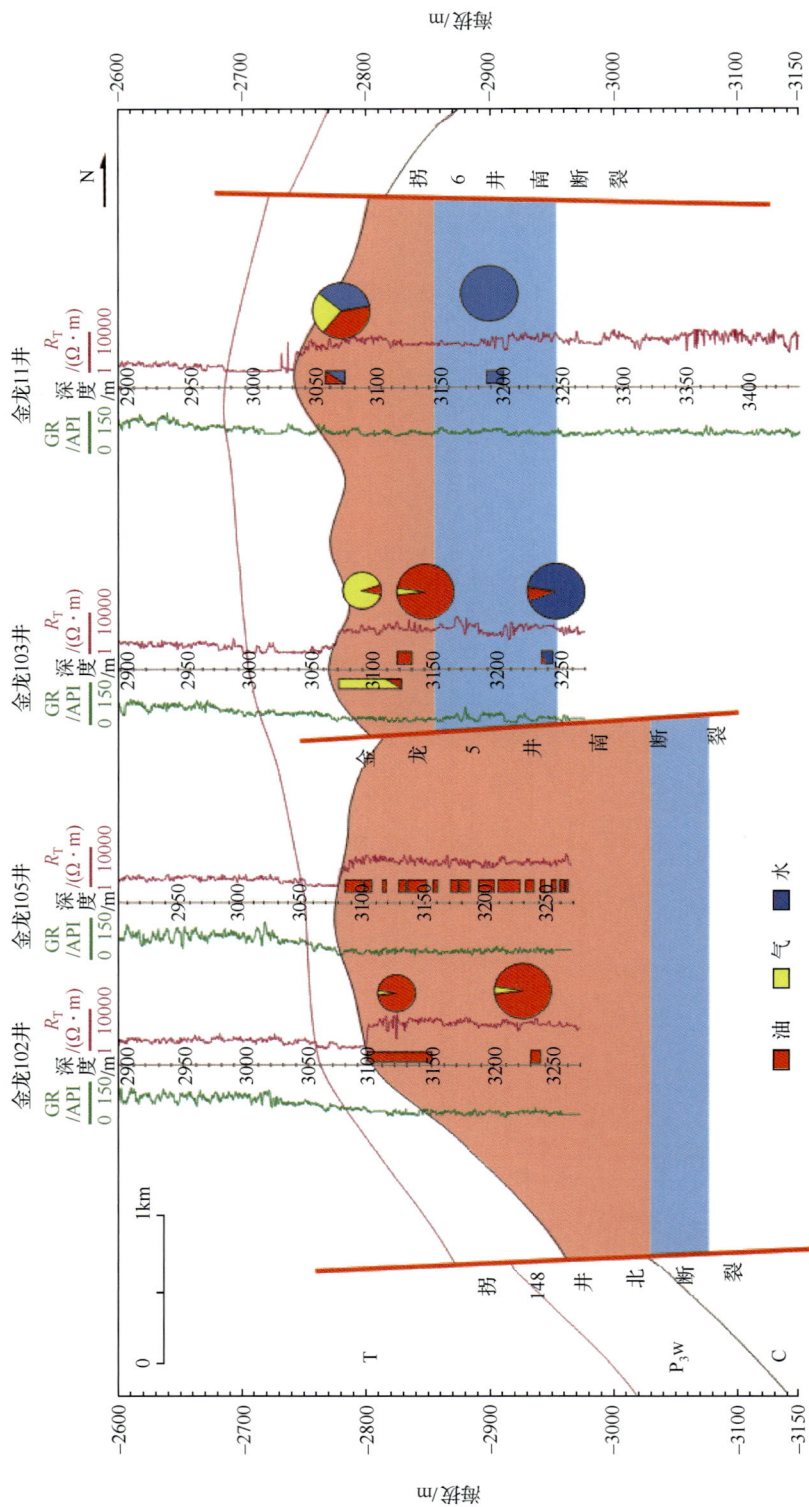

图 6.26 中拐地区石炭系油藏南北向油藏剖面图

条件存在差异,金龙 10 井浅层断裂不发育,而金龙 11 井、金龙 12 井一带中浅层断裂发育,与深部断裂沟通,活动时间长,且浅层三叠系和侏罗系油气显示明显好于金龙 10 井,表明其石炭系油藏可能遭受破坏,金龙 11 井、金龙 12 井石炭系的大套油气显示也说明曾经成藏。因此,综合分析认为保存条件不同可能是导致金龙 11 井与金龙 10 井油水界面差异大及金龙 12 井未获油的主要因素(图 6.27)。

另外,该油田金龙 101 井、金龙 11 井试油均获油水同出,分析认为该区底水活跃,能量充足,裂缝较为发育,固井质量又普遍较差,压裂改造后造成底水上窜所致。

综上所述,该区油藏类型为受断裂控制、带底水的块状油藏,石炭系古构造控制了成藏有利区,油藏主要受断裂控制,局部受岩性或地层控制,储层的优劣、油藏的保存条件决定了油气的富集程度、油藏规模及油、气、水分布的差异。火山岩测井评价技术为分析控藏因素及确定油藏类型提供了重要的技术支持。

2. 井震结合预测优势储层

火山岩岩性识别是开展火山岩储层预测的基础。金龙油田石炭系火山岩储层具有形成条件复杂、控制因素多、储集空间类型多样、非均质性强等特点。根据岩性岩相特征及风化淋滤程度,可以将金龙油田石炭系火山岩储层分为三大类:风化壳储层由于经受了长期剥蚀和风化淋滤作用,储集和渗透性能得到极大改善,是Ⅰ类储层,尤其是古隆起部位构造裂缝发育,遭受风化淋滤作用最强,储集性能最好;火山角砾岩是火山喷发喷出的块状碎屑岩,颗粒粗大且形状不规则,基质孔发育,是良好的优质岩相,属于Ⅱ类储层;溢流相熔岩熔结程度较高、流动性好、固结速度较慢,使得原生孔隙发育程度较低,孔径较细,如果有裂缝发育,可划为Ⅲ类储层。利用测井、地震结合进行优势储层预测对油田勘探开发具有重要意义

1) 优势岩相预测

在单井岩性岩相划分基础上,结合区域重磁力异常研究、地震资料和地震相特征(振幅、频率、连续性、反射形态的直观特征)及地震反演结果等,完成平面上火山岩岩相分布划分和预测。

首先,需要搭建波阻抗反演模型。通过研究发现,波阻抗反演可以很好地将沉积岩、侵入岩(花岗岩)、喷出岩区分开,但并不能细分喷出岩中基质孔隙发育的火山角砾岩和较致密的熔岩(图 6.28),不能很好地表现出Ⅰ类储层、Ⅱ类储层和Ⅲ类储层的展布特征,无法满足预测优质储层的需要。为此,对金龙油田石炭系火山岩各种岩性测井响应特征进行敏感性分析,研究发现,玄武安山岩、火山角砾岩及花岗岩的电阻率曲线特征有明显不同(图 6.29)。为消除因不同年代、不同设备采集参数、泥浆、矿化度变化等非地层因素对测井值的影响,对电阻率曲线进行归一化处理,进一步突出不同岩性火山岩电阻率测井值的相对变化。由图 6.30 可以看出,归一化之后的电阻率可以很好地区分基质孔隙发育的火山角砾岩和较致密的熔岩,满足优质储层预测的需要,即归一化后的电阻率小于 0.4 是沉积岩,电阻率为 0.4～0.7 是火山角砾岩,电阻率为 0.65～0.9 是熔岩,电阻率为 0.85～1 是花岗岩。

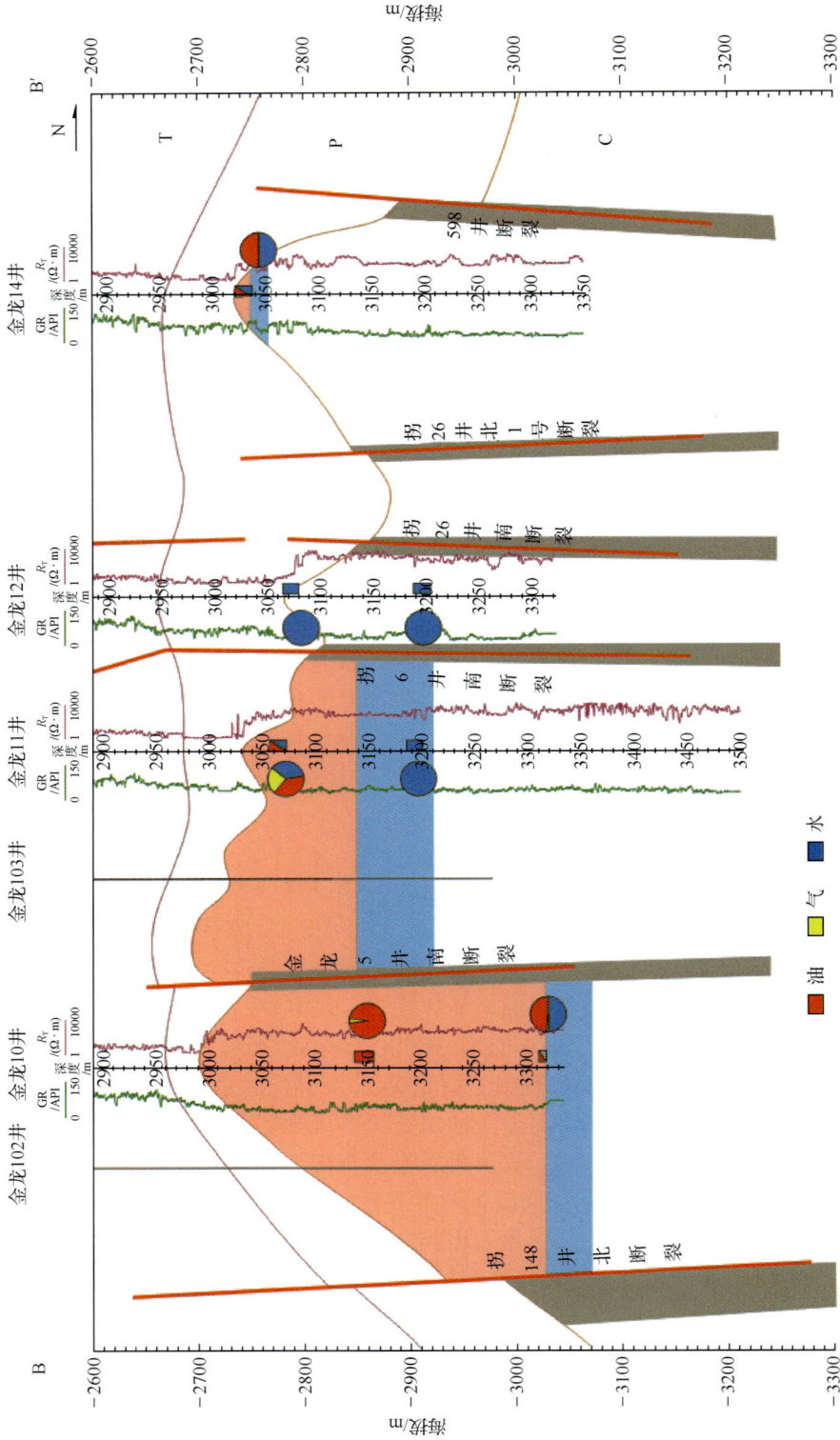

图 6.27　中拐地区石炭系油藏南北向岩性隔层油藏剖面图

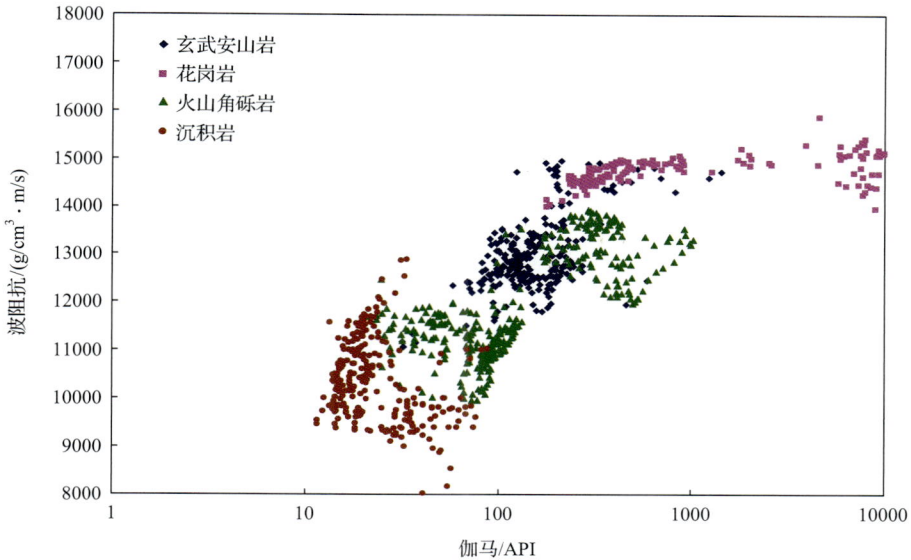

图 6.28 金龙油田石炭系火山岩波阻抗与电阻率交会图版

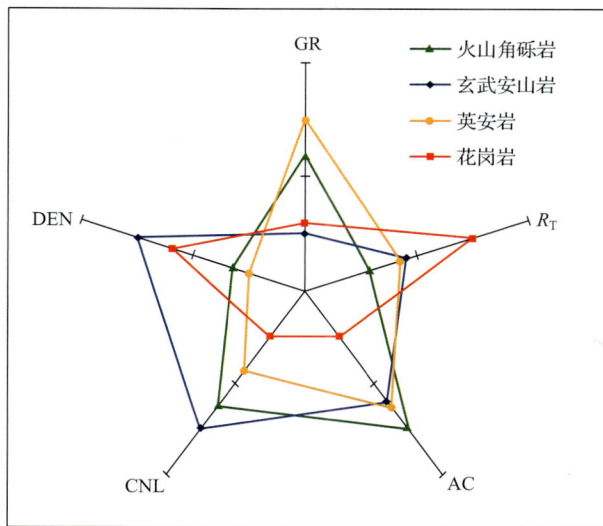

图 6.29 金龙油田石炭系各岩性常规曲线敏感性分析图

在具备了这样条件的基础上,采用多属性神经网络模拟方法估算电阻率,在空间上预测火山角砾岩(Ⅱ类储层)和熔岩(Ⅲ类储层)的展布特征。多属性神经网络模拟的结果显示,预测电阻率与实测电阻率的相关性达到 0.86。位于石炭系顶部的风化、剥蚀、淋滤层(Ⅰ类储层),归一化电阻率均较低,大都小于 0.4;吉 26 井和金龙 5 井电阻率值均接近 1,为非常致密的深成侵入相花岗岩(非储层);而金龙 10 井—金龙 101 井—金龙 061 井—金龙 6 井位于火山喷发的主体部位,火山角砾岩归一化电阻率为 0.4～0.7(Ⅱ类储层),熔岩归一化电阻率为 0.65～0.85（Ⅲ类储层），可以有效地进行区分。反演结果显示，在已钻井所钻揭的 350m 范围内，由上至下大致可分为上、中、下三套储层（图 6.31），这三套储层具有似层状结构，上储层以爆发相为主，Ⅰ类储层位于其顶部风化壳，中部以溢流相为主，下部以爆发相为主。这三套储层的岩相平面分布特征见图 6.32。

综上所述，金龙油田石炭系火山岩储层以爆发相及溢流相的火山角砾岩及安山岩为主，金龙 10 井—金龙 6 井区块是石炭系岩性岩相最有利的区带。

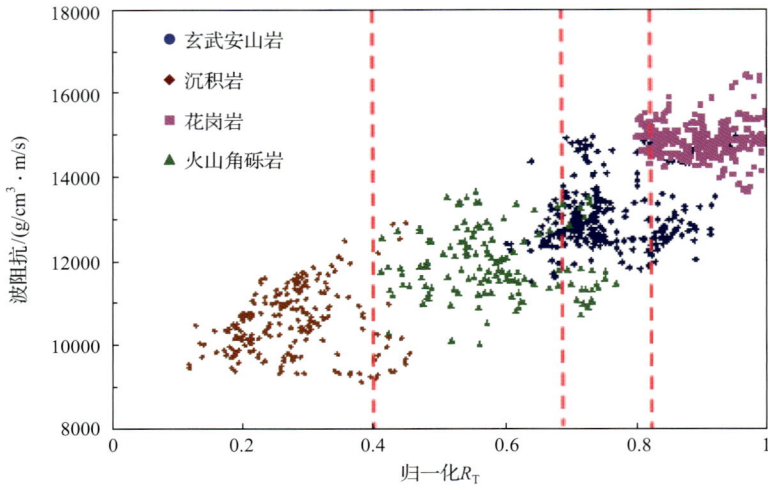

图 6.30　金龙油田石炭系火山岩波阻抗与归一化电阻率交会图版

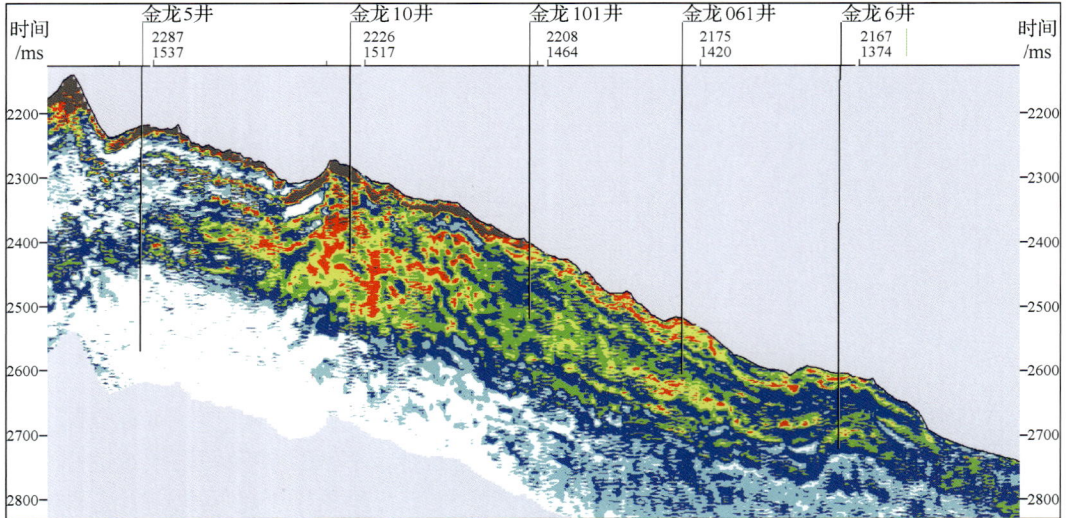

图 6.31　过克 021-金龙 5-金龙 10-金龙 6 井石炭系波阻抗剖面图

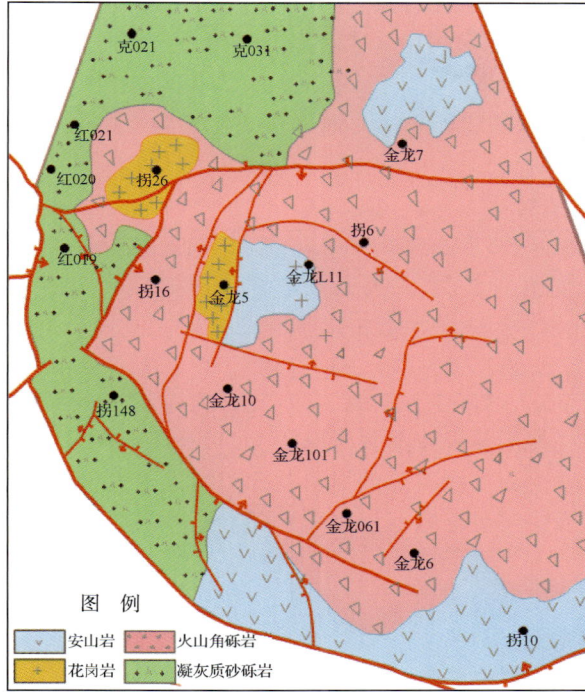

图 例

安山岩 ﹀ 火山角砾岩
花岗岩 凝灰质砂砾岩

(a) 喷发期次 Ⅱ

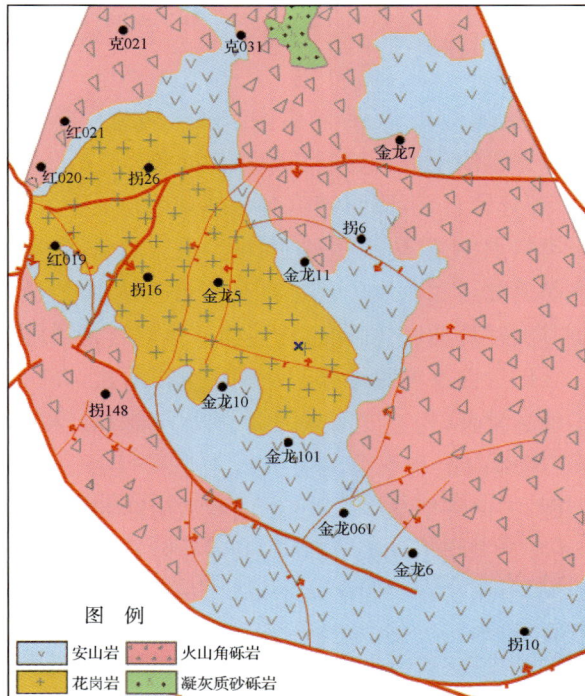

图 例

安山岩 ﹀ 火山角砾岩
花岗岩 凝灰质砂砾岩

(b) 喷发期次 Ⅰ 上部

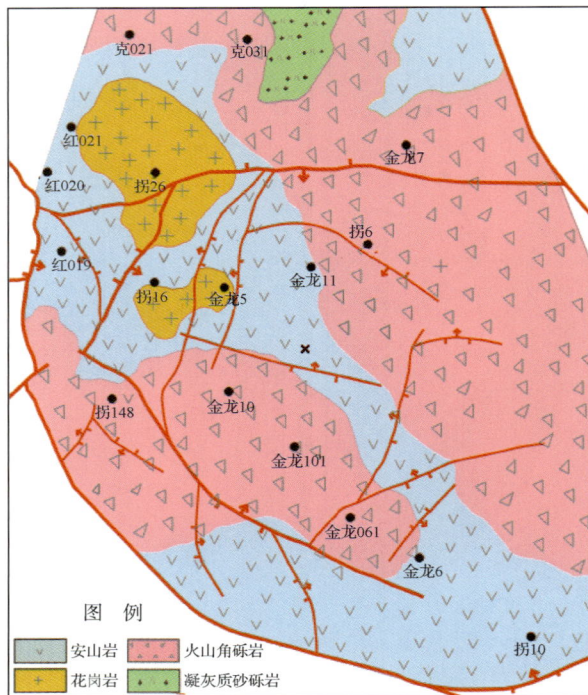

(c) 喷发期次 I 下部

图 6.32　中拐凸起石炭系火山岩相预测分布图

2) 裂缝分布预测

金龙油田石炭系火山岩属低孔-低渗(特低渗)储层,裂缝发育程度是控制油气运移和富集的重要条件,裂缝分布预测就成为储层精细描述的重点。

地震资料中包含有裂缝信息,但因裂缝引起的地震响应远远小于其他地质因素引起的响应,因此利用地震资料识别裂缝存在一定困难。虽然如此,由于地震资料在横向连续上的优势,地震方法在裂缝描述和预测中还是具有不可替代的作用。实际研究中利用测井得到的裂缝密度值刻度、计算曲率体,通过构建曲率体对金龙油田石炭系裂缝平面展布特征进行预测。图 6.33 即为曲率构建结果。从图中可以看出,高曲率区与裂缝发育带具有明显的对应性,即裂缝越发育,构造变形越大、曲率也就越高。根据曲率的高低,最终将金龙油田石炭系火山岩裂缝由上至下分为上、中、下三套(图 6.34),上储层裂缝非常发育,主要为四组构造裂缝,方向性明显,其中北东向和近南西向裂缝比较发育,其次是北西向和近南北向。此外还有星点状不规则分布、与基质孔隙有关的裂缝;中储层裂缝发育程度降低,仅存在与断裂相关、条带状分布的构造缝;下储层裂缝不发育,呈零星状分布,说明裂缝在后期成岩作用过程中被充填程度高。

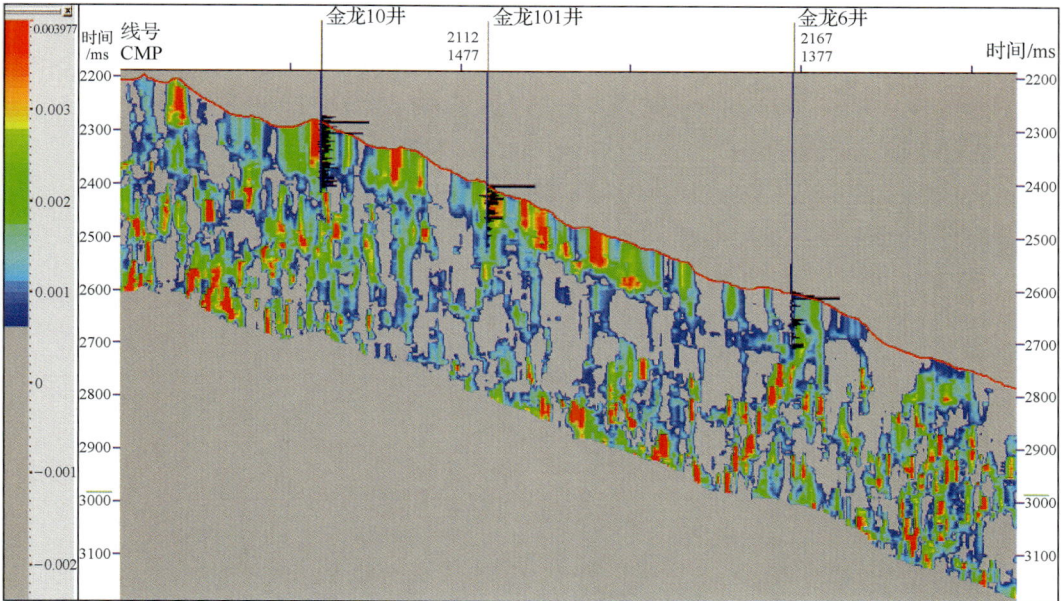

图 6.33　金龙油田裂缝密度曲线刻度地震曲率属性效果图

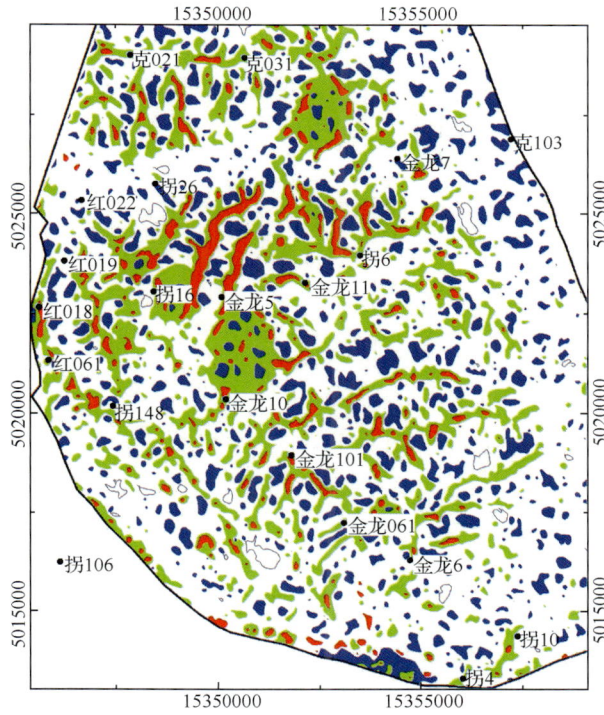

(a) 喷发期次 Ⅱ

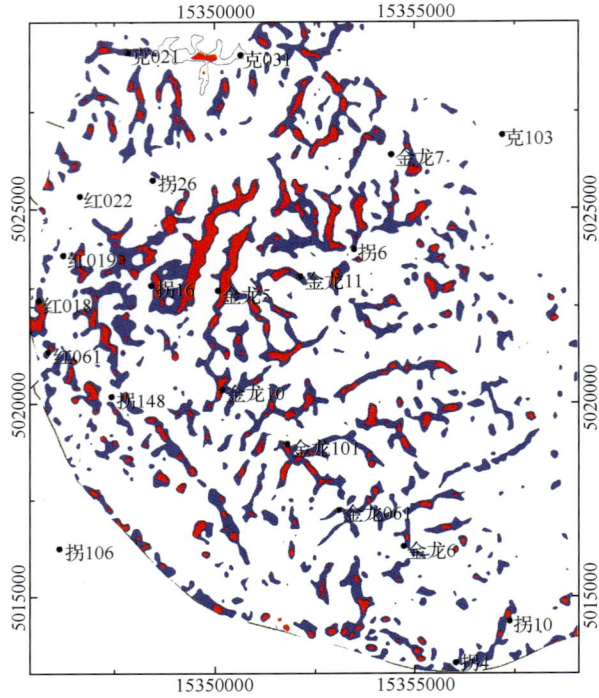

(b) 喷发期次Ⅰ上部

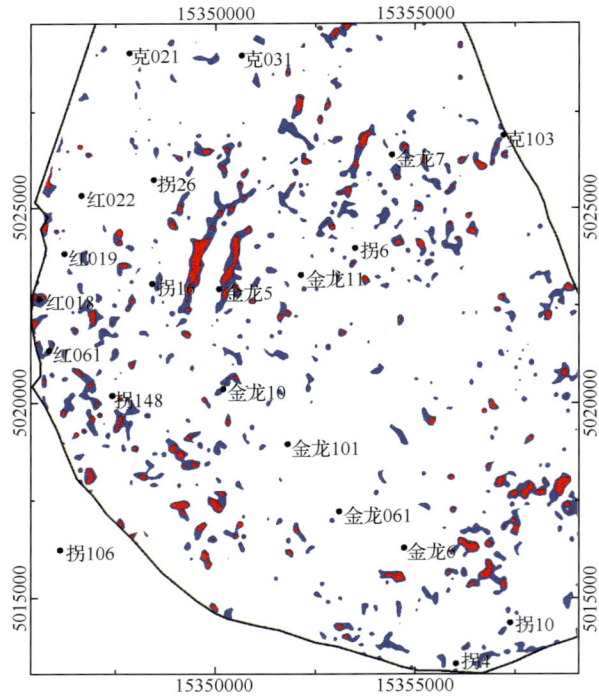

(c) 喷发期次Ⅰ下部

图 6.34　中拐凸起石炭系火山岩裂缝预测平面图

3. 指导工程措施改进

2013 年年底，金龙油田试油累获工业油流共 6 井 7 层，单井产量较高。但试油结果多为油水同层，除金龙 10 井中部获纯油外，井井见水，油水关系复杂。结合固井质量测井及储层测井评价结果分析认为，出水原因主要是本区石炭系地层压力大，油气活跃，水泥凝固过程中易窜，影响了固井质量，石炭系直劈缝和高角度裂缝发育而造成底水上窜。

金龙油田主要采用微珠低密度水泥固井，据固井声幅统计，部分井水泥充填合格，界面胶结不好（表 6.3）。MAK2-SGDT 测井仪固井质量评价显示，环空水泥充填较好，但水泥胶结不连续，优质段比较少，油气显示段水泥胶结较差。固井质量对试油的影响大，水泥胶结好的油气显示段，射孔试油效果好，水泥胶结质量差的油气显示段射孔后均含水或只出水。

表 6.3　金龙 10 井区固井质量分析

井名	射孔井段/m	油、水层描述	固井质量		水泥浆密度 /(g/cm³)	充填密度 /(g/cm³)
			胶结质量			
			一界面	二界面		
金龙 101 井	3200～3216	油水同层	合格	不确定	1.5	1.3
	3272～3287	水层（见油）	中等	不确定	1.5	1.4
金龙 061 井	3398～3414	油水同层	差	差	1.6	1.6
金龙 11 井	3056～3072	油水同层	差	差	1.6	1.6
	3186～3200	水层	差	差	1.6	1.6
金龙 12 井	3064～3080	水层（见油）	合格	不确定	1.5	1.5
	3188～3204	水层	合格	不确定	1.5	1.5
金龙 14 井	3021～3037	油水同层	合格	不确定	1.5	1.5

根据微电阻率成像测井资料，该区石炭系储层裂缝较发育；裂缝类型主要有斜交缝、直劈缝及网状缝，石炭系上部裂缝较为发育，中下部多数被充填，熔岩的裂缝相对发育。裂缝测井评价结果与构造曲率地震属性预测结果吻合性好，构造曲率地震属性预测上部储层裂缝非常发育，且方向性明显。

金龙油田固井质量整体合格，但无法判断油气水层分封隔是否完全有效，压裂施工可能破坏环空水泥环，有可能导致油层和下部水层贯通；天然裂缝发育良好，是否有裂缝贯穿油水层，也很难判断。如金龙 101 井在 3272～3287m 井段试油，抽汲日产油 0.008t、日产水 7.8m³，结论为水层；上段 3200～3216m 压裂前为纯油，压裂后油水同出。综合分析出水原因可能是由于固井质量差（图 6.35），石炭系直劈缝和高角度裂缝发育，造成底部的水沿着下部发育的中-高角度缝上窜所致。压力测试资料也表明金龙 101 井和金龙 10 井是一个统一的压力系统。

利用试油过程中温度、压力、产量数据，并结合以上分析，认为固井质量差，多口井压裂前后产量变化不大，压裂效果不明显。压裂改造效果差的井其外推地层压力与静压差较大，地层没有恢复到原始状态，压裂后地层没有很好地被沟通，导致产液量低。

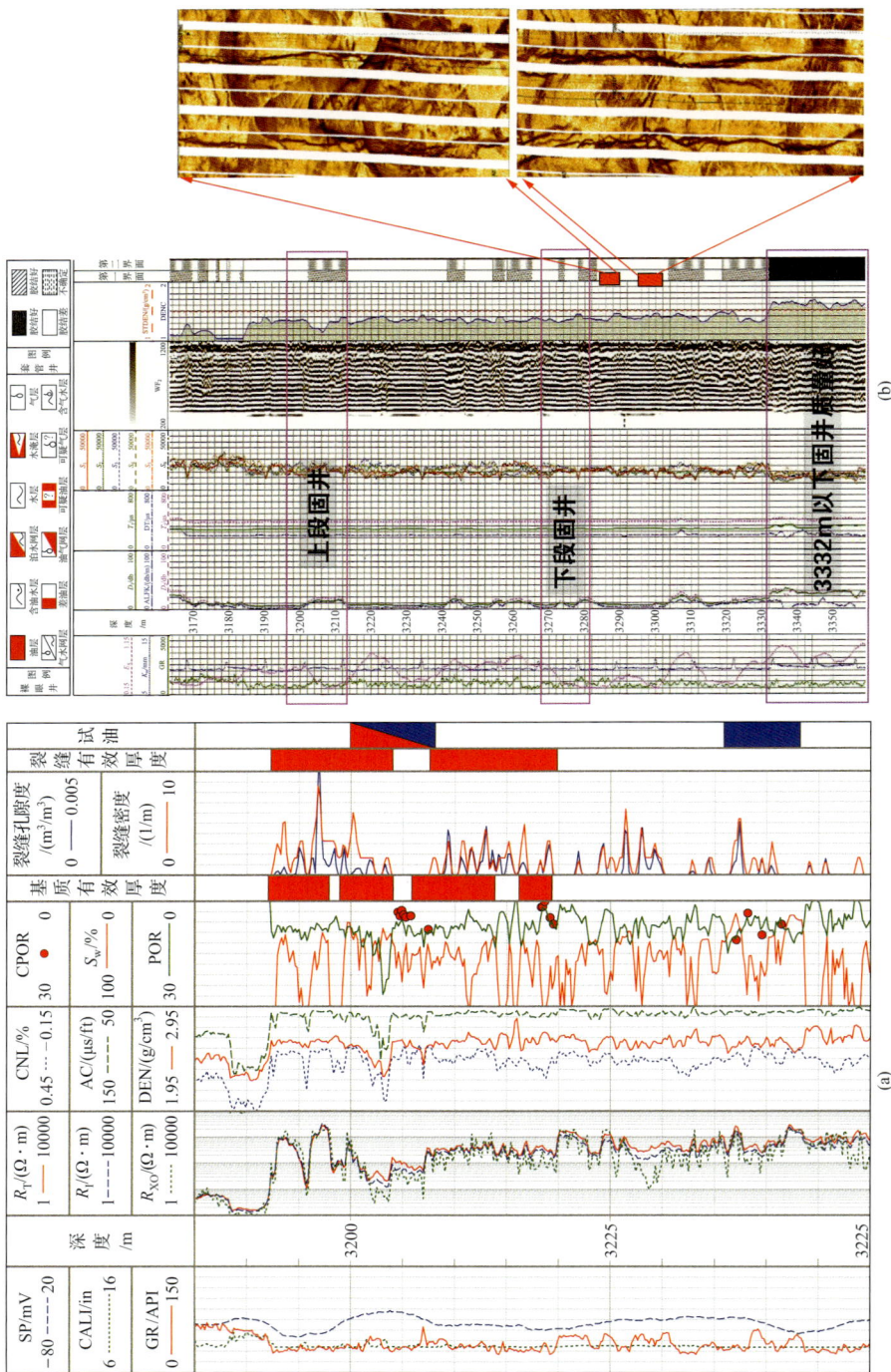

图 6.35　金龙 101 井固井质量综合分析图

DT 为首波时差曲线;GR 为自然伽马曲线;KN 为套管偏心率;E_X 为套管壁厚;D_1、D_2 分别为接收探头 R1、R2 记录的首波衰减;ALFK 为套管波首波衰减系数;T_1、T_2 分别为首波到首波到达接收到首波列接收头到第二个接收探头接收的全波列波形;WF_2 为第二个接收探头接收的全波列波形;$S_1 \sim S_6$ 分别为 6 条水泥密度计数率;R1 和 R2 的时间;$S_1 \sim S_6$ 分别为 6 条水泥密度计数率;STDEN 为注水泥浆密度;DENC 为水泥环平均密度曲线在此指导下,根据石炭系储层特点,采取三大针对性工程措施,避免沟通底水:一是改变完钻原则,油藏油水界面之上 50m 完钻;二是调整井身结构,采用三开井身结构,技套下至石炭系顶部;三是提高固井质量。2014 年围绕金龙 10 井高产区进行择优控制,控底水,求高产,新部署的评价井金龙 102 在石炭系获高产工业油流(图 6.36)。

4. 指导评价部署、落实储量规模

在金龙油田火山岩储层测井评价及优势储层预测的基础上,择优对金龙油田进行了评价部署,进一步落实了金龙油田石炭系储层展布、油藏规模及产能。

1) 金龙 10 井断块油层厚度大,跨度大,试油试采效果好

金龙 10 井测井解释油层厚度 161.5m,油层跨度大,达到 327m,2012 年 10 月 11 日射开 3156～3138m 井段,3.5mm 油嘴日产油 17.28t,日产气 3130m^3,累计产油 546.37t,累计产气 59740 m^3;2013 年 2 月 26 日射开 3319～3312m 井段,压裂后 4mm 油嘴日产油 15.31t,日产气 2740 m^3,日产水 24.78 m^3,截至 2014 年 6 月累计生产 257 天,累计产油 2768.78t,累计产气 77370 m^3,平均日产油 10.77t。

2) 金龙 10 井断块岩性岩相有利,裂缝发育,储层物性好

据分析化验资料统计,中拐地区石炭系火山角砾岩的物性要好于熔岩,火山角砾岩孔隙度平均为 7.7%,火山熔岩平均为 3.8%;金龙 10 井区主体以爆发相为主,发育大套火山角砾岩和熔岩,而火山角砾岩为主要储集体;该区石炭系储层裂缝较发育,裂缝类型为斜交缝、直劈缝及网状缝等,主要起沟通作用,金龙 10 井断块位于有利相带的核心部位,储层条件最有利。

3) 断裂、断点清晰,金龙 10 断块圈闭落实可靠

根据目前钻探情况和地质认识,对中拐凸起石炭系目标区重新进行了精细解释,重点是断裂的识别,依据常规的地震波阻错断、波阻产状发生明显变化刻画断裂,断层的平面组合则是结合相干体和曲率体属性综合确定,断裂清晰,圈闭落实可靠。

4) 邻区石炭系探明已开发油藏试油试采效果良好

邻区红 018 井区目前共 11 口井在石炭系试油试采,有 5 口井截至 2014 年 6 月已单井累计产油超过 3000t,其中最高的红 019 井已累计产 14645t,该区块累计产油 3.9414 万 t,累计产气 2028.17 万 m^3,平均单井日产油 7.9t。

根据油藏特征认识成果,2014 年部署了评价井金龙 102 井、金龙 103 井、金龙 104 井和金龙 105 井,获得了突破,单井产能为 28.0～47.0t/d,评价部署效果好。

在评价部署基础上,2014 年优先选择了产量高、规模大的两个区块——金龙 10 井区块和金龙 11 井区块进行升级评价。依据单井测井评价提供的储量计算参数,最终落实原油地质储量约 7000 万 t,取得了良好的勘探成果和显著的经济效益。

在金龙油田形成的火山岩测井评价技术,明显地提高了该油田石炭系火山岩测井解释符合率,减少了试油等工程费用,同时也必将推动火山岩储层评价能力的进一步提升,并在准噶尔盆地油气勘探中发挥更加重要的作用。

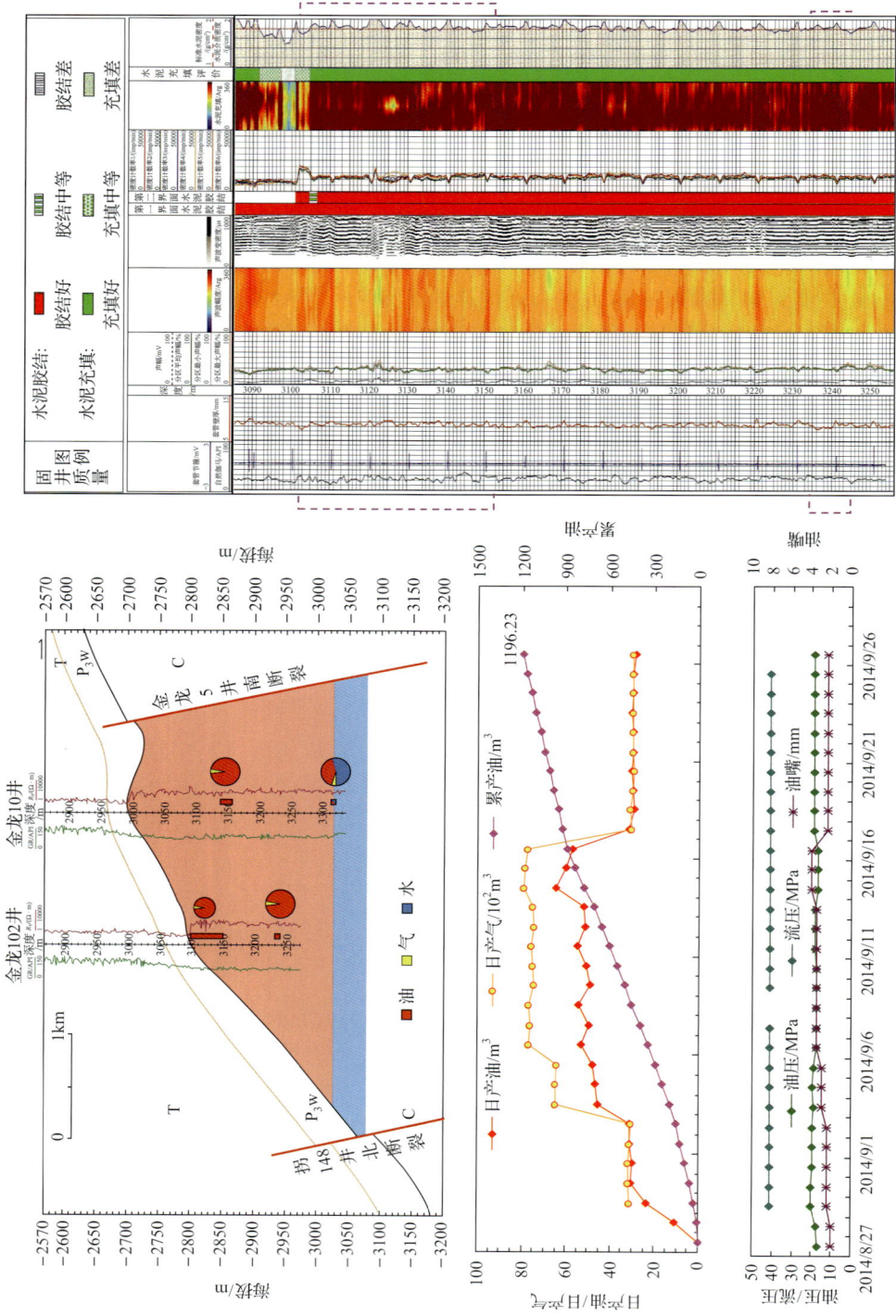

(d) 固井质量分析

(a) 试油成果

图 6.36　金龙 102 井试油成果及固井质量分析图

主要参考文献

边会媛，潘保芝，王飞. 2013. 基于横波测井资料的神经网络火山岩流体性质识别. 测井技术，37(3)：264-268

曹毅民，章成广，杨维英，等. 2006. 裂缝性储层电成像测井孔隙度定量评价方法研究. 测井技术，30(3)：237-239

陈冬，陈力群，魏修成，等. 2011. 火成岩裂缝性储层测井评价——以准噶尔盆地石炭系火成岩油藏为例. 石油与天然气地质，32(1)：83-90

陈钢花，范宜仁，代诗华. 2004. 火山岩储层测井评价技术. 中国海上油气(地质)，14(6)：422-428

陈钢花，吴文圣，毛克宇. 2001. 利用地层微电阻率扫描图像识别岩性. 石油勘探与开发，28(2)：53-55

陈国军，胡婷婷，李静. 2010. 准噶尔盆地五彩湾地区火山岩气层测井识别方法研究. 天然气勘探与开发，33(4)：18-20

陈建平，查明，刘传虎. 2003. 准噶尔盆地西北缘克——乌断裂带油气分布控制因素分析. 地质找矿论丛，18(1)：47-50

陈新发，匡立春，查明，等. 2012. 火山岩形成、分布与储集作用——准噶尔盆地火山岩油气藏成藏机理与勘探实践. 北京：地质出版社

陈新发，匡立春，查明，等. 2013. 火山岩油气成藏机理与勘探技术——以准噶尔盆地为例. 北京：科学出版社

陈莹，谭茂金. 2003. 利用测井技术识别和探测裂缝. 测井技术，27(增)：11-14

代诗华，罗兴平，王军，等. 1998. 火山岩储集层测井响应与解释方法. 新疆石油地质，19(6)：465-469

戴诗华，赵辉，姜淑云. 2014. 用于计算火成岩储层基质孔隙度的首选测井曲线. 天然气工业，34(1)：58-63

邓攀，陈孟晋，高哲荣，等. 2002. 火山岩储层构造裂缝的测井识别及解释. 石油学报，23(6)：32-36

丁次乾. 2002. 矿场地球物理. 东营：中国石油大学出版社

董国栋，张琴，朱筱敏，等. 2014. 火山岩储层研究现状及存在问题——以准噶尔盆地克—夏地区下二叠统火山岩为例. 石油与天然气地质，33(4)：511-519

樊政军，柳建华，张卫峰. 2008. 塔河油田奥陶系碳酸盐岩储层测井识别与评价. 石油与天然气地质，29(1)：61-65

范宜仁，黄隆基，代诗华. 1999. 交会图技术在火山岩岩性与裂缝识别中的应用. 测井技术，23(1)：53-56

冯翠菊，王敬岩，冯庆付. 2004. 利用测井资料识别火成岩岩性的方法. 大庆石油学院学报，28(4)：9-11

冯金燕. 2012. 三塘湖盆地牛东区块卡拉岗组火山岩储层综合评价. 荆州：长江大学硕士论文

高磊. 2013. 基于岩石物理相的酸性火山岩储层渗透率计算方法. 石油仪器，27(5)：60-62

高秋涛，黄思赵，时新芹. 1988. 用FMI测井研究砾岩、火山岩储层. 测井技术，22(增)：55-59

高兴军，闫林辉，田昌炳，等. 2014. 长岭气田营城组火山岩储层特征及分类评价. 天然气地球科学，25(12)：1951-1961

龚佳，秦迎春，王宁，等. 2011. 综合概率法在白云岩储层裂缝识别中的应用. 内蒙古石油化工，(14)：148-151

郭振华，王璞珺，印长海，等. 2006. 松辽盆地北部火山岩岩相与测井相关系研究. 吉林大学学报（地球科学版），36(2)：207-214

侯连华，罗霞，王京红，等. 2013. 火山岩风化壳及油气地质意义——以新疆北部石炭系火山岩风化壳为例. 石油勘探与开发，40(3)：257-265

胡博. 2014. 徐西凹陷营城组火山岩期次划分及其对勘探的地质意义. 内蒙古石油化工，(10)：145-148

胡刚，张翔，王智，等. 2011. 基于成像测井图像纹理特征的火成岩岩性识别. 国外测井技术，(2)：50-52

黄晨. 2007. 松辽盆地徐家围子断陷深层火山岩岩性岩相的测井识别. 长春：吉林大学博士论文

黄隆基，范宜仁. 1997. 火山岩测井评价的地质和地球物理基础. 测井技术，21(5)：341-344

霍进，陈珂，黄伟强，等. 2003. 古16井区火山岩储层测井评价. 西南石油学院学报，25(6)：5-8

纪洪永. 2009. 哈尔金地区火山岩储层测井油气评价研究. 杭州：浙江大学硕士学位论文

贾春明，支东明，邢成智，等. 2009. 准噶尔盆地车排子凸起火山岩储集层特征及控制因素. 地质学报，29(1)：33-36

姜传金，戴世立，吴杰，等. 2014. 松辽盆地北部营城组火山岩岩石弹性参数测试及特征分析. 石油地球物理勘探，49(5)：916-924

孔令福. 2003. 辽河盆地东部凹陷火山岩储层测井评价方法研究. 大庆：大庆石油学院硕士论文

寇彧，师永民，李珂任，等. 2010. 克拉美丽气田石炭系火山岩复杂岩性岩电特征. 岩石学报，26(1)：291-301

匡立春，董政，孙中春，等. 2009. 基于元素俘获谱测井计算火山岩储集层孔隙度的方法. 新疆石油地质，30(3)：287-288

匡立春，吕焕通，王绪龙，等. 2010. 准噶尔盆地天然气勘探实践与克拉美丽气田的发现. 天然气工业，30(2)：1-6

李浩，孙兵，魏修平，等. 2012. 松南气田火山岩储层测井解释研究. 地球物理学进展，27(5)：2033-2042

李洪娟，覃豪，杨学峰. 2011. 基于岩石物理相的酸性火山岩储层渗透率计算方法. 大庆石油学院学报，35(4)：38-41

李宁，陶宏根，刘传平. 2009. 酸性火山岩测井解释理论、方法与应用. 北京：石油工业出版社

李善军，肖永文，汪涵明，等. 1996. 裂缝的双侧向测井响应的数学模型及裂缝孔隙度的定量解释. 地球物理学报，39(6)：845-852

李同华，段庆庆，杨雷，等. 2009. 基于偶极横波资料的火山岩裂缝及油气识别. 西南石油大学学报（自然科学版），31(6)：45-50

李雄炎. 2008. 深层火山岩气层测井识别方法研究. 工程地球物理学报，5(3)：337-341

李祖兵，罗明高，王建伟，等. 2009. 利用测井资料识别火山岩岩性的方法探讨——以南堡5号构造沙河街组岩性圈闭为例. 天然气地球科学，20(1)：113-118

梁浩，高成全，罗权生，等. 2009. 三塘湖油田牛东区块石炭系火山岩油藏储量参数研究. 吐哈油气，14(4)：301-306

廖广志，肖立志，谢然红. 2009. 内部磁场梯度对火山岩核磁共振特性的影响及其探测方法. 中国石油大学学报（自然科学版），33(5)：56-60

林潼. 2007. 松辽盆地升平气田白垩系营城组火山岩岩相、"岩-电"关系以及储层特征研究. 西安：西北大学硕士论文

刘呈冰，史占国，李俊国，等. 1999. 全面评价低孔裂缝/孔洞型碳酸盐岩及火成岩储层. 测井技术，23(6)：457-465

刘红歧，彭仕宓，王建国，等. 2004. 基于测井曲线元的裂缝定量识别. 测井技术，28(4)：306-309

刘为付. 2003. 火山岩储集层常规岩石物理学研究方法. 新疆石油地质，24(5)：389-391

刘为付，孙立新，刘双龙，等. 2002. 模糊数学识别火山岩岩性. 特种油气藏，9(1)：14-17

刘喜顺，许杰，张晓平. 2010. 准噶尔盆地西北缘石炭系火山岩岩相特征及相模式. 新疆地质，28(1)：73-76

刘之的. 2010a. 利用岩石力学参数法识别火山岩岩性. 西南石油大学学报(自然科学版)，32(4)：12-15

刘之的. 2010b. 变m值法计算火山岩含油饱和度. 长江大学学报(自然科学版)，7(3)：62-65

刘之的，汤小燕. 2011. 火山岩地层孔隙压力测井预测方法研究. 测井技术，35(6)：568-571

罗光东，乔江宏. 2010. 测井多参数计算和识别火山岩储层裂缝. 内蒙古石油化工，(13)：145-146

蒙启安，门广田，赵洪文，等. 2002. 松辽盆地中生界火山岩储层特征及对气藏的控制作用. 石油与天然气地质，23(3)：285-288，292

潘保芝. 2002. 裂缝性火成岩储层测井评价的理论与方法研究. 长春：吉林大学博士论文

潘保芝，薛林福，李周波，等. 2003a. 裂缝性火成岩储层测井评价方法与应用. 北京：石油工业出版社

潘保芝，闫桂京，吴海波. 2003b. 对应分析确定松辽盆地北部深层火成岩岩性. 大庆石油地质与开发，22(1)：7-9

潘保芝，李舟波，付有升，等. 2009. 测井资料在松辽盆地火成岩岩性识别和储层评价中的应用. 石油物探，48(1)：48-52

彭永灿，杨琨，哈兰，等. 2008. 二区石炭系火山岩储层裂缝识别方法研究. 石油天然气学报，30(5)：240-241

秦积舜，李爱芬. 2006. 油层物理学. 东营：中国石油大学出版社

仇鹏，李道清，李一峰. 2013. 滴西17井区火山岩气藏火山机构解剖及识别技术. 天然气勘探与开发，36(3)：13-16

屈乐，孙卫，章海宁，等. 2014. 火成岩储层核磁共振岩石物理影响特征. 兰州大学学报(自然科学版)，50(1)：26-30

冉志兵，郑小川，谭修中，等. 2009. 复杂油气藏裂缝型储层参数定量评价方法. 西南石油大学学报(自然科学版)，31(6)：32-36

尚玲，谢亮，姚卫江，等. 2013. 准噶尔盆地中拐凸起石炭系火山岩岩性测井识别及应用. 岩性油气藏，25(2)：65-69

邵维志. 2003. 核磁共振测井移谱差谱法影响因素实验分析. 测井技术，27(6)：502-507

邵维志，梁巧峰，李俊国，等. 2006. 黄骅凹陷火成岩储层测井响应特征研究. 测井技术，30(2)：149-153

司马立强，赵辉，戴诗华. 2012. 核磁共振测井在火成岩地层应用的适应性分析. 地球物理学进展，27(1)：145-152

宋鹏，阮宝涛，杨武林，等. 2012. 基于统计学的火山岩储层流体识别新技术. 物探化探计算技术，34(2)：138-142

宋维海，王璞珺，张兴洲，等. 2003. 松辽盆地中生代火山岩油气藏特征. 石油与天然气地质，24(1)：12-17

孙宝佃，周灿灿，赵建武. 2014. 油气层测井识别与评价. 北京：石油工业出版社

孙军昌，郭和坤，杨正明，等. 2011. 不同岩性火山岩气藏岩心核磁孔隙度实验研究. 西南石油大学学报(自然科学版)，33(5)：27-34

孙炜，李玉凤，付建伟，等. 2014. 测井及地震裂缝识别研究进展. 地球物理学进展，29(3)：1231-1242

覃豪，李洪娟，张超谟. 2013. 基于孔隙结构的酸性火山岩含气饱和度计算方法. 测井技术，37(3)：

258-263

谭锋奇，李洪奇，孙中春，等. 2012. 构造电阻率差比值法识别火山岩裂缝地层天然气层. 吉林大学学报（地球科学版），42(4)：1199-1206

谭伏霖，王志章，隆山，等. 2010. 基于层次分解思想的火成岩岩性识别. 测井技术，34(2)：172-176

谭伏霖，王志章，隆山，等. 2011. 准噶尔盆地滴西地区火成岩岩性识别方法研究. 石油天然气学报，33(4)：92-95

汤小燕，刘之的，邹正银，等. 2009a. 准噶尔盆地六九区火成岩岩性识别方法研究. 西南石油大学学报（自然科学版），31(1)：29-32

汤小燕，王兴元，朱永红. 2009b. 综合概率法评价火山岩裂缝发育程度. 天然气勘探与开发，32(1)：26-27

汤永梅，颜泽江，侯向阳，等. 2010. 准噶尔盆地五八区复杂岩性与油气层识别. 石油天然气学报（江汉石油学院学报），32(1)：257-260

唐伏平，柳海，石新朴，等. 2009. 准噶尔盆地火成岩气田开发现状及展望. 新疆石油地质，30(6)：710-713

田亚. 2008. 核磁共振测井渗透率模型研究. 北京：中国石油大学(北京)硕士学位论文

汪涵明，张庚骥，李善军，等. 1995. 单一倾斜裂缝的双侧向测井响应. 石油大学学报，19(6)：12-24

王春燕. 2010. 双密度重选法在徐深气田中基性火山岩气层识别中的应用. 国外测井技术，(1)：9-12

王春燕，高涛. 2009. 火山岩储层测井裂缝参数估算与评价方法. 天然气工业，29(8)：38-41

王飞，鲁明文，常银辉. 2008. 利用地球化学测井资料识别火山岩岩性. 大庆石油地质与开发，27(5)：139-142

王海华，张君峰，汤达祯. 2010. XMAC测井在三塘湖盆地牛东地区火山岩储层中的应用. 石油天然气学报，32(1)：268-270

王建国，耿师江，庞彦明，等. 2008a. 火山岩岩性测井识别方法以及对储层物性的控制作用. 大庆石油地质与开发，27(2)：136-139

王建国，何顺利，刘红岐，等. 2008b. 火山岩储层裂缝的测井识别方法研究. 西南石油大学学报（自然科学版），30(6)：27-30

王坤，张奉，张翊. 2014. 准西车排子凸起石炭系岩性识别与储层特征. 西南石油大学学报（自然科学版），36(4)：21-28

王利华，黄伟强，彭通曙，等. 2008. 准噶尔盆地九区低渗火山岩储层测井评价方法研究及提高开发效果实践. 石油地质与工程，22(6)：7-10

王树寅，李晓光，石强，等. 2006. 复杂储层测井评价原理和方法. 北京：石油工业出版社

王曦烩，潘保芝. 2010. 遗传算法在中基性火山岩储层测井评价中的应用. 国外测井技术，(2)：38-40

王晓畅，李军，张松扬，等. 2011. 基于测井资料的裂缝面孔率标定裂缝孔隙度的数值模拟及应用. 中国石油大学学报（自然科学版），35(2)：51-56

王拥军，胡永乐，冉启全，等. 2007. 深层火山岩气藏储层裂缝发育程度评价. 天然气工业，27(8)：31-34

王玉华. 2008. 电成像测井在大庆火成岩储层解释中的应用. 大庆石油地质与开发，27(6)：128-130

王智，金立新，关强，等. 2010. 基于FMI与ECS的火山岩储层综合评价方法. 西南石油大学学报（自然科学版），32(5)：58-64

王忠东，蒋中华. 2005. 核磁测井在火成岩储层解释评价中的应用研究. 测井技术，29(6)：523-527

王忠东，汪浩，向天德. 2001. 综合利用核磁谱差分与谱位移测井提高油层解释精度. 测井技术，25(5)：365-368

吴文圣，陈钢花，雍世和. 2001. 利用双侧向测井方法判别裂缝的有效性. 石油大学学报（自然科学版），25(1)：87-89

肖立志. 2007. 我国核磁共振测井应用中的若干重要问题. 测井技术，31(5)：401-407

徐晨，刘文洁，田伟. 2011. 声电成像测井技术在火山岩地层中的应用. 油气藏评价与开发，1(4)：28-33

许凤光，邓少贵，范宜仁. 2006. 火成岩储层测井评价进展综述. 勘探地球物理进展，29(4)：239-243

绪磊，齐井顺，罗明高，等. 2009. 测井多参数综合识别火山岩裂缝. 天然气勘探与开发，32(1)：21-25

闫伟林，覃豪，李洪娟. 2011. 基于导电孔隙的中基性火山岩储层含气饱和度解释模型. 吉林大学学报（地球科学版），41(3)：915-920

阎新民. 1994. 应用计算机进行准噶尔盆地火山岩裂缝识别. 石油地球物理勘探，29(增2)：139-143

杨兴旺，赵杰. 2009. 火山岩气层孔隙度计算方法探讨. 测井技术，33(4)：350-354

杨学峰，覃豪. 2013. 酸性火山岩储层孔喉结构分析及流体性质判别. 测井技术，37(1)：48-52

杨英波，周娟，于洪新，等. 2011. ECS测井在火山岩储层岩性研究中的应用. 国外测井技术，(3)：32-34

雍世和，张超谟. 2002. 测井数据处理与综合解释. 东营：中国石油大学出版社

余淳梅，郑建平，唐勇，等. 2004. 准噶尔盆地五彩湾凹陷基底火山岩储集性能及影响因素. 地球科学—中国地质大学学报，29(3)：303-308

袁士义，宋新民，冉启全. 2004. 裂缝性油藏开发技术. 北京：石油工业出版社

袁祖贵，成晓宁，孙娟. 2004. 地层元素测井（ECS）——一种全面评价储层的测井新技术. 原子能科学技术，38(增)：208-213

曾巍. 2015. 某盆地北部火山岩岩相测井识别技术研究. 长江大学学报（自科版），12(17)：42-45

张伯新，于红果，祁杰. 2010. 准噶尔盆地六九区火山岩岩性识别方法. 石油天然气学报（江汉石油学院学报），32(4)：97-101

张朝军，石昕，吴晓智，等. 2005. 准噶尔盆地石炭系油气富集条件及有利勘探领域预测. 中国石油勘探，10(1)：11-15

张程恩. 2012. 成像测井裂缝识别与提取及裂缝参数计算方法研究. 长春：吉林大学硕士论文

张程恩，潘保芝，王飞. 2011. 利用测井方法识别火山岩相方法. 世界地质，30(4)：677-681

张春露. 2008. 火山岩含气储层有效孔隙度确定方法. 国外测井技术，23(1)：25-27

张大权，邹妞妞，姜杨，等. 2015. 火山岩岩性测井识别方法研究——以准噶尔盆地火山岩为例. 岩性油气藏，27(1)：108-114

张庚骥，汪涵明，李季. 1994. 倾斜裂缝的双侧向测井响应. 94西安国际测井技术会议论文集. 北京：石油工业出版社

张家政，赵广珍. 2008. 红山嘴油田石炭系火山岩油藏综合研究. 新疆石油天然气，4(4)：1-9

张家政，崔金栋，杨荣国. 2012. 准噶尔盆地红山嘴油田石炭系火山岩裂缝储层特征. 吉林大学学报（地球科学版），42(6)：1629-1637

张家政，关泉生，谈继强，等. 2008. Fisher判别在红山嘴油田火山岩岩性识别中的应用. 新疆石油地质，29(6)：761-764

张丽华，潘保芝，单刚义. 2013. 火山岩储层测井综合评价方法研究. 测井技术，37(1)：53-58

张日供，石家雄，张李明，等. 2008. 三塘湖油田牛东区块火山岩储层测井评价. 吐哈油气，13(4)：328-333

张莹，潘保芝. 2011a. 多种岩性分类方法在火山岩岩性识别中的应用. 测井技术，35(5)：474-478

张莹，潘保芝. 2011b. 支持向量机与微电阻率成像测井识别火山岩岩性. 物探与化探，35(5)：634-638

张莹,潘保芝,印长海,等. 2007. 成像测井图像在火山岩岩性识别中的应用. 石油物探,46(3):288-293

张勇,查明,孔玉华,等. 2012. 地下复杂火山岩岩性测井识别方法——以准噶尔盆地克拉美丽气田为例. 西安石油大学学报(自然科学版),27(5):21-26

赵海燕. 2000. 火成岩裂缝识别方法研究与探讨. 吐哈油气,5(1):66-70

赵宏波,张于勤,温美洲,等. 2014. 鄂尔多斯盆地西南缘火成岩岩性及测井曲线特征. 石油化工应用,33(7):76-81

赵辉,石新,司马立强. 2012a. 裂缝性储层孔隙指数、饱和度及裂缝孔隙度计算研究. 地球物理学进展,27(6):2639-2645

赵辉,司马立强,戴诗华,等. 2012b. 利用纵横波速度判别火成岩气、水层的理论基础及应用. 测井技术,36(6):602-606

赵建,高福红. 2003. 测井资料交会图法在火山岩岩性识别中的应用. 世界地质,22(2):136-140

赵杰,雷茂盛,杨兴旺,等. 2007. 火山岩地层测井评价新技术. 大庆石油地质与开发,26(6):134-137

赵军,祁兴中,刘瑞林,等. 2007. 基于图像分割的成像测井资料目标拾取与计算. 地球物理学进展,22(5):1502-1509

赵文智,邹才能,李建忠,等. 2009. 中国陆上东、西部地区火山岩成藏比较研究与意义. 石油勘探与开发,36(1):1-11

赵武生,谭伏霖,王志章,等. 2010. 准噶尔盆地腹部火成岩岩性识别. 天然气工业,30(2):21-25

郑建东. 2007. 徐深气田兴城地区火山岩储层测井分类标准研究. 测井技术,31(6):546-549

郑雷清,万剑英,郑佳奎,等. 2009. 火成岩油藏测井解释评价思路及方法. 吐哈油气,14(1):34-37

中国石油勘探与生产分公司. 2009. 火山岩油气藏测井评价技术与应用. 北京:石油工业出版社

钟淑敏,綦敦科. 2011. 利用核磁和密度测井资料综合评价火山岩气层. 科学技术与工程,11(11):2446-2449

周金昱,郭浩鹏,张少华,等. 2014. 松辽盆地火山岩岩性测井识别方法研究. 石油天然气学报(江汉石油学院学报),36(3):72-76

朱爱丽,吴伯福,武江. 1997. 火成岩的测井评价——大港油田枣北地区应用实例. 测井技术,21(5):345-350

朱建华,王晓艳. 2007. 核磁测井识别火山岩气层应用研究. 国外测井技术,22(4):7-9

朱怡翔,石广仁. 2013. 火山岩岩性的支持向量机识别. 石油学报,34(2):312-322

庄东志,谢伟彪. 2014. 南堡凹陷5号构造东部深层火山岩储层流体性质识别方法. 石油天然气学报(江汉石油学院学报),36(5):73-76

邹长春,严成信,李学文. 1997. 神经网络在枣北地区火成岩储层测井解释中的应用. 石油地球物理勘探,32(增2):27-33

Aguilera1 R F,Aguilera R. 2004. A triple porosity model for petrophysical analysis of naturally fractured reservoirs. Petrophysics,45(2):157-166

Coates G R,Marschall D,Mardon D,et al. 1997. A new characterization of bulk-volume irreducible using magnetic resonance. SPWLA 38th Annual Logging Symposium,Houston

Coates G,肖立志,Prammer M,等. 2007. 核磁共振测井原理与应用. 孟繁莹译. 北京:石油工业出版社

Feng Z Q,Huang W,Feng Z H,et al. 2009. Geophysical exploration technology of complex volcanic rock gas. International Petroleum Technology Conference,Doha

Khatchikian A. 1982. Log evaluation of oil-bearing igneous rocks. SPWLA 23rd Annual Logging

Symposium，Corpus Christi

Li G X，Wang Y H，Yang F P，et al. 2006. Computing gas in place in a complex volcanic reservoir in China. SPE International Oil & Gas Conference and Exhibition in China，Beijing

Li G X，Wang Y H，Zhao J，et al. 2007. Petrophysical characterization of a complex volcanic reservoir. SPWLA 48th Annual Logging Symposium，Austin

Nelson R A. 2001. Geologic Analysis of Naturally Fractured Reservoirs (Second edition). Houston：Gulf Professional Publishing

Pan B Z，Xue L F，Wu H B，et al. 2003. Correspondence analysis for lithology identification of igneous rocks，Songliao Basin，China. SPWLA 44th Annual Logging Symposium，Galveston

Peres D A，Giordano J D. 1988. Igneous rocks as hydrocarbon reservoirs in Malargue，Argentina. SPWLA 29th Annual Logging Symposium，San Antonio

Philippe A P，Roger N A. 1990. In situ measurements of electrical resistivity，formation anisotropy，and tectonic context. SPWLA 31st Annual Logging Symposium，Lafayette，Louisiana Lafayette

Ran Q Q，Yuan S Y，Xu Z S，et al. 2006. Reservoir characterization of fractured volcanic gas reservoir in deep zone. SPE International Oil & Gas Conference and Exhibition in China，Beijing

Rigby F A. 1980. Fracture identification in an igneous geothermal reservoir Surprise Valley，California. SPWLA 21st Annual Logging Symposium，Lafayette

Sibbit A M，Faivre O. 1985. The dual Laterolog response in fractured rocks. SPWLA 26th Annual Logging Symposium，Dallas

Van Golf-racht T D. 1989. 裂缝油藏工程基础. 陈钟祥，金陵年，秦同洛，译. 北京：石油工业出版社

Vermani S，Gupta A，Spitzer W，et al. 2010. The formation of deep non-conventional volcanic reservoir：A case history Raageshwari gas filed，Onshore India. SPE Annual Technical Conference and Exhibition，Florence

Wang J G，Liu H Q，Zhao X. 2010. Studies on fracture-identification of the igneous rock reservoir by well Logging. CPS/SPE International Oil & Gas Conference and Exhibition in China，Beijing